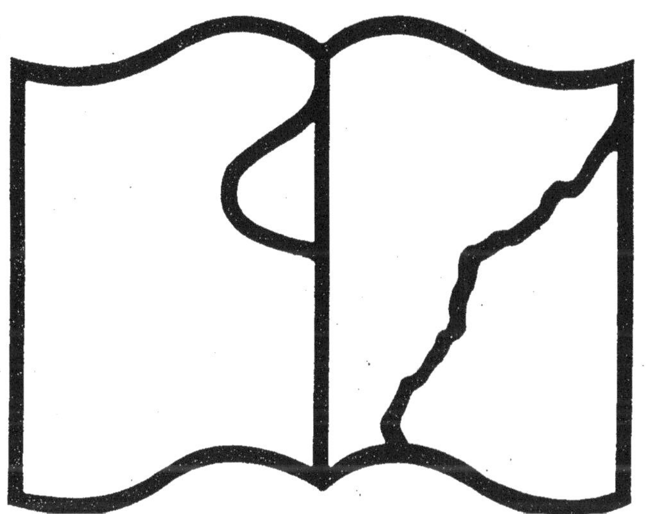

Texte détérioré — reliure défectueuse

NF Z 43-120-11

O. D. CHWOLSON

PROFESSEUR ORDINAIRE A L'UNIVERSITÉ DE PÉTROGRAD

TRAITÉ DE PHYSIQUE

OUVRAGE TRADUIT SUR L'ÉDITION RUSSE

Edition revue et considérablement augmentée par l'Auteur

TOME SUPPLÉMENTAIRE

LA PHYSIQUE DE 1914 A 1926

PREMIÈRE PARTIE

Traduite du russe par A. CORVISY

PARIS
LIBRAIRIE SCIENTIFIQUE J. HERMANN
6, RUE DE LA SORBONNE, 6

—

1927

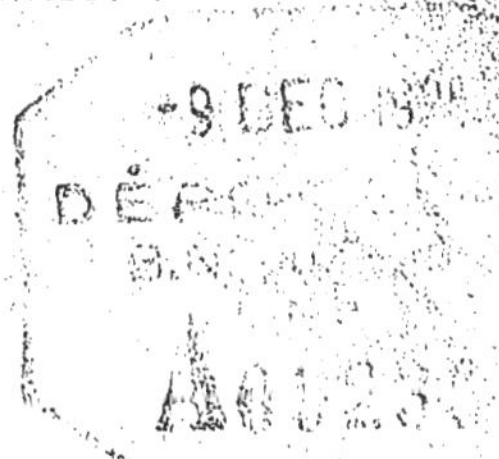

TRAITÉ DE PHYSIQUE

LA PHYSIQUE DE 1914 A 1926

O. D. CHWOLSON

PROFESSEUR ORDINAIRE A L'UNIVERSITÉ DE PÉTROGRAD

TRAITÉ DE PHYSIQUE

OUVRAGE TRADUIT SUR L'ÉDITION RUSSE

Édition revue et considérablement augmentée par l'Auteur

TOME SUPPLÉMENTAIRE

LA PHYSIQUE DE 1914 A 1926

PREMIÈRE PARTIE

Traduite du russe par A. CORVISY

PARIS

LIBRAIRIE SCIENTIFIQUE J. HERMANN

6, RUE DE LA SORBONNE, 6

1927

LA PHYSIQUE DE 1914 A 1926

CHAPITRE PREMIER

LA CHARGE ET LA MASSE DE L'ELECTRON

1. Premières expériences de Millikan. — On sait que dans la physique contemporaine la charge et la masse m de l'électron se montrent comme des grandeurs très importantes. La charge e s'exprime en unités électrostatiques (é. s.) ou en unités électromagnétiques (é. m.) C. G. S.. Elle est liée à la constante d'Avogadro N (nombre de molécules dans la mol. gr. d'une substance quelconque) par la formule

$$(\text{1}) \qquad Ne = 9\,650 \text{ u é. m.} = 28\,950 \cdot 10^{10} \text{ u. é. s.,}$$

qui est basée sur une des lois électrolytiques de Faraday et exprime le résultat de recherches expérimentales. Ces dernières ont conduit à une entente internationale selon laquelle 0,1 unité é. m. de quantité d'électricité (1 coulomb ou 1 ampère pendant 1 seconde) sépare dans l'électrolyse d'un sel d'argent 1,11800 mgr. d'argent métallique. Connaissant N, on peut par là déterminer la charge e de l'ion univalent. Ainsi donc tous les procédés de mesure de N peuvent servir à la détermination de la grandeur e. On trouvera un tableau de ces procédés dans le livre de Perrin, *Les Atomes.*

La grandeur $\dfrac{e}{m}$, où m est la masse de l'électron, est appelée la *charge spécifique* de l'électron. Dans le t. V, chap. 4. § 3, nous avons vu un procédé basé sur l'observation du mouvement des électrons libres dans des champs électrique et magnétique. On trouvera dans un article de A. Bestelmeyer du recueil de E. Marx, *Handbuch der Radiologie*, t. V, p. 3-82, 1919, une description détaillée d'un grand nombre de travaux expérimentaux qui se rapportent à ce sujet.

Nous expliquerons la méthode de Millikan pour la détermination directe de la charge e. C'est Townsend (1897) et J.-J. Thomson (1903) qui ont effectué la première mesure de la charge e, mais nous ne nous arrêterons pas sur leur méthode qui ne pouvait donner des résultats exacts. On connaît la découverte de C.-T.-R. Wilson, (Voir, par exemple, le Traité de Physique

d'OLIVIER, t. I), qui a observé la formation de brouillard dans de l'air
sursaturé de vapeur d'eau et soumis à l'ionisation ; sur chaque ion se con-
densent les vapeurs, formant ainsi de petites gouttelettes. En 1903,
H.-A. WILSON, utilisant cette découverte, a effectué la première détermination précise de la charge e de l'électron. Il convient de nous arrêter un peu
sur sa méthode. A l'intérieur d'un récipient en verre contenant de l'air
ionisé, saturé de vapeur d'eau, sont disposées horizontalement deux lames
métalliques parallèles formant un condensateur plan (diam 3,5 cm., distance 4-10 cm.). Établissant entre ces lames une différence de potentiel exactement mesurée, on produisait un champ électrostatique d'intensité connue F,
dirigé verticalement vers le haut ou vers le bas, suivant les potentiels des
deux lames. Nous compterons F comme positif dans la direction de bas en
haut. Par détente brusque de l'air, H.-A. WILSON obtenait entre les lames
un brouillard qui commençait aussitôt à descendre. La détente s'obtenait en
augmentant le volume de l'air, volume qu'on rendait 1,25 à 1,3 fois plus
grand ; dans ces conditions la vapeur d'eau ne se condensait que sur les ions
négatifs ; la condensation sur les ions positifs exigerait une dilatation de plus
de 1,3 fois le volume primitif.

H.-A. WILSON mesurait la vitesse de la chute du bord supérieur du brouillard, d'abord en l'absence du champ électrique F, ensuite sous l'action de ce
champ. Désignons par v_1 la vitesse de chute dans le premier cas, par v_2 dans
le second cas. Comme on sait, la vitesse du déplacement d'un corps donné
dans un milieu résistant est proportionnelle à la force qui agit sur lui. Si
nous admettons que les gouttelettes qui constituent le brouillard sont de
forme sphérique, nous pouvons employer la formule de STOKES (t. I, p. 679)
et l'appliquer au cas de la chute du brouillard en l'absence de la force F ;
elle donne

$$(2) \qquad v_1 = \frac{2}{9} \frac{g a^2 \sigma}{\eta},$$

où g est l'accélération des corps en chute libre, a le rayon de la gouttelette
sphérique, σ sa densité, η le coefficient de frottement intérieur de l'air. Si la
gouttelette contient un électron ayant une charge négative e, elle est soumise de ce fait à une force Fe dirigée *vers le bas*. Désignant par m la masse
de la gouttelette, nous avons

$$(3) \qquad m = \frac{4}{3} \pi a^3 \sigma.$$

En l'absence de champ électrique la goutte d'eau n'est soumise qu'à la
force mg dirigée vers le bas ; le champ exerce une force Fe, aussi dirigée vers
le bas, puisque la charge e est négative. Nous aurons donc l'équation :

$$(4) \qquad \frac{v_1}{v_2} = \frac{mg}{mg + Fe}.$$

Portons dans (4) la valeur (3) de m, et au moyen de (2) éliminons l'expression a du rayon, puis remplaçons σ et η par leurs valeurs numériques, nous obtenons.

$$(5) \qquad e = 3,1 \cdot 10^{-9} \frac{g}{F} (v_2 - v_1) \sqrt{v_1}.$$

On obtient ainsi les charges des gouttelettes qui se trouvent à la partie supérieure du brouillard, c'est-à-dire de celles qui, en présence du champ F, tombent le plus lentement. On peut admettre que ce sont précisément celles pour lesquelles la charge est égale à celle d'un électron. Ces expériences ne pouvaient donner des résultats précis, et effectivement les nombres trouvés oscillaient entre $e = 2 \cdot 10^{-10}$ et $e = 4,4 \cdot 10^{-10}$ u. é. s. MILLIKAN, qui a répété les expériences de H.-A. WILSON en 1906 (travail non publié) puis avec BEGEMAN en 1908, indique les diverses causes d'erreur inhérentes à cette méthode. Une de ces causes, par exemple, est la supposition que le rayon a des gouttes est le même dans les brouillards obtenus successivement. On ne connaît pas non plus la vitesse d'évaporation de la partie supérieure du brouillard

En 1909, MILLIKAN a commencé à modifier la méthode de H.-A WILSON. Il changea d'abord le sens du champ électrique, de façon que la force Fe fût dirigée vers le haut, et sur la charge e agissait la force mg — Fe dirigée vers le bas. De plus, il augmenta l'intensité du champ de façon à rendre Fe égal à mg, par suite de quoi la surface supérieure du brouillard devait rester immobile. L'observation de la surface du brouillard ne lui a pas donné dans ce cas non plus de résultats satisfaisants, mais il a remarqué qu'il *est possible d'observer les gouttelettes individuelles et de suivre leur mouvement*. Alors MILLIKAN construisit un appareil dans lequel la distance des lames était de quelques millimètres, de sorte que le champ compris entre ces lames pouvait être considéré comme uniforme. Dans cet appareil on pouvait suivre une gouttelette séparée, la maintenir immobile (Fe $=$ mg) et ensuite mesurer sa vitesse de chute pour F $=$ o. Dans ce cas $v_2 = 0$ et (5) donne, puisque F a maintenant le signe contraire, la charge e_n de la gouttelette (MILLIKAN a changé quelque peu la valeur numérique de η) :

$$(6) \qquad e_n = 3,422 \cdot 10^{-9} \frac{g}{F} v_1 \sqrt{v_1}.$$

En 1910 MILLIKAN a publié les premiers résultats des mesures effectuées par le procédé décrit ; ces résultats se sont montrés incomparablement plus proches l'un de l'autre que dans les expériences avec le brouillard. La grandeur e_n doit être égale à e ou à un multiple entier de e, car la goutte ne peut contenir qu'un seul ou que plusieurs électrons. Et, en effet, il s'est trouvé que les valeurs obtenues de e_n peuvent être représentées sous la forme $e_n = ne$, où pour n se rencontrèrent tous les nombres entiers de 1 à 6 ; comme valeur la plus probable pour e, on a obtenu $e = 4,65 \cdot 10^{-10}$ u. é. s. Il faut envisager que n peut aussi être un nombre entier négatif, ce qui correspond au cas où sur la goutte se sont déposés des *ions positifs* de l'air ionisé. Le renforcement du champ provoque dans ce cas le mouvement de la

goutte dans le sens opposé à celui qu'on observe pour une charge négative
de la goutte. Dans ses observations MILLIKAN a remarqué un phénomène qui
l'a conduit à un changement essentiel du procédé de mesure de la charge e
de l'électron. Ce phénomène consiste en ce que la vitesse de la gouttelette
observée change quelquefois *soudainement* dans un sens ou dans l'autre, ou
bien la gouttelette en repos commence soudainement à se mouvoir. Il est
évident que ceci doit se produire dans le cas où à la charge de la goutte vient
s'unir un ion positif ou négatif provenant de l'air. C'est ce qui a conduit
MILLIKAN à une nouvelle méthode classique de mesure de la charge d'un ion
individuel, méthode que nous allons examiner avec quelques détails.

2. Expériences définitives de Millikan. — Dans les premières
expériences effectuées suivant cette méthode MILLIKAN a remplacé l'eau par de
l'huile qui était insufflée à l'aide d'un pulvérisateur dans un grand récipient
dont le fond constituait la lame supérieure d'un condensateur plan
(rayon $= 22$ cm.) muni à son centre d'un canal vertical. Dans le récipient,
il se formait un brouillard de très fines gouttelettes d'huile dont le rayon
était de l'ordre de $0,001$ mm. Par le canal les gouttelettes séparées péné-
traient dans l'espace compris entre les lames du condensateur, qui se trouvaient à une distance de 16 mm. l'une de l'autre ; la différence de potentiel
des armatures pouvait être portée jusqu'à $10\,000$ volts. La gouttelette choisie
pouvait être observée pendant un temps très long, où l'on mesurait sa vitesse
de chute avec ou sans champ électrique et sa vitesse d'ascension sous
l'influence d'un champ. Au lieu de (4) nous avons à présent

$$(6, a) \qquad \frac{v_1}{v_2} = \frac{mg}{Fe_n - mg},$$

d'où

$$(7) \qquad e_n = \frac{mg(v_1 + v_2)}{Fv_1}.$$

Ici e_n est la charge de la goutte ; il s'est trouvé qu'à chaque changement de
la vitesse v_2 correspondait en général une variation de e_n de la même et
unique grandeur e, négative ou positive. Dans quelques cas le changement
de charge soudain était de $2e$, ce qui indiquait que la goutte avait pris d'un
seul coup deux ions de même espèce. Il est possible de suivre une même
goutte pendant une durée de 5 à 6 heures, temps pendant lequel il peut s'y
déposer des centaines d'ions fournis par l'air ionisé par une préparation
radioactive. Un fait remarquable, c'est que MILLIKAN a pu mesurer la grandeur de la charge initiale de la goutte, charge acquise par le frottement dans
le pulvérisateur. Supposons que e_n soit la charge initiale, à laquelle corres-
pondaient pour l'une des gouttes $v_1 = 0,03842 \frac{\text{mm.}}{\text{sec.}}$ et $v_2 = 0,04196 \frac{\text{mm.}}{\text{sec.}}$, de
sorte que le changement de vitesse produit par le champ était $v_1 + v_2 = 0,08038$.
Mais le changement produit par un seul électron est égal à $0,00891 \frac{\text{mm.}}{\text{sec.}}$. Or

il se trouve que $0,08038 : 9 = 0,00893$, d'où il suit que la charge tribo-électrique initiale, en valeur absolue, était exactement égale à 9 charges élémentaires des ions de l'air. *Il fut ainsi démontré pour la première fois que l'électricité de frottement consiste en électrons.* Remarquons que nous employons ici le mot « électron » dans le même sens qu'on le fait souvent dans la littérature scientifique anglaise, c'est-à-dire que nous entendons non seulement la charge négative mais encore la charge positive élémentaire ; dans ce dernier cas la chose revient à la *perte* d'un électron négatif par la molécule neutre. Les expériences de MILLIKAN, comme on pouvait s'y attendre, ont montré que les charges de l'électron négatif et de l'électron positif sont exactement égales entre elles. MILLIKAN, sur la base de ses expériences, a fait voir que la résistance que la goutte rencontre dans son mouvement dans l'air ne dépend pas de sa charge, et aussi que la forme de la goutte ne dépend ni de sa charge ni de la vitesse de son mouvement, c'est-à-dire que les sphérules d'huile dont les rayons sont de l'ordre de $0,002$ mm. se comportent comme des corps solides invariables.

Passons maintenant aux expériences définitives de MILLIKAN, qui ont été effectuées dans le cours de deux années et ont été publiées en 1917. S'efforçant d'atteindre le plus haut degré d'exactitude, MILLIKAN a remplacé les formules (2) et (3) par les formules plus exactes

$$(8) \qquad v_1 = \frac{2ga^2(\sigma - \rho)}{9\eta},$$

$$(10) \qquad m = \frac{4}{3}\pi a^3(\sigma - \rho),$$

où ρ est la densité du milieu. Dans ce cas, au lieu de (5) on obtient, si l'on ne remplace pas σ, ρ et η par leurs valeurs numériques,

$$(10) \qquad e_n = \frac{4\pi}{3}\left(\frac{9\eta}{2}\right)^{\frac{3}{2}}\left(\frac{1}{g(\sigma - \rho)}\right)^{\frac{1}{2}}\frac{(v_1 + v_2)v_1^{\frac{1}{2}}}{F}.$$

Le changement de vitesse par l'établissement du champ, c'est-à-dire la grandeur $v_1 + v_2$, sert de mesure à la charge e_n de la gouttelette. La charge élémentaire e_1 s'obtient en prenant au lieu de $v_1 + v_2$ le plus grand commun diviseur $(v_1 + v_2)_0$ de toutes les valeurs de $v_1 + v_2$ et aussi de toutes les valeurs de $v_2' - v_2$ obtenues au moment du changement de charge du corps (ce changement peut-être égal à une ou plusieurs fois e). Ainsi

$$(11) \qquad e_1 = \frac{4\pi}{3}\left(\frac{9\eta}{2}\right)^{\frac{3}{2}}\left(\frac{1}{g(\sigma - \rho)}\right)^{\frac{1}{2}}\frac{(v_1 + v_2)_0 v_1^{\frac{1}{2}}}{F}.$$

Calculant e par cette formule, MILLIKAN s'est convaincu que *la grandeur e ainsi obtenue est indépendante de la grandeur de la charge e_n, mais pour les gouttes qui se meuvent avec une vitesse inégale la valeur de e obtenue est différente et d'autant plus grande que la vitesse du déplacement est moindre* ; par exemple, $e = 5,48 \cdot 10^{-10}$ pour une goutte, et $e = 5,144 \cdot 10^{-10}$ pour une autre dont la vitesse était 3 fois plus grande. Cette circonstance ne pouvait s'expliquer que parce que la formule (8) de Stokes n'est pas applicable aux gouttelettes de si faible dimension. En outre, Millikan a proposé à quelques-uns de ses collaborateurs d'effectuer une nouvelle détermination expérimentale du coefficient de frottement intérieur η de l'air. Les mesures se poursuivirent pendant trois ans ; elles ont été faites par L. Gilchrist, J.-M. Rapp et, avec la plus grande exactitude, par E. Harrington (1916). Le résultat définitif, dans les conditions de l'expérience (23°) a été

$$(12) \qquad \eta = 0,00018226$$

en unités C. G. S. ordinaires.

Revenons à la formule de Stokes, qui a été établie sur la base de cinq suppositions que nous n'énumérerons pas, car trois d'entre elles sont indubitablement exactes dans le dispositif des expériences de Millikan. Il restait donc deux suppositions :

1° le milieu peut-être considéré comme parfaitement homogène ;

2° le milieu ne glisse pas le long de la surface du corps en mouvement, c'est-à-dire le coefficient de glissement (t. II) est égal à zéro.

Remarquons que les expériences d'Arnold, collaborateur de Millikan, sur la chute dans l'eau de petits globules d'alliage de Rose ont montré que la formule de Stokes est absolument exacte quand les cinq suppositions sont vraies. Mais des deux que nous avons indiquées la première ne peut être juste quand la distance des particules du milieu se trouve être commensurable avec les dimensions du corps en mouvement, ce qui était le cas dans les expériences de Millikan. C'est pourquoi la formule (8) doit être corrigée. Pour savoir pour quelles vitesses v_1 de chute des gouttelettes ou, ce qui est la même chose pour l'établissement de la formule (8), pour quels rayons a commencent les écarts sensibles de la loi de Stokes, Millikan détermine la charge élémentaire *apparente*, que nous appellerons maintenant e_1, pour diverses vitesses v_1 des gouttelettes, à partir de $v_1 = 0,5 \frac{\text{cm.}}{\text{sec.}}$ jusqu'à $0,001 \frac{\text{cm.}}{\text{sec.}}$. Il s'est trouvé que pour des vitesses v_1 plus grandes que $0,1 \frac{\text{cm.}}{\text{sec.}}$, la grandeur e_1 reste presque parfaitement constante ; mais par une diminution ultérieure de v_1 la charge e_1 commence à augmenter sensiblement, et pour $v_1 < 0,05 \frac{\text{cm.}}{\text{sec.}}$ elle grandit très rapidement. Pour $v_1 = 0,005 \frac{\text{cm.}}{\text{sec.}}$ on obtient une valeur de e_1 1,5 fois plus grande que pour de grandes valeurs de v_1. Ceci montre [voir form. (11)] que pour de faibles rayons a la vitesse de chute des particules est trop grande, ce qui s'explique parce qu'elles tombent en quelque sorte librement entre les particules de gaz relativement éloignées l'une de l'autre. De là Millikan conclut que dans l'équation (8) on devra ajouter un terme qui est fonction de $\frac{l}{a}$, où l est le parcours moyen des molécule du gaz, de sorte que, au lieu de (8), nous aurons

$$(12,a) \qquad v_1 = \frac{2ga^2}{9\eta}(\sigma - \rho)\left[1 + f\left(\frac{l}{a}\right)\right].$$

Imaginons cette fonction développée suivant les puissances de $\frac{l}{a}$ et ne conservons que le premier terme ; alors nous obtenons

$$(13) \qquad v_1 = \frac{2ga^2}{9\eta}(\sigma - \rho)\left(1 + A\frac{l}{a}\right),$$

où A est un coefficient constant. Combinant (13) et (7) nous devons obtenir (11), avec cette seule différence que chacune des vitesses qui entrent dans (11) a sa valeur multipliée par le facteur qui distingue (13) de (8). Il suit delà que *la charge élémentaire vraie e* s'obtient de la charge apparente e_1, calculée d'après les expériences, par la formule (11), au moyen de l'égalité

$$e = \frac{e_1}{\left(1 + A\frac{l}{a}\right)^{\frac{3}{2}}}.$$

Ici e_1 et l sont connus, de sorte qu'il reste à déterminer A et a. Dans son tableau définitif, MILLIKAN introduit au lieu de l la pression p du gaz exprimée en centimètres de la colonne de mercure, posant

$$(15) \qquad \frac{b}{pa} = A\frac{l}{a},$$

où b est une autre constante. Pour déterminer le rayon a on peut procéder de la façon suivante. La formule (8) donne une valeur approchée de a, après quoi on peut trouver une valeur approchée de A par la méthode qui sera indiquée plus loin. Portant A dans (13) on trouve une valeur plus exacte de a et on détermine A de nouveau. Vu la petitesse du terme additionnel dans (13) il est inutile de répéter plus de deux fois cette méthode d'approximations succeesives.

Comme la densité de la gouttelette est connue, la détermination du rayon a nous conduit à la détermination du *poids* de la goutte. MILLIKAN indique que la méthode des gouttes en suspension donne un moyen plus précis de détermination du poids de telles gouttes microscopiques si la charge e est déjà connue. En effet, la formule (6, a), qui est sans aucun doute parfaitement exacte et dans laquelle $e_n = ne$ peut être déterminé par le procédé décrit, donne

$$(16) \qquad mg = Fe_n\frac{v_1}{v_1 + v_2}.$$

Il est encore plus simple de maintenir la goutte immobile ($v_2 = 0$) ; alors

$$(16, a) \qquad mg = Fe_n.$$

Dans ce cas l'appareil est en quelque sorte une balance dans laquelle le poids mg de la goutte est mesuré par la force Fe. La précision de cette détermination est si grande qu'il paraît possible de déterminer un poids de l'ordre de 10^{-10} milligrammes. Comme dans les déterminations de a dans (13) ou (14) on ne demande pas une grande exactitude, MILLIKAN a déterminé par le procédé indiqué le poids de toutes les gouttes et a ensuite calculé le rayon a, tandis que e était connu, avec une certaine exactitude, suffisante dans le cas donné. D'ailleurs a peut encore être trouvé autrement ; si dans (16) on porte la valeur de m tirée de (9) et qu'on résolve l'équation par rapport à a, on obtient

$$(16,b) \qquad a = \sqrt[3]{\frac{3Fe_n}{4\pi g(\sigma - \rho)} \frac{v_1}{v_1 + v_2}}.$$

Par cette formule est déterminée la grandeur a qui entre dans (13) ou (14).

Pour passer, au moyen de la formule (14) ou de la formule modifiée sur la base de (15), de e_1 fourni par l'expérience à e qui est demandé, il faut connaître la valeur numérique des grandeurs A ou b. Les formules (14) et (15) donnent

$$(17) \qquad e_1^{\frac{2}{3}} = e^{\frac{2}{3}}\left(1 + A\frac{l}{a}\right) = e^{\frac{2}{3}}\left(1 + \frac{b}{pa}\right).$$

Si sur l'axe des abscisses on porte les valeurs de $\frac{l}{a}$ ou de $\frac{1}{pa}$ et sur l'axe des ordonnées les grandeurs observées $e_1^{\frac{3}{2}}$ on doit, d'après (17), obtenir une ligne *droite*. L'ordonnée de son point de rencontre avec l'axe des ordonnées détermine la valeur de $e^{\frac{2}{3}}$; et son inclinaison sur l'axe des abscisses détermine les grandeurs A ou b. Pour faire varier l'abscisse entre de larges limites, on peut procéder de deux façons : 1° choisissant des gouttes ayant à peu près le même rayon a, changer la pression p (la longueur du parcours moyen l), ou 2°, sans changer p, observer des gouttes des dimensions les plus diverses. Dans les mesures définitives de 58 gouttes la valeur $\frac{l}{a}$ ou $\frac{1}{pa}$ a varié de 1 à 30 ; la pression p, de 1 à 17 (de 4,16 cm. à 76,27 cm. de mercure) ; le rayon a des gouttes, de 1 à 12 (de $4,69 . 10^{-5}$ à $58,56 . 10^{-5}$ cm.).

Les expériences ont conduit aux résultats suivants :

1° A des valeurs égales de $\frac{l}{a}$ ou de $\frac{p}{a}$ correspondait toujours une même ordonnée $e_1^{\frac{2}{3}}$, quelle que fût la variation de la pression et de la grosseur des gouttes.

2° Tous les points se sont trouvés avec une précision étonnante sur une même ligne droite. Ceci indique que la correction introduite dans la formule de STOKES épuise complètement la question, que A et b sont effectivement des constantes. C'est pourquoi MILLIKAN n'examine pas la seconde des causes d'inconstance de la grandeur mesurée e_1 indiquées p. 6.

3° La résistance du milieu ne dépend pas de la charge e_n de la goutte. Deux gouttes pour lesquelles n variait de 2 à 6 et une autre de 117 à 136, tandis que $\frac{l}{a}$ demeurait pour elles à peu près constant, ont donné des points qui se trouvaient disposés rigoureusement sur une seule et même ligne droite.

4° La densité des gouttes ne dépend pas de leurs dimensions. Ceci se voit

de ce que les gouttes de toutes les grandeurs donnent des points qui sont sur
la même droite. Comme nombre définitif

$$(18) \qquad e = (4,774 \pm 0.005)10^{-10} \text{ u. é. s.} = 1,592 \cdot 10^{-20} \text{ u. é. m.}$$

D'où (1) donne le nombre d'Avogadro

$$(18\,a) \qquad\qquad N = (6,062 \pm 0,006)10^{23}.$$

De plus, on a trouvé A $=$ 0,863 et $b = 0,000617$.

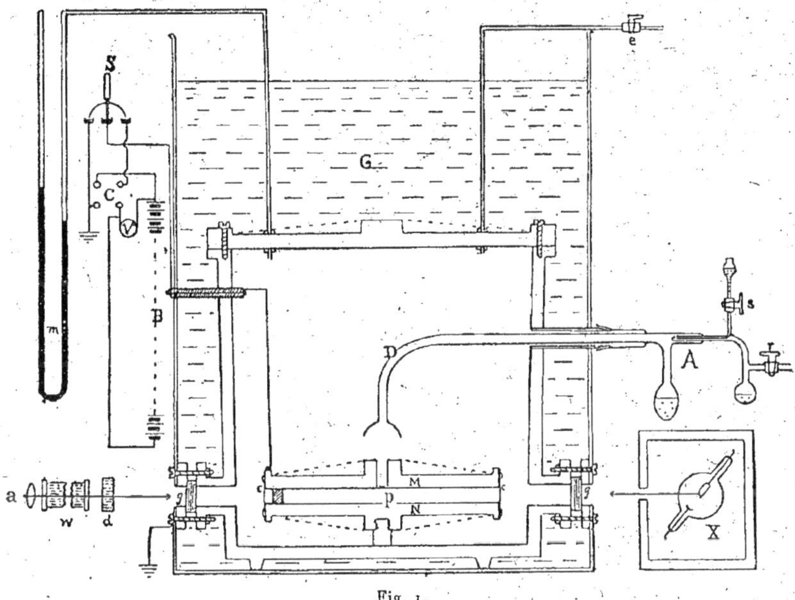

Fig. 1.

Dans la fig. 1 est représenté sous sa forme définitive l'appareil dont s'est
servi Millikan dans ses recherches. M et N sont les deux lames du condensateur (diam. 22 cm.); la distance entre elles est 14, 9174 mm.; leur surface
était polie avec soin. A est le pulvérisateur qui envoie le liquide dans la
chambre D, d'où les gouttelettes isolées tombent à travers la petite ouverture p dans l'espace compris entre M et N; on observe dans une direction
faisant un angle de 28° avec la direction Xpa. X est une ampoule à rayons X
dont les rayons traversaient la lame de verre g et ionisaient l'air du condensateur. En a est un arc voltaïque dont les rayons parcourent la colonne
d'eau w (d'une longueur de 80 cm) puis une solution de sulfate de cuivre,
afin de supprimer autant que possible l'échauffement de l'air du condensateur par les rayons qui servent à éclairer les gouttelettes. G est un bain
d'huile servant à maintenir constante la température à l'intérieur de

l'appareil. A droite et en haut on voit un tube aboutissant à une pompe ; m est un manomètre à mercure ; B est une batterie de 10 000 volts servant à charger le condensateur MN.

Millikan détermina aussi la grandeur A pour des gouttes d'huile dans l'hydrogème (A = 0,811) et pour des gouttes de mercure dans l'air (A = 0,711) Quand la formule (13) cesse d'être vraie, pour des valeurs de a très petites, on peut la remplacer par une autre plus compliquée. Les formules (2) et (3) donnent en les divisant l'une par l'autre

$$(19) \qquad mg = 6\pi\eta av.$$

Pour de très petites valeurs de a Millikan donne la formule empirique

$$(19, a) \qquad mg = 6\pi\eta av \left\{ 1 + \left(0,874 + 0,34\, e^{-1,54\frac{a}{l}}\right)\frac{l}{a} \right\}^{-1}.$$

3. Détermination de e par l'observation du mouvement brownien.

— Le phénomène qui est connu aujourd'hui sous le nom de mouvement brownien a été découvert en 1827 par le botaniste anglais R. Brown, qui avait remarqué que de très petites particules solides ou liquides en suspension dans un liquide se trouvent animées d'une agitation continuelle semblable à un tremblotement. Sans nous arrêter sur l'histoire ultérieure de la question, nous remarquerons seulement que les observations de beaucoup de savants ont montré que ce mouvement se continue sans interruption, qu'il est perpétuel. Les mouvements de particules même très proches l'une de l'autre sont totalement indépendants, de sorte qu'il ne peut être question de courants dans le liquide même, c'est-à-dire de mouvements des particules de caractère convectif. Plus les particules sont petites et plus ces mouvements sont intenses. Ce mouvement s'observe aussi dans les gaz. Il semble que c'est le savant belge Carbonelle qui le premier exprima l'idée que les mouvements des particules sont provoqués par les chocs des molécules du milieu liquide ou gazeux, chocs qui se produisent grâce à l'énergie cinétique du mouvement thermique de ces molécules. Le travail de Carbonelle a été publié en 1880 par son collaborateur Thirion. Cette idée fut peu à peu acceptée par tous les savants, bien que les preuves de sa justesse n'aient commencé à apparaître qu'après 1905, quand Einstein eut donné du mouvement brownien une théorie mathématique, telle qu'il fut possible de vérifier par l'expérience et par des mesures précises les régularités que la théorie prévoit, en partant de l'hypothèse du mouvement thermique et des chocs moléculaires de la part des molécules du milieu ambiant. Les expériences ont confirmé complètement ces prévisions et les recherches qui se sont succédé n'ont laissé aucun doute sur ce que *le mouvement brownien fournit une démonstration du plus grand poids de la justesse de la conception moléculaire et cinétique actuelle de l'univers.* Rappelons que M. Smoluchowski (de Cracovie) a donné aussi une théorie de ce mouvement, mais ses déductions sont un peu moins rigoureuses que celles d'Einstein ; d'ailleurs les deux savants ont trouvé la même règle, et seuls les coefficients de leurs formules définitives diffèrent quelque peu.

Les recherches expérimentales de J. Perrin sont particulièrement remarquables (1908-1911). Nous nous bornerons à reproduire la figure 2 qui donne les positions successives, après des intervalles de temps égaux (30 sec.), de trois particules différentes. Ces positions sont réunies par des lignes droites dont l'ensemble forme des lignes brisées compliquées, qui cependant ne représentent nullement les chemins réellement parcourus par les particules.

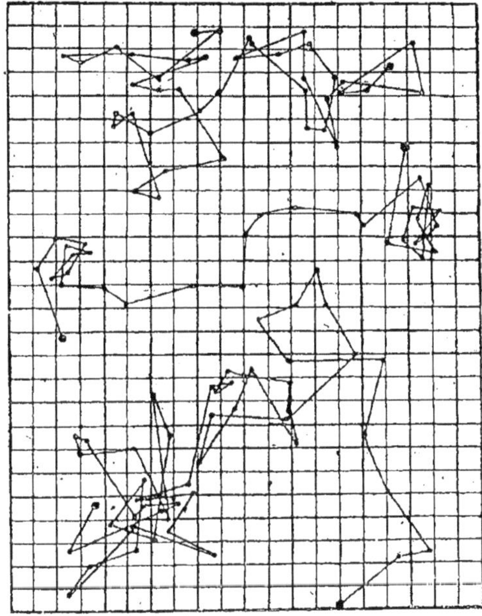

Fig. 2.

En réalité chacune des droites qui composent la ligne brisée résulte elle-même d'une ligne brisée de même caractère. On trouvera un exposé complet de l'histoire de la question du mouvement brownien dans l'ouvrage de G.-L. DE HAAS-LORENTZ, *Die Brown'sche Bewegung und einige verwandte Erscheinungen*, Braunschweig (Die Wissenschaft, Band 52), 1913.

Passons maintenant à la formule d'Einstein. Imaginons que pendant une longue durée nous suivions le mouvement d'une particule, ou mieux de très nombreuses particules, en marquant leurs positions après des intervalles de temps égaux τ_1, et que nous mesurions toutes les lignes droites en lesquelles se décomposent les chemins des particules : nous voyons des exemples de tels chemins dans la fig. 2. Soient de plus Δx les projections de ces droites sur une direction quelconque jouant le rôle d'axe coordonné. Désignons par $\overline{\Delta x^2}$ la valeur *moyenne* des carrés de toutes les grandeurs Δx, dont nous considérons le nombre comme énorme. Il est clair que dans ce cas $\overline{\Delta x^2}$ doit être une grandeur parfaitement déterminée, ne dépendant que des propriétés et de l'état du milieu, et des molécules qui s'y meuvent. La formule d'EINSTEIN a la forme suivante :

$$(20) \qquad \overline{\Delta x^2} = \frac{2RT}{NK}\,\tau.$$

Remarquons que la formule qu'a donnée SMOLUCHOWSKI ne diffère de celle d'EINSTEIN qu'en ce que, au lieu du facteur 2, elle contient le facteur $\frac{64}{27}$. Ici R est la constante des gaz pour la molécule-gramme, c'est à-dire $0,8315 \cdot 10^8$; T est la température absolue ; N, la constante d'AVOGADRO, et K, une grandeur qui dépend du coefficient de frottement intérieur η et des dimensions de la particule en mouvement. Si la particule sous l'action d'une force F se meut avec une vitesse v, K est le coefficient dans la formule $F = Kv$. Si la formule de STOKES est applicable au mouvement considéré, alors semblablement à (19), où F est mis à la place de la force mg, nous avons $F = 6\pi\eta av$, et pour cette raison

$$(20, a) \qquad K = 6\pi\eta a,$$

où a est le rayon de la particule. Portons cette valeur de K dans (20), nous obtenons

$$(20, b) \qquad \overline{\Delta x^2} = \frac{RT}{3N\pi\eta a}\,\tau.$$

Sous cette forme la formule a été établie la première fois par EINSTEIN. LANGEVIN en a donné une déduction simplifiée (1908). En raison de l'importance de la formule (20, b) pour ce qui suivra, nous donnons cette déduction.

Sur la base de la théorie cinétique générale de la matière, nous savons que l'énergie cinétique moyenne du mouvement de translation d'une molécule est égale à $3RT : 2N$. Considérons le mouvement seulement suivant une direction x, nous avons

$$(21) \qquad \frac{1}{2}\,m\left(\overline{\frac{dx}{dt}}\right)^2 = \frac{RT}{2N},$$

où $\left(\overline{\dfrac{dx}{dt}}\right)^2$ doit représenter la valeur moyenne du carré de la vitesse des molécules. Mais, comme le montre la théorie cinétique, cette grandeur doit aussi être égale au carré moyen de la vitesse de la particule effectuant le mouvement brownien, de sorte que x représentera la coordonnée variable de cette particule. Ce mouvement est produit par les chocs des molécules du milieu ambiant. Soit X la somme de tous ces chocs, décomposés et portés suivant l'axe des x, auxquels la molécule est soumise à un moment donné. Nous admettons que la résistance du milieu est proportionnelle à la vitesse $v = \dfrac{dx}{dt}$ et nous écrirons qu'elle est Kv, où K est déterminé par la formule (20, a), à la place de laquelle on pourrait prendre la formule plus compliquée

$$(21, a) \qquad K = \frac{6\pi\eta a}{1 + A\dfrac{l}{a}}$$

dont l'exactitude est démontrée par les expériences de MILLIKAN examinées précédemment. L'équation du mouvement de la particule prend la forme

$$(22) \qquad m\,\frac{d^2x}{dt^2} = -\,K\,\frac{dx}{dt} + X.$$

Comme la direction, c'est-à-dire le signe du mouvement, ne joue aucun rôle dans notre problème, nous introduirons au lieu de x une nouvelle variable x^2. Pour cela, multiplions (22) par x et posons

$$x\,\frac{d^2x}{dt^2} = \frac{1}{2}\,\frac{d^2(x^2)}{dt^2} - \left(\frac{dx}{dt}\right)^2,$$

alors nous obtenons

$$(22,\,a) \qquad \frac{m}{2}\,\frac{d^2(x^2)}{dt^2} - m\left(\frac{dx}{dt}\right)^2 = -\,\frac{K}{2}\,\frac{d(x^2)}{dt} + xX.$$

Imaginons cette équation écrite pour un nombre énorme de molécules semblables entre elles et prenons la valeur moyenne ; nous posons

$$(22,\,b) \qquad \frac{d(x^2)}{dt} = z.$$

Mettons (21) à la place du second terme et considérons que la valeur moyenne de xX est égale à zéro, car la force X a aussi souvent une direction que la direction opposée. Ainsi nous obtenons pour z l'équation :

$$(22,\,c) \qquad \frac{1}{2}\,m\,\frac{dz}{dt} - \frac{RT}{N} = -\,\frac{K}{2}\,z$$

ou

$$\frac{dz}{z - \dfrac{2RT}{NK}} = -\,\frac{K}{m}\,dt.$$

Intégrons entre les limites $t = 0$ et $t = \tau$, nous obtenons

$$(22,\,d) \qquad z = \frac{2RT}{NK} + Ce^{-\frac{K}{m}\tau}.$$

Si l'on prend τ assez grand (de l'ordre de 10 sec), le second terme, dans lequel C est la constante d'intégration, peut être négligé. En effet, on peut prendre pour K l'expression (20, a), dans laquelle le rayon a ne doit pas, en général, être plus grand que 10^{-4} cm. pour que le mouvement brownien soit sensible. Il suit de là que $\dfrac{K}{m}$ est une grandeur de l'ordre 10^5. Les formules (22, b) et (22, c) donnent alors

$$\frac{d(\overline{x^2})}{dt} = \frac{2RT}{NK}.$$

Si $\overline{\Delta x^2}$ est la variation de la grandeur $\overline{x^2}$ pendant le temps τ,

$$(22,\,e) \qquad \overline{\Delta x^2} = \frac{2\mathrm{RT}}{\mathrm{NK}}\,\tau\,:$$

c'est la formule (20), d'Einstein.

La première recherche précise sur le mouvement brownien dans les *gaz* a été commencée en 1910 dans le laboratoire de Millikan par H. Fletcher, et a été ensuite continuée par Millikan lui-même. Elle conduisit à une nouvelle détermination de ia grandeur Ne, et comme le résultat ainsi obtenu s'est trouvé en excellente concordance avec celui qui avait été obtenu précédemment, on a eu ainsi la première et exacte vérification de la théorie du mouvement brownien et, par conséquent on peut dire, la confirmation définitive de la légitimité de la théorie moléculaire cinétique de l'univers. Les deux savants que nous avons nommés ont combiné avec beaucoup de succès les déductions de la théorie du mouvement brownien avec les résultats des recherches expérimentales décrites dans §§ 1 et 2.

Revenons à la formule (7) ; écrivons e au lieu de e_n. Nous rappelant ce qui fut dit de la grandeur. K (voir (20, *a*)), nous voyons que $mg = \mathrm{K}v_1$; c'est pourquoi (7) peut s'écrire [voir le texte avant la formule (11)] :

$$(23) \qquad e = \frac{\mathrm{K}}{\mathrm{F}}\,(v_1 + v_2)_0.$$

Si de là on tire K et qu'on en porte la valeur dans (20), on obtient

$$(24) \qquad \overline{\Delta x^2} = \frac{2\mathrm{RT}(v_1 + v_2)_0\tau}{\mathrm{F}\mathrm{N}e}.$$

Pour éviter la nécessité de calculer tous les $(\Delta x)^2$, on peut introduire la moyenne $\overline{\Delta x}$ de toutes les valeurs *absolues* des grandeurs Δx, Dans la théorie cinétique des gaz (T. II) on a indiqué la relation entre la vitesse moyenne arithmétique des molécules gazeuses et la moyenne des carrés des vitesses, quand les vitesses sont réparties suivant la loi de Maxwell. La même loi doit s'appliquer aussi aux déplacements Δx des particules dans le mouvement brownien. La relation rappelée est

$$\overline{\Delta x} = \sqrt{\frac{2}{\pi}\,\overline{\Delta x^2}}.$$

Portons l'équation (24) dans celle-ci, nous obtenons l'expression de $\overline{\Delta x}$, qui nous donne

$$(25) \qquad \mathrm{N}e = \frac{4\mathrm{RT}(v_1 + v_2)_0\tau}{\pi\mathrm{F}(\overline{\Delta x})^2}.$$

Ici se trouve au dénominateur le carré de la valeur moyenne de tous les Δx, tandis que dans (24) nous avons la valeur moyenne des carrés de tous les Δx.

H. Fletscher allait commencer à effectuer ses observations en mesurant les grandeurs Δx pour toutes les gouttelettes en suspension ; mais bientôt il

passa à la méthode suivante, nouvelle et ingénieuse. Dans le système oculaire
d'une lunette servant pour les observations, il a disposé une série de fils
horizontaux également espacés. Soit τ le temps pendant lequel la particule
descend d'un fil à un autre *lorsque le mouvement brownien n'existe pas*, et soit
d la distance de ces fils. Si le mouvement brownien a lieu, la particule parcourt, outre la distance d, un certain chemin Δx, que pour le moment nous
considérons comme positif dirigé *vers le haut*. C'est pourquoi la particule
s'abaisse de la distance d pendant le temps $\tau + \Delta t$, où Δt et Δx ont le même
signe. Quand Δx est petit comparativement à d (par exemple $\Delta x = 0,1d$) et,
par conséquent, Δt est petit par rapport à τ, on peut écrire $\Delta x = v_1 \Delta t$,
où v_1 est la vitesse moyenne sous l'influence de la seule force de la pesanteur.
Si l'on observe un très grand nombre de temps $\tau + \Delta t$ de chute de la particule, leur valeur moyenne sera égale à τ. Retranchons cette moyenne de
tous les temps de chute observés, désignons par Δt l'écart (indépendant du
signe) du temps de chute et de la valeur moyenne ; alors reste applicable
l'équation $\Delta x = v_1 \Delta t$, dans laquelle Δx, comme dans (25), est indépendant
du signe du déplacement de la particule. Il est évident que

$$(25, a) \qquad\qquad \overline{(\Delta x)}^2 = v_1^2 \overline{(\Delta t)}.^2$$

Maintenant (25) donne

$$(26) \qquad\qquad Ne = \frac{4RT(v_1 + v_2)_0 \tau}{\pi F v_1^2 \overline{(\Delta t)}^2}.$$

FLETCHER a observé 9 gouttes et en tout 1 735 valeurs du temps Δt (1911).
Il a trouvé

$$Ne = 2{,}88 . 10^{14} \text{ u. é. s.,}$$

tandis que l'électrolyse donne $2{,}896.10^{14}$ u. é. s. [formule (1)] ; le résultat
est excellent.

4. La question de l'existence des sous-électrons. — En parlant de
la charge e de l'électron, nous avons supposé qu'elle existe réellement comme
grandeur déterminée, c'est-à-dire que tous les électrons ont la même charge ;
cela signifie que la grandeur e est une des constantes dites universelles. Mais
cette question a pu paraître douteuse quand a été publié, en 1909, à Vienne,
le premier des travaux sur ce sujet de F. EHRENHAFT, qui conclut qu'il doit
exister aussi des particules individuelles d'électricité négative dont la charge
est beaucoup plus faible, un grand nombre de fois plus faible, que la charge
$e = 4{,}774.10^{-10}$ u. é. s. qui, sur la base des expériences de nombreux savants et en particulier de Millikan (voir (18)), est admise comme la « charge
de l'électron », c'est-à-dire de tous les électrons individuels qui existent dans
l'univers. A cette époque, 1909, a commencé une lutte acharnée, la « lutte
pour l'électron », qui s'est prolongée pendant 16 ans, et aujourd'hui encore
il est impossible d'affirmer qu'elle est définitivement terminée au profit de
l'une ou de l'autre des opinions, c'est-à-dire que tous les savants se soient

rangés à la même manière de voir. La situation se présente assez étrange. Dans ces 16 années ont paru plusieurs dizaines de recherches expérimentales et d'examens critiques de ces travaux et d'autres. Somme toute, on peut dire que la plupart des savants maintiennent fermement l'idée qu'en dehors des électrons dont la charge est e, il n'existe pas de particules indépendantes dont la charge soit moindre que e, c'est-à-dire *il n'existe pas de sous-électrons*. Cependant un petit groupe de savants, qui n'est guère composé que de Ehrenhaft et de ses élèves, défend avec une étonnante persévérance l'idée de l'existence de sous-électrons. A des mémoires apportant un nouveau matériel de faits d'expériences qui dépose en faveur de la charge unique e ou bien indique les sources d'erreurs de leurs observations, Ehrenhaft et ses élèves répondent par de nouvelles recherches, parfois très étendues, de caractère expérimental ou simplement polémique, par lesquelles ils s'efforcent de prouver de nouveau l'existence des sous-électrons, réfutent la critique qu'on a faite de leur opinion et quelquefois même, passant à l'attaque, montrent que l'existence des sous-électrons peut être démontrée sur la base des recherches expérimentales de leurs contradicteurs. Comme nous l'avons dit, bien peu croient aujourd'hui à la variabilité de la grandeur e; mais chaque nouvel article des savants viennois ne peut manquer de produire une certaine impression, surtout chez les non spécialistes; il provoque des hésitations, des doutes qui ne disparaissent pas toujours quand arrive la réfutation. La longue durée de cette lutte et l'importance exceptionnelle du sujet nous obligent à nous arrêter quelque peu sur cette question d'une incomparable célébrité.

Nous avons vu comment Millikan passa de l'observation de la surface du brouillard à l'observation des gouttes séparées. Le grand mérite d'Ehrenhaft c'est que, indépendamment de Millikan et par une tout autre voie, il arrive à l'observation des particules individuelles en suspension. Déjà en 1907 il publia d'intéressantes observations sur le mouvement brownien des particules métalliques dans les gaz, effectuées au moyen de l'ultramicroscope. Quand de Broglie, en 1908, par le même procédé, étudia le mouvement des particules de fumée et à l'aide d'un champ électrique démontra que ces particules portent des charges, Ehrenhaft disposa dans la chambre où se trouvaient les particules ultramicroscopiques de métaux un condensateur plan *vertical*; pour l'observation il se servit de l'*ultramicroscope*. Il détermina (1909) pour un grand nombre de particules leur mouvement sous l'influence d'un champ électrique, et ensuite, aussi pour un grand nombre de particules, la chute sous l'influence de la pesanteur.

D'après ces observations il calcula la charge de la particule et la trouva, pour les particules d'argent et de zinc, égale à 4,5 à $4,7 . 10^{-10}$ u. é. s., en bonne concordance avec les nombres connus à cette époque et même avec le nombre actuellement admis 4,774. Le défaut de la méthode consiste en ce que les deux sortes de mesures étaient effectuées sur des particules différentes et que, finalement, le nombre obtenu représentait la valeur moyenne de la charge pour un grand nombre de particules, et non le résultat de la mesure de la charge d'une particule déterminée. Ce n'est qu'en 1910 que Ehrenhaft passa à l'observation de l'action du champ du condensateur et de la force de gravitation sur une seule et même particule.

Dans ce travail il mentionne les recherches de Millikan, à qui la priorité demeure dans cette question. Il a disposé aussi les lames du condensateur horizontalement. Il a soumis à l'observation des particules de Au, Pt et Ag. Le rayon a des particules variait de $0,35$ à $2,83.10^{-5}$ cm. Sur ces particules il a trouvé des charges dont la grandeur oscillait entre des limites très écartées. Ainsi sur des particules d'argent (a était compris entre $2,83$ et $0,60.10^{-5}$ cm.) il a trouvé des charges de $26,6$ à $0,9.10^{-10}$, et *la charge est d'autant moindre que les dimensions de la particule sont plus petites*. Pour tous les métaux les charges deviennent moindres que $e = 4,77.10^{-10}$, c'est-à-dire qu'elles commencent à être des sous-électrons, lorsque le rayon a devient moindre, par exemple, que $1,0.10^{-5}$ cm. Remarquons que Ehrenhaft calculait le rayon a par la simple formule de Stokes.

En 1911 il publia un second travail dans lequel il donne comme valeur moyenne de la charge de la particule d'argent $1,7.10^{-10}$, d'or $1,0.10^{-10}$, c'est-à-dire des grandeurs beaucoup moindres que e. De là il conclut que la charge de la particule est d'autant plus faible que sa capacité est moindre, et que nous ne pouvons connaître la charge la plus petite possible qu'en étudiant les particules les plus petites visibles à l'*ultramicroscope*. Notons que dans l'appareil de Millikan, bien que fût réalisée l'idée de l'ultramicroscope, on observait au moyen d'une lunette dont le faible grossissement ne permettait pas de suivre des particules d'aussi faibles dimensions que celles qu'on étudiait avec l'appareil d'Ehrenhaft. Les dimensions des appareils des deux savants étaient aussi totalement différentes. Dans celui de Millikan le rayon des lames du condenseur était, comme nous l'avons vu, de 20 cm., leur distance de $1,6$ mm., et les parcours des molécules de 1 cm. ; dans celui d'Ehrenhaft, ces nombres deviennent respectivement 14 mm., $1,8$ mm et quelques dixièmes de millimètre. Le rayon des particules de Millikan ne descendait pas au-dessous de $2,5.10^{-5}$ cm. Ainsi les régions dans lesquelles les deux savants observaient étaient différentes et se touchaient à peine. Ehrenhaft ne nie pas la structure atomique de l'électricité, car lui aussi observa que la variation de charge de la molécule se fait par des bonds de même grandeur lorsqu'elle a lieu dans des gaz ionisés, mais il soutient que la charge de l'atome d'électricité est de l'ordre de $0,1.10^{-10}$ u. é. s.

Ces premiers travaux d'Ehrenhaft provoquèrent des répliques de Millikan, qui considère comme inadmissible en principe l'emploi de la méthode avec d'aussi petites particules. Plus petite est la particule, plus grande doit être la correction apportée à la formule de Stokes ; quand le rayon a de la particule est très petit, on ne peut plus rien dire de la forme de cette correction ; voir la formule ($12, a$). En outre, l'influence du mouvement brownien sur les résultats de l'observation directe doit augmenter avec la diminution des dimensions des particules. D'un autre côté, Ehrenhaft fait à Millikan le reproche d'introduire une correction, c'est-à-dire la grandeur A de la formule (13), dont la valeur numérique est choisie artificiellement de façon à obtenir pour e la valeur voulue. Il est impossible d'admettre que ce reproche soit justifié. La forme de la correction a une base théorique. Sans elle on obtient pour e les valeurs e_1, qui augmentent à mesure que la particule diminue. Toute la question, cela est évident, se ramène à savoir s'il est possible de trouver une valeur numérique de la grandeur A telle que, par son introduction dans la formule, toutes les valeurs de e_1 deviennent égales entre elles, c'est-à-dire soient indépendantes des dimensions des particules. Il se trouve que cela est possible et qu'on peut ainsi satisfaire à toutes les exigences d'une théorie rationnellement fondée et logiquement construite, unie à l'expérience établie avec réflexion et exécutée avec soin. Dans les expériences de MILLIKAN aussi, on a rencontré un petit nombre de gouttelettes donnant pour e des valeurs trop grandes ou trop petites. Mais MILLIKAN explique ces rares exceptions par ce que les gouttelettes n'étaient pas formées d'une huile pure ou parce qu'il s'y était attaché des poussières de l'air.

Nous avons rappelé qu'EHRENHAFT a aussi effectué des observations dans l'air ionisé, où chaque particule recevait ou perdait de l'électricité par quantités égales entre elles, qui cependant se montrèrent d'autant plus petites que les dimensions de la particule sont moindres, MILLIKAN indique l'impossibilité d'admettre que dans l'air ionisé il se trouve en même temps des charges de tontes les grandeurs possibles, parmi lesquelles chaque particule choisirait précisément la charge qui convient à ses dimensions.

Maintenant que nous avons considéré les premiers travaux d'EHRENHAFT, voyons les recherches de quelques autres savants.

En Amérique J. LEE effectua dans le laboratoire de MILLIKAN des expériences avec des globules solides de gomme-laque ; il obtint $e = 4.764.10^{-10}$ u. é. s. A Vienne D. KONSTANTINOWSKY observa des gouttelettes encore plus petites que celles d'EHRENHAFT (jusqu'à $a = 0,2.10^{-5}$ cm.) et pour lesquelles il trouva des charges 200 fois plus faibles que e, ce qui le força à douter de la structure atomique de l'électricité en général. Plus intéressantes sont les recherches d'autres personnes, étrangères à ces débats et impartiales. REGENER, à Berlin, effectua des recherches par la méthode d'EHRENHAFT, c'est-à-dire au moyen de l'ultramicroscope, mais avec des gouttes d'huile et de solution de potasse caustique. Il trouva seulement des charges égales à $e = 4,86.10^{-10}$ ou multiples de ce nombre (jusqu'à 4) ; mais avec des particules d'argent, obtenues par la méthode d'EHRENHAFT, en aspirant l'air d'un arc voltaïque jaillissant entre des électrodes métalliques, il ne put trouver aucune régularité simple. PRZIBRAM étudia les particules d'un brouillard de phosphore, et E. WEISS des particules d'argent ; tous deux confirmèrent les résultats de MILLIKAN. On peut dire la même chose des expériences de A.-F. JOFFÉ, qui a observé l'effet photoélectrique sur de fines particules en suspension ; nous examinerons ce travail par la suite.

Dans ces travaux et ceux d'autres savants on trouve d'autres objections à la méthode d'EHRENHAFT. A cela se rapporte l'indication que les particules qu'il a observées n'avaient pas la forme sphérique. Les difficultés disparaissent si on leur attribue une *faible densité*, en supposant qu'elles sont formées d'oxyde et ont une forme irrégulière chiffonnée et une structure poreuse ou spongieuse. Alors EHRENHAFT fit jaillir l'arc voltaïque dans de l'azote pur entre des électrodes d'un métal noble. En outre il fit des recherches étendues avec le mercure pulvérisé, sur lequel le caractère métallique et la forme sphérique des gouttes relativement grosses pouvaient être immédiatement observés. Il n'y a aucune raison que ces caractères n'existent plus chez des gouttelettes plus petites ; mais dans ce cas aussi il obtint les mêmes résultats que dans ses expériences antérieures. Pour rétorquer l'objection relative à l'influence du mouvement brownien, EHRENHAFT et KONSTANTINOWSKY effectuèrent des observations en tenant compte de ce mouvement. Néanmoins ils obtinrent pour de très petites gouttes des valeurs de la charge descendant jusqu'à $0,1\ e$. Il est remarquable qu'EHRENHAFT se soit encore efforcé par un autre moyen de confirmer la légitimité de sa méthode en déterminant les dimensions des particules. Il éclaira des poussières et par la teinte des rayons diffusés il détermina les dimensions des particules, utilisant pour cela la formule donnée par G. MIE. On obtint ainsi les mêmes dimensions que par la formule de STOKES où on fait entrer un terme correctif spécial, tandis que les formules du mouvement brownien donnent des valeurs trop grandes pour les dimensions des molécules.

Nous ne nous arrêterons pas sur les travaux que SCHIDLOF et ses élèves, TARGENSKI et autres, exécutèrent à Genève et qui ont confirmé les résultats de MILLIKAN. J. PARANKIEWICZ, élève d'EHRENHAFT, trouva sur certaines particules des charges de 3.10^{-18} u. é. s., formant $\dfrac{1}{2\,000}\ e$. O.-W. SILVEY (1916), J.-B. DERIEUX (1918), K. WOLTER (1921), E. RADEL (1920) et E. SCHMID (1920) ont obtenu des résultats conformes aux déductions de MILLIKAN. Il est à remarquer que E. RADEL et E. SCHMID observaient par la méthode d'EHRENHAFT, c'est-à-dire se servaient de l'ultramicroscope. E. NORST a donné une critique de la méthode d'observation de la teinte des rayons diffusés. La question de la *densité* des particules a soulevé beaucoup de discussions. Quelques savants ont trouvé pour les particules métalliques des densités étonnamment faibles, et quelquefois aussi des densité plus grandes, par exemple : $0,2$ à $8,5$ pour le platine (au lieu de $21,4$), $0,5$ à $4,0$ pour le sélénium ($4,45$), $4,8$ pour l'or, etc.

Nous ne pouvons évidemment pas rapporter tous les détail de cette discussion sans fin. Bornons-nous à indiquer que R. BAR (1922) a publié un des derniers travaux relatifs à cette question. Ses recherches soignées le conduisirent à ce résultat, qu'il n'existe pas de charges moindres que e, et que la faible densité des molécules et les faibles valeurs de la charge obtenues par le calcul s'expliquent par la structure spongieuse et la forme très irrégulière des particules. Mais Th. SEXL (1924) et F. WASSER (1924) réfutent ces déductions et soutiennent celles d'EHRENHAFT. Quelques auteurs indiquent que la couche de gaz condensé qui recouvre la surface de la particule peut produire une diminution apparente de la densité. Nous ne pouvons que répéter que le groupe des savants viennois ne se rend pas. EHRENHAFT a donné en 1918 un recueil considérable de ses travaux avec tous les éclaircissements sur les questions qui s'y rattachent.

.5. La charge spécifique de l'électron. — Avant de terminer le chapitre sur l'électron nous allons revenir sur la question de la *charge spécifique* $\frac{e}{m}$, où m est la masse de l'électron. Au commencement du § 1 nous avons déjà fait connaître le procédé le plus important de détermination de $\frac{e}{m}$, et nous avons signalé la monographie étendue de A. Bestelmeyer dans laquelle sont considérées les 45 déterminations effectuées en général avant 1913 (l'article n'a paru qu'en 1919). Comme valeur la plus probable, Bestelmeyer donne le nombre

$$\frac{e}{m_0} = 1.76 \cdot 10^7 \text{ u. é. m.}$$

avec une erreur possible de $\pm 1 \,^0/_0$. Ici m_0 est la masse de l'électron en repos. Comme il est admis, nous omettons le signe (—), bien qu'en réalité $\frac{e}{m_0}$ soit une grandeur négative. La masse m de l'électron dépend de sa vitesse v. Nous avons vu (T. V) que pour cette dépendance ont été proposées deux fonctions : la première due à H.-A. Lorentz et la seconde à M. Abraham. Pour clore la discussion qui en est résultée on a effectué une série de recherches expérimentales desquelles on pouvait déduire la valeur de la quantité $\frac{e}{m}$ pour $v = 0$, c'est-à-dire la valeur de $\frac{e}{m_0}$. En 1914, parut un nouveau travail dû à G. Neumann et exécuté avec beaucoup de soin et, en 1916, une addition due à Cl. Schafer. Un de leurs résultats fut le nombre

$$(27) \qquad \frac{e}{m_0} = 1,765 \cdot 10^7 \text{ u. é. m.}$$

Ensuite F. Paschen (1916) trouva, sur la base de mesures spectrométriques dont nous verrons la théorie par la suite,

$$(27, a) \qquad \frac{e}{m_0} = 1,7649 \cdot 10^7 \text{ u. é. m.}$$

Mais L. Flamm (1917) fit un examen critique des calculs de Paschen, introduisit quelques corrections et trouva

$$(27\,b) \qquad \frac{e}{m_0} = (1,7686 \pm 0,0029) 10^7 \text{ u. é. m.}$$

Depuis lors on peut accepter le nombre généralement adopté :

$$(28) \qquad \frac{e}{m_0} = 1,769 \cdot 10^7 \text{ u. é. m.} = 5,307 \cdot 10^{17} \text{ u. é. s.}$$

En 1923 parut un travail de H.-D. Babcock, qui effectua une nouvelle détermination de $\frac{e}{m_0}$ par le moyen d'une recherche sur le phénomène de Zeemann. La théorie de ce phénomène conduit à la formule

$$(29) \qquad \frac{e}{m_0} = \frac{4\pi c' \Delta\lambda}{H\lambda^2},$$

où H est l'intensité du champ magnétique, λ la longueur d'onde de la raie spectrale considérée ; $\Delta\lambda$ correspond au déplacement latéral de la raie normale du triplet à partir de la position moyenne, et c' est la vitesse de la lumière dans le milieu où on mesure les grandeurs λ et $\Delta\lambda$. Avant 1913 il avait été fait par divers savants neuf déterminations de $\dfrac{e}{m_0}$ sur la base de la formule (29). H.-D. BABCOCK a étudié principalement les raies du chrome. Il a trouvé

$$\frac{e}{m_0} = 1{,}761 \cdot 10^7 \text{ u. é. m.}$$

Prenant pour e le nombre de MILLIKAN $4{,}774 \cdot 10^{-10}$ u. é. s, nous trouvons, sur la base de (28), pour la *masse de l'électron en repos*

$$(30) \qquad m_0 = 0{,}8996 \cdot 10^{-27} \text{ gr.}$$

et

$$(31) \qquad \frac{m(\text{H})}{m_0} = 1840,$$

où $m(\text{H})$ représente la masse d'un atome d'hydrogène.

BIBLIOGRAPHIE

1 et 2

TOWNSEND. — *Proc. Cambr. Phil. Soc.* 9, p. 244, 345, 1898 ; *Phil. Mag.* (5), 45, p. 125, 469, 1898. Traduit dans *Ions, Electrons, Corpuscules*, p. 904.

J.-J. THOMSON. — *Phil. Mag.* (5), 46, p. 528, 1898 ; (6), 5, p. 354, 1903. Traduit dans *Ions, Electrons, Corpuscules*, p. 802.

C.-T.-R. WILSON. — *Proc. Cambr. Phil. Soc.* 9, p. 333, 392, 1898 ; *Proc. R. Soc.*, 61, p. 240, 1897.

H.-A. WILSON. — *Phil. Mag.* (6), 5, p. 429, 1903. Traduit dans *Ions, Electrons, Corpuscules*, p. 1107.

R.-A. MILLIKAN. — *Phys. Rev.* 26, p. 198, 1908 ; *Phil. Mag.*, 19, p. 209, 1910 ; *Phys. Rev.*, 30, p. 560, 1909 ; 31, p. 92, 1910 ; 32, p. 349, 1911 ; 33, p. 366, 1911 ; (2), 2, p. 109, 1913 ; *Phil. Mag.*, (6), 34, p. 1, 1917 ; *Phys. Ztschr.*, 1910, p. 1097 ; 1911, p. 161 ; 1913, p. 736.

3

ROB. BROWN. — *Phil. Mag.*, 4, p. 161, 1828 ; *Annal. d. Phys. u. Chem.*

THIRION. — *Revue des quest. scientifiques*, Louvain, 7, p. 5, 1880 ; 14, p. 294, 1888.

A. Einstein. — *Ann. der Physik*, (4) **17**, p. 549, 1905, ; **19**, p. 371, 1906 ; **22**, p. 569, 1907.

M. Smoluchowski. — *Ann. der Physik.*, (4), **21**, p. 756, 1906 ; *Phys. Ztschr.* 1916, p. 557, 585.

J. Perrin. — *C. R.* **146**, p. 967, 1908 ; **147**, p. 475, 530, 594, 1908 ; **152**, p. 1380, 1569, 1911 ; *Ann. de chim. et de phys.*, (8), **18**, p. 5, 1909. *Les Atomes*, diverses éditions.

Langevin. — *C. R.* **146**, p. 530, 1908.

H. Fletcher. — *Phys. Rev.*, **33**, p. 81, 1911 ; *Phys. Ztschr.*, 1911, p. 202 ; *Le Radium*, **8**, p. 279, 1911 ; *Phys. Rev.*, (2), **4**, p. 442, 1914.

R. Millikan. — *Phys. Rev.*, (2), **1**, p. 218, 1913 ; *Le Radium*, **10**, p. 15, 1913.

4

F. Ehrenhaft. — *Wien. Ber.*, **112**, p. 181, 1903 ; **114**, p. 1115, 1905 ; **116**, p. 1175, 1907 ; *Wien. Anz.*, 1909, N° 7 ; *Wien. Ber.*, **118**, p. 321, 1909 ; **116**, p. 815, 1910 ; **123**, p. 53, 1914 ; *Phys. Ztschr.*, 1904, p. 387 ; 1910, p. 619, 940, ; 1911, p. 94 ; 1914, p. 608, 952 ; 1915, p. 227, 952 ; 1917, p. 352 ; 1920, p. 675, 759 ; *Ann. der Phys.*, (4), **44**, p. 657, 1914 ; **56**, p. 1-80, 1918.

D. Konstantinovsky. — *Ann. der Phys.*, (4), **46**, p. 261, 1914 ; **48**, p. 57, 1915 ; **49**, p. 881, 1916 ; *Die Naturwiss.* 1918, p. 429, 448, 473, 488 ; *Phys. Ztschr.*, 1915, p. 369.

J. Parankiewicz. — *Phys. Ztschr.*, 1917, p. 567 ; 1918, p. 280 ; *Ann. der Phys.*, (4), **53**, p. 551, 1917 ; **57**, p. 489, 1918 ; *Wien Ber.*, **126**, p. 1249, 1917.

K. Przibram. — *Wien. Ber.*, **121**, p. 949, 1912 ; **122**, p 1895, 1913 ; *Phys. Ztschr.*, 1912, p. 106.

A. Joffé. — *Sitzber Bayr. Akad.*, *Febr.*, 1913.

E. Regener. — *Phys. Ztschr.*, 1911, p. 133, 263 ; *Berl. Ber.*, 1909, p. 948 ; 1920, p. 632.

E. Meyer et W. Gerlach. — *Ann. der Phys.*, (4), **45**, p. 177, 1914 ; **47**, p. 227, 1915 ; *Arch. de Gen.*, **35**, p. 398, 1913.

G. Mie. — *Ann. der Phys.*, (4), **25**, p. 377, 1908.

F. Zerner. — *Phys. Ztschr.*, 1915, p. 10 ; 1916, p. 165 ; 1919, p. 546.

W. König. — *Die Naturwiss.* 1917, p. 373.

De Broglie. — *C. R.* **144**, p. 1338, 1907 ; **146**, p. 624, 1010, 1908 ; **148**, p. 1316, 1909.

C. F. Eyring. — *Phys. Rev.*, (2), **5**, p. 412, 1915.

E. Weïss. — *Wien. Ber.*, **120**, p. 1021, 1911 ; *Phys. Ztschr.*, 1911, p. 630.

R. Millikan et H. Fletcher. — *Phys. Ztschr.*, 1911, p. 161 ; *Phys. Rev.*, **32**, 394, 1911 ; (2), p. 117, 198, 1909.

H. Fletcher. — *Phys. Rev.*, **33**, p. 107, 1911 ; *Le Radium*, **8**, p. 279, 1911 ; *Phys. Ztschr.*, 1915, p. 316.

R. Pohl. — *Jahrb. der Rad. u. Elektron.*, **8**, p. 131, 1911.

Schidlof et Karpowicz. — *C. R.* **158**, p. 279, 1912. 1914 ; *Arch. de Gen.*, **41**, févr. 1916.

R. Millikan. — *Ann. der Phys*, **50**, p. 730, 1916 ; *Phys. Ztschr.*, 1910, p. 1097.

A. Targonski. — *Arch. de Gen.*, **41**, p. 181, 269, 357, 1916.

A. Schidlof. — *Arch. de Gen.*, **43**, mars 1916, ; **45**, mars 1918 ; *Phys. Ztschr.*, 1916, p. 376.

F. Ehrenhaft et D. Konstantinowsky. — *Ann. der Phys.*, (4), **63**, p. 58, 199, 1919 ; 779, 1920.

E. Norst. — *Verh. d. d. phys. Ges.*, 1920, p. 68.

E. Schmid. — *Wien. Ber.*, **129**, p. 813, 1920 ; *Z. f. Phys.*, **5**, p. 27, 1921.

R. Bär. — *Ann. der Phys.*, **57**, p. 161, 1918 ; **59**, p. 393, 1919 ; **67**, p. 157, 1922 ; *Phys. Ztschr.*, 1918, p. 373 ; *Die Naturwiss*, 1927, p. 322, 344.

R. Millikan. — *Das Elektron*, p. 149-168, 1922.

Bär et F. Luchsinger — *Phys. Ztschr.*, 1921, p. 225.

O. W. Silvey. — *Phys. Ztschr.*, **17**, p. 43, 1916.

A. Schidlof et J. Murzinowska. — *C. R.* **156**, p. 304, 1913.

E. Radel. — *Ztschr. f. Phys.*, **3**, p. 63, 1920.

K. Wolter. — *Ztschr. f. Phys.*, **6**, p. 331, 1921.

A. Schidlof et A. Targonski. — *Phys. Ztschr.*, 1916, p. 376.

J.-B. Derieux. — *Phys. Rev.*, (2), **11**, p. 203, 1918.

R. Fürth. — *Ann. d. Phys.*, **63**, p. 521, 1919.

Th. Sexl. — *Ztschr. f. Phys.*, **16**, p. 34, 1923 ; **26**, p. 371, 1924 ; *Sitzungsber. Wien. Akad.*, **132**, p. 139, 1923.

E. Wasser. — *Ztschr. f. Phys.*, **27**, p. 203, 226, 1924.

5

G. Neumann. — *Ann. der Phys.*, (4), **45**, p. 529, 1914.

Cl. Schaefer. — *Ann. der Phys.*, (4), **49**, p. 943, 1916.

F. Paschen. — *Ann. der Phys.*, (4), **50**, p. 901, 1916.

L. Flamm. — *Phys. Ztschr.*, 1917, p. 515.

H. D. Babcock. — *Astrophys. J.*, **58**, p. 149, 1923.

CHAPITRE II

THÉORIE DES QUANTA

1. Origine de la théorie des quanta. — Dans l'étude thermodynamique de la chaleur rayonnante la grandeur $\varepsilon = h\nu$

$$(\mathrm{I}) \qquad \varepsilon = h\nu \ \text{ergs}$$

joue un rôle important et a reçu le nom de *quantum*, ou, plus exactement, de *quantum d'énergie rayonnante*. Ici ε, c'est-à-dire le quantum, représente une quantité élémentaire, quelque chose comme un atome d'énergie rayonnante monochromatique ; ν est la fréquence de vibration caractéristique de cette énergie. Ce que l'on nomme la *constante de Planck* h est une grandeur de même dimension que la grandeur appelée en mécanique l' « *action* », précisément de la dimension de l'énergie multipliée par le temps, car ν est de la dimension (temps)$^{-1}$. Ainsi la dimension de h est

$$(2) \qquad [h] = \frac{ML^{2}}{T}.$$

Dans le système G.G.S. ε s'exprime en ergs ; ν est le nombre de vibrations par seconde, et h s'exprime en ergs-seconde. Nous avons vu que jusqu'à présent la valeur la plus probable de h est

$$(3) \qquad h = 6{,}54 \cdot 10^{-27} \ \text{ergs-seconde.}$$

h peut être considéré comme la *quantité élémentaire d'action* ; on l'appelle quelquefois le *quantum d'action*. Indiquons une grandeur qui est de la même dimension que h. Supposons qu'un point matériel de masse m se meuve avec une vitesse v ; soient : O un point fixe donné quelconque et a la longueur de la perpendiculaire abaissée de O à un instant donné sur la direction de la vitesse v. Nous savons que mv est appelé la quantité de mouvement (T. I) ; le produit mva est appelé le *moment de la quantité de mouvement* par rapport au point O. Comme la dimension de v est celle de LT^{-1}, il est clair que la dimension de mva est

$$(4) \qquad [mva] = \frac{ML^{2}}{T} = [h],$$

c'est-à-dire est la même que celle de h. Par la suite nous verrons une généralisation de la formule (4).

Il sera utile de rappeler, quoique d'une façon concise et élémentaire, par quelle voie PLANCK est arrivé à la découverte de la grandeur h, qui a produit de si profondes transformations dans presque toutes les parties de la physique et qui aujourd'hui tend à *détruire toute la théorie de l'énergie rayonnante en tant que mouvement vibratoire qui se propage dans l'espace.*

Les recherches théoriques de PLANCK sur le rayonnement du corps absolument noir (T. II) ont commencé en 1896 et ont amené en 1900 la découverte de la grandeur h. Le but de ces recherches était de déterminer la fonction $E(\lambda, T)$ de la longueur d'onde λ et de la température absolue T qui définit la distribution de l'énergie dans le spectre du corps noir. PLANCK supposait que le rayonnement provient de points déterminés du corps dans lesquels s'effectue certain mouvement qui provoque une perturbation électromagnétique dans l'espace qui entoure ces points. Il admettait qu'en ces points se produisent des mouvements vibratoires des électrons. Il importe de remarquer que, comme on l'a reconnu par la suite, le caractère du mouvement qui a lieu dans les centres d'émission du rayonnement n'a aucune importance pour les déductions théoriques ultérieures. Un tel centre est appelé *oscillateur, vibrateur* ou *radiateur* ; nous admettons qu'en ce point s'effectuent ν vibrations, par suite desquelles s'échappent des rayons de même fréquence et de longueur d'onde λ. L'oscillateur émet de l'énergie rayonnante aux dépens de l'énergie de ses mouvements de vibration, et s'il ne reçoit pas un afflux d'énergie nouvelle, la sienne va s'épuiser et le mouvement de l'oscillateur devra cesser. Dans ce cas toute son énergie sera transformée en énergie de rayonnement électromagnétique. Mais l'afflux d'énergie vers un oscillateur existe toujours si, comme nous l'admettons, un très grand nombre d'oscillateurs semblables (de même fréquence ν) se trouvent à l'intérieur du corps. Alors tout l'espace interatomique est rempli d'une énergie rayonnante de fréquence ν qui afflue de tous côtés vers l'oscillateur et est absorbée par lui. Nous avons ici une simple résonance dans laquelle chacun des oscillateurs joue en même temps le rôle de *résonateur* mis en mouvement par les oscillations électromagnétiques qu'il reçoit. Il est clair qu'il doit s'établir un état d'équilibre de tout l'ensemble des oscillateurs et des résonateurs dans lequel toute leur provision d'énergie ne varie pas avec le temps, si toutefois l'état physique du corps ne change pas. Tous ces oscillateurs, pendant un intervalle de temps quelconque, émettent autant d'énergie rayonnante qu'ils en absorbent. Admettons, de plus, que dans le corps considéré existent des oscillateurs de toutes les fréquences ν possibles, que pour chaque groupe d'oscillateurs dont les fréquences sont comprises entre ν et $\nu + \Delta\nu$ le nombre de ces fréquences est très grand. Il se trouve que dans l'état d'*équilibre stable* (maximum d'entropie) tous les groupes d'oscillateurs sont à une même température, et l'énergie rayonnante émise correspond précisément au rayonnement noir $E(\lambda, T)$, de sorte que $E(\lambda, T)\Delta\lambda$ est l'énergie émise pendant l'unité de temps par le groupe dont la fréquence de vibration est comprise entre λ et $\lambda + \Delta\lambda$; ici λ et ν sont unis par la relation $\lambda\nu = c$, où c est la vitesse de la lumière dans le milieu dans lequel est mesurée la longueur d'onde λ.

Soit N le nombre des oscillateurs du groupe considéré et admettons que toute leur énergie est égale à J ; lorsque l'équilibre est atteint cette grandeur *ne varie pas*. L'énergie U d'un oscillateur quelconque est une grandeur qui *varie continuellement*, sous la dépendance de l'intensité fortuite du flux d'énergie rayonnante qui le rencontre ; cette énergie tantôt augmente, tantôt diminue, suivant qu'à un moment donné le hasard fait que l'émission est plus grande ou plus petite que l'absorption. Mais l'énergie moyenne U d'un oscillateur pour un intervalle de temps qui est *assez grand* est une grandeur complètement déterminée, évidemment égale à J : N. Cette même grandeur est égale à l'énergie moyenne de tous les oscillateurs d'un groupe donné à un moment pris arbitrairement. Elle représente une fonction de λ et de T ; ceci signifie qu'elle est différente pour les divers groupes d'oscillateurs et dépend de la température. PLANCK déduisit d'abord la formule importante

$$(5) \qquad\qquad E(\lambda,\ T) = 2\pi\,\frac{\nu^2}{c^2}\,U,$$

où c est la vitesse de la lumière. Il reste à trouver U. Pour cela PLANCK supposa d'abord que l'énergie de chacun des oscillateurs peut, avec le temps, prendre toutes les valeurs *possibles*, suivant les conditions accidentelles, comme nous l'avons dit plus haut. Mais en partant de cette supposition si naturelle et, semble-t-il, indubitablement vraie, PLANCK obtint pour $E(\lambda,\ T)$ une formule telle qu'elle n'est pas vérifiée par l'expérience, c'est-à-dire qu'elle ne correspond pas à la répartition dans le spectre du rayonnement noir telle que la donne l'expérience.

Alors une idée d'une hardiesse invraisemblable vint à l'esprit de PLANCK et « à ce moment il saisit d'une main puissante la barre du gouvernail de ce navire qu'est la physique, et ce navire partit dans une direction nouvelle à travers une étrange région tantôt éclairée d'une vive lumière, tantôt recouverte d'un brouillard épais, et jusque là inconnue ; et jusqu'ici il est impossible de savoir où il se dirige et quand le brouillard se dissipera » (Caractéristique du développement de la physique pendant les 5o dernières années (en russe), par CHWOLSON ; 1924, p. 16o). Cette idée consiste en ceci : *Il suppose qu'un oscillateur ne peut prendre une énergie arbitraire U, mais que U doit toujours être égal à un multiple d'une certaine quantité élémentaire et bien déterminée d'énergie, autrement dit d'un atome d'énergie*, dont la grandeur dépend cependant du groupe d'oscillateurs, c'est-à-dire de la fréquence ν. Désignons cette grandeur par ε ; alors U ne peut avoir que les valeurs

$$(6) \qquad\qquad U = 0,\ \varepsilon,\ 2\varepsilon,\ 3\varepsilon,\ \dots\ n\varepsilon,$$

où n est un nombre entier. La grandeur ε s'appelle, comme nous l'avons dit plus haut, un *quantum d'énergie rayonnante*. L'oscillateur ne peut prendre qu'un nombre entier de quanta d'énergie. Il suit de là qu'un oscillateur ne peut émettre ni absorber un flux continu d'énergie rayonnante, mais que *l'émission et l'absorption de l'énergie se font par quanta indivisibles* ; l'énergie U de l'oscillateur varie par *bonds*. Par la suite PLANCK a modifié son idée, admettant que l'oscillateur émet l'énergie rayonnante par quanta, mais qu'il l'absorbe d'une façon continue. On a parlé et écrit beaucoup pour et contre cette opinion ; la discussion dure encore, particulièrement en ce qui concerne la relation avec l'énergie au zéro absolu (T. III, chap. des chaleurs spécifiques). La préférence semble se porter vers l'hypothèse initiale, à laquelle nous nous tiendrons : nous reviendrons sur cette question au § 2.

Toute la provision J d'énergie d'un groupe donné d'oscillateurs (de ν ou λ donné) se compose de $\frac{J}{\varepsilon}$ quanta, qui, à tout instant, sont répartis entre N oscillateurs ; cette répartition change d'ailleurs continuellement. Utilisant la théorie des probabilités, les formules de la thermodynamique et la loi du déplacement de WIEN (T. II), PLANCK put démontrer que pour les divers groupes d'oscillateurs les *quanta sont proportionnels à la fréquence* ν. Il représenta par la lettre h le facteur de proportionnalité ; c'est la célèbre *constante de Planck*, qui domine toute la physique contemporaine ; sa valeur numérique a été donnée ci-dessus, form. (3). Ainsi le quantum ε est égal à $h\nu$; voir form. (1). Voici le tableau des valeurs des quanta (en ergs) pour des rayons de diverses longueurs d'onde λ.

λ	$h\nu$ ergs	λ	$h\nu$ ergs
3 km	$6,5 . 10^{-22}$	5 000 Å	$3,92 . 10^{-12}$
3 mm	$6,5 . 10^{-16}$	1 000 Å	$1,96 . 10^{-11}$
300 μ	$6,5 . 10^{-15}$	10 Å	$1,96 . 10^{-9}$
30 μ	$6,5 . 10^{-14}$	1 Å	$1,96 . 10^{-8}$
1 μ	$1,96 . 10^{-12}$	0,072 Å	$2,72 . 10^{-7}$

Le quantum de la lumière ayant la plus petite longueur d'onde est 43.10^6 fois plus grand que celui d'un des rayons infra-rouges extrêmes pour lequel $\lambda = 300\mu$. Il est curieux de comparer le quantum avec l'énergie i_0 d'une molécule à 0°. D'après MILLIKAN, $i_0 = 5,62,10^{-14}$; d'où il suit que le plus grand des quanta que nous avons indiqués est égal à l'énergie de 5 000 000 de molécules à 0°, et que le quantum de la lumière infra-rouge $\lambda = 26\mu$ est égal à l'énergie d'une molécule à 0°.

Il est facile de s'assurer qu'*à toute température* T l'énergie i d'une molécule et le quantum $\varepsilon_m = (h\nu)_m$ du rayon ayant dans le spectre du rayonnement noir, à la température T, la plus grande énergie, sont liés par la relation

$$(7) \qquad \varepsilon_m = (h\nu)_m = 3,4\, i.$$

Nous n'avons pas à continuer dans la voie des déductions et des calculs qui ont conduit PLANCK à la formule définitive pour $E(\lambda, T)$; donnons seulement l'expression de cette formule :

$$(8) \qquad E(\lambda, T) = \frac{1}{\lambda^5}\, \frac{c^2 h}{e^{\frac{ch}{kT\lambda}} - 1}$$

ou bien plus brièvement

$$(8,a) \qquad E(\lambda, T) = \frac{c_1}{\lambda^5}\, \frac{1}{e^{\frac{c_2}{\lambda T}} - 1}$$

où

$$(8,b) \qquad c_1 = c^2 h \quad \text{et} \quad c_2 = \frac{ch}{k};$$

ici c est la vitesse de la lumière, k est la constante de BOLTZMANN égale à $\frac{R}{N}$, où R est la constante des gaz et N le nombre d'AVOGADRO. Nous avons indiqué ces formules afin d'ajouter les résultats de quelques travaux récents.

En 1919, W. NERNST et Th. WULF ont publié une étude critique étendue de tous les travaux d'expérience qui furent effectués pour vérifier la formule $(8,a)$, que ces savants écrivent sous la forme

$$(8,c) \qquad E(\lambda, T) = \frac{1}{\lambda^5}\, \frac{C}{e^x - 1},$$

où $C = c_1$, $x = \frac{c_2}{\lambda T}$. Ils prennent $c_2 = 14300$ et trouvent que $(8,c)$ doit être complété par une correction empirique et devenir

$$(9) \qquad E(\lambda, T) = \frac{1}{\lambda^5}\, \frac{C}{e^x - 1}\, (1 + \alpha),$$

où α dépend de x, c'est-à-dire, pour T donné, de λ. Pour $x = 0$, nous avons $\alpha = 0$; ensuite α augmente et atteint sa plus grand valeur, $\alpha = 0{,}072$, pour $x = 2{,}5$. Après α diminue lentement ; pour $x = 10$, nous avons $\alpha = 0{,}022$, et c'est seulement pour $x = 20$ que α redevient nul. Nous voyons que la correction qu'introduisent NERNST et WULF est très considérable, qu'elle peut atteindre 7 % de la valeur de la grandeur $E(\lambda, T)$! Ce travail a incité H. RUBENS à effectuer avec l'aide de G. MICHEL une nouvelle vérification de la formule de PLANCK, en particulier dans le domaine des grandes longueurs d'onde, où NERNST avait trouvé les plus grands écarts. La recherche a été faite pour huit rayons de longueur d'onde $\lambda = 4{,}002 - 4{,}990 - 6{,}992 - 8{,}944 - 12{,}04 - 16{,}05 - 22{,}3$ et $51{,}8\mu$, et aussi entre de larges limites de température ; par exemple, pour $\lambda = 4{,}002\mu$, de $T = 634°$ à $1\,628°$; pour les plus grandes valeurs de λ, de $T = 289°$ à $1\,831°$.

Comme résultat on a trouvé une concordance excellente entre les valeurs fournies par l'observation et celles qui ont été calculées par la formule $(8,a)$ de PLANCK. Les écarts ne dépassent pas 1 %, c'est-à-dire restent compris entre les limites des erreurs d'observation ; ils sont répartis sans aucun

ordre et tantôt d'un côté, tantôt de l'autre. On n'a remarqué aucune
« marche ».

La valeur la plus probable pour c_2 a été trouvée

$$(10) \qquad c_2 = 14\,260.$$

2. Quanta d'énergie et quanta d'action. Energie au zéro absolu.

— Nous avons vu que la notion des quanta est apparue dans l'élaboration de la
théorie d'un phénomène déterminé et assez spécial, dans l'émission d'énergie
rayonnante par des oscillateurs qui existent dans les corps. Comme nous
l'avons indiqué, la structure de l'oscillateur et l'origine du mouvement qui
s'y produit ne jouent aucun rôle essentiel, bien que PLANCK lui-même ait
supposé que l'oscillateur est un électron en vibration. Nous pouvons, avant
toute chose, généraliser quelque peu l'idée fondamentale en la séparant complètement de la question de l'émission et de l'absorption de l'énergie rayonnante. Admettons qu'il existe de tels systèmes dont toute l'énergie E (cinétique et potentielle) ne puisse avoir de valeurs formant une série *continue*,
mais que E doit avoir une des valeurs E_1, E_2,... E_k... que nous disposons
en une série *croissante*

$$(11) \qquad E = E_1, E_2, E_3, \ldots E_k \ldots$$

Les valeurs intermédiaires sont impossibles ; le nombre des valeurs possibles de l'énergie reste indéterminé, mais *théoriquement* il peut être infiniment grand. A chaque E_k correspond un *état* déterminé du système dépendant de la disposition relative des parties du système, s'il y a des parties, ou
des mouvements qui s'y produisent. Suivant les valeurs de l'énergie, nous
parlerons des 1er, 2e,... k^e états du système. Le passage du système d'un état
quelconque à un autre état quelconque, par exemple du k^e au i^e, ne peut se
faire que par saut brusque, et dans ce passage l'énergie ne varie aussi que
par saut. Désignons par ΔE la variation de l'énergie dans un tel passage. Alors

$$(12) \qquad \Delta E = E_i - E_k.$$

Si $i > k$, alors $\Delta E > 0$, et le passage du système d'un état à l'autre doit
être accompagné ou plutôt doit *être provoqué par un afflux d'énergie venant de
l'extérieur* ; si $i < k$, c'est que $\Delta E < 0$, et le changement d'état du système
est accompagné d'une *perte* d'énergie, liée à la pénétration dans le milieu
extérieur au système d'une quantité équivalente d'énergie de même espèce
ou de toute autre espèce.

Nous avons un *cas spécial* quand les grandeurs E_k constituent une progression arithmétique et nous pouvons poser $E_k = k\varepsilon$. Dans ce cas

$$(12, a) \qquad \Delta E = (i - k)\varepsilon.$$

Un tel cas se rencontre quand le système considéré se ramène à un *point
matériel qui exécute des mouvements vibratoires harmoniques* : soit m sa masse.
Si ce point est un électron, nous avons l'oscillateur de PLANCK. Nous écrirons l'équation du mouvement sous la forme

$$(13) \qquad x = a \sin 2\pi\nu t,$$

où a désigne l'amplitude ; ν la fréquence des oscillations égale à $\frac{1}{T}$, T étant
la période. La vitesse v du point est

$$v = 2\pi\nu a \cos 2\pi\nu t,$$

et la vitesse v_0 lors du passage au point o, c'est-à-dire pour $t = 0$, est

$$(13\,a) \qquad\qquad v_0 = 2\pi\nu a.$$

Pour l'énergie E nous avons l'expression générale

$$(13, b) \qquad\qquad E = \frac{1}{2} mv_0^2 = 2m\pi^2\nu^2 a^2.$$

Supposons que ν est une grandeur donnée, caractéristique du système
considéré ; il est égal à (T. II)

$$(13, c) \qquad\qquad \nu = \frac{1}{2\pi} \sqrt{c},$$

où c est un coefficient qui entre dans l'expression de la force $f = -cmx$,
qui agit sur la masse m. Les divers états possibles du système ne peuvent se
distinguer que par les amplitudes ; soit a_k l'amplitude dans le k^e état possible, pour lequel l'énergie est E_k. Alors (13, b) et la condition $E_k = k\varepsilon$ introduite par PLANCK pour l'oscillateur donnent

$$(14) \qquad\qquad E_k = 2m\pi^2\nu^2 a_k^2 = k\varepsilon.$$

Par cette équation est déterminée la k^e amplitude possible. Admettons
maintenant que $\varepsilon = h\nu$, où h est la constante de PLANCK ; alors (14) donne

$$(15) \qquad\qquad 2m\pi^2\nu a_k^2 = kh$$

d'où

$$(15, a) \qquad\qquad a_k^2 = \frac{h}{2m\pi^2\nu} k$$

$$(15, b) \qquad\qquad E_k = kh\nu.$$

Passons maintenant aux *quanta d'action*, dont PLANCK a exprimé l'idée peu
après être arrivé à la notion du *quantum* d'énergie. Nous expliquerons la
pensée de PLANCK par l'exemple que nous venons d'examiner d'une masse m
oscillante, c'est-à-dire d'un oscillateur. A la coordonnée x correspond une
quantité de mouvement ou, comme on nomme maintenant cette grandeur, une
impulsion p (T. I) égale à

$$(16) \qquad p = m \frac{dx}{dt} = mv = 2\pi\nu ma \cos 2\pi\nu t = b \cos 2\pi\nu t,$$

où $b = 2\pi\nu ma$, l'impulsion pour $t = 0$. De (13) et (16) nous obtenons

$$(17) \qquad\qquad \frac{x^2}{a^2} + \frac{p^2}{b^2} = 1.$$

L'état du mouvement de la masse oscillante m est déterminé à chaque instant t par les grandeurs x et p. Traçons dans un plan des coordonnées car-

tésiennes et portons sur ces lignes les grandeurs x et p. Alors à l'état de notre système à l'époque t correspondra un point déterminé du plan qui change de position en même temps que change l'état du mouvement ou la « phase » du système. Nous appellerons ce point le *point figuratif (phasique)*; il se meut dans le *plan figuratif (phasique)*. Quand le point m effectue une oscillation complète, x et p reprennent leurs valeurs premières et le point figuratif retourne à son point de départ. De là il suit que dans un *cas donné* le point figuratif décrit sur le plan figuratif une *courbe figurative* fermée. La formule (17) montre que cette courbe est une *ellipse*. La surface S de cette ellipse est égale à πab, ou bien (voir les éq. (16) et (13, b))

$$(18) \qquad \qquad S = \pi ab = 2\pi^2 \nu m a^2 = \frac{E}{\nu}.$$

Ainsi la surface S est la mesure de l'énergie E de la masse oscillante m. A toutes les valeurs possibles de l'énergie (pour ν invariable) correspondent un nombre infini d'ellipses, *semblables* entre elles (non confocales), car le rapport des axes [voir (16)] :

$$(18, a) \qquad \qquad \frac{b}{a} = 2\pi \nu m$$

est une grandeur égale pour toutes les ellipses. La figure 3 représente une série de ces ellipses ; à chacune d'elles correspond un « état » déterminé du système simple considéré.

L'idée de PLANCK prend maintenant la forme suivante : *toutes les ellipses ne correspondent pas à des états possibles du système*. Il n'y a de possibles qu'une série d'ellipses déterminées, que nous considérons comme représentées dans la figure 3 ; elles sont définies en ce que les surfaces

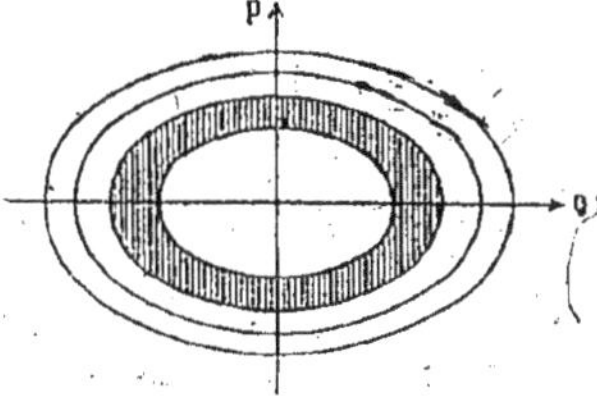

Fig. 3.

des figures annulaires limitées par deux ellipses voisines doivent être égales entre elles et égales à la grandeur h. Soient S_1, S_2, S_3... S_k... les surfaces limitées par les première, deuxième, etc., ellipses ; alors l'idée de PLANCK, ayant le caractère d'un *axiome* peut être exprimée sous la forme

$$(18, b) \qquad \qquad S_k - S_{k-1} = h.$$

Dans le cas simple que nous considérons ici la surface S, de la première ellipse est égale à h, et nous avons

$$(18, c) \qquad \qquad S_k = kh.$$

Mais $S_k = \pi a_k b_k$; de plus (voir (16)), $b_k = 2\pi \nu m d_k$, et par suite $S = 2\pi^2 \nu m a_k^2$. Alors l'équation (18, c) donne

$$(18, d) \qquad \qquad 2\pi^2 \nu m a_k^2 = kh.$$

De là s'obtiennent toutes les *amplitudes* possibles (15, a), que nous avons

obtenues en partant de la supposition que l'énergie $E_k = k\varepsilon = kh\nu$. Il va de
soi que maintenant la formule générale (13, b) pour l'énergie cinétique de la
masse oscillante m, si l'on fait $a = a_k$ suivant (18, d) et qu'on mette E_k au
lieu de E, donne la formule (15), c'est-à-dire $E_k = kh\nu$.

La condition (18, b) peut être écrite sous la forme

$$(19) \qquad \iint dp\,dx = h,$$

où l'intégration s'étend à la surface annulaire mentionnée.

Si pour x constant on intègre par rapport à p et qu'on désigne les valeurs
extrêmes de p par p_k et p_{k-1}, l'équation (19) devient

$$(19, a) \qquad \int (p_k - p_{k-1})dx = h.$$

La condition (18, c) donne

$$(19, b) \qquad \int p_k\,dx = kh.$$

Planck postule que la formule écrite (18, b) ou (19, b) doit être vraie pour
tout système mécanique périodique qui possède *un seul degré de liberté*. Dans
ce cas le mouvement qui s'effectue dans le système est déterminé par une seule
grandeur variable, qui apparaît comme une fonction du temps t; désignons-
la par q. Dans le cas particulier considéré de la masse oscillante m, nous
avons (voir (13)), $q = x = a \sin 2\pi\nu t$ (sur la fig. 3 l'abscisse est déjà
désignée par q). Soit E l'énergie *cinétique* du mouvement; on sait par
la mécanique que l'impulsion p correspondant à la coordonnée q est déterminée par la formule

$$(20) \qquad p = \frac{dE}{dq'},$$

où $q' = \frac{dq}{dt}$. Admettons que le mouvement est *périodique*. Prenant q et p
comme coordonnées cartésiennes du point dans le plan, nous obtenons la
ligne figurative correspondant à un *état* déterminé du système d'énergie déterminée E. Selon le postulat de Planck sont seuls possibles les états du système
pour lesquels, conformément à (19, b)

$$(21) \qquad \int p_k\,dq = kh.$$

On prend l'intégrale pour toutes les valeurs de la grandeur q qui correspondent à une période entière. Pour le cas d'un oscillateur nous avons
$q = x$, $q' = v$, $E = \frac{1}{2} mv^2$, et par suite

$$(21, a) \qquad p = \frac{\partial E}{\partial q'} = \frac{dE}{dv} = mv,$$

conformément à (16).

Considérons encore un exemple, celui d'un *rotateur*, c'est-à-dire d'une particule matérielle de masse m se mouvant d'une façon uniforme, avec une vitesse v, sur une circonférence de rayon a. L'angle φ que forme le rayon a avec une de ses positions prise comme origine sera choisi comme coordonnée, de sorte que $q = \varphi$. Alors la vitesse sera

$$(22) \qquad v = a \frac{d\varphi}{dt} = a\varphi'.$$

Pour l'énergie cinétique nous avons

$$(22, a) \qquad E = \frac{1}{2} mv^2 = \frac{1}{2} ma^2\varphi'^2$$

La formule (20) dans laquelle $q' = \varphi'$ donne l'*impulsion*

$$(22, b) \qquad p = ma^2\varphi';$$

(22) et (22, b) donnent

$$(22, c) \qquad p = mva.$$

Comparant (22, c) et (4), nous voyons que p est le moment de la quantité de mouvement de la masse m relativement au centre de la circonférence sur laquelle elle se meut. Pour l'énergie E nous avons l'expression.

$$(22, d) \qquad E = \frac{1}{2} p\varphi'.$$

Désignons par ν le *nombre de tours* pendant l'unité de temps; alors $\varphi' = 2\pi\nu$ et

$$(22, e) \qquad E = \pi p \nu.$$

Le rayon a de l'orbite est resté jusqu'ici parfaitement indéterminé; les diverses valeurs de a déterminent les divers états du système. Supposons maintenant que tous les états du système ne soient pas possibles, mais seulement ceux qui satisfont aux *conditions quantiques* (21). Cela signifie que le mouvement ne peut avoir lieu que sur des circonférences déterminées, dont nous désignerons les rayons par a_1, a_2, a_3, ... a_k... ; les vitesses correspondantes seront désignées par v_1, v_2, v_3, ... v_k ... Alors (22, c) donne

$$(22, f) \qquad p_k = mv_k a_k.$$

Portons (22, f) et $q = \varphi$ dans (21), nous devrons prendre l'intégrale entre les limites $\varphi = 0$ et $\varphi = 2\pi$. Alors nous obtenons

$$\int_0^{2\pi} mv_k a_k d\varphi = kh$$

ou

$$2\pi m v_k a_k = kh,$$

d'où l'on obtient

$$(23) \qquad mv_k a_k = p_k = k\frac{h}{2\pi}.$$

Le moment de la quantité de mouvement doit être un multiple entier de $\frac{h}{2\pi}$.

Pour les rayons a_k des orbites possibles nous ne pouvons obtenir de formules, car la relation de la vitesse v au rayon a par laquelle sont déterminées les conditions mécaniques du système nous est inconnue. Pour l'énergie E_k sur la k^e orbite possible nous avons (voir (22, e)), $E_k = \pi p_k v_k$; tirant p_k de (23) nous obtenons

$$(23, a) \qquad\qquad E_k = \frac{1}{2} k h v_k.$$

Si $h v_k$ est appelé un quantum, l'énergie est égale à un nombre entier de demi-quanta. Mais une telle désignation n'a ici aucun sens, car il n'y a aucune analogie avec le quantum $h v$ d'un *oscillateur*, pour lequel v est une donnée caractéristique de sa grandeur : voir (13, c). Mais pour le *rotateur*, v_k, bien que analogue à v, a pour chaque orbite sa valeur spéciale.

Si dans (22, a) on remplace φ' par sa valeur tirée de (22, b), on obtient :

$$(23, b) \qquad\qquad E = \frac{p^2}{2ma^2}.$$

Mais (23) donne

$$p = \frac{kh}{2\pi},$$

c'est pourquoi

$$(23, c) \qquad\qquad E = \frac{k^2 h^2}{8\pi^2 ma^2}.$$

L'énergie croît proportionnellement au *carré* du nombre quantique

Comme il a été dit, la formule écrite (18, b) ou (19, b) doit être appliquée à tout système qui possède *un degré de liberté* et est animé d'un *mouvement périodique*. Pour un tel système il n'existe qu'un couple de grandeurs variables q et p. On admet que le système ne peut exister que sous un des états déterminés de la série auxquels correspondent les valeurs E_k de l'énergie. Ces états sont déterminés par la formule fondamentale

$$(24) \qquad\qquad \int p\,dq = kh.$$

Ici l'intégration s'étend à *une période complète* du mouvement. La détermination des états possibles du système au moyen de la condition (24) est appelée la *quantification* du système.

Par la suite nous verrons de quelle façon il convient d'effectuer la quantification quand le système jouit de *plusieurs degrés de liberté* et aussi quand son mouvement *n'est pas périodique*. Nous examinerons cette question dans le paragraphe suivant.

Comme conclusion de ce paragraphe nous dirons quelques mots sur la question de l'*énergie au zéro absolu*, étroitement liée à la théorie des quanta. Cette question, qu'on examine sur les chaleurs spécifiques, a été soulevée en connexion avec la seconde hypothèse de PLANCK, qui admet que l'oscillateur émet l'énergie rayonnante par quanta entiers, mais l'absorbe par flux continu. Il se trouve que dans ce cas oscillateur possède au zéro absolu

de température une énergie résiduelle égale à $\frac{h\nu}{2}$. La discussion concernant l'existence d'une telle énergie au zéro absolu ne peut encore être considérée comme close. Un défenseur persévérant de cette idée est NERNST (1916),
qui dans une série de travaux a développé la pensée que l'éther lumineux
renferme en lui-même de colossales provisions d'énergie, qui conservent
dans les éléments oscillants de la matière une certaine énergie quand la température tombe au zéro absolu. Se basant sur diverses considérations, NERNST
trouve que 1 cmc. d'éther contient une provision d'énergie de l'ordre de 10^{16}
petites calories.

En faveur de l'énergie au zéro absolu témoignent des phénomènes de diverses
espèces, en particulier les phénomènes magnétiques. La théorie de LANGEVIN
et autres (T. IV) suppose, d'une façon analogue à l'ancienne théorie d'AM-
PÈRE, que le ferromagnétisme, le paramagnétisme et le diamagnétisme sont
produits par le mouvement d'électrons sur des orbites circulaires ; elle est
soutenue par les expériences d'EINSTEIN et de W.-J. DE HAAS qui furent
décrites dans le T. IV. Le magnétisme ne disparaît pas même aux températures les plus basses que nous pouvons atteindre, d'où il suit que le mouvement ne cesse pas d'exister, et il n'y a aucune indication qui nous force à
croire qu'il disparaît au zéro absolu de la température. Parmi les travaux les
plus récents signalons celui de K. BENNEWITZ et F. SIMON (1923), qui par
deux voies différentes arrivent à conclure à l'existence d'énergie au zéro
absolu. D'abord se basant sur les idées de F.-A. LINDEMANN concernant la
fusion des corps (1910), idées qui conduisent à la formule pour le nombre ν
des vibrations « propres » d'un corps solide (T. III, chap. IV, § 19), ils
trouvent que pour l'hydrogène l'existence d'énergie au zéro absolu possède
un assez haut degré de probabilité. En second lieu, ils examinent les écarts
de sept substances gazeuses avec la règle de TROUTON (T. III), et ils trouvent
que ces écarts disparaissent, c'est-à-dire que la constante de TROUTON se
rapproche de la valeur normale 20-22 si l'on prend en considération l'énergie
du zéro absolu. Il se trouve que cette dernière, comparativement à la chaleur
de fusion (22 selon NERNST), est très grande chez l'hélium. Il est possible
que là se trouve la raison pour laquelle l'hélium ne se solidifie pas même
à 0°9 de la température absolue [1]. L'indépendance des phénomènes radioactifs
vis-à-vis de la température témoigne aussi en faveur de l'énergie au zéro
absolu, comme l'indique PLANCK.

3. Quantification. Adiabatiques. — Dans le paragraphe précédent
nous avons introduit la notion de la *quantification* d'un système possédant *un
seul degré de liberté*. Cela signifie que l'énergie E d'un système peut être
représentée comme fonction d'une coordonnée variable q, qui, à son tour, est
fonction du temps. A cette quantité q correspond l'impulsion p déterminée
par la formule (20), c'est-à-dire

$$(25) \qquad\qquad p = \frac{\partial E}{\partial q'}.$$

[1] L'hélium vient d'être solidifié par W. H. KEESOM (C. R., t 183, n° 1, 5 juillet
1926) à 4°,2 K sous 150 atm. et à 1°,1 K sous 26 atm. (T).

Pour un *oscillateur* $q = x$, $p = mv$, et la formule (24), c'est-à-dire

$$(26) \qquad \int pdq = kh,$$

dans laquelle l'intégrale est étendue à une oscillation complète, donne la condition (15) ou (18, d) pour les amplitudea possibles. Pour le *rotateur* $q = \varphi$, l'impulsion (plus exactement la coordonnée de l'impulsion, ou le moment de l'impulsion) $p = mva$ (voir (22, c)) et l'intégrale (26) étendue au contour entier donnent la condition (23) pour les rayons des orbites possibles.

La question se complique quand nous avons affaire à un système possédant deux ou un plus grand nombre de degrés de liberté. Nous devons nous borner ici à quelques indications, car pour une explication plus complète il nous faudrait utiliser des formules de mécanique qui ne se trouvent pas dans notre « Traité de physique » et, d'une façon générale, sortir du cadre que nous avons conservé jusqu'alors.

Nous sommes forcés de distinguer plusieurs cas différents, à commencer par les plus simples pour passer aux plus compliqués. La question, comme dans le cas d'un système à un seul degré de liberté, revient à la détermination des états possibles du système et des valeurs correspondantes de son énergie E_1, E_2, E_3, etc. Nous avons appelé une telle détermination la *quantification* du système. Pour le système à un seul degré de liberté, dans lequel se produit un mouvement rigoureusement périodique, le problème est résolu par la formule (26), dans laquelle k est appelé le *nombre quantique*. Pour des cas plus compliqués, la question se ramène à la *recherche des règles* suivant lesquelles la *quantification* doit être effectuée dans chaque cas particulier.

Nous avons un premier cas de complication quand on doit soumettre à la quantification un système à deux degrés de liberté, dans lequel, toutefois, le mouvement qui s'y accomplit est, comme dans le cas simple précédent, *rigoureusement périodique*. Pour un tel système SOMMERFELD a donné pour la quantification une règle simple qui consiste en ce qui suit. L'état du système est déterminé par deux coordonnées variables q_1 et q_2, auxquelles correspondent deux coordonnées d'impulsion, ou simplement les impulsions p_1 et p_2, qui sont déterminées d'après le schéma (25), dans lequel on suppose que chacune des impulsions n'est fonction que de la coordonnée à laquelle elle correspond. Dans ce cas il convient d'écrire deux conditions quantiques de la forme (26)

$$(27) \qquad \int p_1 dq_1 = k_1 h, \qquad \int p_2 dq_2 = k_2 h,$$

où les limites des intégrales doivent être choisies de façon que chacune des coordonnées q_1 et q_2 parcoure tout le cycle des valeurs qui déterminent d'une façon non ambiguë toutes les phases de l'état du système. Cette règle, SOMMERFELD l'a appliquée aussi au cas où l'orbite circulaire de notre rotateur est remplacée par une orbite *elliptique*. Introduisons les coordonnées polaires habituelles r (rayon vecteur) et l'angle azimutal φ, en plaçant l'origine des coordonnées en l'un des foyers de l'ellipse. Si nous désignons par p_r et p_φ les impulsions correspondantes, alors les conditions quantiques prennent la forme

$$(27, a). \qquad \int p_\varphi d\varphi = k_\varphi h, \qquad \int p_r dr = k_r h,$$

où k_φ et k_r sont deux nombres entiers. Les limites de la première intégrale sont évidemment o et 2π. Il convient de prendre la seconde intégrale à partir de la valeur la plus faible r_{min} (périhélie) jusqu'à la valeur la plus grande r_{max} (aphélie) et de revenir à r_{min}. Le nombre k_φ est appelé le *nombre quantique azimutal* et k_r le *nombre quantique radial*. Nous retrouverons encore la quantification du mouvement elliptique dans un des chapitres suivants, où elle sera expliquée avec plus de détail. Nous verrons par la suite comment N. Bohr a modifié la règle de Sommerfeld, c'est-à-dire les conditions (27, a).

Ce qui vient d'être dit des systèmes à deux degrés de liberté peut être étendu à un *système possédant un nombre arbitraire n de degrés de liberté*, si nous avons n coordonnées $q_1, q_2, \dots q_n$ et n impulsions $p_1, p_2 \dots p_n$, et pour lequel nous avons $p_1 = f(q_1)$, c'est-à-dire que chaque impulsion n'est fonction que de la seule coordonnée qui lui correspond. Nous avons dans ce cas, suivant Sommerfeld, n équations quantiques de la forme

$$(27, b) \qquad \int p_i dq_i = h_i k \ (i = 1, 2, 3, \dots n).$$

Dans ce cas on dit que les variables q se séparent, et le système est appelé (voir Sommerfeld, « Atombau und Spektrallinien », 4ᵉ éd., p. 104, 1924), *conditionnellement périodique*. La question de la façon dont il faut procéder quand la condition $p_i = f(q_i)$ n'est pas remplie, c'est-à-dire quand les variables ne sont pas séparées, n'est pas encore résolue.

Conditionnellement périodique apparaît aussi le cas où, par exemple, dans un système à deux degrés de liberté, les coordonnées q_1 et q_2, bien qu'elles oscillent périodiquement entre deux limites constantes, ont des durées inégales pour leurs périodes. Nous rencontrons un tel cas lorsque la particule se meut sur une ellipse douée d'un *mouvement de précession*, c'est-à-dire tournant autour d'un de ses foyers, par suite de quoi le périhélie se déplace sur une circonférence dont le centre est ce foyer. On voit facilement qu'alors *l'orbite de la particule n'est pas fermée*. Mais dans ce cas on peut encore, comme le dit Sommerfeld, effectuer la quantification si l'on prend des coordonnées qui varient périodiquement, comme font les coordonnées polaires r et φ. Mais les périodes ne sont pas égales. Si le périhélie se déplace dans le sens du mouvement de la particule, la période du rayon r est évidemment plus grande que celle de l'azimut φ ; si le mouvement du périhélie se fait en sens inverse, la période du rayon est moindre que celle de l'angle φ.

Quand il s'agit du problème de la quantification d'un système quelconque, une question très importante et très difficile se pose, c'est celle *du choix des coordonnées q* lorsque le nombre des degrés de liberté est *plus grand que un*. La chose consiste en ceci : la grandeur pdq est invariante pour les systèmes à *un* degré de liberté, c'est-à-dire ne dépend pas du choix des coordonnées ; mais pour un plus grand nombre de degrés de liberté les grandeurs *individuelles* $p_i dq_i$ ne sont pas des invariants, et c'est pourquoi les équations $(27, b)$ donnent des résultats différents suivant le choix des coordonnées, tandis que le problème de la quantification d'un système, c'est-à-dire de la détermination de ses états possibles, ne peut avoir évidemment qu'une seule solution. Alors on se demandera : quelles coordonnées faut-il choisir pour obtenir une solution exacte? A cette question ont répondu K. Schwarzschild (1916), P. S. Epstein (1916) et A. Einstein (1917). L'exposé de leurs travaux sortirait du cadre de ce livre. Remarquons seulement que A. Einstein part de ce fait que, bien que la grandeur $p_i dq_i$ ne soit pas un invariant, la somme

$$(28) \qquad \sum_{1}^{n} p_i dq_i = \text{const.}$$

est un *invariant* et ne dépend pas du choix des coordonnées.

Il nous reste à parler d'un des chapitres les plus importants de la théorie des quanta et de la quantification. Son importance augmente continuellement ; un grand nombre de savants, étrangers et russes (I. A. Kroutkof et autres) travaillent à son élaboration dans les détails ; le cycle des problèmes pour la solution desquels il indique les voies possibles ne fait que s'étendre. Mais le contenu de ce chapitre est trop intimement lié à toute une série de questions dont nous n'avons pas cru possible de nous occuper ici, car elles sortent des limites du cadre imposé par le caractère de ce livre. Nous avons en vue le chapitre des *invariants adiabatiques* ou de l'*hypothèse des adiabatiques* (Adiabatenhypothese), comme l'appelle son auteur P. Ehrenfest (1914) ; N. Bohr donne à cette théorie le nom de *principe de la possibilité de transformation mécanique* (Prinzip der mechanischen Transformierbarkeit). Pour les raisons données nous devons nous borner à en dire quelques mots.

L'état d'un système est déterminé à tout instant donné par les coordonnées q (fonctions du temps) et, en plus, par quelques paramètres, qui sont constants, c'est-à-dire ne dépendent pas du temps. Ces derniers sont déterminés par la structure intérieure du système, par exemple par les liaisons qui existent en lui, ou bien par des influences extérieures : à ces dernières peuvent se ramener les intensités des champs gravifique, électrique ou magnétique. Supposons que le système se trouve dans un des états « possibles », déterminés par les conditions quantiques et que nous commencions à changer très lentement l'un des paramètres, plus rigoureusement, avec une lenteur infinie, de telle façon que pendant le temps de la très petite variation Δs du paramètre s il s'effectue dans le système un grand nombre des mouvements périodiques qui lui sont propres. La variation du paramètre s représente un processus de caractère purement *mécanique*. P. Ehrenfest désigne un tel processus comme *adiabatique réversible*, par analogie avec les phénomènes adiabatiques réversibles de la thermodynamique. Dans ces derniers phénomènes les grandeurs qui déterminent le mouvement thermique ne sont pas soumises à une action *immédiate*, mais seulement indirecte, par exemple dans un changement de volume ; ainsi dans les phénomènes qu'envisage EHRENFEST, il ne se produit pas d'influence directe sur le mouvement du système. Dans les deux cas nous avons des processus réversibles, infiniment lents, dont chacun des éléments correspond à un état d'équilibre. Les grandeurs qui restent invariables dans un tel processus sont appelées *invariants adiabatiques*. Leur recherche pour un système donné constitue l'un des problèmes les plus importants de la physique actuelle. Dans un remarquable mémoire I. A. KROUTKOF (1921) a examiné un grand nombre d'exemples de recherches d'invariants adiabatiques. Nous nous bornerons à un exemple célèbre, celui du *pendule*.

Supposons que le pendule consiste en un fil sans poids de longueur l, à la partie inférieure duquel est suspendue une masse m. L'extrémité supérieure n'est que peu fortement serrée entre des pinces, de sorte qu'on peut tirer le fil vers le haut et par suite diminuer la longueur l d'une façon continue. Ici nous avons une action extérieure sur la longueur l, qui joue le rôle d'un paramètre constant pendant la durée des mouvements périodiques du pendule qui s'effectuent en l'absence d'action extérieure. Admettons que, dans le temps pendant lequel se produit une faible variation dl de la longueur du fil ($dl < o$), le pendule puisse accomplir un grand nombre d'oscillations dont la fréquence ν est égale à

$$(29) \qquad \nu = \frac{1}{2\pi} \sqrt{\frac{q}{l}}.$$

Soit φ l'écart variable du pendule jouant ici le rôle de coordonnée q. La tension F du fil à un moment donné est évidemment égale à

$$(29, a) \qquad F = mg \cos \varphi + ml \left(\frac{d\varphi}{dt}\right)^2$$

(la force de la pesanteur et la force centrifuge). L'amplitude angulaire φ_0 est supposée très petite, de façon que le pendule exécute des vibrations harmoniques qu'on puisse représenter par

$$(29, b) \qquad \varphi = \varphi_0 \sin 2\pi\nu t.$$

Pour raccourcir le fil d'une longueur dl il faut effectuer un travail $dR = -\overline{F}dl$, où $\overline{F}$ est la valeur moyenne de la tension du fil pendant la période entière d'une oscillation. Ainsi on a (voir (29, a)),

$$(29, c) \qquad dR = -\overline{F}dl = -mg\,\overline{\cos\varphi}\,dl - ml\,\overline{\left(\frac{d\varphi}{dt}\right)^2} dl.$$

Ici et plus loin les traits sur les symboles indiquent des valeurs moyennes. Admettant que φ est assez petit pour que l'on puisse prendre $\cos \varphi = 1 - \frac{1}{2} \varphi^2$, il est facile de trouver que

$$\overline{\cos \varphi} = 1 - \frac{\varphi_0^2}{4} \quad \text{et} \quad \overline{\left(\frac{d\varphi}{dt}\right)^2} = \frac{g}{l}\frac{\varphi_0^2}{2}.$$

De là

$$(30) \qquad dR = - mgdl - mg\,\frac{\varphi_0^2}{4}\,dl.$$

Le premier terme exprime le travail de soulèvement du poids mg d'une hauteur dl; le second terme, c'est-à-dire le travail

$$(30,a) \qquad dR' = - \frac{1}{4}\,mg\varphi_0^2 dl$$

est égal à l'accroissement de l'énergie E du pendule. Dans le mouvement vibratoire harmonique, l'énergie est $E = \frac{1}{2}\,mv_0^2$, où v_0 est la vitesse de la masse m lorsque $\varphi = 0$, de sorte que $v_0 = 2\pi\nu l\varphi_0$: ceci donne, en remplaçant ν par sa valeur tirée de (29) :

$$(30,b) \qquad E = \frac{1}{2}\,mgl\varphi_0^2.$$

De là

$$(30,c) \qquad dE = \frac{1}{2}\,mg\varphi_0^2 dl + mgl\varphi_0 d\varphi_0.$$

De l'égalité $dE = dR'$ nous obtenons (voir $(30,a)$) après suppression du facteur commun $mg\varphi_0$

$$(31) \qquad - \frac{3}{4}\,\varphi_0 dl = ld\varphi_0.$$

L'intégration donne, en désignant par C une constante,

$$(32) \qquad l^{\frac{3}{4}}\varphi_0 = C.$$

On voit par là que la diminution adiabatique de la longueur du fil produit une augmentation de l'amplitude des oscillations ; l'amplitude linéaire $l\varphi_0$, au contraire, diminue. Si dans $(30,b)$ on introduit la valeur de φ_0 tirée de (32), on obtient

$$(32,a) \qquad E = \frac{Cmg}{2\sqrt{l}}.$$

L'énergie augmente quand l diminue; elle est inversement proportionnelle à $\sqrt{l}$. Si dans $(32,a)$ nous introduisons la valeur de l tirée de (29), nous obtenons

$$E : \nu = C\pi m\,\sqrt{g},$$

c'est-à-dire une grandeur constante.

L'énergie *cinétique* moyenne $\overline{E}_k$ pour le temps $T = \dfrac{1}{\nu}$ d'une oscillation complète est $\dfrac{1}{2} E$ (T. I). En outre

$$(32, b) \qquad \overline{E}_k = \frac{1}{T} \int_0^T E_k dt.$$

Ainsi nous pouvons écrire

$$(33) \qquad 2 \int_0^T E_k dt = 2T\overline{E}_k = 2 \frac{\overline{E}_k}{\nu} = \frac{E}{\nu} = \text{const.}$$

Cette formule montre avant tout que dans le changement adiabatique de l'état du pendule l'énergie et la fréquence des oscillations croissent proportionnellement l'une à l'autre. Mais le résultat le plus important est le suivant. La grandeur $E_{kin} dt$ représente l' « *action* » élémentaire. Et nous voyons que *l'intégrale de la moindre action étendue à une période entière est un invariant adiabatique*. Un autre exemple est fourni par un corps dont l'un des points est maintenu immobile et dont le changement d'état adiabatique consiste en une variation infiniment lente de ses trois moments d'inertie principaux. Nous ne donnerons pas d'autres exemples de tels invariants, qu'on trouvera, comme nous l'avons dit, dans le mémoire de I. A. KROUTKOF.

L'exemple que nous avons examiné facilite l'intelligence de ce qui constitue l'essence de la théorie de P. EHRENFEST sur le rôle que jouent les invariants adiabatiques dans la quantification des systèmes. EHRENFEST lui-même formule son principe en ces termes : « *Si l'on soumet un système à un processus adiabatique réversible en partant d'un de ses états possibles, c'est-à-dire satisfaisant aux conditions quantiques, ce système passe à un nouvel état qui est aussi un état possible.* » Inversement : figurons-nous un système dans un certain état de mouvement ; s'il est possible, par des processus adiabatiques réversibles, de l'amener à un état dont la possibilité est déjà démontrée par voie de quantification, nous sommes en droit de conclure que l'état initial était aussi un état possible, c'est-à-dire satisfaisait aux conditions quantiques. Cette méthode a reçu une large application pour l'étude de l'influence des champs électrique et magnétique snr diverses sortes de systèmes. K. FÖRSTER-LING (1924) a donné une extension à la théorie des invariants adiabatiques.

4. Notions préliminaires sur les quanta de lumière. — Jusqu'ici nous n'avons pas exprimé le terme *quantum de lumière*. Nous avons l'intention de consacrer dans la seconde partie un chapitre spécial à cette question et de montrer que la lutte au sujet des quanta de lumière se présente comme un question brûlante, importante et intéressante, de la physique contemporaine, et que cette lutte, grosse de grandes possibilités, nous force à penser que la physique est proche d'une nouvelle révolution grandiose dans le domaine de ses représentations les plus importantes et les plus fondamentales. Pour l'instant nous nous bornerons à indiquer rapidement les idées fondamentales d'EINSTEIN, et nous n'ajouterons que quelques considérations générales.

A. EINSTEIN part de l'hypothèse primitive de PLANCK selon laquelle les centres d'émission du rayonnement émettent et absorbent l'énergie rayonnante par quanta d'énergie entiers, dont chacun contient un nombre $h\nu$ d'ergs Ainsi d'un corps A s'échappent des quanta (nous n'ajoutons pas « d'énergie », car dans ce paragraphe il ne sera question que de quanta d'énergie et non de quanta d'action) ; un autre corps B, qui se trouve à une distance arbitraire de A, absorbe des quanta. On se demandera : qu'y a-t-il dans l'espace intermédiaire entre A et B ? EINSTEIN exprime cette pensée extrêmement hardie, *que le flux d'énergie rayonnante consiste en quanta distincts, nullement unis entre eux et volant avec la vitesse c de la lumière.* Ces quanta représentent quelque chose dans le genre d'*atomes d'énergie rayonnante* et on les nomme des *quanta de lumière*, bien que la pensée d'EINSTEIN se rapporte à tous les cas d'énergie rayonnante et non seulement à la lumière visible. Ici nous avons un *retour évident à la théorie newtonienne de l'émission de la lumière*, avec, toutefois, cette différence essentielle, que les particules de lumière, ou plus exactement, d'énergie rayonnante, peuvent contenir des quantités d'énergie qui diffèrent sans limites, dépendantes de la grandeur ν caractéristique pour chaque espèce de particules.

Mais nous savons qu'un nombre énorme de phénomènes lumineux différents sont facilement expliqués dans toutes leurs particularités par l'hypothèse que la lumière, ou plutôt l'énergie rayonnante, est un mouvement vibratoire qui se répand dans l'espace, et dans lequel la grandeur ν et la grandeur $\lambda = \dfrac{c}{\nu}$, qui lui est liée, ont la signification simple, facile à comprendre et réelle, d'un nombre de vibrations par seconde et d'une longeur d'onde. Pour l'instant il nous est indifférent d'accepter l'ancienne théorie des vibrations élastiques des particules de l'éther ou la théorie électromagnétique de la lumière.

La théorie des ondulations explique la réflexion et la réfraction, l'*interférence* et la diffraction, la polarisation de toute espèce, la double réfraction, etc., etc., des rayons lumineux. *On ne voit pas que la théorie des quanta de lumière puisse donner une explication aussi simple et aussi facile à comprendre d'un quelconque des phénomènes énumérés, sauf celui de la réflexion* Pour le plus typique, l'*interférence des rayons*, il est très difficile de le concevoir comme produit autrement que par la combinaison de plusieurs mouvements vibratoires. Mais il y a plus : le quantum qui vole dans l'espace est caractérisé par la provision $h\nu$ d'énergie qu'il contient. Mais la grandeur ν est tirée de la théorie du mouvement de vibration, où elle a un sens simple et intelligible. Mais quelle signification possède la lettre ν dans la théorie des quanta de lumière ? Un flocon d'énergie lumineuse contenant une quantité $h\nu$ d'énergie s'envole. Alors ν apparaît comme un simple coefficient numérique, différent pour les différentes sortes de quanta qui existent, et dans lequel fait complètement défaut la représentation du nombre qui indique combien de fois un certain événement s'accomplit pendant l'unité de temps, et à plus forte raison, un événement dont la *phase* varie périodiquement et d'une façon continue. Cependant on a signalé une série de ces phénomènes

qui témoignent hautement et d'une façon persuasive en faveur de la théorie
des quanta de lumière et qui du point de vue des ondulations sont aussi
incompréhensibles que l'interférence du point de vue des quanta de lumière.

Le grand développement ultérieur de toutes les questions qui se rapportent
à ce sujet et aussi les nombreuses recherches théoriques, ainsi que les récentes et curieuses découvertes expérimentales, seront examinés dans un
chapitre spécial. Ici nous nous bornerons à quelques considérations générales.
D'ailleurs nous reviendrons encore sur ce sujet à la fin du § 5 suivant. De
telles considérations avaient déjà été exprimées par N.-A. Lorentz en 1910.
Elles se résument en ce qui suit. Nous savons que deux rayons ne peuvent
interférer que dans le cas où ils sont *cohérents*, c'est-à-dire issus d'un seul et
même centre d'émission. Quand il en est ainsi, un rayon peut être déplacé
considérablement par rapport à l'autre, c'est-à-dire que leur différence de
marche peut atteindre un à deux millions de longueurs d'onde, ce qui correspond à un déplacement de l'ordre de grandeur d'un mètre. Il est difficile de
se représenter comment des quanta partant successivement et indépendamment l'un de l'autre d'un centre d'émission donné peuvent posséder, sous
n'importe quelle forme, cette propriété qui jouerait le rôle de la cohérence
des rayons dans la théorie des ondulations. Ceci conduit à l'idée, qui n'est à
la vérité pas très clairement fondée, que les dimensions longitudinales des
quanta, mesurées dans la direction de leur déplacement, doivent être très
grandes, c'est-à-dire de l'ordre d'un mètre. Mais rien de semblable ne se
rapporte aux dimensions transversales des quanta, à leur épaisseur mesurée
perpendiculairement au mouvement. La chose conduirait à ceci, que si l'on
couvre l'une des moitiés d'un bon objectif de lunette, l'image d'une étoile a
des dimensions un peu plus grandes que dans le cas où les deux moitiés de
l'objectif sont découvertes. Ceci provient de ce que certaines parties de
l'image de l'étoile disparaissent par suite de l'interférence de rayons correspondant aux deux moitiés égales de l'objectif. De nouveau il nous faut donc
supposer que l'interférence, quelle que soit sa cause, n'est possible, avec la
structure quantique de l'énergie rayonnante, que dans le cas où ce qui inter-
fère appartient à un seul et même quantum. Il suit de là que les dimensions
transversales des quanta ne doivent pas être petites. Mais dans un tel cas on
ne comprend pas l'action de ces énormes quanta sur notre œil quand nous
voyons l'étoile, et les quanta doivent traverser l'ouverture de la pupille, qui
est relativement étroite. Il faut donc introduire de nouvelles hypothèses plus
ou moins arbitraires concernant la faculté des quanta de se diviser en
parties qui ensuite s'unissent à nouveau dans l'œil et reforment des
quanta entiers qui agissent sur la rétine, celle-ci étant capable de distinguer
les uns des autres des quanta différents, grâce au nombre ν caractéristique de
chaque sorte.

On a cherché de diverses façons à éluder ces difficultés signalées par Lorentz. Ainsi, par exemple, M. Wolfke (1913) a supposé que le flux
d'énergie rayonnante, c'est-à-dire le mouvement vibratoire qui se propage,
se décompose en quanta lorsque la densité de cette énergie devient assez
faible. Dans ce cas on peut se figurer qu'un certain nombre de quanta dis-

posés en file ou à la suite l'un de l'autre conservent un certain lien caché, une certaine cohérence et pour cette raison sont capables d'interférer.

Dans son mémoire H.-A. Lorentz indique les difficultés auxquelles conduit l'idée de l'absorption de l'énergie rayonnants par quanta. Donc il peut arriver que l'énergie rayonnante qui, à partir d'un moment déterminé, par exemple quand un quantum a déjà été absorbé, afflue vers un centre absorbant, s'arrête avant qu'arrive au centre un nouveau quantum entier. Alors ce centre ne doit pas commencer l'absorption, « Mais — demande Lorentz — d'où ce centre peut-il savoir combien de temps encore l'afflux d'énergie rayonnante va se continuer ? Il convient d'admettre que la particule retient temporairement l'énergie qui afflue jusqu'à que se soit accumulé un quantum entier et émet cette énergie lorsqu'une telle accumulation a eu lieu. » C'est cette difficulté qui a obligé Planck à passer à l'hypothèse de l'absorption de l'énergie rayonnante par afflux continu. Nous comptons examiner dans un chapitre particulier le développement ultérieur de la question des quanta de lumière, et en particulier le développement jusqu'à ces derniers temps.

5. Déduction par Einstein de la formule de Planck pour le rayonnement noir. — La théorie de Planck sur le rayonnement du corps absolument noir conduit à une formule importante, que nous pouvons écrire sous la forme ...

$$(34) \qquad u_\nu = \frac{\alpha \nu^3}{e^{\frac{h\nu}{kT}} - 1} .$$

Ici u_ν désigne la quantité d'énergie rayonnante qui est contenue dans *l'unité de volume* et dont la fréquence est comprise entre ν et $\nu + d\nu$, de sorte que la totalité J de l'énergie contenue dans l'unité de volume est

$$J = \int_0^\infty u_\nu d\nu.$$

C'est cette grandeur qui, d'après la loi de Stéfan (T. II) est proportionnelle à T^4, T étant la température absolue. On admet que l'espace est rempli de rayonnement noir. De plus dans la formule (34), α et h sont des constantes et k est la constante de Boltzmann, égale à $\frac{R}{N}$. R étant la constante des gaz et N le nombre d'Avogadro (T. II).

A. Einstein a donné en 1916 un mode de déduction étonnamment simple de la formule (34), dans un travail qui contient encore d'autres idées nouvelles importantes. Pour cette déduction Einstein part de la loi du déplacement de Wien (T. II), qui se rapprte aussi au rayonnement noir. Cette loi exprime que la dépendance de u_ν, dans tous les cas, doit être de la forme

$$(35) \qquad u_\nu = \nu^3 \varphi\left(\frac{T}{\nu}\right),$$

où φ est le signe d'une relation fonctionnelle qui reste indéterminée. Supposons qu'un certain espace soit rempli de rayonnement noir et qu'il s'y trouve en énorme quantité des particules capables d'émettre et d'absorber de l'énergie rayonnante de fréquence ν, ν pouvant prendre toutes les valeurs, de zéro à l'infini, si l'on considère *l'ensemble de toutes les particules*.

Pour chaque particule existent une série d'états possibles déterminés, que nous désignerons symboliquement par S_1, S_2, S_3, etc., auxquels correspondent des provisions déterminées d'énergie interne E_1, E_2, E_3, etc. Une molécule peut passer d'un état à un autre avec perte ou avec absorption d'énergie, suivant le sens du passage. Supposons que S_n et S_m sont deux états possibles auxquels correspondent les énergies E_n et E_m et soit

$$(36) \qquad E_n < E_m,$$

de sorte que la transition $S_n \rightarrow S_m$ s'accompagne d'une absorption et $S_m \rightarrow S_n$, d'une émission d'énergie. Quand tout le système considéré des particules et du rayonnement noir se trouve dans un état stationnaire, toute la provision d'énergie E est une grandeur constante. A un *instant donné* quelconque cette énergie est répartie entre toutes les molécules ; le nombre N_m des particules possédant à ce moment une énergie E_m se détermine facilement par la méthode de la mécanique statistique, qui donne

$$(37) \qquad N_m = p_m e^{-\frac{E_m}{kT}}.$$

Ici T est la température absolue, k la constante de BOLTZMANN, et p_m est un coefficient dépendant de la nature des particules et de leur état, mais ne dépendant pas de T. Une formule analogue donne le nombre N_n des particules qui au même moment se trouvent dans l'état S_n ; au lieu de p_m et E_m, ce sont les grandeurs p_n et E_n qui entreront dans la formule. Considérons les transitions entre les états S_m et S_n. Avant tout il est évident que seul peut être *spontané*, c'est-à-dire s'effectuer sous aucune action de l'extérieur, le passage

$$(37, a) \qquad S_m \rightarrow S_n$$

dans lequel la particule *perd* l'énergie $E_m - E_n$; admettons que cette énergie passe à l'état d'énergie rayonnante, c'est-à-dire que dans ce passage la molécule rayonne. Désignons par dw_m la *probabilité* pour qu'un tel passage s'effectue réellement pendant un temps dt ; il est clair que dw_n est proportionnel à dt, de sorte qu'on peut écrire

$$(38) \qquad dw_m = A_m^n dt,$$

où A_m^n est une constante dont la valeur numérique doit dépendre des deux états choisis S_m et S_n Les formules (37) et (38) donnent le nombre de particules dans lesquelles pendant le temps dt s'effectue réellement le passage $S_m \rightarrow S_n$; il est égal à

$$(39) \qquad N_m dw_m = p_m A_m^n e^{-\frac{E_m}{kT}} dt.$$

Sous l'influence extérieure de l'énergie rayonnante qui entoure la particule, les transitions peuvent avoir lieu dans les *deux directions*; dans un cas, avec émission de l'énergie $E_m \rightarrow E_n$, dans l'autre cas, avec absorption de la même quantité d'énergie.

La probabilité de chacun de ces passages doit être proportionnelle à dt. Einstein introduit la supposition très simple qu'elle est proportionnelle à la valeur de la densité u_ν de l'énergie rayonnante. Pour les passages $S_m \rightarrow S_n$ et $S_n \rightarrow S_m$, nous avons, en conséquence, les probabilités

$$(40) \qquad B_m^n u_\nu \, dt \quad \text{et} \quad B_n^m u_\nu \, dt,$$

où B_m^n et B_n^m sont des coefficients analogues à A_m^n dans (38).

Le nombre des particules soumises pendant le temps dt à ces deux transformations est égal, par analogie avec (39), à

$$(40\,a) \qquad u_\nu p_m B_m^n e^{-\frac{E_m}{kT}} dt \quad \text{et} \quad u_\nu p_n B_n^m e^{-\frac{E_n}{kT}} dt.$$

Admettons que l'état stationnaire ait commencé, c'est-à-dire que la grandeur N_m (voir (37)) ne change pas, il doit y avoir égalité entre les nombres de particules qu'effectue pendant le temps dt les passages $S_m \rightarrow S_n$ et $S_n \rightarrow S_m$, c'est-à-dire

$$(41) \qquad u_\nu p_n B_n^m e^{-\frac{E_n}{kT}} = u_\nu p_m B_m^n e^{-\frac{E_m}{kT}} + p_m A_m^n e^{-\frac{E_m}{kT}}.$$

Quand la température T croît sans limite, les trois fonctions exponentielles deviennent égales à l'unité, de sorte que (41) se rapproche de la forme

$$(42) \qquad u_\nu (p_n B_n^m - p_m B_m^n) = p_m A_m^n$$

Mais il est indubitable que la grandeur u_ν devient infinie en même temps que T. Il suit de là que la grandeur entre parenthèses doit être égale à zéro, c'est-à-dire que

$$(43) \qquad p_n B_n^m = p_m B_m^n.$$

Portant cette valeur dans le premier membre de (41) et divisant par p_m, il vient

$$(44) \qquad u_n = \frac{(A_m^n : B_m^n)}{e^{\frac{E_m - E_n}{kT}} - 1}.$$

Comparons (44) avec la formule (35) de Wien, qui a été établie sur les bases solides de la mécanique et de la thermodynamique; elle ne contient rien d'hypothétique, et par conséquent, elle doit correspondre à la réalité. Nous voyons d'abord que le numérateur de (44) doit être proportionnel à ν^3; désignons le coefficient de proportionnalité par α, c'est-à-dire posons

$$(45) \qquad A_m^n : B_m^n = \alpha \nu^3.$$

En second lieu le numérateur de (44) doit être une fonction de $\dfrac{T}{\nu}$, d'où il suit que $E_m - E_n$ est proportionnel à ν ; appelons h le coefficient de proportionnalité de sorte que

$$(46) \qquad\qquad E_m - E_n = h\nu.$$

Portons (45) et (46) dans (44), nous obtenons

$$(47) \qquad\qquad u_\nu = \frac{\alpha\nu^3}{e^{\frac{h\nu}{kT}} - 1} ;$$

c'est précisément la formule (34) de PLANCK. Cette déduction nous a donné, pour ainsi dire en passant, une des formules les plus importantes de la physique actuelle, dont la signification fondamentale apparaîtra dans le chapitre suivant ; c'est la formule (46). Elle nous dit que *lors du passage d'un système d'un état possible à un autre, il est émis ou absorbé précisément un quantum d'énergie.* On comprend que ceci se rapporte au cas examiné de l'état stationnaire entre des systèmes et l'énergie rayonnante qui les entoure.

Comme nous l'avons dit, le mémoire d'EINSTEIN contient encore des matériaux scientifiques non moins importants. EINSTEIN montre que dans l'action réciproque que nous avons décrite de la matière et de l'énergie rayonnante il y a encore un *échange d'impulsions.* Cet échange ne doit pas modifier la répartition des vitesses des systèmes qui s'établit d'elle-même par suite des collisions entre les systèmes. EINSTEIN démontre que ce n'est possible que dans le cas où l'émission de l'énergie $E_m - E_n$ lors du passage de l'état S_m à l'état S_n se fait non par ondes sphériques, c'est-à-dire d'une façon uniforme dans toutes les directions, mais seulement suivant une *direction déterminée unique,* déterminée statistiquement par les lois des événements fortuits. Une telle émission *dans une seule direction exclusive* est appelée dans les ouvrages allemands *émission ponctuelle* (Punktstrahlung) ou *émission en aiguille* (Nadelstrahlung). Cette indication d'EINSTEIN est particulièrement importante parce qu'une telle vue sur l'émission et l'absorption de l'énergie rayonnante conduit à la théorie de la structure atomique de cette énergie, c'est-à-dire à la théorie des quanta de lumière, dont nous avons donné quelques notions préliminaires dans le § 4 précédent.

BIBLIOGRAPHIE

1

W. Nernst et Th. Wulf. — *Verh. d. d. phys. Ges.*, 1919, p. 294.
H. Rubens et G. Michel. — *Berl. Ber.*, 1921, p. 520 ; *Phys. Ztschr.*, 1921, p. 569.
G. Michel. — *Ztschr. Phys.*, 9, p. 285, 1922.
W. Nernst. — *Verh. d. d. phys. Ges.*, **18**, p. 83, 1916.

2

A. Eucken. — *Phys. Chem.*, **106**, p. 92, 1922.
K. Bennewitz et F. Simon. — *Ztschr. f. Phys.*, **16**, p. 183, 1923.
F.-A. Lindemann. — *Phys. Ztschr.*, 1910, p. 609.

3

A. Sommerfeld. — *Ann. der Phys.* (4), **51**, p. 1, 1916.
P.-S. Epstein. — *Ann. der Phys.*, (4), **50**, p. 489, 1916 ; **51**, p. 168, 1916.
K. Schwarzschild. — *Berl. Ber.*, 4 mai 1916 (Le mémoire a paru le 11 mai,
    le jour de la mort de l'auteur).
A. Einstein. — *Verh. d. d. phys. Ges.*, 1917, p. 82.
P. Ehrenfest. — *Proc. Acad. Amsterdam*, **16**, p. 501, 1914 ; **19**, p. 576, 1916 ;
    Phys. Ztschr., 1914, p. 657 ; *Ann. der Phys.*, (4), **51**, p. 327, 1916 ; *Phil. Mag.*,
    33, p. 500, 1917.
K. Försterling. — *Ztschr. f. Phys.*, **25**, p. 253, 1924.
J.-A. Kroutkof. — *J. Soc. phys. chim. R.*, **50**, partie physique, p. 83, 171, 1921.

4

A. Einstein. — *Ann. der Phys.*, (4), **17**, p. 133, 1905 ; **20**, p. 199, 1906 ; *Arch.
    Sc. phys.*, **29**, p. 525, 1910.
H.-A. Lorentz. — *Phys. Ztschr.*, 1910, p. 349.
M. Wolfke. — *Verh. d. d. Phys. Ges.*, 1913, p. 1123, 1215 ; 1914, p. 4.

5

A. Einstein. — *Mitteil. der Phys. Ges. Zürich*, 1916, No 18 ; *Verh. d. d. Phys.
    Ges.*, 1916, p. 318 ; *Ztschr. f. Phys.*, 1917, p. 121.

CHAPITRE III

LA STRUCTURE DE L'ATOME

1. Le numéro d'ordre de l'élément. — Ce chapitre est consacré à une des questions les plus importantes de la physique contemporaine, question qui est née et s'est largement développée pendant les années écoulées du xxe siècle. C'est principalement grâce aux recherches géniales du savant danois Niels Bohr (1913) que la doctrine nouvelle reçut l'impulsion qui lui imprima une avance considérable. S'efforçant vers la connaissance des côtés mystérieux des phénomènes physiques, la science, dès l'antiquité, s'était posé le problème de la constitution de la matière. Elle explique que la matière, dans le cas général, est formée de molécules, et les molécules sont constituées par des atomes. Pendant l'espace d'un siècle elle étudia les détails de cette structure de la matière, et l'on peut dire que tout ce travail fut accompli par la *chimie*. Ce n'est que dans le siècle courant que la science décida un pas en avant, des plus audacieux, en se posant la question de la structure de l'atome ; mais ici, ce qui est très significatif, tout le travail est dû à la *physique*. Par elle furent découverts et étudiés ces phénomènes divers, qui, tout d'abord, conduisirent à poser la question de la structure de l'atome et ensuite à la résoudre ; par elle furent dévoilées les conséquences auxquelles conduit la nouvelle théorie de l'atome, et ainsi furent trouvées les explications de nombreux faits et phénomènes qui jusque-là étaient demeurés énigmatiques et avaient résisté à toutes les tentatives faites pour les faire rentrer dans une théorie logiquement établie.

Il n'est pas besoin de nous arrêter sur ces faits et phénomènes étudiés en partie depuis longtemps, qui, ainsi que nous l'avons dit, ont obligé la pensée scientifique créatrice à se tourner vers la question de la structure des atomes des éléments chimiques.

Tous ces phénomènes ont unanimement montré que *les atomes possèdent des charges électriques*. A cela se rapportent avant tout l'électrolyse, l'ionisation des gaz et les transformations radioactives. Ces phénomènes ont été étudiés dans les divers tomes du « Traité de Physique », et nous aurons à revenir sur quelques-uns dans ce livre.

Nous considérons comme indispensable avant tout d'appeler l'attention des lecteurs sur le livre remarquable du professeur de Munich A. Sommerfeld « Atombau und Spektrallinien » dont la 4e édition a paru en 1924 ; la première édition est de 1920 ([1]). Nous citerons ce livre d'une façon abrégée : « Sommerfeld, A. u. S. ». On y trouve exposées avec tous les détails toutes les questions liées à la théorie de la structure de l'atome, et il nous arrivera souvent de renvoyer à cet ouvrage.

Rappelons quelques questions auxquelles nous aurons encore à consacrer une grande place, mais qui ont déjà été touchées, quoique en partie très brièvement, dans les tomes précédents. Parmi elles il y a le *numéro d'ordre des éléments*, qui a aussi été appelé le *nombre atomique* et désigné par la lettre N ; maintenant nous l'exprimons par la lettre Z. Ces nombres furent déterminés presque pour tous les éléments à la fin de 1913 par le jeune savant anglais Moseley (tué à la guerre). Nous verrons dans le chap. vi le procédé par lequel fut réalisée cette détermination ; pour l'instant nous rappellerons seulement de quoi il s'agit.

Lorsque D. I. Mendéléief, aux environs de 1870, établit son tableau périodique des éléments chimiques, à sa grande gloire et à celle de la science russe, il put assigner un numéro d'ordre à tous les éléments, de l'hydrogène à l'uranium, en comptant les éléments non encore découverts, mais dont il prévoyait l'existence ; le nombre des éléments de ce tableau était toutefois moindre que le nombre de ceux que l'on connaît aujourd'hui. Il est clair que la numération des éléments ne pouvait avoir aucune signification, car les numéros devaient changer chaque fois qu'on découvrait un nouvel élément qui, rangé à la place qui lui correspond, allongeait la série des éléments. Le numéro de l'élément, que nous appelons aujourd'hui le *numéro d'ordre*, ne pouvait avoir aucune signification théorique, surtout pour les éléments rangés dans les dernières périodes. Le numéro d'ordre de l'uranium devait changer chaque fois qu'on découvrait un nouvel élément. Mais, comme nous l'avons dit, il se produisit en 1913 un changement inattendu, lorsque Moseley démontra que l'étude des rayons X émis par un élément donné pouvait servir à déterminer le numéro d'ordre de cet élément. Ces recherches et leur théorie seront examinées dans le chap. vi ; pour l'instant nous admettons comme un fait que *les numéros d'ordre des éléments peuvent être déterminés indépendamment du nombre des éléments connus jusqu'alors.* Il s'est trouvé que, jusqu'à l'uranium (inclusivement), il existe 92 éléments différents.

Dans les tomes précédents de notre traité, le système de Mendéléief ne jouait pour ainsi dire aucun rôle, et nous ne l'avons même pas mentionné, il appartenait à la *chimie* ; aujourd'hui il relève de la *physique* ; c'est pourquoi nous le donnons sous la forme dans laquelle on le présente aujourd'hui (1925), et nous devons en dire quelques mots. Sept périodes sont disposées en lignes horizontales ; huit groupes et un groupe zéro sont représentés par des colonnes verticales. Si l'on avance progressivement le long des périodes, les éléments se montrent disposés d'une façon *presque* complètement régulière dans l'ordre des poids atomiques croissants (voir les exceptions ci-après).

Dans chaque période les éléments sont répartis suivant un ordre déter-

([1]) Il existe une traduction française faite par H. Bellenot sur la 3ᵉ édition (Paris, A. Blanchard).

Système périodique des éléments (1925)

Périodes	Séries	Groupe I a	Groupe I b	Groupe II a	Groupe II b	Groupe III a	Groupe III b	Groupe IV a	Groupe IV b	Groupe V a	Groupe V b	Groupe VI a	Groupe VI b	Groupe VII a	Groupe VII b	Groupe VIII	(0)
I	1	1 H 1,008															2 He 4,00
II	2	3 Li 6,94		4 Gl 9,01		5 B 10,82		6 C 12,00			7 N 14,008		8 O 16,000		9 F 19 00		10 Ne 20,2
III	3	11 Na 23,00		12 Mg 24.32		13 Al 27,1		14 Si 28,06			15 P 31,04		16 S 32,07		17 Cl 35,46		18 A 39,88
IV	4	19 K 39,10		20 Ca 40 07		21 Sc 45,1		22 Ti 48,1		23 V 51,0		24 Cr 52,0		25 Mn 54,93		26 Fe 55,84 27 Co 58,97 28 Ni 58,68	
	5		29 Cu 63 57		30 Zn 65,37		31 Ga 69,72		32 Ge 72.5		33 As 74,96		34 Se 79,2		35 Br 79,92		36 Kr 82.9
V	6	37 Rb 85,45		38 Sr 87,63		39 Y 88.7		40 Zr 90,6		41 Nb 93,5		42 Mo 96.0		43 Ma		44 Ru 101,7 45 Rh 102,9 46 Pd 106,7	
	7		47 Ag 107,88		48 Cd 112,4		49 In 114,8		50 Sn 118.7		51 Sb 121 8		52 To 127,5		53 I 126,92		54 X 130,2
VI	8	55 Cs 132,8		56 Ba 137,4		57 La 138,9		58 Ce 140,2	59 Pr 140,9	60 Nd 144,3	61 Il	62 Sm 150,4	63 Eu 152,0	64 Gd 157,3	65 Tb 159 2		66 Dy 162,5
	9	67 Ho 163,5	68 Er 167,7		69 Tu 169,4	70 Yb 173 35	71 Lu 170,0	72 Hf 179±1		73 Ta 181,5		74 Tu 184,0		75 Re		76 Os 190,9 77 Ir 193 78 Pt 195.2	
	10		79 Au 197,2		80 Hg 200,6		81 Tl 204,4		82 Pb 207,2		83 Bi 209.0		84 Po (210,0)		85*		86 Em 222,0
VII	11	87*		88 Ra 226,0			89 Ac (226)	90 Th 232,1		91 Pa 230		92 U 238,2					

miné par leurs propriétés chimiques ; l'une de celles-ci est caractérisée, par exemple, par la formule de l'oxyde le plus élevé que l'élément peut former. Pour le choix des éléments qui constituent les commencements des périodes (premier groupe) un certain arbitraire est possible. Aujourd'hui on commence habituellement les périodes par un métal alcalin et on les termine par un gaz noble. La première période joue un rôle particulier ; elle ne contient que deux éléments : l'hydrogène et l'hélium. La seconde période contient les éléments du lithium au néon (inclusivement) ; la troisième, du sodium à l'argon ; chacune d'elles embrasse 8 éléments.

La quatrième période (du potassium au crypton) et la cinquième (du rubidium au xénon) contiennent chacune 18 éléments. La sixième période embrasse 32 éléments, du césium à l'émanation ; dans sa constitution entrent 14 métaux dits des terres rares, du cérium (Ce = 58) au lutetium (Lu = 71). Enfin la septième période ne contient que 6 éléments, mais il est possible qu'elle soit incomplète, qu'il existe (ou ait existé) des éléments qui s'y classent et dont le poids atomique soit plus élevé que celui de l'uranium. Il est curieux que les nombres 2, 8, 18, 32 peuvent être représentés sous la forme $2n^2$, c'est-à-dire 2.1^2, 2.2^2, 2.3^2, 2.4^2, ou, ce qui est la même chose ($2n^2 = n\,2n$), sous la forme 1.2, 2.4, 3.6, 4.8.

Les nombres placés dans le tableau sous les symboles des éléments représentent les *poids atomiques* A, déterminés par des moyens purement *chimiques* ; les nombres placés à gauche des symboles des éléments sont les *numéros d'ordre* Z de ces éléments, déterminés par des moyens purement physiques.

En quatre endroits du tableau nous remarquons qu'à l'augmentation du numéro d'ordre d'une unité correspond non une augmentation, mais une diminution du poids atomique ; ce sont : argon (Z = 18, A = 39,88) et potassium (Z = 19, A = 39,10), cobalt (Z = 27, A = 58,97) et nickel (Z = 28, A = 58,68), tellure (Z = 52, A = 127,5) et iode (Z = 53, A = 126,92), thorium (Z = 90, A = 232,25) et protactinium (Z = 91, A = 230).

Des 92 éléments qui doivent exister, jusqu'en 1925 on en connaissait 87 ; les cinq autres, de numéros d'ordre 43, 61, 75, 85 et 87, étaient inconnus. Au printemps de 1925, les savants berlinois W. Noddack, Ida Tacke et O. Berg découvrirent deux homologues du manganèse, qu'ils appelèrent *Masurium*, Ma, et *Rhenium*, Re ; leurs numéros d'ordre sont 43 et 75.

Les trois autres éléments (si toutefois ils existent sur la Terre) ne sont pas encore découverts ; leurs numéros, signalés dans le tableau par des astérisques, sont : 61, 85 et 87 ([1]). Pour Z = 72, on inscrivait autrefois le Thulium II ; mais en 1822 fut découvert à Copenhague, par les savants danois Paneth et Hevesy, un élément, qui, d'après le nom latinisé de Copenhague, Hafnia, fut appelé *hafnium*, Hf. Pour ce corps, Z = 72 ; par ses propriétés chimiques il se rapproche beaucoup du zirconium Zr ; le thulium II n'existe pas.

([1]) Ce texte était composé lorsque nous avons appris la découverte de l'élément n° 61 par le Professeur Smith Hopkins de l'Université d'Illinois. Le nom proposé pour cet élément est *Illinium*, avec symbole Il. (T).

En comparant les poids atomiques A avec les numéros d'ordre Z, nous voyons que pour des Z peu élevés, Z est approximativement et quelquefois très exactement égal à la moitié du poids atomique A, de sorte que nous avons

$$(1) \qquad Z = \frac{1}{2} A \; ;$$

voir, par exemple, C, N, O, Ne, Mg, Li, S et Ca. Plus grands sont Z et A, plus le poids atomique A surpasse le nombre 2 Z ; pour l'uranium A = 2,6 Z.

L'importance du système périodique ne consiste pas seulement en ce que les propriétés *chimiques* des éléments sont des fonctions périodiques du poids atomique ; il se trouve aussi que *toute la série des propriétés physiques est en relation manifeste avec la distribution de ces éléments dans le système périodique*. Mais il convient de distinguer dans cette relation deux cas ayant un caractère complètement différent. Dans le premier cas la propriété considérée est soumise à une certaine *périodicité* plus ou moins nettement marquée, ayant une marche parallèle aux périodes du tableau de MENDÉLÉIEF. A cela se rapportent le volume atomique, c'est-à-dire le volume d'un atome-gramme de l'élément, le coefficient de contraction du volume, le coefficient de dilatation thermique, le rapport $\frac{1}{T}$, où T est la température absolue de fusion, la conductivité électrique, la susceptibilité magnétique (T. IV), et quelques autres grandeurs physiques. Dans le second cas, nous ne remarquons pas la moindre trace de périodicité dans les propriétés des éléments. Les grandeurs physiques qui caractérisent ces propriétés *varient plus ou moins doucement* quand on parcourt la série des éléments dans le sens des numéros d'ordre croissants (ou décroissants). Nous verrons par la suite en quoi réside la cause véritable de cette profonde différence entre les modes de dépendance des deux groupes de propriétés *physiques* des éléments d'après les positions de ces derniers dans le système périodique de MENDÉLÉIEF.

2. Quelques questions préliminaires. — Dans le § 1 nous avons dit qu'il était nécessaire de rappeler certaines questions qui, bien que mentionnées dans les tomes précédents, ne l'ont été que trop rapidement. L'une d'elles, celle du numéro atomique de l'élément, vient d'être examinée, voyons maintenant les autres.

I. *Isotopie.* — L'étude de la radioactivité a conduit à la notion des isotopes (Voir, par exemple, le Traité de Physique d'OLIVIER). On connaît la loi du déplacement dans les transformations radioactives, que découvrirent simultanément FAJANS et SODDY. Selon cette loi, l'émission d'une particule α s'accompagne d'une diminution de 2 unités du numéro d'ordre de l'élément, et l'émission d'une particule β, de l'augmentation d'une unité. Ceci a donné le moyen de déterminer les numéros d'ordre Z de tous les éléments radioactifs ; il s'est trouvé que pour ces éléments Z a des valeurs diverses, de Z = 81 à Z = 92, mais on n'a pas encore trouvé les substances correspondant à

$Z = 85$ et 87. Ainsi dans 10 casiers du tableau périodique se placent, outre Tl, Pb, Bi, Th et U, encore 37 éléments radioactifs, ce qui fait en tout 42. Il est clair que dans un seul et même casier, c'est-à-dire sous un seul et même numéro d'ordre, doivent se trouver plusieurs (jusqu'à 7 ou même 8) substances différentes). *Les substances qui possèdent un même numéro d'ordre sont appelées isotopes.* Ce terme n'exprime nullement une propriété quelconque de ces substances, mais il caractérise seulement leur appartenance *à un groupe* qui est aussi appelé une *pléiade*. Dans une pléiade la substance qui a la plus longue vie est considérée comme le représentant principal ; tels se montrent Tl, Pb, Bi, Po, EmRa, Ra, Ac, Th, Pa et UI. On a l'habitude de parler des isotopes du thallium, du plomb, du bismuth, etc. Tous les isotopes d'une pléiade donnée jouissent de propriétés *chimiques* tout à fait semblables, de sorte qu'il est impossible de les séparer les uns des autres par des méthodes *chimiques*. Mais ils se distinguent l'un de l'autre par les poids atomiques A, c'est-à-dire que leurs atomes possèdent des *masses différentes*. Cette différence peut être très considérable ; ainsi les isotopes du plomb, pour lesquels $Z = 82$, ont des poids atomiques oscillant de $A = 206,2$ (Rad. G) à $A = 214$ (Rad. B), tandis que pour le plomb ordinaire $A = 207,2$. Les propriétés *physiques* des isotopes sont aussi, semble-t-il, tout à fait semblables, à l'exception de celles qui dépendent de la masse de l'atome. En même temps que les isotopes ayant les Z égaux mais les A différents, nous trouvons aussi des éléments qui ont des *poids atomiques égaux* mais des Z différents et possèdent ainsi des *propriétés chimiques entièrement différentes*, comme, par exemple, Po ($Z = 84$) et Rad. D ($Z = 82$), pour lesquels $A = 210$. Mais Po appartient au VIe groupe et Rad. D (isotope du plomb) au IVe, de sorte qu'au point de vue chimique ils sont aussi différents que l'oxygène et le carbone.

Une discussion de longue durée, mais qui semble être aujourd'hui terminée, s'est élevée au sujet de savoir si l'on doit considérer les isotopes d'une pléiade donnée comme étant des éléments différents ou comme des *variétés* d'un seul et même élément. Fajans maintenait encore en 1921, dans la troisième édition de son livre « Radioactivité », la première opinion ; mais dans la quatrième édition (1922), il adopte déjà la seconde, que soutenaient Paneth et autres et qui, semble-t-il, est acceptée par tous les savants. Sommerfeld en 1922, dans la troisième édition de A. u. S., s'exprime nettement pour la première opinion ; dans la quatrième le passage correspondant a été supprimé, et Sommerfeld ne mentionne même plus cette question litigieuse. Ainsi nous devons répéter maintenant que de H à U il existe 92 éléments, mais pour certains desquels il existe des variétés constituant des pléiades d'isotopes.

Aujourd'hui *on connaît des isotopes pour beaucoup d'éléments non radioactifs*. Nous examinerons plus tard cette question dans ses détails.

II. *Régularités dans les spectres.* — Dans le chapitre de la dispersion (T. II) nous avons consacré un paragraphe spécial à la question des régularités dans les spectres des gaz lumineux. Nous renverrons le lecteur à ce chapitre pour ne pas répéter ici ce qui a déjà été exposé.

Rappelons seulement quelques propositions fondamentales, ayant en vue pour l'instant les *spectres de lignes*. Comme caractéristique d'une ligne spectrale nous prendrons la longueur d'onde λ ou la fréquence ν (nombre de vibrations par seconde). Ajoutons maintenant qu'au lieu de ν nous prendrons souvent ce qu'on nomme le *nombre d'ondes n*, c'est-à-dire le nombre d'ondes contenues dans une longueur de 1 cm. La longueur d'onde est ordinairement exprimée en angströms, qu'on indique par le signe $\overset{\circ}{A}$ (lettre norvégienne qui se prononce O) ; théoriquement $1\overset{\circ}{A} = 10^{-8}$ cm. Aujourd'hui on emploie souvent l'indication I.$\overset{\circ}{A}$, qui signifie les « Angströms internationaux », dont la grandeur est déterminée une fois pour toutes en ce que la longueur d'onde λ de la raie rouge du cadmium est égale à

$$(2) \qquad \lambda = 6\,438{,}4696 \; \text{I. } \overset{\circ}{A}.$$

Dans la partie visible du spectre les longueurs d'onde sont souvent exprimées encore aujourd'hui en unités de longueur $\mu = 0{,}001$ mm. $= 10^{-4}$ cm. $= 10^{4}\overset{\circ}{A}$; dans la partie infra-rouge du spectre on emploie toujours la grandeur μ. On a commencé récemment à mesurer les longueurs d'onde des rayons X en une nouvelle unité X

$$(2, a) \qquad X = 10^{-3}\overset{\circ}{A} = 10^{-10} \text{ mm.} = 10^{-11} \text{ cm.}$$

Le nombre d'ondes n est évidemment

$$(2, b) \qquad n = \frac{\nu}{c} = \frac{1}{\lambda},$$

où c est la vitesse de la lumière ; ici λ doit être exprimé en centimètres si, comme d'habitude, on prend $c = 3.10^{10}$ cm/sec. Si λ est exprimé en angströms,

$$(3) \qquad n = \frac{10^{8}}{\lambda}.$$

Dans la partie visible du spectre le nombre d'ondes n varie à peu près de 13 000 (extrémité rouge) à 25 000 ; pour le rayon ultra-violet lointain, $\lambda = 0{,}1\,\mu = 1\,000\,\overset{\circ}{A}$, nous avons $n = 100\,000$. Pour le rayon infra-rouge $\lambda = 10\,\mu = 10^{5}\overset{\circ}{A}$, on trouve $n = 1\,000$, et pour le rayon extrême $\lambda = 300\,\mu$ nous avons $n = 33$.

Nous ne répéterons pas ce que nous avons dit dans le T. II des *séries spectrales* de lignes ni des *formules de séries*. Indiquons seulement quelques faits fondamentaux qui dans ce chapitre apparaîtront très importants pour nous. Pour le nombre d'ondes et pour toutes les lignes d'une série nous avons une formule de la forme

$$(4) \qquad n = F(i) - F(k),$$

où F est un signe fonctionnel ; i est un nombre entier égal à 1,2 ou 3, rarement plus grand que 3. Pour toutes les lignes d'une série F (i) est un nombre constant. De plus k est aussi un nombre entier qui pour les diverses lignes d'une seule et même série prend les valeurs

$$(4, a) \qquad k = i + 1, \; i + 2, \; i + 3, \text{ etc.}$$

Pour $k = \infty$ nous avons $F(k) = 0$ et $n = F(i)$, de sorte que $F(i)$ est le nombre d'ondes de l'extrémité de la série, du côté des faibles longueurs d'onde (limite de la queue de la série). En outre

$$(4, b) \qquad n = F(i) - F(i + 1)$$

détermine le nombre d'ondes du commencement de la série, c'est-à-dire de la première ligne ou de la *tête* de cette série.

Le nombre d'ondes n s'est trouvé égal à la *différence* de deux nombres qui sont appelés les *termes*. Ainsi, *chaque ligne spectrale est déterminée par deux termes*, dont la différence nous donne le nombre d'ondes et, par suite, la longueur d'onde de cette ligne. Rappelons encore quelques données se rapportant aux spectres de l'hydrogène et de l'hélium.

On distingue deux spectres *différents* de l'hydrogène, savoir un spectre *à lignes peu nombreuses* ou spectre *ordinaire*, et un spectre d'un *grand nombre de lignes*. Le premier s'obtient quand les centres d'émission de l'énergie rayonnante sont les *atomes* d'hydrogène, tandis que le second se produit lorsque les centres d'émission sont les *molécules* d'hydrogène non dissociées. Le premier seul nous intéresse en ce moment ; nous l'avons appelé spectre à lignes peu nombreuses simplement parce que dans la partie *visible* il n'est formé que de *quatre* lignes, que l'on désigne habituellement par H_α, H_β, H_γ, H_δ. Elles entrent dans la composition de la série de BALMER, qui dans la partie ultra-violette contient, théoriquement, un nombre infini de membres. La formule générale (4) prend *pour la série de Balmer* la forme

$$(5) \qquad n = R \left\{ \frac{1}{2^2} - \frac{1}{k^2} \right\}.$$

Ici R est ce que l'on nomme la *constante de* RYDBERG et *pour l'hydrogène* a la valeur

$$(5, a) \qquad R(H) = 109\,677,69.$$

Comparant (5) et (4) nous voyons pour cette série $i = 2$. Avec $k = 3, 4, 5$ et 6 nous obtenons les quatre lignes visibles mentionnées : $k > 6$ donne n pour des lignes dans l'ultra-violet. Pour $k = \infty$ nous avons le nombre d'ondes du bord de toute la série $n = \dfrac{R}{4}$, d'où $\lambda = 3647,0$ Å. Parfois il est désirable d'avoir la formule, non pour le nombre d'ondes n des lignes spectrales d'une série, mais pour le nombre ν de vibrations en une seconde, où (voir $(2, b)$), $\nu = cn = 3.10^{10} n$. Si en général la formule pour n a la forme

$$(5, b) \qquad n = R \left\{ f(i) - f(k) \right\},$$

pour ν on obtient

$$(5, c) \qquad \nu = R' \left\{ f(i) - f(k) \right\}$$

où

(5, d) $$R' = cR = 3 . 10^{10} . R.$$

Pour l'hydrogène

(5, e) $$R' = 3,29 . 10^{15}.$$

Comparant (5) et (4), nous voyons, de plus, que pour la série de BALMER

(5, f) $$F(k) = \frac{R}{k^2}.$$

Au lieu de (5) nous pouvons écrire la formule générale

(6) $$n = R \left\{ \frac{1}{i^2} - \frac{1}{k^2} \right\},$$

dans laquelle $i = 2$ pour la série de BALMER. Si l'on remplace $i = 2$ par un autre nombre entier que l'on maintient ensuite constant, et qu'on donne à k les valeurs $i + 1$, $i + 2$, ..., on obtient les nombres d'ondes d'*autres séries* de lignes spectrales de l'hydrogène. On a trouvé trois de ces séries, auxquelles correspondent les nombres $i = 1$, $i = 3$ et $i = 4$. La première est déterminée par la formule

(6, a) $$n = R \left\{ \frac{1}{1^2} - \frac{1}{k^2} \right\}, \quad k = 2, 3, 4, \ldots$$

Cette série est contenue tout entière dans la partie ultra-violette; sa ligne de tête (la première) se trouve à $\lambda = 1215,7$ Å; la limite de la série ($k = \infty$, $n = R$) a $\lambda = 911,75$ Å. La seconde ($i = 3$), c'est-à-dire la troisième de toutes les séries de l'hydrogène

(6, b) $$n = R \left\{ \frac{1}{3^2} - \frac{1}{k^2} \right\}, \quad k = 4, 5, 6, \ldots$$

Elle est située dans la partie infra-rouge du spectre. Les deux premières lignes ($k = 4$ et $k = 5$) ont été trouvées par PASCHEN; leurs longueurs d'onde 18751,3 Å et 12817,5 Å (1,87513 μ et 1,28175 Åμ), La limite de cette série est $n = \frac{1}{9} R$, c'est-à-dire $= 8205,75$ Å.

F.-S. BRACKETT (1922) a trouvé trois ou quatre autres lignes de cette série; il a découvert les deux premières lignes de la *quatrième* ($i = 4$) série de l'hydrogène :

(6, c) $$n = R \left\{ \frac{1}{4^2} - \frac{1}{k^2} \right\}, \ldots \quad k = 5, 6, \ldots$$

Pour $i = 4$, $k = 5$, nous avons $\lambda = 4,05$ μ; pour $i = 4$, $k = 6$, on a trouvé $\lambda = 2,63$ μ. La limite de la série a le nombre d'ondes $n = \frac{1}{16} R$, c'est-à-dire $\lambda = 1,459$ μ.

Dans le spectre de l'*hélium* on a réussi à ranger en séries toutes les lignes ; l'une de ces séries est déterminée par la formule

$$(7) \qquad n = 4R \left\{ \frac{1}{2^2} - \frac{1}{k^2} \right\}, \dots \quad k = 3, 4, 5, \dots$$

tout à fait analogue à (5). Comparons (5) et (7) nous voyons que les raies de l'hydrogène (5) doivent coïncider avec les lignes de la série (7) de l'hélium, pour lesquelles k est un nombre pair.

Effectivement, faisant $k = 3, 4, 5 \dots$ dans (5), nous obtenons les mêmes valeurs de n que (7) donne pour $k = 6, 8, 10$, etc. Seulement il se trouve que *l'on n'observe pas une coïncidence parfaite des lignes*, comme on le voit par le tableau suivant, dans lequel les longueurs d'ondes sont données en Ångströms :

k	He		k	H	
6	6 560,1		3	6 562,8	(Hα)
8	4 859,3		4	4 861,3	(Hβ)
10	4 338,7		5	4 340,5	(Hγ)
12	4 100,0		6	4 101,7	(Hδ)

Les lignes de l'hélium sont un peu déplacées vers l'extrémité violette par rapport aux lignes de la série (5) de BALMER. Ceci provient de ce que *la constante de Rydberg* R *pour l'hélium est un peu plus grande que le nombre* R(H) *pour l'hydrogène* (voir (5)) ; il se trouve que

$$(8\,a) \qquad R(He) = 109\,722,14$$

(5, a) et (8, a) donnent

$$(8, b) \qquad \frac{R(He)}{R(H)} = 1,00041.$$

Nous voyons quelle énorme importance a la formule (8, b) pour la théorie. Pour être complet indiquons la valeur *limite* de **R**, nombre purement théorique

$$(8, c) \qquad R = R_\infty = 109\,737,11,$$

dont nous verrons plus loin la signification et le procédé pour le calculer. La forme générale des formules des séries spectrales de l'*hélium* est

$$(9) \qquad n = 4R \left\{ \frac{1}{i^2} - \frac{1}{k^2} \right\}, \quad k = i + 1, i + 2, \dots$$

RYDBERG a fait la découverte très importante que *le nombre* R $= R_\infty$ *entre comme facteur dans toutes les formules de séries relatives aux spectres de tous les éléments* ; c'est pourquoi ce nombre est appelé la constante de RYDBERG. Mais il se trouve que les *termes* qui entrent dans les formules sérielles de la forme (4) n'ont la forme simple (4) et (9) que pour H et He. Pour les autres éléments les formules sérielles ont un aspect bien plus compliqué ; à diverses époques on a proposé pour eux des formules différentes. Parmi celles-ci sont particulièrement importantes celles dont les *formes des termes* ont été proposées par RYDBERG et par RITZ. Dans ces formes entrent, outre le nombre entier i (ou k), encore d'autres constantes, que nous désignerons par μ et σ. Les termes eux-mêmes, nous les écrirons d'une façon symbolique (i, μ) et (i, μ, σ) ; alors ils ont la forme suivante :

$$(10) \qquad F(i) = (i, \mu) = \frac{R}{(i + \mu)^2} \qquad \text{RYDBERG.}$$

$$(11) \qquad F(i) = (i, \mu, \sigma) = \frac{R}{\{\, i + \mu + \sigma(i, \mu) \,\}^2} \qquad \text{RITZ.}$$

Dans la dernière formule tout le terme $F(i) = (i, \mu)$ entre dans le second membre supplémentaire du dénominateur. SOMMERFELD a généralisé la formule de RITZ et l'a écrite :

$$(11, a) \qquad (i, \mu) = \frac{R}{\{\, i + \mu + \sigma(i, \mu) + \sigma'(i, \mu)^2 + \dots \,\}} .$$

Répétons ce que nous avons dit dans le T. II du *Principe de combinaison des termes*, que RITZ a trouvé en 1908 (*Principe de RITZ*).

Sa pensée se résume en ceci : *chaque terme séparé possède en quelque sorte une existence et une signification indépendantes*, de sorte que l'on peut prendre *deux termes de deux séries différentes* et, formant leur différence, obtenir le nombre d'ondes n d'une ligne spectrale qui, comme cela arrive dans beaucoup de cas mais pas toujours, existe réellement. Ainsi put être expliquée la provenance de beaucoup de lignes individuelles qui ne rentrent pas dans l'une quelconque des séries ; de telles lignes sont dites *lignes de combinaison*. Plus loin nous apprendrons à connaître la signification physique précise des termes et ceci nous expliquera l'origine du principe de combinaison.

Les questions sur les séries de divers genres, principale, première supplémentaire ou diffuse et seconde supplémentaire ou étroite, sur les séries composées de lignes simples, de doublets et de triplets, sur les liaisons entre ces séries, sur les groupes de séries et les procédés de leur désignation symbolique ont été examinés dans le T. II, auquel nous renvoyons les lecteurs.

Nous dirons la même chose de la question si intéressante des *satellites* des lignes spectrales, au sujet desquels les lecteurs trouveront des indications assez complètes dans le T. II. L'existence des satellites se présentait comme un phénomène parfaitement énigmatique, avant que SOMMERFELD en eût trouvé l'explication théorique (1916), bien que ce ne fût que pour deux cas particuliers, que nous expliquerons en détail.

III. *Masse et énergie des corps en mouvement.* — Dans le chapitre sur le principe de relativité (T. V) ont été introduites quelques formules relatives à la masse d'un corps en mouvement. Pour plus de commodité nous rappellerons les formules. Soient m_0 la masse d'un corps en repos, m la masse du même corps dans un système où il se meut avec la vitesse v, peu importe que le mouvement soit rectiligne ou curviligne; c désigne la vitesse de la lumière. Dans ce cas

$$(12) \qquad m = \frac{m_0}{\sqrt{1 - \dfrac{v^2}{c^2}}} = \frac{m_0}{\sqrt{1 - \beta^2}},$$

où

$$(12, a) \qquad \beta = \frac{v}{c} < 1.$$

L'*énergie cinétique* du corps, E_k, est déterminée par la formule

$$(13) \qquad E_k = m_0 c^2 \left\{ \frac{1}{\sqrt{1 - \beta^2}} - 1 \right\}.$$

Quand v est très petit relativement à c, (13) devient identique à la formule de l'ancienne mécanique

$$(13, a) \qquad E_k = \frac{1}{2} m_0 v^2.$$

Toute énergie E, par exemple l'énergie rayonnante, possède une masse μ, dont la grandeur est définie par la formule

$$(14) \qquad \mu = \frac{E}{c^2},$$

et inversement, toute masse *en repos* m_0 est équivalente à la quantité colossale d'énergie

$$(14, a) \qquad E = m_0 c^2 ;$$

(13) et (14) donnent pour la *provision totale* E d'énergie du corps en mouvement

$$(14, b) \qquad E = \frac{m_0 c^2}{\sqrt{1 - \beta^2}}$$

qui pour $v = 0$ (voir $(12, a)$) prend la valeur donnée par $(14\,a)$.

IV. *Energie potentielle de deux charges.* — Par la suite nous aurons continuellement affaire à des charges électriques positives ou négatives. Il est indispensable de faire remarquer que nous emploierons certaines désignations qui ne se trouvent pas dans le T. IV (champ électrique constant). En conséquence certaines formules prendront, pour ainsi dire, un aspect jusqu'ici inusité.

Dans le T. IV nous avons désigné la charge, par exemple, par la lettre η et nous lui avons attribué mentalement le signe de l'électricité correspondante, de sorte que η peut être un nombre aussi bien négatif que positif. Ici nous avons déjà dans le premier chapitre désigné la charge de l'électron par la lettre e, dont la valeur numérique est donnée par l'expression (18) du chapitre premier. Bien que l'électron soit une charge d'électricité *négative* *nous avons compté e comme un nombre positif* exprimant combien d'unités électrostatiques ou électromagnétiques d'électricité négative sont contenues dans la charge d'un électron Dans la suite nous exprimerons les charges en électrons, c'est-à-dire sous la forme qe, où q est un nombre entier. Les charges positives seront désignées par la lettre E, qui représente aussi un nombre positif, pour lequel on prend comme unité la charge positive qui est *équivalente à un électron*. Une telle charge a reçu dans ces dernier temps le nom de *proton*. Si nous écrivons $E = qe$, où q est un nombre entier, E et e seront dés nombres positifs, et notre équation exprime que la charge positive E est équivalente à q électrons. Faisons remarquer aux lecteurs que dans les mémoires et les livres anglais et américains (par exemple Millikan, *L'Electron*) le terme « électron » s'emploie indifféremment pour la charge élémentaire négative et pour la positive [1].

L'*énergie potentielle* P *de deux charges* E *et* e (où E et e désignent des nombres positifs) *qui s'attirent* et sont à une distance r l'une de l'autre, s'écrit généralement sous la forme

$$(15) \qquad P = -\frac{Ee}{r}.$$

Cette grandeur, comme il doit être, *diminue* en même temps que la distance r. Elle est égale au travail *négatif* qu'il faut dépenser pour amener l'une des charges de l'infini à la position qu'elle occupe. Logiquement on devrait écrire

$$(15, a) \qquad P = C - \frac{Ee}{r},$$

où C est l'énergie potentielle des charges infiniment distantes l'une de l'autre. Pratiquement la suppression du terme C n'a aucune importance, car il disparaît dans le calcul de la *variation* de l'énergie du système.

V. *Modèles de l'atome proposés avant 1913*. — Dans le § 1 de ce chapitre nous avons mentionné une série de phénomènes qui démontrent indubitablement que les atomes des éléments chimiques ont une structure complexe et que dans leur composition entrent des charges électriques, entre autres sous forme d'électrons. On a proposé des hypothèses assez diverses sur la structure de l'atome, ou, comme on dit habituellement, des *modèles de l'atome*. Nous n'indiquerons ici que trois modèles, qui furent proposés depuis le commencement de ce siècle jusqu'à 1913. Le premier est dû à Lord Kelvin (1902), qui attribue à l'atome la forme d'une sphère uniformément remplie d'électricité positive, et à l'intérieur de laquelle se trouvent des électrons en nombre tel que leur charge totale soit équivalente à celle de la sphère même. Ce modèle fut encore profondément modifié par J.-J. Thomson ; il eut pendant quelque temps un grand succès. J.-J. Thomson étudia les conditions d'équilibre des divers groupes d'électrons à l'intérieur de la sphère positive, dont il considérait les dimensions comme étant celles de l'atome, c'est-à-dire de l'ordre de 10^{-8} cm. Nous savons (T. I) qu'une particule qui se trouve à l'intérieur d'une sphère continue et homogène est soumise à une force dirigée vers le centre de la sphère et directe-

---

[1] La traduction française de *L'Electron*, de Millikan, par A. Lepape, vient de paraître (Paris, F. Alcan) (T.).

ment proportionnelle à la distance de la particule à ce centre. Il suit de là
que les électrons qui se trouvent à l'intérieur de la sphère positive peuvent
exécuter des mouvements vibratoires harmoniques et ainsi provoquer
l'émission par l'atome d'une énergie rayonnante donnant une ligne spectrale
nette. J.J. Thomson trouva, entre autres choses, que le nombre des électrons
dans l'atome doit être approximativement égal à la moitié du poids atomique. H.A. Lorentz réussit à établir la théorie du phénomène de Zeeman
en partant du modèle de J.J. Thomson. Seulement ce modèle ne put
expliquer les régularités dans les spectres, pas même la plus simple de
toutes, la formule de Balmer pour l'hydrogène ; de plus il s'est montré
impuissant pour expliquer sous toutes ses faces le phénomène de Stark (division des lignes spectrales dans un champ électrique). Enfin, dans la question du passage des particules α à travers la matière, il donne un autre
résultat que celui des remarquables recherches qu'effectuèrent Geiger et
Marsden (1909 et 1913). Nous comptons examiner plus tard ces recherches
en détail ; pour l'instant notons simplement que la particule α éprouve à
l'intérieur de la matière des déviations qui peuvent dépasser 90°. Ce sont ces
expériences et d'autres considérations qui ont conduit E. Rutherford (1911)
à la construction d'un autre modèle de l'atome. Dans la pensée de ce savant
*l'atome consiste en un noyau d'électricité positive, autour duquel tournent les
électrons*, tout à fait comme les planètes tournent autour du soleil. Le noyau
a des dimensions très petites (de l'ordre de 10^{-12} cm.), mais *en lui est concentrée presque toute la masse de l'atome.* La charge E du noyau est équivalente à celle de l'ensemble des électrons qui tournent autour de lui. Si le
nombre de ces derniers est z, $E = ze$. Van den Broek (1913) le premier
exprima l'idée que $z = Z$ (voir § 1 de ce chapitre), que *le nombre des électrons
qui tournent autour du noyau de l'atome est égal au numéro d'ordre de l'élément.*
Remarquons que le modèle de Rutherford ne peut expliquer la production
des raies spectrales distinctes et fines.

3 Théorie première de Bohr. Orbites possibles. — En 1913 parurent trois articles du savant danois Niels Bohr dans lesquels était exposée
une nouvelle et ingénieuse théorie de la structure de l'atome, et dès ce moment commença une ère nouvelle dans l'histoire de la physique ; alors
pénétra l'idée de la quantification et prit naissance cette science immense à
laquelle est consacré le livre de Sommerfeld, A. u. S. *La théorie de la structure de l'atome forme un tout indivisible avec la théorie de l'origine des spectres*,
comme nous le montrerons plus loin. La théorie de Bohr de 1913 subit dans
le cours du temps diverses modifications ; on peut en négliger quelques-unes
dans le tracé fondamental de cette théorie. Mais nous considérons comme
indispensable d'expliquer les principes de la théorie de Bohr dans la forme
sous laquelle cette théorie a été créée en 1913, d'autant plus que c'est
de cette forme primitive qu'est parti Moseley dans son immortel travail
sur les numéros d'ordre des éléments, dont nous avons déjà parlé et que
nous examinerons plus en détail dans le chap. VI sur les rayons X.

Bohr accepte entièrement le modèle de l'atome proposé par Rutherford avec le complément de Van den Broek : l'atome de l'élément dont le numéro d'ordre est Z est formé d'un noyau dont la charge positive E est égale à

$$(16) \qquad E = Ze.$$

Autour de ce noyau tournent Z électrons quand l'atome est à l'état *neutre*, c'est-à-dire n'a perdu ni ne s'est uni aucun électron. Ainsi, autour du noyau de l'atome d'*hydrogène* tourne un seul électron, et la charge du noyau est $E = e$; dans l'atome d'*hélium* tournent deux électrons et $E = 2e$; dans l'atome de *lithium*, trois électrons et $E = 3e$, etc. Autour du noyau de l'atome d'*uranium* tournent 92 électrons, et la charge du noyau est $92e$. Seulement cela ne veut pas dire que dans le noyau ne se trouvent que les quantités $E = e, 2e, 3e, \ldots 92e$ d'électricité positive. C'est seulement pour l'atome d'hydrogène que E est égal à e ; dans les atomes des autres éléments la quantité d'électricité positive E' doit être plus grande que E, et en voici la raison. Comme la masse de l'électron est très faible (voir (31) du chap. premier), il faut admettre que presque toute la masse A (poids atomique) de l'atome est concentrée dans le noyau. Dans l'atome d'hydrogène $E' = E = e$; le noyau contient une charge unique d'électricité positive, c'est-à-dire *un proton*, dont la charge est égale, ou plutôt équivalente à la charge de l'électron, mais la masse de ce noyau est environ 1 840 fois celle de l'électron, car elle est presque égale à la masse de l'atome d'hydrogène. Supposons maintenant un élément de poids atomique A ; pour une raison que nous verrons plus tard (article sur les isotopes non radioactifs), aujourd'hui *nous avons le droit de considérer tous les poids atomiques A comme des nombres entiers*. Pour que le noyau d'un atome ait une masse A, il doit contenir une quantité d'électricité positive E' égale à A protons, de sorte que

$$(16, a) \qquad E' = Ae \text{ protons.}$$

D'après l'action extérieure la charge E du noyau, neutralisant les Z électrons qui tournent autour du noyau est égale à Ze, où $Z \lesseqgtr \frac{1}{2}A$. De là il suit que dans le noyau il doit se trouver encore une charge E'' d'électricité négative, telle que

$$(16, b) \qquad E'' = (A - Z)e \text{ électrons.}$$

Ainsi, pour l'atome d'*hélium* $A = 4$, $Z = 2$; il suit de là que *le noyau de l'atome d'hélium contient 4 protons et 2 électrons*. Ils sont de toute évidence unis entre eux d'une façon particulièrement solide, car ils constituent la particule α, qui représente un tout parfaitement stable. Ainsi, *la particule α consiste en 4 protons et 2 électrons*. Citons encore un exemple : le noyau de l'atome de *chrome* ($A = 52$, $Z = 24$) contient 52 protons et 28 électrons. Ce que nous disons ici de la composition du *noyau* de l'atome ne se trouve pas dans les mémoires de Bohr ; mais nous nous sommes arrêté sur cette question pour donner un tableau plus fini de la constitution de l'atome. Le nombre total tant des protons que des électrons contenus dans l'atome est égal au poids atomique A.

Acceptant l'idée générale du modèle de RUTHERFORD, BOHR introduit trois *hypothèses*, qu'il serait d'ailleurs plus exact d'appeler des *postulats*, également nouveaux par leur nature et surprenants par leur hardiesse ; nous allons maintenant en prendre connaissance. BOHR suppose avant tout que les électrons tournent sur des *orbites circulaires*. Comme leur mouvement a lieu par suite de leur action réciproque avec le noyau, selon la loi de COULOMB, identique de forme avec la loi de la gravitation universelle, on pourrait, dans le cas général, s'attendre à ce que le mouvement eût lieu sur des orbites elliptiques, et nous verrons plus loin quel rôle énorme a joué par la suite le remplacement des orbites circulaires par des orbites elliptiques ; mais pour l'instant nous en resterons aux orbites circulaires. BOHR introduit la conception des orbites *possibles* et *impossibles*. Le mouvement des électrons sur les premières est plus ou moins stable, parfois parfaitement stable et peut se prolonger pendant un temps indéfini. Le mouvement sur les autres orbites ne se produit jamais. Les rayons a_1, a_2, a_3,... a_k... des orbites possibles sont déterminés par le premier postulat.

PREMIER POSTULAT : *Le mouvement de l'électron ne peut se faire que sur les orbites pour lesquelles le moment de la quantité de mouvement de l'électron est égal à un multiple entier de* $\dfrac{h}{2\pi}$, *où h est la constante de Planck*. Ceci donne l'équation

$$(17) \qquad\qquad mv_k a_k = k\,\frac{h}{2\pi},$$

où m est la masse de l'électron, v_k sa vitesse sur la k^e orbite possible. La formule (17) est identique à la formule (23) du chapitre deuxième, mais il ne faut pas oublier que la pensée même de la quantification n'existait presque pas avant 1913, et que la formule (17) de BOHR fournit le premier exemple d'un choix conscient, par le moyen de la quantification, des états possibles d'un système. Le nombre k de l'équation (17) sera appelé le numéro d'ordre de l'orbite, comptant ces dernières à partir de la plus proche du noyau, dont le rayon est a_1 ; si $k > i$, on a $a_k > a_i$.

L'électrodynamique classique nous enseigne que l'électron qui se meut avec une accélération — tangentielle ou normale, peu importe (T. I) — doit nécessairement émettre de l'énergie rayonnante, dépensant pour cela de l'énergie de son mouvement, qui finalement doit cesser. BOHR introduit le postulat suivant :

DEUXIÈME POSTULAT : *Quand l'électron se meut sur une des orbites possibles, satisfaisant à la condition* (17), *il n'émet pas de rayonnement*. Les lois de l'électrodynamique classique ne lui sont pas applicables ! Jusqu'ici on n'a réussi par aucun moyen à donner une base à cette hypothèse hardie.

BOHR admet de plus que les électrons individuels peuvent passer, ou comme on dit souvent, bondir d'une orbite possible à une autre. Nous verrons que toute la provision d'énergie J de l'atome dépend de l'orbite sur laquelle se trouve l'électron et que l'énergie est d'autant plus grande que le numéro d'ordre de l'orbite est plus élevé. Désignant par J_i et J_k les énergies correspondant aux orbites i^e et k^e, nous avons, pour $k > i$,

$$(17, a) \qquad\qquad J_k > J_i.$$

L'électron peut *de lui-même*, c'est-à-dire sans l'action d'une cause extérieure passer d'une orbite à une autre orbite quelconque située plus près du noyau, par exemple, de la k^e à la i^e, par quoi la provision d'énergie de l'atome *diminue* de la quantité $J_k - J_i$. Le passage de l'électron dans la direction opposée, dans laquelle il s'éloigne du noyau, s'accompagne d'un accroissement de l'énergie ; c'est pourquoi il ne peut être provoqué que par des actions extérieures à l'électron ; il faut pour cela que l'atome reçoive un afflux d'énergie $J_k - J_i$ égal à son accroissement d'énergie $J_k - J_i$. Plus grande est la différence $k - i$ pour i donné, plus énergique doit être l'action extérieure et plus grande doit être l'énergie reçue et absorbée par l'atome. L'action la plus forte exigée est celle qui rejette l'électron entièrement hors des limites de l'atomes ; c'est le cas de l'*ionisation de l'atome*, après quoi la charge du noyau n'est plus neutralisée par les électrons qui l'entourent, et tout l'atome paraît électrisé positivement, et par une charge équivalente à un électron. C'est pour éloigner l'électron de l'orbite a', la plus voisine du noyau jusqu'en dehors des limites de l'atome qu'il faut le travail le plus grand.

La troisième hypothèse de Bohr se rapporte au passage spontané de l'électron de la k^e orbite possible à la i^e, où $k > i$; pendant ce passage l'atome perd l'énergie $W_{k,i} = J_k - J_i$. Bohr suppose que cette énergie passe à l'état d'énergie rayonnante d'une fréquence $\nu_{k,i}$ telle qu'un quantum d'énergie $h_1 \nu_{k,i}$ est mis en jeu. Ainsi on obtient le

Troisième postulat : *Lorsqu'un électron passe d'une orbite possible à une autre plus proche du noyau de l'atome, l'énergie perdue par l'atome est transformée en un quantum d'énergie rayonnante émise par l'atome en cet instant.* Ainsi

$$(18) \qquad\qquad W_{k,i} = J_k - J_i = h\nu_{k,i}.$$

Cette équation peut servir pour déterminer la fréquence $\nu_{k,i}$ et par suite la longueur d'onde λ du rayon émis par l'atome donné. Passant à l'explication de la base de la partie mathématique de la théorie de Bohr, nous devons avant tout indiquer une circonstance très importante. Quand autour du noyau ne circule qu'un seul électron, nous sommes en face du problème élémentaire du mouvement d'un satellite autour d'un corps central, c'est-à-dire de ce qu'on appelle un mouvement képlérien. Mais quand nous avons deux électrons qui ne se trouvent pas seulement sous l'influence du noyau mais encore agissent l'un sur l'autre, nous avons affaire à un problème célèbre dans la mécanique céleste, au problème *des trois corps,* qui ne peut être résolu dans sa forme générale. A plus forte raison, cette dernière proposition se rapporte aussi aux cas de 3, 4, 5, etc., jusqu'à 92 électrons. Il faut dire que, même *la question de la structure de l'atome neutre d'hélium n'est pas résolue jusqu'à ce jour.* En outre, nos considérations et calculs se rapportent pour cette raison exclusivement à un atome formé d'un noyau autour duquel circule *un seul électron*. A de tels atomes appartiennent : l'atome neutre d'hydrogène (H) ; l'atome d'hélium ionisé, qui a perdu un électron et qu'on désigne par le symbole He+ ; l'atome de lithium deux fois ionisé, ayant perdu deux électrons, qu'on désigne par Li++, etc. Toutes ces sortes d'atomes sont dites *semblables à l'hydrogène.*

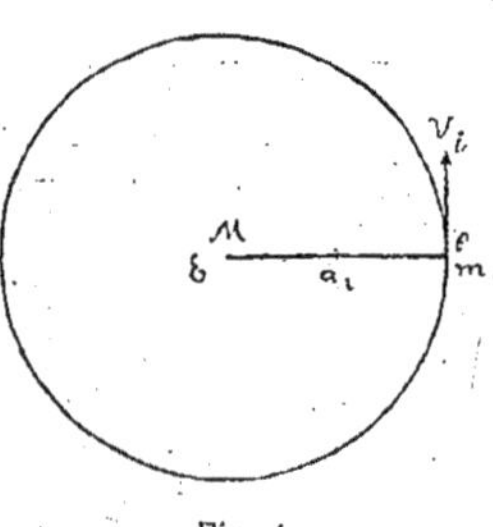

Fig. 4.

Donc, supposons qu'autour du noyau M (fig. 4), dont la charge est E, circule un électron de charge e et de masse m, sur la i^e orbite possible (rayon a_i) avec une vitesse v_i. La charge $E = Ze$, Z étant le numéro d'ordre de l'élément. Nous admettons d'abord que le noyau est immobile et se trouve au centre de l'orbite. La force qui agit sur l'électron suivant la loi de Coulomb est égale à $\dfrac{Ee}{a_i^2}$; elle est égale au produit de la masse m de l'électron par son accélération centripède $\dfrac{v_i^2}{a_i}$; égalant ces deux expressions de la force, nous avons

$$(18, a) \qquad \frac{Ee}{a_i^2} = m\,\frac{v_i^2}{a_i}$$

ou

$$(19) \qquad \frac{Ee}{a_i} = mv_i^2.$$

C'est la *première* des équations fondamentales de la théorie de Bohr. La *seconde* nous est donnée par l'équation (17), dans laquelle nous écrivons i au lieu de k :

$$(20) \qquad mv_i a_i = i\,\frac{h}{2\pi}.$$

Au lieu de la vitesse linéaire v_i, nous pouvons introduire la vitesse angulaire ω_i, telle que

$$(20, a) \qquad v_i = a_i \omega_i.$$

Alors (19) et (20) donnent

$$(20, b) \qquad Ee = ma_i^3 \omega_i^2$$

$$(20, c) \qquad ma_i^2 \omega_i = i\,\frac{h}{2\pi}.$$

On peut aussi introduire la durée τ, d'une révolution,

$$(20, d) \qquad v_i \tau_i = 2\pi a_i$$

ou le nombre n_i de révolutions par seconde, $n_i \tau_i = 1$; donc

$$(20, e) \qquad v_i = 2\pi a_i n_i.$$

Les équations (19) et (20) donnent les rayons a_i des orbites possibles et les vitesses v_i correspondantes des électrons :

$$(21) \quad \begin{cases} a_i = \dfrac{h^2}{4\pi^2 me E}\, i^2 \\[2mm] v_i = \dfrac{2\pi E e}{h} \cdot \dfrac{1}{i} \end{cases}$$

Les rayons des orbites possibles sont entre eux comme les carrés des numéros d'ordre des orbites successives, et les vitesses linéaires sont inversement proportionnelles aux grandeurs de ces numéros d'ordre. Pour la vitesse angulaire ω_i sur l'orbite i^e (voir (20, a)), nous avons

$$(21, a) \qquad \omega_i = \frac{8\pi^3 me^2 E^2}{i^3 h^3}.$$

Le nombre de révolutions (voir (20, e)) est

$$(21, b) \qquad n_4 = \frac{4\pi^2 me^2 E^2}{i^3 h^3}.$$

Dans toutes ces formules on peut mettre $E = Ze$. Pour l'hydrogène, $Z = 1$, c'est-à-dire $E = e$. *Le rayon de la première orbite de l'hydrogène*, avec lequel nous comparerons les rayons des orbites dans d'autres atomes, étant désigné par a_0 et la vitesse correspondante de l'électron par v_0, nous obtenons par l'équation (21) :

$$(22) \qquad a_0 = \frac{h^2}{4\pi^2 me^2}$$

$$(23) \qquad v_0 = \frac{2\pi e^2}{h}.$$

Introduisons maintenant la grandeur $\alpha = \dfrac{v_0}{c}$, où c est la vitesse de la lumière, de sorte que

$$(24) \qquad \alpha = \frac{v_0}{c} = \frac{2\pi e^2}{ch}.$$

Nous rencontrerons cette grandeur dans la théorie des satellites des lignes spectrales. Si dans (22), (23) et (24) nous mettons les valeurs numériques de e, $m(= m_0)$ et de h (voir (18) et (30) du chapitre premier et (3) du chapitre deuxième), nous obtenons

$$(24, a) \qquad a_0 = 0{,}532 \cdot 10^{-8} \text{ cm.}$$

$$(24, b) \qquad \begin{cases} \dfrac{v_0}{c} = \alpha = 7{,}29 \cdot 10^{-3} \\[2mm] \alpha^2 = 5{,}31 \cdot 10^{-5} \end{cases}$$

$$(24, c) \qquad v_0 = 2{,}19 \cdot 10^8 \frac{\text{cm}}{\text{sec}} = 0{,}00729\,c.$$

Nous voyons que dans l'atome d'hydrogène la vitesse v_0 de l'électron sur l'orbite la plus voisine du noyau n'est pas très petite par rapport à la vitesse c de la lumière.

4. Théorie première de Bohr. Energie et rayonnement. — Désignons par J_i l'énergie de l'atome quand l'électron se meut sur la i^e orbite possible. Elle est composée des énergies cinétique L_i et potentielle P_i, de sorte que $J_i = L_i + P_i$. Il suit de (19)

$$(25) \qquad L_i = \frac{1}{2} mv_i^2 = \frac{Ee}{2a_i}.$$

Pour P_i nous avons (éq. (15)),

$$(25, a) \qquad P_i = - \frac{Ee}{a_i} = - 2L_i,$$

Cette formule montre que *si l'électron passe de l'infini à une des orbites possibles, son énergie cinétique correspondant au mouvement sur cette orbite est égale à la moitié de l'énergie potentielle perdue dans cette transition*, ou à la moitié du travail qui est produite dans ce passage par la force d'attraction qui agit entre l'électron et le noyau de l'atome. On se demandera : qu'est devenue la seconde moitié de l'énergie potentielle disparue ou la seconde moitié du travail produit ? La théorie de Bohr nous répond qu'elle est transformée en énergie rayonnante. Ici nous avons le premier exemple d'illustration de cette idée générale de la source de l'énergie rayonnante, qui est exprimée sous une forme plus générale et plus complète dans le troisième postulat de Bohr. Les formules (25) et (25, a) nous donnent pour l'énergie totale J_i de l'atome

$$(25, b) \qquad J_i = L_i + P_i = - \frac{Ee}{2a_i}.$$

Portons ici la valeur de a_i donnée par (21) et posons $E = Ze$, nous avons

$$(26) \qquad J_i = - \frac{2\pi^2 me^4}{h^2 i^2} Z^2.$$

Quand l'électron se meut sur la k^e orbite, l'énergie J_k de l'atome est

$$(26, a) \qquad J_k = - \frac{2\pi^2 me^4}{h^2 k^2} Z^2.$$

Si l'électron se rapproche du noyau et bondit de l'orbite k à l'orbite i, où $k > i$, *l'énergie perdue* par l'atome est égale à

$$(27) \qquad W_{k,i} = J_k - J_i = \frac{2\pi^2 me^4}{h^2} Z^2 \left\{ \frac{1}{i^2} - \frac{1}{k^2} \right\}.$$

Selon le troisième postulat de Bohr, cette énergie se transforme en un quantum d'énergie rayonnante (voir (18)). Ceci donne pour la fréquence $\nu_{k,i}$ et pour le nombre d'ondes $n_{k,i}$ (voir (2, b)) de l'énergie rayonnée *les formules fondamentales de Bohr sous leur forme première* :

$$(28) \qquad \nu_{k,i} = \frac{2\pi^2 me^4}{h^3} Z^2 \left\{ \frac{1}{i^2} - \frac{1}{k^2} \right\}$$

$$(28, a) \qquad n_{k,i} = \frac{2\pi^2 me^4}{h^3 c} Z^2 \left\{ \frac{1}{i^2} - \frac{1}{k^2} \right\}.$$

c étant toujours la vitesse de la lumière. Avant tout, introduisons dans les dernières formules une correction, qui ne se trouve pas dans les premiers mémoires de BOHR (1913), mais dont beaucoup de savants, et BOHR lui-même, n'ont pas tardé à reconnaître la nécessité. Jusqu'ici on a supposé que le noyau (masse M, charge E) reste immobile au centre de l'orbite circulaire de rayon a_i sur laquelle se meut l'électron (masse m, charge e). Mais en réalité le noyau et l'électron tournent avec la même vitesse angulaire ω_i, autour de leur centre d'inertie, qui se trouve sur le rayon Mm (fig. 5) : désignant par c_i et b_i ses distances à M et à m, de sorte que $a_i = b_i + c_i$, on a

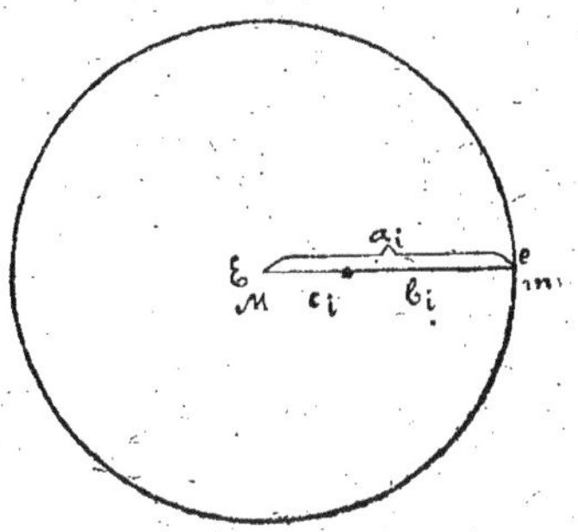

$$(28,b) \quad c_i = a_i \frac{m}{M+m}, \quad b_i = a_i \frac{M}{M+m}.$$

Fig. 5.

La vitesse de l'électron est égale à $\omega_i b_i$, celle du noyau à $\omega_i c_i$. Pour le moment de la quantité de mouvement nous avons, au lieu de (20), en introduisant toujours la vitesse angulaire,

$$(28,c) \qquad mb_i^2\omega_i + Mc_i^2\omega_i = m\omega_i a_i^2 \frac{M}{M+m} = i\frac{k}{2\pi}.$$

Dans $(18,a)$ le premier membre (loi de Coulomb) reste sans changement; mais dans le second, il faut mettre b_i au lieu de a_i et $\omega_i b_i$ au lieu de v_i, de sorte qu'on obtient

$$(28,d) \qquad \frac{Ee}{a_i^2} = m\omega_i^2 a_i \frac{M}{M+m}.$$

Maintenant $(28,c)$ et $(28,d)$ donnent, au lieu de (21) et $(21,a)$,

$$(29) \qquad a_i = \frac{h^2 i^2}{4\pi^2 mEe} \frac{M}{M+m}$$

$$(29,a) \qquad \omega_i = \frac{8\pi^3 mE^2 e^2}{i^3 h^3} \frac{M}{M+m}.$$

La force vive L_i de l'atome entier est

$$(29,b) \qquad L_i = \frac{1}{2} m\omega_i^2 b_i^2 + \frac{1}{2} M\omega_i^2 c_i^2 = \frac{1}{2} \omega_i^2 a_i^2 \frac{Mm}{M+m}.$$

Comparons ceci avec $(28,d)$, nous obtenons de nouveau l'équation (25). Les formules $(25,a)$ et $(25,b)$ ne changent pas. Portant dans $(25,b)$ la grandeur a_i de (29), nous trouvons par la même voie que plus haut, au lieu de (27), (28) et $(28,a)$,

$$(29,c) \qquad W_{k,i} = J_k - J_i = \frac{2\pi^2 me^4 Z^2}{h^2} \frac{M}{M+m} \left\{ \frac{1}{i^2} - \frac{1}{k^2} \right\}$$

$$(30) \qquad \nu_{k,i} = \frac{2\pi^2 me^4 Z^2}{h^3} \frac{M}{M+m} \left\{ \frac{1}{i^2} - \frac{1}{k^2} \right\}$$

$$(30,a) \qquad n_{k,i} = \frac{2\pi^2 me^4 Z^2}{ch^3} \frac{M}{M+m} \left\{ \frac{1}{i^2} - \frac{1}{k^2} \right\}$$

Nous voyons qu'en prenant en considération le mouvement du noyau de l'atome, il nous faut introduire dans (28) et (28, *a*), le facteur $\dfrac{M}{M+m}$ qui, même pour l'hydrogène, où M $=$ 1 840 m., diffère très peu de l'unité. Pour les éléments de poids atomique A, nous avons

$$(30, b) \qquad\qquad M = 1\,840\,mA.$$

On voit par là que le facteur complémentaire s'approche rapidement de l'unité quand le poids atomique A s'élève, car

$$(30\,c) \qquad\qquad \frac{M}{M+m} = \frac{M}{1 + \dfrac{1}{1\,840\,A}}.$$

Appliquons les formules qui viennent d'être établies à l'hydrogène pour lequel Z $=$ 1 et M $=$ 1 840 *m*, ou bien dans (30, *c*) A $=$ 1. La formule (30, *a*) donne

$$(31) \qquad\qquad n_{k,i} = \frac{2\pi^2 m e^4}{ch^3}\,\frac{1\,840}{1\,841}\left\{\frac{1}{i^2} - \frac{1}{k^2}\right\}.$$

Comparant (31) avec (6, *a*) nous voyons que les deux formules ont tout à fait le même aspect et de telle façon que *la théorie de* BOHR *explique parfaitement l'origine de toutes les formules sérielles du spectre ordinaire (à lignes peu nombreuses) de l'hydrogène*. La similitude des formules (31) et (6, *a*) témoigne certainement en faveur de la théorie, mais elle ne peut quand même être la cause de la profonde impression qu'elle a produite lors même de son apparition et qui résulte de *deux autres faits*, dont il faut avant tout prendre connaissance. Comparant encore une fois (31) avec la formule (6, *a*) dans laquelle R $=$ R (H) est la *constante* de RYDBERG pour l'hydrogène (voir (5, *a*)) nous voyons que

$$(31, a) \qquad\qquad R(H) = \frac{2\pi^2 m e^4}{ch^3} \cdot \frac{1\,840}{1\,841}.$$

Si dans cette expression nous portons les valeurs numériques des grandeurs m, e, c et h, nous obtenons pour R(H) *précisément le nombre de* (5, *a*). *La théorie de* BOHR *explique l'origine de la constante de* RYDBERG *et donne sa valeur numérique exacte !*

Voilà en quoi consiste le *premier* des deux faits que nous venons de mentionner et qui glorifient cette théorie géniale.

Dans § 2 furent données les formules (5), (6, *a*), (6, *b*) et (6, *c*) de quatre séries de lignes spectrales de l'hydrogène. Maintenant nous pouvons indiquer exactement l'origine de chacune de ces lignes. La *première* série (6 *a*), $i = 1$, $k = 2, 3, 4\ldots$ s'obtient quand l'électron saute sur la première orbite en partant des 2, 3e, 4e... orbites. La *seconde* série (5), $i = 2$, $k = 3, 4, 5, \ldots$ est produite lorsque l'électron passe sur l'orbite 2 en venant des 3e, 4e, 5e, etc. ; c'est la série de BALMER. La *troisième* série (PASCHEN et BRACKETT) résulte du passage à l'orbite 3, en venant des orbites 4, 5, 6, etc. Enfin deux lignes de la *quatrième* série (BRACKETT) sont formées quand l'électron passe des orbites 5 et 6 à l'orbite 4.

Dans le même § 2, furent examinées aussi les séries des lignes spectrales de l'*hélium*. Leur allure générale est exprimée par (9); la série représentée par la formule (7) a un aspect spécial; nous écrirons cette formule :

$$(31, b) \qquad n = 4R(\text{He}) \left\{ \frac{1}{2^2} - \frac{1}{k^2} \right\}, \quad k = 3, 4, 5.$$

Les formules générales (30, a) et (30, b) donnent pour l'*hélium* (Z = 2, A = 4) M = 4.1840 m, et

$$(31\ c) \qquad n = 4 \cdot \frac{2\pi^2 m e^4}{c h^3} \cdot \frac{7\,360}{7\,361} \left\{ \frac{1}{2^2} - \frac{1}{k^2} \right\}.$$

Comparant (31, b) et (31, c) nous voyons, en premier lieu, l'explication de la présence du facteur 4, qui n'est pas le poids atomique A = 4 de l'hélium, mais le carré de son numéro d'ordre Z = 2 ; en second lieu on obtient la constante de RYDBERG pour l'hélium

$$(31, d) \qquad R(\text{He}) = \frac{2\pi^2 m e^4}{c h^3} \cdot \frac{7\,360}{7\,361}.$$

(31, a) et (31. d) donnent

$$(31, e) \qquad \frac{R(\text{He})}{R(\text{H})} = \frac{7\,360}{7\,361} \cdot \frac{1\,841}{1\,841} = 1,00041,$$

c'est-à-dire précisément le nombe (8, b) ! En cela se résume le *second* des deux faits par lesquels les savants se sont vus contraints d'accueillir, même avec enthousiasme, la théorie de BOHR. Cette théorie a expliqué pourquoi R(H) n'est pas égal à R(He) et a donné la valeur exacte du rapport de ces deux valeurs de la constante de RYDBERG.

De même fut expliquée la coïncidence imparfaite des raies de la série de BALMER pour l'hydrogène avec les raies d'ordre pair ($k = 6, 8, 10, \ldots$) de la série $i = 2$ de l'hélium (voir form. (7)), d'accord avec les nombres inscrits dans le petit tableau (8). Inversement, nous pouvons maintenant dire que ce manque de coïncidence des lignes spectrales, établi par l'expérience, nous montre avec une évidence pour ainsi dire visuelle le mouvement du noyau de l'atome, qui doit être moindre pour l'hélium que pour l'hydrogène. Pour le lithium Li^{++} ce mouvement est encore moindre et le facteur $\dfrac{M}{M + m}$ se rapproche encore plus de l'unité. A la limite, lorsque M = ∞, et pratiquement pour tous les éléments, à l'exception des plus légers, nous pouvons négliger la masse m de l'électron vis-à-vis de la masse M du noyau. Alors nous obtenons la *valeur limite* R ∞ de la constante de RYDBERG

$$(32) \qquad R = R_\infty = \frac{2\pi^2 m e^4}{c h^3} = 109\,737,11$$

que nous avons préalablement citée sans donner d'explication (8, c).

Se basant sur des observations *purement spectroscopiques*, PASCHEN a donné les nombres (5, a) et (8, a) pour R(H) et R(He). Ces nombres donnent la possibilité de calculer les rapports de $\dfrac{m}{M(H)}$ et la charge spécifique $\dfrac{e}{m}$ de l'électron. En effet, nous avons :

$$(32, a) \qquad \frac{R(He)}{R(H)} = \frac{M(He)}{M(He) + m} : \frac{M(H)}{M(H) + m}.$$

Faisant $M(He) = 4M(H)$, nous obtenons

$$(32, b) \qquad \frac{m}{M(H)} = \frac{R(H) - R(H)}{R(H) - \frac{1}{4} R(He)}.$$

De plus

$$(32, c) \qquad \frac{e}{m} = \frac{e}{M(H)} : \frac{m}{M(H)}.$$

La première formule donne le rapport de la masse m de l'électron à la masse de l'atome d'hydrogène. Dans la seconde formule, le quotient $\dfrac{e}{M(H)}$ est la charge spécifique d'un ion (dans l'électrolyse, qui est connue très exactement; voir (1) du chap. I; plus exactement elle est 9649,4 u. é. m); elle nous donne la valeur $\dfrac{e}{m}$ de la charge spécifique de l'électron, et précisément le nombre qui figure dans (28) du chapitre I, que nous avons indiqué comme obtenu par les observations *spectroscopiques* de PASCHEN.

Dans § 3 il a été dit que l'électron ne peut passer de l'orbite i^e à l'orbite k^e, où $k > i$, c'est-à-dire s'éloigner du noyau de l'atome, que sous une influence extérieure s'accompagnant d'un afflux d'énergie vers l'atome. Une telle influence peut être exercée par de l'*énergie rayonnante* affluant vers l'atome, de même que par le *choc* produit par un électron étranger ou par une particule α arrivant sur l'atome de l'espace environnant. Nous regarderons comme parfaitement stable et naturelle l'existence de l'électron sur la *première* orbite. Si une action extérieure rejette l'électron sur une des autres orbites, nous dirons que l'atome est *perturbé*; il est préparé à émettre un rayonnement. Quand l'électron est rejeté en dehors des limites de l'atome, celui-ci est dit *ionisé*. La question du temps pendant lequel un électron peut rester sur sa nouvelle orbite n'est pas encore résolue. Cet électron nous paraît être dans un état instable. Il commence par revenir à l'orbitre sur laquelle son état est stable; dans le cas que nous considérons d'un électron unique dans l'atome, c'est l'orbite la plus voisine du noyau.

Il n'y a aucun doute que ce retour puisse se faire en plusieurs fois, s'accompagnant d'une série d'émissions successives. Pour le moment on ne sait pas de quoi dépend le choix des stades intermédiaires lors du retour de l'électron à l'orbite stable.

La *clarté* des lignes d'une série ($i = $ const.) diminue à mesure que k augmente, c'est-à-dire si l'on va de la ligne de tête à la queue de la série. Ainsi dans la série de BALMER, relative à l'hydrogène ($i = 2$), la raie la plus lumineuse est H_α, et la clarté des lignes H_β, H_γ, H_δ et suivantes diminue progressivement. Il est facile d'expliquer cette diminution si l'on considère que la clarté *observée* des lignes spectrales dépend *du nombre d'atomes* éprouvant le même degré de perturbation qui doit préparer l'émission de rayons de la longueur d'onde correspondante. Une faible perturbation (k petit) est plus probable et par suite se produit plus souvent qu'une forte perturbation (k considérable) . C'est pourquoi le nombre d'atomes dans lesquelles l'électron est jeté de la première orbite à l'une des orbites voisines doit être plus grand que le nombre des atomes dans lesquelles a lieu le passage de l'électron à une des orbites plus éloignées. De cette façon s'explique parfaitement la répartition de la clarté entre les lignes d'une même série spectrale.

Ajoutons encore quelques mots concernant les formules générales que nous avons déduites. dans lesquelles nous avons négligé le facteur $\dfrac{M}{M + m}$. Les formules (21, b), (27) et (28), peuvent, d'après la formule (32), être écrites sous la forme (en remplaçant E par Ze)

$$(33) \qquad n_i = \frac{2c\mathrm{R}}{i^3} Z^2$$

$$(33, a) \qquad \mathrm{W}_{k,i} = \mathrm{J}_k - \mathrm{J}_i = c\mathrm{R}hZ^2 \left\{ \frac{1}{i^2} - \frac{1}{k^2} \right\}$$

$$(33, b) \qquad \nu_{k,i} = c\mathrm{R}Z^2 \left\{ \frac{1}{i^2} - \frac{1}{k^2} \right\}.$$

L'une d'elles (33, a) montre que dans le passage de l'électron de l'infini ($k = \infty$) à la i^e orbite l'énergie perdue est

$$(33, c) \qquad \mathrm{W}_{\infty,i} = \frac{c\mathrm{R}h}{i^2} Z^2.$$

Cette grandeur définit *le travail qu'il faut effectuer pour que l'électron qui se trouve sur la i^e orbite soit complètement expulsé de l'atome.* Ce travail diminue rapidement à mesure que l'électron est plus éloigné du noyau, car il est inversement proportionnel au carré du numéro d'ordre de l'orbite. *Pour la première orbite de l'hydrogène* ($i = 1$, $Z = 1$) nous avons (voir (5, d)).

$$(33, d) \qquad \mathrm{W}_{\infty,1}(\mathrm{H}) = c\mathrm{R}h = \mathrm{R}'h$$

(33) donne pour *la première orbite de l'hydrogène*

$$(33, e) \qquad n_1(\mathrm{H}) = 2c\mathrm{R} = 2\mathrm{R}'.$$

Comparant (33, b) avec (33) et avec la formule analogue pour n_k, nous trouvons

$$(34) \qquad \nu_{k,i} = \frac{in_i - kn_k}{2}.$$

Cette formule simple relie le nombre de vibrations dans le rayon émis avec les nombres de tours de l'électron sur les deux orbites entre lesquelles jaillit l'électron en émettant du rayonnement.

Quand l'électron passe de l'infini à l'orbite i^e, il émet un rayon pour lequel

$$(34, a) \qquad \nu_{\infty,i} = \frac{1}{2} in_i.$$

Quand l'électron passe de l'infini à la première orbite, la plus voisine du noyau, il émet un rayon dont le nombre de vibration est

$$(34, b) \qquad \nu_{\infty,1} = \frac{1}{2} n_1,$$

où n_1 représente le nombre de tours de l'électron sur la première orbite.

5. Atomes contenant plus d'un électron en dehors du noyau. Molécules. Coup d'œil préliminaire.

— Dans les deux derniers paragraphes nous avons examiné l'atome le plus simple, celui autour du noyau duquel ne circule qu'un électron. De tels atomes sont H, He$^+$, Li^{++}, etc. Maintenant nous allons étudier les atomes dont le noyau est entouré de plus d'un électron en mouvement ; nous savons que dans l'atome neutre le nombre des électrons est égal au numéro d'ordre de l'élément et peut aller jusqu'à 92. Nous avons déjà mentionné que le problème de la détermination exacte des orbites et en général des lois du mouvement des électrons n'a pu jusqu'à présent être résolu, même pour le cas le plus simple, celui de l'atome d'hélium, dans lequel autour du noyau circulent deux électrons (problème des trois corps).

Au point de vue de son importance *historique*, nous devons parler de la première hypothèse de Bohr au sujet de la disposition des électrons dans les atomes dont le numéro d'ordre $Z > 1$, bien qu'il ait fallu abandonner cette hypothèse. Nous avons en vue l'hypothèse des *anneaux d'électrons*, qui admet que sur une seule et même orbite circulaire peuvent se mouvoir plusieurs électrons à des distances égales l'une de l'autre. De tels anneaux il peut y en avoir toute une série, et on a supposé que *tous les anneaux sont disposés dans un même plan*. La question de la distribution des électrons sur les divers anneaux a provoqué de nombreuses suppositions qui n'ont plus aujourd'hui qu'un intérêt historique. Bohr admettait que dans l'atome d'hélium les deux électrons se meuvent sur une même orbite, restant toujours aux extrémités opposées d'un diamètre de l'orbite. Dans l'atome de lithium Bohr pensait que deux électrons se meuvent sur une même orbite, comme dans l'atome d'hélium, et le troisième sur une autre orbite ayant un rayon plus grand. Dans les atomes de glucinium, de bore et de carbone sur cette seconde orbite se meuvent respectivement deux, trois et quatre électrons à égale distance l'un de l'autre. Partant de ce modèle de l'atome, Bohr introduisit dans la formule (33, b) une correction dont nous dirons quelques mots, car elle a joué un certain rôle dans le travail classique de Moseley. Nous partirons de la formule (18, a) qui exprime que sur l'électron agit seulement l'attraction du noyau. Mais si sur l'orbite sont disposés symétriquement p électrons, sur chacun d'eux agit, en outre, la répulsion des $(p-1)$ autres électrons. Il se trouve que par suite de cela le multiplicateur Z^2 de (33. b) doit être remplacé par le multiplicateur $(Z - s_p)^2$, où

$$(35) \qquad s_p = \frac{1}{4} \sum_{q=1}^{q=p} \operatorname{cosec} \frac{q\pi}{p},$$

de sorte qu'au lieu de $(33, b)$ nous aurons

$$(35, a) \qquad \nu_{k,i} = cR(Z - s_p)^2 \left\{ \frac{1}{i^2} - \frac{1}{k^2} \right\}.$$

Remarquons que pour $p = 4$

$$(35, b) \qquad s_p = s_4 = 0,957,$$

c'est-à-dire approximativement $s_p = 1$.

Comme nous l'avons dit, il faut abandonner toute cette image. Avant tout, il apparut (voir § 6) que les électrons se meuvent non sur les orbites circulaires, mais bien, comme le font les planètes autour du soleil, sur des orbites *elliptiques*. Sur une seule et même ellipse il ne peut se produire de mouvement stable de plus d'un électron. Il suit de là que *chaque électron a, à un moment donné, son orbite propre*. De plus, l'idée des orbites coplanaires s'est montrée impossible à admettre ; on ne peut plus supposer que les orbites de tous les électrons sont dans un même plan. Il a fallu construire des modèles de l'atome dans lesquels les orbites ont une disposition spatiale, c'est-à-dire sont dans des plans différents. Nous verrons que la disposition de ces plans ne peut être arbitraire mais doit obéir à des *conditions quantiques* déterminées. On comprend que ces conditions ne peuvent avoir un sens que dans le cas où dans l'atome existe quelque *direction* jouant un rôle particulier. Telle pourrait être la direction d'un champ de force extérieur, électrique ou magnétique, par exemple, ou encore la direction d'un tel champ existant à l'intérieur de l'atome lui-même. Dans les deux cas nous donnerons à cette direction le nom d'*axiale* ; soit ψ l'angle qu'elle fait avec le plan de l'orbite. Alors on peut soumettre l'angle ψ à la quantification et déterminer les positions possibles du plans de l'orbite, c'est-à-dire les valeurs possibles de l'angle ψ. Les règles trouvées de cette façon se rapportent, comme nous le verrons, aussi bien au cas du champ intérieur que du champ extérieur. Remarquons qu'il y a à distinguer deux spectres de l'hélium, auxquels correspondent deux variétés de cet élément : l'*orthohélium* et le *parhélium*, dont les atomes, selon toute probabilité, se distinguent l'un de l'autre par la position relative des orbites des deux électrons.

Lorsque dans le système périodique nous passons d'un élément au suivant (d'une valeur quelconque de Z à $Z + 1$), l'atome s'augmente d'un électron. Dans la pensée première de Bohr cet électron se place sur l'anneau électronique extérieur si celui-ci n'est pas encore complet, s'il ne contient pas le nombre maximum d'électrons qu'il peut porter ; dans le cas contraire un nouvel anneau commence avec cet électron. Aujourd'hui l'idée des anneaux électroniques est remplacée par l'image un peu nébuleuse des *couches électroniques* (en allemand *Schalen*) dont chacune enveloppe les précédentes ; à chaque couche appartient un nombre déterminé d'électrons, la remplissant ou la saturant. Quand une couche est remplie, une suivante commence à se former. D'ailleurs il ne faut pas se faire de ces couches une représentation grossièrement géométrique, comme étant contenues l'une à l'intérieur de l'autre, et croire que les orbites de tous les électrons d'une couche donnée sont complètement à l'intérieur d'une autre couche. Il est indubitable que les orbites des électrons des diverses couches sont entrelacées d'une façon très compliquée. Seulement les orbites de tous les électrons d'une couche forment quelque chose d'entier, jouissant d'un haut degré de symétrie, et tous les électrons d'une seule couche constituent un système très stable.

Avec l'élévation du numéro d'ordre de l'élément augmente le nombre général des éléments et peu à peu le nombre des couches. Mais nous verrons qu'il existe aussi des cas d'addition à l'architecture des couches, lorsqu'après qu'une couche est complète, dans le passage aux éléments suivants, les électrons qui s'ajoutent ne commencent pas par former une nouvelle couche extérieure, mais s'unissent à une des couches intérieures. Les couches électroniques, à partir de la plus intérieure, la plus voisine du noyau de l'atome, sont désignées par les lettres K, L, M. O, P, Q. La couche K contient deux électrons ; la couche L — 8 électrons ; la couche M — d'abord 8 électrons, et après qu'elle est surcomplétée, 18 électrons, etc. Pour l'instant nous n'entrerons pas dans plus de détails. *Ce qui frappe les yeux, c'est la liaison entre les couches électroniques et les périodes du système de Mendéléief* ; plus tard nous examinerons cette question en détail.

Le nombre des électrons de la couche extérieure à une énorme importance. Par ce nombre sont déterminées les propriétés *chimiques* des éléments et avant tout leur *valence* Dans les éléments univalents du premier groupe nous avons un électron dans la couche extérieure, un électron extérieur. Dans le second groupe (métaux alcalino-terreux), deux électrons extérieurs, etc. Dans le huitième groupe des éléments, dans les *gaz nobles* (He, Ne, A, Kr, Xe, Em) *la couche extérieure est complète*, et en cela réside la cause de leur inertie chimique.

Dans § 1 nous avons dit qu'il y a une série de propriétés des éléments qui pour des valeurs de Z croissantes changent *périodiquement* d'une façon à peu près parallèle aux périodes du tableau de Mendéléief, tandis que d'autres propriétés varient *progressivement dans une même direction* et ne manifestent aucune périodicité. Maintenant ceci s'explique facilement. Aux propriétés du premier genre appartiennent celles qui dépendent du nombre des électrons dans la couche extérieure ; ce sont surtout les propriétés chimiques. Les propriétés du second genre ont leur origine dans les couches intérieures, qui sont complètes et absolument les mêmes pour tous les éléments dans les atomes desquels elles existent, si l'on ne tient pas compte du surnombre dont nous avons parlé. Il est évident qu'on ne peut ici prévoir de périodicité, mais seulement des variations progressives quantitatives ou qualitatives (ou les unes et les autres) dépendantes de la complication progressive ment croissante de l'atome.

Dans §§ 3 et 4 nous avons étudié la formation des spectres de H, He^+, Li^{++}, etc., des atomes qui ne contiennent qu'un électron. La solution rigoureuse du problème pour le cas d'un plus grand nombre d'électrons est impossible. Mais des cas peuvent exister où, en présence d'un grand nombre d'électrons, on peut espérer des spectres qui par leur caractère ne sont pas très différents de ceux des éléments semblables à l'hydrogène.

Imaginons que la couche extérieure ne contienne qu'un électron, dont l'orbite se trouve très éloignée de la masse des électrons appartenant aux autres couches déjà complètes. Si Z est le numéro d'ordre de l'élément, le nombre de ces électrons est $Z - 1$ et leur charge négative est $(Z - 1)e$. Ils entourent comme d'un nuage le noyau dont la charge positive est égale à Ze et en quelque sorte cachent, masquent le noyau, annihilant presque son action sur l'électron extérieur. L'ensemble du noyau et du nuage d'électrons qui l'entoure exerce sur l'électron extérieur *à peu près* la même action que le ferait un proton à la place du noyau. Nous avons quelque chose de semblable lorsqu'un atome, qui à l'état neutre contient q électrons dans sa couche extérieure, en a perdu $q - 1$ par ionisation répétée ; l'électron extérieur restant se meut loin du nuage intérieur qui contient $Z - q$ électrons, de sorte que le noyau avec l'ensemble des électrons qui l'entourent agit sur l'électron extérieur *à peu près* comme une charge positive qe se trouvant à la place du noyau de l'atome. *Dans tous ces cas nous sommes en droit d'espérer des spectres semblables à ceux de l'hydrogène et de l'hélium ionisé* (He$^+$).

Dans la théorie première de Bohr correspond à chaque orbite possible d'un électron une provision déterminée d'énergie de l'atome. Nous pouvons appeler ces orbites des *niveaux d'énergie* d'un atome donné et nous exprimer ainsi : l'atome émet du rayonnement lorsque l'électron passe ou *tombe* d'un niveau d'énergie plus élevé à un autre niveau plus bas ; l'atome doit absorber de l'énergie pour que l'électron passe ou s'*élève* dans la direction contraire. De tels niveaux d'énergie existent aussi dans les couches électroniques d'un atome complexe, mais leur signification physique est encore peu élucidée et il est impossible de les rapporter à des orbites électroniques déterminées. Nous verrons dans la théorie des rayons X que pour l'explication de leur production il est nécessaire d'admettre que dans la couche K il n'existe qu'un niveau d'énergie, évidemment minimum et que, de plus, la couche L possède 3 niveaux d'énergie, la couche M — 5 niveaux, N — 7, O — 5 et P — 3 niveaux, en tout 24 niveaux d'énergie. On comprend que ce nombre puisse avoir toutes les valeurs de 1 à 24, suivant le numéro d'ordre Z de l'élément, c'est-à-dire suivant le nombre d'électrons et de couches dans l'atome.

Chaque ligne spectrale est produite par la *chute* d'un électron d'un niveau d'énergie à un autre. Rappelons que toutes les lignes d'une série s'obtiennent par le passage des électrons à un même niveau d'énergie en partant de niveaux plus élevés. Là-dessus est basé un procédé qui frappe la vue pour *représenter graphiquement* les lignes spectrales et exprimer leur origine. Pour cela représentons les divers niveaux d'énergie par des lignes horizontales parallèles, pour lesquelles l'énergie est croissante en allant de bas en haut. Les raies spectrales sont symbolisées par des flèches dirigées vers le bas et joignant les deux niveaux d'énergie entre lesquels se font les passages (chutes) correspondants de l'électron. Dans la figure 6, donnée comme exemple, on a donné une pareille représentation graphique de quelques-unes des lignes des quatre séries spectrales de l'hydrogène. Dans ce cas simple six droites parallèles symbolisent les six premières orbites de l'atome d'hydrogène. Les trois qremières flèches à gauche représentent les trois premières lignes de la série ultra-violette ($i = 1$, $k = 2, 3, 4,$); le groupe suivant de quatre flèches correspond aux quatre premières lignes de la série de BALMER ($i = 2$) $k = 3, 4, 5, 6$): les deux flèches suivantes représentent les deux lignes de la série infra-rouge découvertes par PASCHEN ($i = 3$, $k = 4, 5$); enfin les deux dernières flèches à droite correspondent à deux lignes situées aussi dans l'infra-rouge et qui ont été trouvées par F. S. BRACKETT ($i = 4$, $k = 5, 6$).

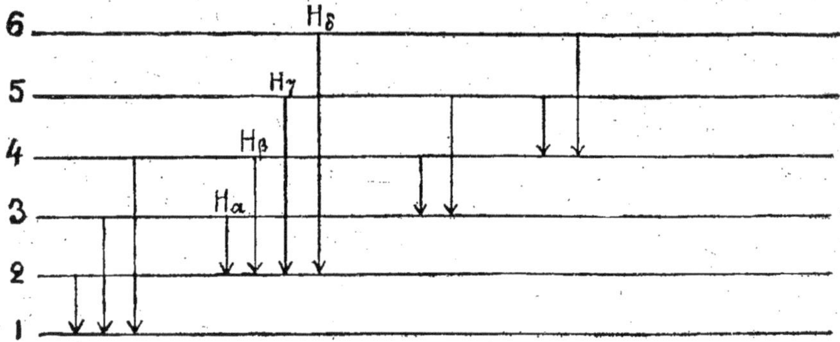

Fig. 6.

Disons quelques mots de *l'absorption de l'énergie rayonnante*. Elle a lieu entre autres quand cette énergie est dépensée au transport (à l'élévation) de l'électron d'un niveau d'énergie à un autre niveau plus élevé. La loi de Kirchhoff (T. II) s'obtient comme conséquence nécessaire de notre conception de la structure de l'atome. Il n'est pas non plus difficile d'expliquer quelques détails des phénomènes qui se manifestent dans l'étude de l'absorption de l'énergie rayonnante par les vapeurs des éléments. Bornons-nous ici à un de ces phénomènes. Depuis longtemps on avait remarqué que ces vapeurs, dans certaines conditions, n'absorbaient qu'une partie des lignes de leur spectre d'émission, tandis que d'autres traversaient sans absorption. Supposons qu'un certain rayon de fréquence $\nu_{k,i}$ soit émis par le transport de l'électron dans la direction $k \to i$, c'est-à-dire de l'orbite possible k à l'orbite i, où $k > i$. Pour qu'un rayon $\nu_{k,i}$ venant de l'extérieur et traversant le milieu soit absorbé, il faut qu'ait lieu l'élévation de l'électron dans le sens $i \to k$. Mais un tel transport n'est possible que dans le cas où l'on a des atomes perturbés dans lesquels un électron se trouve déjà sur l'orbite i^e. Quand la vapeur est dans les conditions ordinaires, l'électron se meut sur la première orbite stable. Il suit de là que la vapeur ne peut absorber que les rayons de la série qui, dans l'émission, correspond à la chute de l'électron sur la première orbite. Toutes les lignes de cette série doivent apparaître simultanément dans le spectre d'absorption si le rayon incident est de la lumière blanche. Ce n'est qu'à haute température ou sous l'influence de décharges électriques, quand un grand nombre d'atomes sont soumis à la perturbation que l'on peut s'attendre à l'apparition de lignes d'absorption d'autres séries spectrales.

Tout ce qui vient d'être exposé se rapporte au modèle de l'atome proposé et élaboré par Bohr. Mais jusqu'à ce jour il a paru, en petit nombre il est vrai, mais parfois de la part des savants les plus éminents, d'autres modèles de l'atome construits d'après des principes complètement différents. Parmi eux il y a les modèles *statiques*, dans lesquels le noyau positif et les électrons sont parfaitement immobiles. Aucun de ces modèles n'a largement attiré l'attention.

Dans le coup d'œil préliminaire sur la série des questions auxquelles ce paragraphe est consacré, nous n'avons parlé que de la structure de l'*atome*. Ajoutons quelques mots sur la *structure de la molécule*. Ici il ne peut être question que des plus simples, des *molécules diato-miques*. On distingue les molécules *homopolaires*, for-mées de deux atomes semblables, et les molécules *hétéropolaires*, dont les deux atomes appartiennent à des éléments différents. L'exemple le plus simple de molécules homopolaires nous est donné par celle de l'hydrogène H^2, et d'hétéropolaires par la molé-cule HCl. Malheureusement il faut dire que *jus-qu'ici la question de la structure de la molécule de l'hydrogène n'est pas résolue*. En raison de son impor-tance historique, nous examinerons rapidement le modèle de la molécule H^2 que Bohr avait proposé

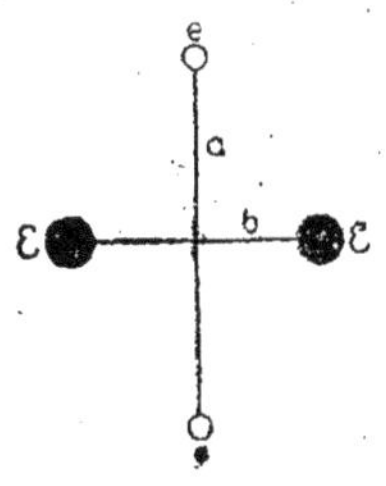

Fig. 7.

dès 1913. Voici en quoi il consiste. Deux noyaux EE (fig. 7) sont à une distance $2b$ l'un de l'autre ; dans le plan perpendiculaire à la droite EE et passant par son milieu se meuvent deux électrons e sur une orbite circulaire dont le centre est sur la droite EE ; désignons son rayon par a. Il est facile de déterminer les conditions d'équilibre d'un tel système. Chacun des deux noyaux E est attiré par les deux électrons e et est repoussé par l'autre noyau. Il est inutile de reproduire les calculs élémentaires qui se rapportent à ce modèle purement historique. La condition de l'équilibre du noyau est

$$(36) \qquad\qquad b = \frac{a}{\sqrt{3}}.$$

Sur l'électron agissent l'attraction des deux noyaux et la répulsion de l'autre électron. La force centrifuge $\frac{mv^2}{a}$, ayant la direction ee, établira l'équilibre (m est la masse et v la vitesse de l'électron). Ceci donne la condi-tion

$$(36,a) \qquad\qquad \frac{e^2}{a^2}\frac{3\sqrt{3}-1}{4} = 1,004\,\frac{e^2}{a^2} = m\,\frac{v^2}{a}.$$

Il y a, en outre, la condition quantique

$$(36,b) \qquad\qquad mva = \frac{h}{2\pi}$$

$(36, a)$ et $(36, b)$ donnent

$$(36, c) \qquad a = 0{,}95 \frac{h^2}{4\pi^2 m e^2} = 0{,}95\, a_0,$$

où a_0 est le rayon de la première orbite de *l'atome* d'hydrogène (voir (22)). Il n'est pas nécessaire de nous arrêter sur les autres propriétés de ce modèle, qu'il faudra abandonner, vu la discordance des données de l'expérience et des propriétés de l'hydrogène qu'il fait prévoir théoriquement. Une exception est constituée par la réfraction de la lumière dans l'hydrogène, que Debye (1915) a calculée sur la base du modèle de Bohr et a trouvée conforme aux résultats de l'expérience.

6. Orbites elliptiques. Principe de sélection. — A. Sommerfeld a le premier étudié le modèle de l'atome de Bohr en y remplaçant les orbites circulaires par des orbites elliptiques (1915, 1916). Ce remarquable travail constitue un tout avec un autre dans lequel il a donné l'explication de l'apparition des satellites des lignes spectrales de H et de He⁺. Nous verrons ce travail par la suite.

Le mouvement des électrons autour du noyau est déterminé par la loi de Coulomb, identique par sa forme avec la loi de la gravitation universelle. Il en résulte que le mouvement des électrons autour du noyau de l'atome doit être absolument semblable à celui des planètes autour du soleil, c'est-à-dire conforme aux lois de Képler. Dans le cas général, l'électron se meut, suivant la première de ces lois, sur une orbite elliptique, à l'un des foyers de laquelle se trouve le centre du noyau de l'atome. Si nous introduisons les coordonnées r et φ, dont l'origine est au centre du noyau, la seconde loi de Képler, la loi des aires, s'exprime par la formule

$$(37) \qquad r^2 \frac{d\varphi}{dt} = \mathrm{const.}$$

Dans le mouvement des planètes rien ne nous est inconnu des conditions particulières auxquelles doivent satisfaire les dimensions des orbites elliptiques, par exemple, le demi-grand axe a, ou leur forme déterminée par l'excentricité

$$(37, a) \qquad e = \frac{\sqrt{a^2 - b^2}}{a}$$

où b est le demi petit axe de l'orbite. Mais pour le mouvement de l'électron dans l'atome, nous devons introduire les *conditions quantiques*, c'est-à-dire choisir les orbites spéciales qui correspondent aux états possibles du système et que nous sommes en droit d'appeler les *orbites possibles*. Les circonférences de Bohr sont complètement déterminées par la grandeur de r et pour leur choix il suffit d'une seule quantification ; mais le mouvement elliptique est déterminé par *deux grandeurs* ; c'est pourquoi, selon l'idée de Sommerfeld, deux quantifications sont nécessaires. Il peut sembler d'après cela que l'atome dans lequel un électron se meut sur une ellipse présente un système à deux degrés de liberté. Mais nous verrons qu'il n'en est pas ainsi, et qu'un tel *atome ne possède qu'un seul degré de liberté.* Néanmoins le système est déterminé par deux coordonnées q (chapitre II) et exige une double quantification. C'est ici le cas d'un système *dégénéré* (chap II, § 3) ; nous reviendrons sur ce sujet.

Nous avons maintenant deux conditions quantiques correspondant aux coordonnées r et φ (voir (27) et (27, a), chap. II),

$$(38) \qquad \int_0^{2\pi} p_\varphi \, d\varphi = i_1 h, \qquad \int p_r \, dr = i_2 h.$$

Les impulsions p_φ et p_r sont déterminées par la formule générale (20), chapitre II, et (mettant L à la place de E) nous avons :

$$(38, a) \qquad p = \frac{\partial L}{\partial q'}$$

où L est l'énergie cinétique et $q' = \dfrac{dq}{dt}$ (t est le temps). En coordonnées polaires

$$(38, b) \qquad L = \frac{1}{2} m \, \{ (r')^2 + r^2(\varphi')^2 \}.$$

Alors (38, a) donne

$$(38, c) \qquad \begin{cases} p_\varphi = mr^2\varphi' = mr^2 \dfrac{d\varphi}{dt} \\[2mm] p_r = mr' = m \dfrac{dr}{dt}. \end{cases}$$

Comparant (38, c) avec (37), nous voyons que p_φ est une grandeur constante, égale au double produit de la masse de l'électron par la constante des aires $\left(\dfrac{1}{2} r^2\varphi' \right)$, c'est pourquoi nous supprimerons l'indice et écrirons p au lieu de p_φ. Maintenant la première des équations (38) donne

$$(39) \qquad p = i_1 \frac{h}{2\pi}$$

comme *première condition quantique* à laquelle doivent satisfaire les orbites elliptiques possibles. Ici i_1 est un nombre entier positif arbitraire.

| Comme il a déjà été dit dans le chapitre II après la formule (27, a), nous devons prendre la seconde intégrale quantique (38) de la plus petite à la plus grande valeur du rayon vecteur r puis revenir à la plus petite. Sous le signe de l'intégrale nous mettrons, au lieu de r, l'angle φ, tiré de l'équation $r = f(\varphi)$ de l'ellipse en coordonnées polaires et alors les limites de l'intégration seront o et 2π. L'équation de l'ellipse a la forme

$$(39, a) \qquad r = a \, \frac{1 - \varepsilon^2}{1 + \varepsilon \cos \varphi}.$$

Portons dans la seconde intégrale (38) cette valeur de r et celle de dr qu'on en tire et calculons pour les limites indiquées, nous obtenons

$$(39, b) \qquad 2\pi p \left\{ \frac{1}{\sqrt{1 - \varepsilon^2}} - 1 \right\} = i_2 h,$$

où i_2 est un nombre arbitraire positif. Si au lieu de p on met la valeur (39), il se trouve que

$$(40) \qquad 1 - \varepsilon^2 = \frac{i_1^2}{(i_1 + i_2)^2}.$$

Les seules orbites possibles de l'électron sont les ellipses qui satisfont aux conditions (39) et (40) dans lesquelles i_1 et i_2 sont des nombres entiers positifs. Les nombres i_1 et i_2 sont appelés respectivement les nombres quantiques *azimutal* (i_1) et *radial* (i_2). D'ailleurs nous introduirons un peu plus loin des indications tout autres et certaines dénominations, après quoi le nombre quantique radial ne se rencontrera presque plus dans nos raisonnements. Pour une orbite circulaire $\varepsilon = 0$ et (40) donne alors $i_2 = 0$; il reste la formule (39), qui est identique avec (20). Plusieurs moyens sont possibles pour calculer les demi-axes a et b correspondant aux deux nombres quantiques i_1 et i_2. Sommerfeld indique le moyen suivant, qui est simple, bien qu'un peu oblique. Désignons comme précédemment (voir (25)) l'énergie *cinétique* du mouvement de l'électron par L ; alors

$$(40, a) \qquad \mathrm{L} = \frac{1}{2} m v^2 = \frac{1}{2} m \left\{ \left(\frac{dr}{dt} \right)^2 + r^2 \left(\frac{d\varphi}{dt} \right)^2 \right\}.$$

En utilisant les équations (39, a) et (38, b), on obtient

$$(40, b) \qquad \mathrm{L} = \frac{p^2}{ma^2(1 - \varepsilon^2)^2} \left(\frac{1 + \varepsilon^2}{2} + \varepsilon \cos \varphi \right).$$

Pour l'énergie *potentielle* nous avons (voir (15) et (25, a)), en tenant compte de (39, a)

$$(40, c) \qquad \mathrm{P} = - \frac{\mathrm{E}e}{r} = \frac{\mathrm{E}e}{a} \frac{1 + \varepsilon \cos \varphi}{1 - \varepsilon^2}.$$

La provision totale d'énergie $\mathrm{J} = \mathrm{L} + \mathrm{P}$ ne doit pas dépendre du temps, c'est-à-dire de l'angle φ, c'est pourquoi il convient de faire égal à zéro le coefficient de $\varepsilon \cos \varphi$ dans l'équation de J ; ce qui donne

$$(40, d) \qquad \frac{p^2}{ma^2(1 - \varepsilon^2)^2} = \frac{\mathrm{E}e}{a(1 - \varepsilon^2)}.$$

Si l'on introduit dans cette égalité les valeurs de p tirée de (39) et de $1 - \varepsilon^2$ tirée de (40), on obtient une formule pour le demi-axe a, tandis que (37, a) et (40) donnent le petit demi-axe b. Ainsi on obtient facilement les formules

$$(41) \qquad a = \frac{h^2}{4\pi^2 me\mathrm{E}} (i_1 + i_2)^2$$

$$(41, a) \qquad b = \frac{h^2}{4\pi^2 me\mathrm{E}} i_1(i_1 + i_2).$$

Pour une orbite circulaire $i_2 = 0$; on obtient $a = b$ et la valeur déjà donnée par (21).

Dans l'expression pour $J = L + P$ nous avons égalé à zéro le coefficient de $\cos \varphi$. Il reste

$$J = \frac{p^2}{ma^2(1 - \varepsilon^2)^2} \frac{1 + \varepsilon^2}{2} - \frac{Ee}{a(1 - \varepsilon^2)}.$$

En tenant compte de $(40, d)$, nous obtenons

$$(41, b) \qquad J = -\frac{Ee}{2a},$$

c'est-à-dire une expression identique à $(25, b)$, dans laquelle le rayon du cercle est remplacé par la moitié du grand axe de l'ellipse. Les formules (41) et $(41, b)$ donnent

$$(42) \qquad J = -\frac{2\pi^2 me^2 E^2}{h^2} \frac{1}{(i_1 + i_2)^2}.$$

Il est important de remarquer que le demi-grand axe a et l'énergie J ne dépendent que de la somme $(i_1 + i_2)$ des deux nombres quantiques azimutal et radial. Ces grandeurs sont les mêmes pour toutes les orbites elliptiques pour lesquelles cette somme a une seule et même valeur numérique. Comparant (42) avec (26), où on a fait $E = Ze$, nous voyons que l'énergie J de l'atome s'exprime de la même façon pour la circonférence de Bohr et pour l'ellipse de Sommerfeld ; le rôle du rayon dans le premier cas est rempli par le demi-axe a dans le second. Sur la base de la troisième loi de Képler, les temps des révolutions dépendent des grands axes : de là il est facile de déduire que ces temps sont aussi égaux lorsque $i_1 + i_2$ conserve la même valeur.

Nous voyons que dans nos formules définitives (40), (41), $(41, a)$ et (42) sont conservées comme résultat de la quantification les seules grandeurs $(i_1 + i_2)$ et i_1. Cela nous amène à introduire les nouvelles désignations suivantes plus ou moins généralement adoptées aujourd'hui.

$$(43) \qquad \begin{cases} i_1 = k \\ i_1 + i_2 = k + i_2 = n. \\ n - k = i_2. \end{cases}$$

On peut désormais ne plus employer la désignation i_2, mais pour la simplification de quelques déductions et formules et aussi pour souligner dans certains cas le nombre quantique *radial*, nous écrirons quelquefois par la suite i_2 au lieu de $n - k$. Nous appellerons le nombre n le *nombre quantique principal*, le nombre $k(= i_1)$ sera appelé, comme jusqu'alors, le nombre quantique *azimutal*. Nos formules (40), (41), $(41, a)$ et (42), s'écriront maintenant sous la forme

$$(43, a) \qquad 1 - \varepsilon^2 = \frac{k^2}{n^2}$$

$$(43, b) \qquad a = \frac{h^2}{4\pi^2 meE} n^2$$

$$43, c) \qquad \begin{cases} b = \frac{h^2}{4\pi^2 meE} nk \\ \frac{a}{b} = \frac{n}{k} \end{cases}$$

$$(44) \qquad J = -\frac{2\pi me^2 E^2}{h^2} \cdot \frac{1}{n^2} = -\frac{cRh}{n^2} Z^2.$$

Dans la dernière formule nous avons introduit la constante de RYDBERG (voir (32)) et le numéro d'ordre $Z = \dfrac{E}{e}$ de l'élément. *Il est facile de voir que (44) par sa forme est identique à (26), seulement au lieu du nombre quantique unique i, il y a maintenant le nombre quantique principal n. Ainsi chacune des orbites elliptiques possibles correspond à la même énergie de l'atome que chacune des orbites circulaires de* BOHR. Plus loin nous verrons que l'orbite elliptique est complètement déterminée par les nombres n et k. C'est pourquoi on convient de désigner une orbite elliptique déterminée par

$$\text{orbite } n_k$$

Toutes les orbites de même n ont des demi grands axes égaux et toutes se trouvent être des niveaux d'énergie identiques. *De l'indice k dépend l'excentricité (ou le demi-petit axe) de l'ellipse.*

L'ensemble des ellipses de même n est appelé un *groupe*, caractérisé par la lettre n; nous l'appellerons le groupe n. Un autre groupe sera appelé le groupe m; il ne pourra y avoir de confusion avec la masse de l'électron. Examinons de plus près ces divers groupes et les ellipses qui les composent. Comme $n = k + i_2$ (voir 42), où les trois lettres désignent des nombres entiers, il est clair que pour n donné la grandeur k peut avoir les valeurs $k = 0$ $(i_2 = n)$, 1, 2, 3 ... $(n - 1)$ et $n(i_2 = 0)$. Mais le cas $k = 0$ donne (voir $(43, a)$ et $(43, c)$) $\varepsilon = 1$ et $b = 0$. Cela veut dire que l'ellipse se transforme en une droite passant par le noyau; une telle orbite est évidemment impossible; c'est pourquoi il faut exclure le cas $k = 0$. Dans le *groupe n se trouvent*, par conséquent, les orbites

$$(45, a) \qquad\qquad n_1, n_2, n_3 \ldots n_n.$$

c'est-à-dire en tout n orbites elliptiques. De ces orbites n_n est une circonférence car pour $k = n$ nous avons $a = b$ (voir 43, b) et $(43, c)$) et $\varepsilon = 0$ (voir $(43, a)$. Ainsi, *dans chaque groupe l'une des orbites est identique à la circonférence de la théorie première de* BOHR. Son rayon est égal au demi-grand axe de toutes les autres orbites elliptiques du même groupe. De cette façon la théorie de SOMMERFELD, conservant toutes les circonférences de la théorie de BOHR, ajoute encore à chacune d'elles $(n - 1)$ orbites elliptiques possibles.

Le demi-grand axe commun à toutes les ellipses n_k d'un groupe donné n sera désigné par a_n; il est égal au rayon du cercle n_n. Les petits axes des ellipses d'un groupe constituent une progression arithmétique, comme on le voit par la formule $(43, c)$. Examinons d'un peu près seulement les quatre premiers groupes.

Dans le premier groupe $(n = 1)$, nous avons une circonférence 1_1 de rayon

$$(45, b) \qquad\qquad a_1 = \frac{h^2}{4\pi^2 m e E} = \frac{a_0}{Z},$$

a_0 étant le rayon pour l'hydrogène, et $Z = \dfrac{E}{e}$, le numéro d'ordre de l'élément.

Dans le second groupe $(n = 2)$, nous avons la circonférence 2_2 et l'ellipse 2_1, pour laquelle

$$(45, c) \qquad a_2 = 4a_1, \qquad b = \tfrac{1}{2} a_2, \qquad \varepsilon = \tfrac{1}{2} \sqrt{3}.$$

Dans le troisième groupe $(n = 3)$, la circonférence 3_3 et deux ellipses ; $a_3 = 9a_1$;

$$(45, d) \qquad \begin{cases} \text{ellipse } 3_2 \quad \dots \quad b = \tfrac{2}{3} a_3, \quad \varepsilon = \tfrac{1}{3} \sqrt{5} \\[2mm] \text{ellipse } 3_1 \quad \dots \quad b = \tfrac{1}{3} a_3, \quad \varepsilon = \tfrac{1}{3} \sqrt{8} \end{cases}$$

Dans le quatrième groupe $(n = 4)$, la circonférence 4_4, et trois ellipses ; $a_4 = 16a_1$;

$$(45, e) \qquad \begin{cases} \text{ellipse } 4_3 \quad \dots \quad b = \tfrac{3}{4} a_4, \quad \varepsilon = \tfrac{1}{4} \sqrt{7} \\[2mm] \text{ellipse } 4_2 \quad \dots \quad b = \tfrac{2}{4} a_4, \quad \varepsilon = \tfrac{1}{4} \sqrt{12} \\[2mm] \text{ellipse } 4_1 \quad \dots \quad b = \tfrac{1}{4} a_4, \quad \varepsilon = \tfrac{1}{4} \sqrt{15} \end{cases}$$

etc. Dans le n^e groupe $(n = n)$, la circonférence n_n et $(n - 1)$ ellipses :

$$(45, f) \qquad \begin{cases} \qquad\qquad a_n = n^2 a_1 = \dfrac{n^2}{Z} a_0 \\[3mm] \text{ellipse } n_{n-1} \quad \dots \quad b = \dfrac{n-1}{n} a_n, \quad \varepsilon = \dfrac{1}{n} \sqrt{2n-1} \\[3mm] \text{ellipse } n_{n-2} \quad \dots \quad b = \dfrac{n-2}{n} a_n, \quad \varepsilon = \dfrac{1}{n} \sqrt{4(n-1)} \\[2mm] \qquad \dots \qquad \dots \qquad \dots \\[2mm] \text{ellipse } n_k \quad \dots \quad b = \dfrac{k}{n} a_n, \quad \varepsilon = \dfrac{1}{n} \sqrt{n^2 - k^2} \\[2mm] \qquad \dots \qquad \dots \qquad \dots \\[2mm] \text{ellipse } n_1 \quad \dots \quad b = \dfrac{1}{n} a_n, \quad \varepsilon = \dfrac{1}{n} \sqrt{n^2 - 1}. \end{cases}$$

Toutes les circonférences $1_1, 2_2, 3_3, \dots n_n$ ont un centre commun qui est celui du noyau ; toutes les ellipses de ces groupes ont un foyer commun qui est aussi le centre du noyau. La disposition des quatre orbites du groupe n_4 est représentée dans la figure 8 ; les grands axes sont égaux.

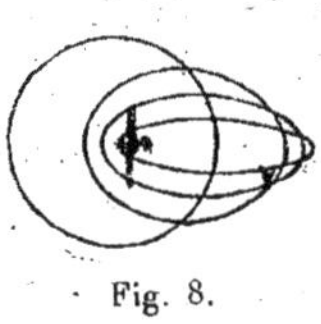

L'énergie sur une orbite arbitraire du n^e groupe est donnée dans la formule (44) ; nous la désignerons maintenant par J_n ; ainsi

Fig. 8.

$$(46) \qquad J_n = - \frac{cRh}{n^2} Z^2.$$

Désignons un autre groupe par m et soit $m > n$, de même

$$(46, a) \qquad J_m = - \frac{cRh}{m^2} Z^2$$

Quand un électron passe d'une orbite quelconque du groupe m à une orbite quelconque du groupe n, il *perd* l'énergie

$$(46, b) \qquad \mathrm{W}_{m,n} = \mathrm{J}_m - \mathrm{J}_n = cRhZ^2 \left\{ \frac{1}{n^2} - \frac{1}{m^2} \right\}.$$

Elle est transformée en un quantum d'énergie rayonnante, de sorte que

$$(46, c) \qquad \mathrm{W}_{m,n} = \nu_{m,n} h.$$

De là

$$(46, d) \qquad \nu_{m,n} = cRZ^2 \left\{ \frac{1}{n^2} - \frac{1}{m^2} \right\}$$

Pour le nombre d'ondes

$$(47) \qquad n_{m,n} = RZ^2 \left\{ \frac{1}{n^2} - \frac{1}{m^2} \right\}.$$

Dans cette dernière formule les deux lettres n dans le symbole du premier membre n'ont évidemment rien de commun.

Les formules $(46, d)$ et (47), sont identiques à (28) et $(28, a)$ si l'on prend en considération l'expression (32) de R ; la seule différence consiste en ce que, au lieu des nombres quantiques i et k, ce sont maintenant les nombres quantiques *principaux*, les nombres n et m, qui entrent dans les formules. Nous avons désigné une orbite arbitraire du groupe n par n_k et une orbite arbitraire du groupe m par m_l. Ici le nombre k peut avoir n valeurs $1, 2, 3 \ldots n$, et le nombre l, m valeurs $1, 2, 3, \ldots m$.

Passant en revue tout ce qui précède, et en particulier les dernières formules (46) et (47), nous arrivons à cette conclusion, que *la théorie de* SOMMERFELD, *qui remplace les circonférences de* BOHR *par des ellipses, n'a en quelque sorte donné rien de nouveau ;* le nombre, la distribution et l'intensité relative des lignes spectrales sont restés sans changement. Ce qui est changé, ce sont les conditions de formation des lignes individuelles. D'après la théorie de BOHR, une ligne spectrale déterminée avec un nombre de vibrations $\nu_{i,k}$ ne prend naissance que par le passage de l'électron de l'orbite circulaire k à l'orbite i. Selon la théorie de SOMMERFELD, *la même* ligne spectrale, dont nous désignerons maintenant le nombre de vibrations par $\nu_{m,n}$ prend naissance par le passage de l'électron d'une orbite quelconque m_l des m orbites du groupe m à une orbite quelconque n_k des n orbites du groupe n. Ceci est la conséquence de ce que toutes les orbites d'un seul et même groupe correspondent à un même niveau d'énergie, autrement dit à un même terme. Ainsi, *il n'y a de changé que le nombre des possibilités de formation d'une ligne spectrale donnée.* Au lieu d'une seule possibilité, nous devons en avoir nm. Prenons, par exemple, la ligne H_γ de l'hydrogène qui, d'après BOHR, prend naissance lors du passage d'un électron de la cinquième orbite à la seconde ($k = 5$, $i = 2$). Suivant la nouvelle théorie cette ligne peut se former, semble-t-il, par $5 \times 2 = 10$ passages différents d'un électron d'une quelconque des cinq orbites $5_l (l = 1, 2, 3, 4, 5)$ du cinquième groupe à l'une ou l'autre des deux orbites $2_k (k = 1, 2)$ du deuxième groupe. Mais nous allons voir qu'il n'en est pas ainsi et qu'en réalité le nombre des passages possibles est beaucoup moindre.

Les formules $(46\,c)$ et (47) se sont montrées semblables aux formules (28) et $(28, a)$. Ajoutons que si l'on prend en considération le *mouvement du noyau*, alors, comme dans § 3, apparaît le facteur $\dfrac{M}{M + m}$, et les formules $(46, c)$ et (47) deviennent semblables à (30) et $(30, a)$.

En 1918 parut un travail de A. RUBINOWICZ dans lequel fut exprimé pour la première fois ce qu'on nomme *le principe de sélection* (en allemand *Auswahlprinzip*), qui montre que, bien loin que tous les passages de l'électron des orbites m_l aux orbites n_k soient possibles, quelques-uns seulement le sont, déterminés, *choisis* conformément à ce principe. Il convient, toutefois, de remarquer que ce principe, sous la forme que lui a donnée RUBINOWICZ, et aussi les considérations qui l'ont étayé, ont aujourd'hui en partie perdu leur signification première, car le nouveau et plus important *principe de correspondance* ou, comme quelques-uns l'appellent, principe d'*analogie* (en allemand *Korrespondenzprinzip*), découvert par BOHR, conduit à une formulation encore plus exacte de ce principe de sélection. Nous étudierons plus loin le principe de correspondance. Nous ne pouvons donner ici l'explication des bases théoriques du principe de sélection et nous nous bornerons à en donner un exposé simple; remarquons qu'il n'indique pas seulement les transferts possibles de l'électron, mais encore le mode de *polarisation* des rayons qui sont émis lors du passage.

Il s'agit du passage de l'électron de l'une à l'autre des orbites m_l et n_k, dont nous savons seulement que $m > n$. Comme l'énergie croît en même temps que le numéro d'ordre du groupe d'orbites et comme dans le passage de l'électron non provoqué par des causes extérieures (afflux d'énergie, chocs) et accompagné d'émission de rayonnement, l'énergie doit forcément diminuer, il est clair que le passage ne peut s'accomplir que dans la direction

$$(47, a) \qquad\qquad m_l \rightarrow n_k.$$

La question ne peut concerner que les nombres quantiques azimutaux l et k. Puisque, pour des valeurs m et n données, à tous les nombres $l = 1, 2, 3, \ldots m$ et à tous les nombres $k = 1, 2, 3, \ldots n$, correspondent les mêmes niveaux d'énergie (les mêmes termes) il est évident que l peut être ou plus grand ou plus petit que k. Le principe de sélection dit :

La valeur absolue de la différence $l - k$ *ne peut être plus grande que l'unité.* Puisque l et k sont des nombres entiers, on voit que *pour* $l - k$ *il n'y a que trois valeurs possibles*

$$(48) \qquad\qquad l - k = + 1, 0, - 1.$$

Quand $l - k = + 1$ ou $- 1$, *le rayon émis est polarisé circulairement*; quand $l - k = 0$, c'est-à-dire $l = k$, *sa polarisation est rectiligne* (T. II). Seulement une formulation plus précise conduit à ce résultat que *le cas*

$l — k = 0$, *dans les conditions normales est aussi impossible*, de sorte qu'il ne reste que les deux conditions de possibilité de passage

$$(48,\,a) \qquad\qquad l — k = + 1 \quad \text{et} \quad l — k = 1\,;$$

dans ces conditions le rayon émis est *toujours polarisé circulairement*.

Cette polarisation, nous ne pouvons l'observer dans les lignes spectrales que nous examinons, car leur lumière provient d'un nombre énorme d'atomes, dans lesquels les plans des cercles peuvent avoir toutes les orientations possibles dans l'espace ; c'est pourquoi le phénomène intégral paraît absolument dépourvu de polarisation. *Le cas* $l — k = 0$ *devient possible lorsque l'atome est soumis à des forces extérieures, par exemple quand il se trouve dans un champ électrique.*

Déterminons les conséquences qui découlent du principe de sélection pour la série *hydrogénique* de Balmer H_α, H_β, H_γ et H_δ.

Le rayon H_α pourrait résulter du passage des orbites

$$3_3,\ 3_2,\ 3_1 \text{ aux orbites } 2_2,\ 2_1.$$

Au lieu des $3 \times 2 = 6$ passages admissibles, trois seulement sont possibles : des ellipses 3_1 et 3_3 au cercle 2_2, et de l'ellipse 3_2 à l'ellipse 2_1. Le passage de 3_3 à 2_1 est impossible, car $l — k = 3 — 1 = 2$; les passages de 3_2 à 2_2 et de 3_1 à 2_1 sont possibles, par exemple, dans un champ électrique. Il est facile de voir que presque tout cela se rapporte à toutes les autres lignes de la série de Balmer, pour lesquelles on a le schéma général

$$m_l \rightarrow 2_2 \quad \text{et} \quad 2_1,$$

où $m > 3$. Il est clair que l ne peut être égal qu'à 3, 2 et 1 ; les seuls passages possibles sont ceux des ellipses m_3 et m_1 au cercle 2_2 et de l'ellipse m_2 à l'ellipse 2_1. Le passage du cercle m_m au cercle 2_2 n'est possible que pour la ligne H_α. Mais, par exemple, dans le champ électrique il y a encore deux autres passages possibles : de l'ellipse m_2 au cercle 2_2 et de l'ellipse m_1 à l'ellipse 2_1 ; dans ce cas pour les lignes H_α il ne reste impossible que le passage du cercle 3_3 à l'ellipse. Pour être complet nous devons faire remarquer que dans le champ électrique non seulement devient possible le passage dans la condition $l — k = 0$, mais qu'il se produit un autre phénomène, que nous allons indiquer rapidement ; par la suite nous l'étudierons en détail. Ajoutons à ce qui précède que les divers passages du groupe m au groupe n ne doivent pas avoir la même probabilité et par suite ne se produisent pas avec la même fréquence. Il suit de là que *les lignes spectrales coïncidentes* $m_l \rightarrow n_k$ *peuvent avoir une intensité inégale*. Le principe de sélection ne se rapporte pas seulement aux atomes portant un seul électron (H, He^+, Li^{++}), mais encors à ceux dont il fut parlé dans § 5, ainsi que nous le verrons par la suite.

Nous avons vu que toutes les orbites d'un groupe correspondent à un égal niveau d'énergie. Mais déjà dans son premier travail (1915) Sommerfeld signala quatre cas dans lesquels les orbites peuvent être soumises à des changements tels que les orbites d'un groupe cessent de se trouver au même niveau d'énergie J, de sorte que *l'énergie de l'atome dépendra, pour un groupe donné, de l'orbite sur laquelle se meut l'électron*. Autrement dit, l'énergie J sera une fonction non seulement du nombre quantique principal n, mais encore du nombre quantique azimutal k. Alors à divers passages de l'électron des orbites du groupe m à des orbites du groupe n correspondront des quantités d'énergie perdue W (voir $(46, a)$) qui ne sont pas tout à fait égales et, par conséquent, les nombres ν de vibrations dans les quanta d'énergie rayonnante qui prennent naissance ne seront pas non plus identiques. Les grandeurs W et ν seront fonctions non de deux grandeurs m et n, mais de quatre m, n, l et k. Dans ce cas, les lignes spectrales coïncidentes dont nous avons parlé cessent de coïncider : *il se fait une division des lignes spectrales*. Les quatre cas qu'indique SOMMERFELD sont les suivants :

1. L'atome se trouve *dans un champ électrique*, sous l'influence duquel les orbites d'un groupe sont inégalement déformées, par suite de quoi le niveau d'énergie éprouve des variations différentes pour chacune d'elles. La division des lignes spectrales dans ce cas représente aussi le phénomène de STARK (1913).

2. *Le champ magnétique* doit aussi influer sur les électrons en mouvement, déformer leur orbites et, suivant les mêmes considérations, provoquer la division des lignes spectrales. C'est en cela que consiste le phénomène de ZEEMAN.

3. Dans les atomes contenant plus d'un électron peuvent exister des champs électriques et magnétiques *intérieurs* exerçant une influence sur les orbites d'un électron extérieur (§ 5), dont les passages d'une orbite possible à une autre produisent des lignes spectrales dans les parties visible et ultra-violette du spectre. Ainsi s'explique la division de la série de BALMER en une suite de séries dans les spectres de divers éléments.

Dans les trois cas que nous venons d'indiquer il existe dans l'atome *quelque direction privilégiée*, notamment la direction de la force du champ. A ces trois cas se rapporte par conséquent ce que nous avons dit § 5 de la quantification dans l'espace. Ainsi dans les formules apparaissent trois nombres quantiques.

4. Le quatrième cas sera considéré dans le paragraphe suivant.

7. Explication donnée par Sommerfeld des satellites des lignes spectrales de l'hydrogène et de l'hélium ionisé. — Dans le T. II, à l'étude de l'énergie rayonnante, chapitre VII. § 9, on a parlé avec assez de détails des satellites des lignes spectrales et nous n'avons pas besoin de revenir sur cette question. Il suffit de rappeler que la distance des satellites de l'un à l'autre ou à la ligne principale, si celle-ci existe, se mesure parfois en centièmes d'Angström. Ces satellites demeurèrent une énigme complète depuis 1892, époque où ils furent découverts par MICHELSON, jusqu'en 1916, où SOMMERFELD trouve pour H et He+ une explication complète de la structure fine des lignes spectrales. Dans § 2, III, ont été données les formules (12) et (13) pour la masse m et pour l'énergie cinétique E_k d'un corps en mouvement. Transcrivons ces formules en remplaçant E_k par le symbole L, que, nous avons employé à partir de § 4.

$$(49) \qquad m = \frac{m_0}{\sqrt{1 - \beta^2}}, \qquad \beta = \frac{v}{c} < 1$$

$$(49, a) \qquad L = m_0 c^2 \left\{ \frac{1}{\sqrt{1 - \beta^2}} - 1 \right\}.$$

Ici m_0 est la masse du corps en repos, c est la vitesse de la lumière. La *quatrième des causes que nous avons indiquées* comme pouvant exercer une influence différente sur les niveaux d'énergie des diverses orbites et provoquer la division des lignes spectrales, *est aussi sous la dépendance de la masse m de l'électron, qui est elle-même fonction de la vitesse*. SOMMERFELD a donné une théorie mathématique très complète du mouvement d'un électron *unique* autour d'un noyau dans les trois conditions qui sont exprimées par les formules (49) et (49, a). Nous ne pouvons la reproduire ici, en partie à cause des calculs un peu compliqués qu'elle comporte, et nous devons nous borner à établir la marche générale des calculs et le tableau des résultats définitifs. D'ailleurs la marche générale de ces calculs est tout à fait semblable à celle qui fut indiquée dans le paragraphe précédent. Introduisons d'abord deux nouvelles grandeurs α et γ, qui ont une grande importance dans la question. Les formules (49) et (49, a) montrent que la grandeur $\frac{v}{c}$ doit jouer un rôle de premier ordre.

La grandeur α n'est autre chose que la valeur spéciale de $\frac{v}{c}$ pour le cas où l'électron se meut avec la vitesse v_0 *correspondant à la première orbite de l'atome d'hydrogène*; la valeur v_0 et le rayon a_0 de cette orbite sont donnés dans $(24\,c)$ et $(24\,a)$, et la valeur de α est donnée par (24) et (24, b);

$$(49, b) \qquad \alpha = \frac{v_0}{c} = \frac{2\pi e^2}{ch}$$

$$(49, c) \qquad \alpha = 7,29 \cdot 10^{-3}; \qquad \alpha^2 = 5,31 \cdot 10^{-5}.$$

La première condition quantique (39) reste sans changement (voir plus loin); introduisant nos nouvelles dénominations (voir (43)) nous l'écrirons sous la forme

$$(50) \qquad 2\pi p = kh,$$

où p est la constante des aires (voir p_φ dans (38, c)), c'est-à-dire le moment de la quantité de mouvement de l'électron et k la constante quantique azimutale. La seconde grandeur que nous introduisons, γ, est définie par

$$(50, a) \qquad \gamma^2 = 1 - \frac{e^2 E^2}{c^2 p^2} = 1 - \frac{p_0^2}{p^2}$$

où

$$p_0 = \frac{eE}{c}.$$

Il se trouve que, d'une façon générale, p_0 est beaucoup moindre que p, et qu'ainsi γ *diffère peu de l'unité*. Si nous avions $p_0 > p$, alors γ serait *imaginaire*. En utilisant la formule (49) nous ne devons pas perdre de vue que la masse m de l'électron change pendant le temps de son mouvement : elle atteint sa plus grande valeur au point de l'orbite le plus voisin du noyau que, par analogie avec le point correspondant de l'orbite d'une planète, nous appelons le *périhélie*. Ce changement de masse doit être particulièrement considérable pour les ellipses les plus allongées possédant une grande excentricité ε ou un faible nombre quantique azimutal, c'est-à-dire pour les ellipes du type n_1. Partant des formules (49) et (49, a), SOMMERFELD détermine l'équation de l'orbite de l'électron et la donne en coordonnées polaires (l'origine est au centre du noyau) sous la forme

$$(51) \qquad r = \frac{1 - \varepsilon^2}{1 + \varepsilon \cos \gamma\varphi}.$$

Elle ne se distingue de l'équation de l'ellipse (39, a) qu'en ce que, au lieu de φ, il y a $\gamma\varphi$, où γ, donné par (50, a), diffère peu de l'unité, comme nous

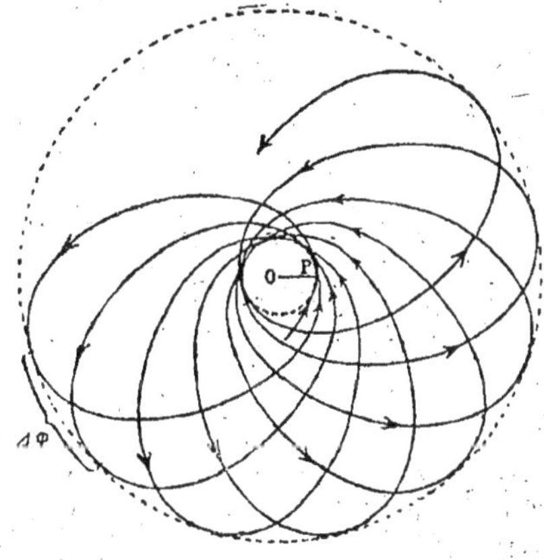

Fig 9

l'avons dit. Quand dans (39, a) l'azimut φ augmente de 2π, le rayon vecteur reprend sa première valeur, et, par conséquent, le périhélie, qui correspond à la valeur minima de r, reste à sa position première. Dans l'équation (51) le rayon r reprend sa valeur première quand $\gamma\varphi$ augmente de 2π, c'est-à-dire quand l'azimut φ augmente de $\dfrac{2\pi}{\gamma} > 2\pi$. Admettons que le point P (fig. 9) soit le périhélie pour un des mouvements, OP est le rayon le plus petit, à partir duquel nous compterons l'azimut φ. Alors l'électron se trouvera de nouveau à la même plus petite distance du noyau, c'est-à-dire au périhélie, pour $\varphi = \dfrac{2\pi}{\gamma} > 2\pi$. Cela veut dire que le périhélie se trouvera un peu à gauche du point P, si l'on regarde du point O. Il est clair qu'après le temps d'un nombre entier de révolutions de l'électron le grand axe, ou plus simplement l'orbite tout entière, aura tourné d'un angle

$$(51, a) \qquad \Delta\varphi = \frac{2\pi}{\gamma} - 2\pi.$$

Dans la figure 9 est représentée l'orbite réelle de l'électron. La rotation du périhélie a le même sens (dans la figure 9 le mouvement est en sens inverse des aiguilles d'une montre) que celle de l'électron autour du noyau ; les circonférences décrites par le périhélie et l'aphélie sont tracées en pointillé. Sur la seconde est marqué l'arc de cercle correspondant à l'angle de rotation $\Delta\varphi$.

Des deux conditions quantiques, la première à la forme

$$(51, b) \qquad \int_0^{2\pi} p_\varphi d\varphi = kh.$$

Que les limites doivent être o et 2π, c'est ce qui apparaît de ce que nous avons dit dans § 3 du chapitre II sur les systèmes conditionnellement périodiques. Ici p_φ est comme précédemment le moment de la quantité de mouvement égal à la constante des aires, ce que nous donne aussi l'équation (50). La seconde condition quantique (38) peut être écrite symboliquement sous la forme

$$(51, c) \qquad \int_{\psi=0}^{2\pi} p_r dr = i_2 h.$$

où $\psi = \gamma\varphi$, et l'on suppose que la variable r est remplacée sous le signe par la variable ψ. Comme auparavant (voir (38, c)), $p_r = mr' = m\dfrac{dr}{dt}$. Utilisant la formule (51), Sommerfeld trouve

$$(51, d) \qquad p_r dr = p\varepsilon^2\gamma \frac{\sin^2 \psi}{(1 + \varepsilon \cos \psi)^2} d\psi.$$

Dans la formule (51) nous avons conservé l'ancien symbole i_2 du nombre quantique radial. D'après (43) nous aurions pu, au lieu de i_2, écrire $n - k$; mais, comme nous l'avons déjà dit, dans certains cas, pour simplifier les formules, nous conservons la lettre i_2. Quand nous avons eu affaire à l'ellipse (39, a), la seconde condition quantique (38) nous a donné la formule (40), qui, après l'introduction des nouvelles désignations (43), a pris la forme (43, a), qui ne contient pas la lettre i_2. Si nous portons (51, d) dans (51, c), alors au lieu de (43, a) nous obtenons la formule

$$(52) \qquad 1 - \varepsilon^2 = \frac{k^2\gamma^2}{(k\gamma + i_2)^2}.$$

Evidemment nous pourrions aussi éliminer i_2 de cette équation, en le remplaçant par $n - k$; alors nous aurions la forme un peu différente

$$1 - \varepsilon^2 = \frac{k^2\gamma^2}{[n + k(\gamma - 1)]^2}.$$

Au lieu de la grandeur $k\gamma$ nous pourrions introduire α (voir $(49, b)$), si de (50) nous tirions p, qui serait porté dans $(50, a)$; faisons encore $\dfrac{E}{e} = Z$; alors nous obtenons

$$(52, a) \qquad\qquad k\gamma = \sqrt{k^2 - \alpha^2 Z^2}.$$

Ici on voit clairement que si Z est petit, γ doit être voisin de l'unité. (52) et $(52, a)$ donnent

$$(52, b) \qquad\qquad 1 - \gamma^2 = \frac{k^2 - \alpha^2 Z^2}{[i_2 + \sqrt{k^2 - \alpha^2 Z^2}]^2}.$$

La dernière partie du calcul est analogue à celle qui a conduit aux équations (28) et $(28, a)$, puis à $(46, c)$ et (47). On calcule l'énergie de l'atome quand l'électron se meut sur une des orbites et par la formule $(49, a)$ pour l'énergie cinétique; ensuite on prend la différence des valeurs des énergies sur deux orbites et on les égale à un quantum d'énergie rayonnante. Cela nous donne la fréquence des oscillations pour les lignes spectrales qui en résultent, puis le nombre d'ondes. Relativement aux désignations que nous emploierons, il faut remarquer ce qui suit.

Quand nous avons affaire à des ellipses fermées, l'énergie dépend d'un paramètre n ou m (voir (46) et $(46, a)$) et la fréquence des oscillations ou le nombre d'ondes, de deux paramètres n et m (voir $(46, c)$ et (47)). Maintenant l'énergie, de même que l'excentricité, dépend de deux paramètres, par exemple m et k ou bien m et l, à la place desquels on peut prendre aussi i_2 et k ou i_2' et l, où $i_2' = m - l$ correspond sur l'orbite initiale à la grandeur $i_2 = n - k$. La fréquence et le nombre d'ondes dépendent de quatre paramètres

$$(52, c) \qquad\qquad n, k, m, l \quad \text{ou bien} \quad i_2, k, i_2', l.$$

Rappeler ces paramètres par des indices ajoutés aux lettres J, ν et n serait incommode; c'est pourquoi nous les omettrons ou bien nous les mettrons entre parenthèses à la suite de la lettre à laquelle ils se rapportent. Pour l'énergie de l'atome quand l'électron se meut sur l'orbite k, i_2, SOMMERFELD trouve l'expression

$$(53) \qquad 1 + \frac{J(k, i_2)}{m_0 c^2} = \left\{ 1 + \frac{\alpha^2 Z^2}{[i_2 + \sqrt{k^2 - \alpha^2 Z^2}]^2} \right\}^{-\frac{1}{2}}$$

Nous avons désigné la fréquence et le nombre d'ondes simplement par ν et n; les paramètres dont ils dépendent se voient par leur expression algébrique. Prenant en considération (32) et $(49, b)$ et aussi la formule fondamentale

$$(53, a) \qquad\qquad J(l, i_2') - J(k, i_2) = \nu h,$$

nous obtenons finalement la formule de SOMMERFELD pour la fréquence des vibrations dans la ligne spectrales émise. Pour simplifier, nous désignerons tout le second membre de l'équation (53) par $F(k, i_2)$, c'est-à-dire que nous posons

$$(53, b) \qquad 1 + \frac{J(k, i_2)}{m_0 c^2} = F(k, i_2).$$

Alors les équations précédentes donnent

$$(54) \qquad \nu = \frac{2cR}{\alpha^2} \left\{ F(l, i_2') - F(k, i_2) \right\}$$

$$(54, a) \quad n = \frac{\nu}{c} \qquad n = \frac{2R}{\alpha^2} \left\{ F(l, i_2') - F(k, i_2) \right\}.$$

Pour l'*hydrogène* $(Z = 1)$, pour $He^+ (Z = 1)$, nos formules se simplifient en conséquence. Nous voyons que ν et n ne dépendent pas seulement des deux groupes d'orbites $m = l + i_2'$ et $n = k + i_2$ entre lesquels se déplace l'électron, mais encore des orbites elles-mêmes entre lesquelles a lieu ce déplacement. Les lignes spectrales qui, pour des orbites elliptiques fermées se seraient montrées coïncidentes ne coïncident plus maintenant. Au lieu d'une seule ligne spectrale nous devons avoir une série de lignes très rapprochées l'une de l'autre.

En cela consiste la remarquable explication des satellites des lignes donnée par SOMMERFELD *en* 1916. Mais pour que cette explication puisse être considérée comme vraie, il faudrait effectuer une comparaison des résultats de la théorie exposée ci-dessus avec les données fournies par l'observation directe, et cela sous le rapport *quantitatif*. Le nombre et la disposition des satellites observés doit correspondre aux prévisions de la théorie.

Les formules (54) et (54, a), dans lesquelles les fonctions F sont déterminées par une expression complexe qui est le second membre de (53), sont trop incommodes pour le calcul et ne donnent pas un tableau précis et facile à comprendre de l'influence de la relation de la masse et de l'énergie avec la vitesse du mouvement des électrons. *Ce qu'il y a de plus caractéristique, c'est l'apparition dans la nouvelle théorie de la grandeur* $\alpha^2 = 5,31.10^{-5}$: elle se rencontre seulement dans la combinaison $\alpha^2 Z^2$. Pour les grandes valeurs de Z, cette expression n'est pas minime ; pour l'uranium $Z = 91$ et $\alpha^2 Z^2 = 0,4397$. Ayant en vue H et He^+ $(Z = 1$ et $2)$, nous pouvons considérer $\alpha^2 Z^2$ comme une faible grandeur et décomposer la fonction F suivant les puissances de cette grandeur. Pour simplifier les formules nous ne considérerons pas les grandeurs ν et n (voir (54) et (54, a)), mais les termes par lesquels elles sont déterminées. A chacune des deux orbites n_k et m_l correspondent ses termes. Dans le cas d'ellipses fermées toutes les orbites n_k avaient un terme commun, et la même chose avait lieu pour toutes les orbites m_l (voir (46, c) et (47)). Maintenant les termes dépendent de deux nombres quantiques, le nombre principal (n ou m) et l'azimutal (k ou l) ; désignons-les par (n, k) et (m, l), et reportons-les à la fréquence ν des vibrations, de sorte que

$$(54, b) \qquad \nu = (n, k) - (m, l).$$

Pour des ellipses fermées (voir (46, c)),

$$(54, c) \qquad (n, k) = c\mathrm{R}Z^2 \frac{1}{n^2},$$

c'est-à-dire ne dépend pas de k. Maintenant le terme est déterminé par la formule (54) dans laquelle la forme de la fonction $F(k, i_2)$ est déterminée par la comparaison de (53, b) avec (53) et par $i_2 = n - k$. Si l'on développe cette fonction suivant les puissances de la grandeur $\alpha^2 Z^2$, on peut ne conserver que le premier terme quand Z n'est pas considérable. Comme résultat de la décomposition on obtient, au lieu de (54),

$$(55) \qquad (n, k) = c\mathrm{R}Z^2 \left\{ \frac{1}{n^2} + \frac{\alpha^2}{n^4} Z^2 \left(\frac{n}{k} - \frac{3}{4} \right) + \cdots \right\}.$$

Mais il est commode de porter dans le dernier terme $n = k + i_2$; alors on obtient

$$(55, a) \qquad (n, k) = c\mathrm{R}Z^2 \left\{ \frac{1}{n^2} + \frac{\alpha^2}{n^4} Z^2 \left(\frac{1}{4} + \frac{i_2}{k} \right) + \cdots \right\}.$$

Le premier terme du second membre est identique au second membre de (54, c) pour les ellipses immobiles ; le second détermine *la variation du terme* Δ produite par la variation de la masse avec la vitesse ; il est formé de deux parties, que nous désignerons par Δ_1 et Δ_2. *La première partie*

$$(55, b) \qquad \Delta_1 = c\mathrm{R} \frac{\alpha^2 Z^4}{4n^4}$$

est la même pour toutes les orbites n_k *du groupe donné* n.

Pour les orbites circulaires $n_n (k = n, i_2 = n - k = 0)$, il est unique ; on peut l'appeler la *correction générale* pour la relativité. Il produit un certain *déplacement* mais pas de division des lignes. Remarquons que la correction (55, b) se rapporte aussi aux orbites circulaires de la théorie première de Bohr, qui l'a introduite dès 1915. La valeur relative de la correction Δ_1, c'est-à-dire le rapport de (55, b) à (54, c), est égale $\frac{\alpha^2 Z^2}{4n^2}$, où α^2 est la valeur donnée dans (49, c). Pour le premier terme constant de la série hydrogénique de Balmer (Z = 1, n = 2) ce changement relatif est égal à

$$(55, c) \qquad \frac{\Delta_1}{(n, k)} = \frac{16}{\alpha^2} = 3 \cdot 10^{-6}.$$

La seconde partie de la correction est égale à

$$(55, d) \qquad \Delta_2 = c\mathrm{R} \left(\frac{n^4}{\alpha^2 Z^2} \right) \frac{i_2}{k},$$

où $k + i_2 = n$. La grandeur relative de cette correction est égale à (voir (54, c)) :

$$(55, e) \qquad \frac{\Delta_2}{(n, k)} = \frac{i_2}{k} \frac{\alpha^2 Z^2}{n^2}.$$

Nous voyons qu'*elle ne dépend pas seulement du numéro d'ordre n du groupe donné d'orbites et qu'elle n'est pas la même pour les diverses orbites d'un même groupe,* car dans son expression n'entre pas seulement le nombre quantique principal n, caractérisant le groupe d'orbites, mais encore le nombre quantique azimutal k. Pour un groupe donné n elle est d'autant plus grande que k est moindre ou que $i_2 = n - k$ est plus grand, autrement dit, que l'excentricité de l'orbite est plus grande (voir (52) ou (43, a)). La plus grande correction est celle de l'ellipse n_1 ($k = 1$) ; pour une orbite circulaire la correction est nulle.

La correction (55, b) apparaît en général comme la conséquence de la relation entre la masse de l'électron et sa vitesse ; la correction (55, d) reflète le fait de la variation de la vitesse de l'électron pendant son mouvement sur une ellipse donnée. La seconde correction montre que les niveaux de l'énergie sur les diverses orbites d'un seul et même groupe cessent d'être les mêmes, et par suite les fréquences des vibrations (et aussi les nombres d'ondes) ne sont plus les mêmes quand l'électron passe d'une seule et même orbite m_l à diverses orbites n_k ($k = 1, 2, 3, \ldots n$) ou quand il passe de diverses orbites m_l ($l = 1, 2, 3, \ldots m$) à une même orbite donnée n_k. Arrêtons-nous au premier cas, lorsque m et l sont donnés. Ne prenant pas en considération pour l'instant le principe de sélection, nous devons dire qu'il se produit une division des raies spectrales en k lignes distinctes ; ce sont ces lignes que nous avons appelées satellites.

De cette façon le phénomène énigmatique des satellites des lignes spectrales a reçu une explication théorique pour le cas de H, He⁺, etc. ; du côté mathématique elle se ramène à ce que dans la correction (55, d) n'entre pas seulement le nombre quantique n, mais encore ses parties constituantes k et i_2. Pour le premier terme de la série *hydrogénique* de BALMER ($Z = 1$, $n = 2$), la correction ne peut se rapporter qu'à l'ellipse 2_1 ($k = 1$, $i_2 = n - k = 1$) ; ici (55, d) donne

$$(55, f) \qquad \frac{\Delta_2}{(n, k)} = \frac{\alpha^2}{4} = 1,3 \cdot 10^{-5}.$$

Considérons la disposition des lignes que l'on obtient par le passage de l'électron d'une orbite quelconque donnée m_l aux orbites des groupes $n = 1, 2, 3, 4, 5,$ etc. Pour plus de commodité nous écrirons (55, d) sous la forme

$$(56) \qquad \Delta_2 = cR \frac{\alpha^2 Z^4}{n^4} \frac{n - k}{k}.$$

Pour $n = 1$ nous avons une circonférence et la correction (55, d) disparaît.

Pour $n = 2$ nous avons une circonférence et une ellipse ; conformément à (54, b), la différence des valeurs du premier terme est égale à $(2, 1) - (2, 2)$. La formule (56) donne pour la différence de fréquence des deux rayons

$$(56, a) \qquad \Delta v = \frac{cR\alpha^2}{2^4} Z^4.$$

On obtient un *doublet*, dans lequel la ligne correspondant au passage de l'électron à l'ellipse 2_1 est déplacée du côté de l'extrémité violette du spectre.

Pour $n = 3$, nous avons une circonférence 3_3 et deux ellipses 3_2 et 3_1. On obtient un triplet dans lequel les écarts (en fréquences ν) entre les lignes successives sont dans le rapport $1 : 3$. Pour $n = 4$, on a un quadruplet ; les distances entre les lignes successives sont dans les rapports $1 : 2 : 6$. Pour $n = 5$, nous avons cinq lignes dont les distances successives sont entre elles comme $3 : 5 : 10 : 30$.

Tout ce que nous avons dit se rapporte à la division du premier terme (n, k) dans la formule (54, b). Mais le second terme est soumis aussi à une division analogue quand l'électron passe des diverses orbites $l = 1, 2, 3, \ldots m$ du groupe m à une des orbites n_k du groupe n. Chacune des n lignes obtenues conformément à la formule (56) a dû, de son côté, se diviser en m lignes, c'est-à-dire que chaque ligne spectrale est soumise à la division en mn lignes.

Mais le principe de sélection diminue considérablement le nombre de ces lignes, comme cela a été expliqué en détail dans le § 7. Nous voyons, par exemple, que pour $n = 2$ le nombre des passages possibles d'un groupe quelconque $m > 2$ n'est pas égal à $2m$, mais est seulement égal à 3. Dans le champ électrique le principe de sélection est en défaut ; le passage $k = l$ devient possible et le nombre des lignes est augmenté.

Les formules (55, d) et (56) ou (56, a) conduisent encore à un résultat très important. Elles montrent que la « correction de relativité », dont dépend la *grandeur de la séparation des lignes spectrales provenant de ce que la masse de l'électron dépend de sa vitesse, est proportionnelle à* Z^4. Pour l'hélium elle est 16 fois, et pour le lithium 81 fois plus grande que pour l'hydrogène. Pour l'uranium elle serait $71,6.10^6$ fois plus grande que pour l'hydrogène. Ici l'écart se mesure par le changement de la fréquence ν par seconde ou par le changement du nombre d'ondes que nous avons désigné par n (nombre d'ondes dans un centimètre). Pour l'*hydrogène* la grandeur de la séparation dans la série de BALMER $\left(\text{pour le nombre d'ondes } n = \dfrac{\nu}{c}\right)$

$$(56, b) \qquad \Delta n(\mathrm{H}) = \frac{R\alpha^2}{16} = 0,365 \text{ cm}^{-1}.$$

La mesure directe de cette grandeur ne peut donner de résultats précis, vu l'imprécision des lignes de l'hydrogène. F. PASCHEN a mesuré très exactement la grandeur Δn pour He^+ et de là a calculé $\Delta n(\mathrm{H})$, qu'il trouva égal à $(0,3645 \pm 0,0045)$ cm^{-1}, en accord parfait avec le nombre théorique (56, b).

F. PASCHEN a publié en 1916 un travail remarquable, dans lequel il exposa les résultats de la vérification expérimentale de la théorie de SOMMERFELD que nous venons d'expliquer. La partie principale du travail de PASCHEN se rapporte au spectre de l'*hélium ionisé* (He^+). Bornons-nous à l'examen d'une seule ligne, $\lambda = 4686,0$ Å, qui correspond au passage de l'électron du groupe $m = 4$ au groupe $n = 3$. Comme dans le groupe $n = 3$ il y a trois orbites, nous devons avoir un triplet, qui dans la figure 10 est indiqué par les chiffres

I, II et III ; chaque ligne du triplet se décompose en quadruplets *a*, *b*, *c*, *d* ; la ligne II, *d* est transportée dans le domaine de la ligne I. Ainsi, nous devons nous attendre à la décomposition de la ligne en 12 lignes distinctes, quand le principe de sélection cesse d'être applicable, ce qui, comme nous

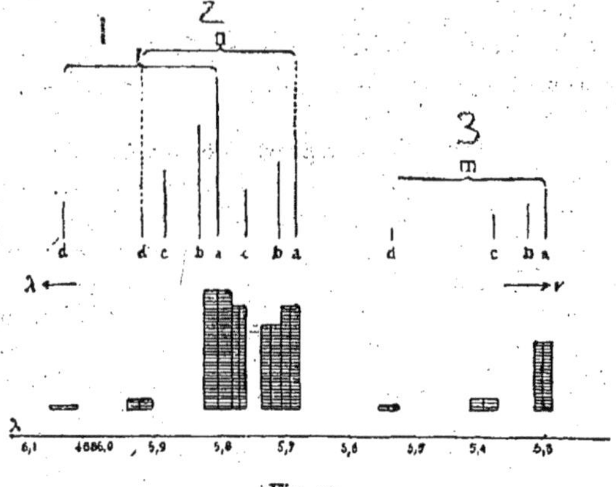

Fig. 10.

l'avons vu, se rapporte au cas de la présence d'un champ électrique de haute tension, par exemple dans la décharge par étincelle. A la partie inférieure de la figure 10 sont indiqués les résultats des mesures de PASCHEN, effectués précisément dans la décharge par étincelle. La coïncidence avec la théorie est

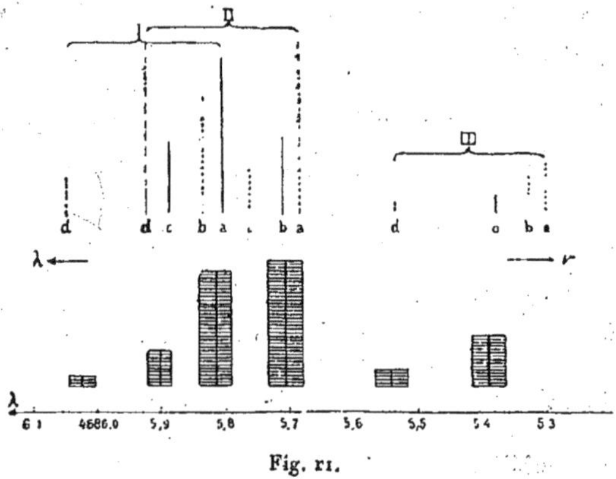

Fig. 11.

frappante. Les lignes I*c* et II*d*, I*a* et I*b*, II*a* et II*b*, III*a* et III*b* se sont montrées inséparables. La hauteur des bandes représente le degré d'intensité des lignes.

Si l'on applique le *principe de sélection*, alors au lieu de 12 lignes il n'en reste que 5. Sur la figure 11 ces lignes sont représentées par des lignes en traits forts ; les 7 autres sont en pointillé. A la partie inférieure sont indiqués les résultats des observations de PASCHEN effectuées dans un tube à décharge avec un faible courant de direction constante. Et ici, quelle coïncidence surprenante ! Les lignes I*c* et III*d* ici encore se fondent ensemble ; la ligne I*d* est cependant visible, quoique très faiblement, ce qui indique l'existence d'un champ électrique dans le tube. Remarquons que la différence des longueurs d'onde des lignes extrêmes I*d* et III*a* est seulement égale à o,8Å, tandis que, par exemple, la différence pour les lignes D_1 et D_2 du spectre du sodium est égale à 6Å ; on voit ainsi l'énorme difficulté de ces mesures.

BIBLIOGRAPHIE

2

PASCHEN. — *Ann. der Phys.*, (4), **27**, p. 537, 1908.
F. S. BRACKETT. — *Astrophys.*, I, **56**, p. 154, 1922.
LORD KELVIN. — *Phil. Mag.*, (6), **3**, p. 257, 1902.
J. J. THOMSON. — *Phil. Mag.*, (6), **20**, p. 238, 544, 1910 ; **23**, p. 456, 1912 ; **24**. p. 218, 253, 1912 ; **26**, p. 792, 1913 ; *Proc. Cambr. Phil. Soc.*, **16**, p. 643, 1912.
E. RUTHERFORD. — *Phil. Mag.*, (6), **21**, p. 669, 1911.
A. VAN DEN BROECK. — *Phys. Ztschr.*, 1913, p. 32 ; **24**, p. 453, 893, 1912.
H. GEIGER AND E. MARSDEN. — *Proc. R. Soc.*, **82**, p. 495, 1909 ; *Phil. Mag.*, (6), **25**, p. 604, 1913.

3

N. BOHR. — *Phil. Mag.*, (6), **26**, p. 1, 476, 857, 1913 ; **27**, p. 506, 1914 ; **29**, p. 332, 1915 ; **30**, p. 394, 581, 1915 ; *Ztschr. f. Phys.*, **2**, p. 423, 1920 ; **9**, p. 1, 1922 ; **13**, p. 117, 1923 ; *Ann. der Phys.*, (4), **71**, p. 228, 1923 ; *Naturwiss.* 1923, Nº 27, p. 533-624, contient 12 articles sur la théorie de BOHR, y compris le discours prononcé pour le prix Nobel (p. 606-624). *Uber die Quantentheorie der Linienspektra*, trad. all. de P. HERTZ, Braunschweig, 1923. *Abhandlungen über Atombau aus den Jahren 1913-1916* ; trad. all. de H. STINTZING, Braunschweig, 1912. *Les spectres et la structure de l'atome, trois conférences* ; trad. fr. de A. CORVISY ; Paris, 1923.

6

A. Sommerfeld. — *Ber. Münch. Akad.*, 1915, p. 425 ; *Ann. der Phys.*, (4), **51**, p. 1, 125, 1916 ; *Atombau und Spektrallinien*, 4te Aufl. p. 122, 149, 1924 ou la trad. fr. par H. Bellenot : *La Constitution de l'atome et les raies spectrales*, Paris, 1922.
A. Rubinowicz. — *Physik. Ztschr.*, 1918, p. 441, 465.

7

F. Paschen. — *Ann. der Phys.*, (4), **50**, p. 901, 1916.

CHAPITRE IV

LA STRUCTURE DE L'ATOME AVEC $Z > 1$

1. Système périodique des éléments. — Dans le § 1 du chapitre précédent nous avons vu l'état actuel du système périodique des éléments, et dans le § 5 ont été données diverses sortes de notions préliminaires sur la constitution de l'atome contenant plus d'un électron. Avant tout, jetons un coup d'œil d'ensemble sur ces notions qui furent données dans ces deux paragraphes et dont nous aurons besoin dans ce qui va suivre. Ensuite nous les complèterons par quelques indications détaillées.

92 éléments de l'hydrogène à l'uranium sont répartis dans 7 périodes ; voici le nombre des éléments de chaque période :

(1)

Périodes	I	II	III	VI	V	VI	VII
Nombre d'éléments .	2	8	8	18	18	32	6
	H, He	Li à Ne	Na à A	K à Kr	Rb à X	Cs à Em	(?) à U
Numéros d'ordre...	1, 2	3 — 10	11 — 18	19 — 36	37 — 54	55 — 86	87 — 92

Dans la VIe période se trouvent :

(2)   14 métaux de terres rares : de Ce 58 à Lu 71.

Chaque période se termine par un *gaz noble* : He, Ne, A, Kr, X et Em ; ces éléments se distinguent par leur indifférence chimique.

L'avant-dernier élément de la période est un *halogène* électro-négatif : F, Cl, Br, I et un élément inconnu, le 85e. Chaque période, excepté la première, commence par un métal *alcalin* électropositif : Li, Na, K, Rb, Cs et un élément inconnu, le 87e. Les halogènes s'unissent facilement un électron (dans l'électrolyse ils se rendent à l'anode) ; les métaux alcalins perdent facilement un de leurs électrons (ils vont à la cathode). Dans les deux cas on peut dire que *les éléments voisins des gaz nobles tendent en quelque sorte à s'assimiler à ces gaz,* rendant leur nombre d'électrons égal au nombre des électrons du gaz noble qui se trouve entre eux.

Le nombre des électrons qui entourent le noyau de l'atome est égal au numéro d'ordre Z. La question qui se pose d'abord est celle-ci : *Que pouvons-nous dire de la répartition des orbites de ces électrons, dont le nombre peut atteindre 92, autour du noyau de l'atome ?* Dans le § 5 du chapitre III on a déjà dit que ces électrons doivent être réunis en groupes distincts, que nous avons appelés des *couches* (Schalen) et que nous avons désignés par les lettres K, L, M, N, O, P, et Q ; ces couches se forment progressivement par additions successives d'un électron à mesure que l'on s'avance le long des périodes de H vers U, c'est-à-dire dans la direction des numéros d'ordre croissants. Quand une couche atteint un nombre déterminé d'électrons, huit électrons, commence la formation de la couche suivante, etc. Mais un peu plus loin une couche prend des électrons en surnombre et pendant ce temps les couches suivantes restent sans changement, quoique la dernière couche commencée ne contienne que quelques électrons, en tout cas moins que huit. Une telle addition en surnombre se produit même deux fois pour la couche N. Dans le tableau suivant on a indiqué le nombre d'électrons de chacune des couches, d'abord au moment du commencement de la formation de la couche suivante, et ensuite lorsqu'elle a reçu l'excès total d'électrons :

	Couches	K	L	M	N	O	P	Q
(3)	Première construction .	2	8	8	8	8	8	non terminée
	Première addition	—	—	18	18	18	non terminée	
	Seconde addition	—	—	—	32	32	—	—

Passons aux *conditions quantiques* auxquelles doivent satisfaire les orbites de tous ces électrons. Introduisons comme précédemment deux nombres quantiques : un nombre principal et un nombre secondaire ou azimutal $k (= 1, 2, 3, < n)$, de façon que chaque orbite puisse être caractérisée par un symbole n_k. *Toutes les orbites d'une couche ont un même nombre quantique principal n.* Dans chaque couche les orbites des électrons se divisent en sous-groupes caractérisés par le nombre quantique k, de sorte que *les orbites de tous les électrons d'un même sous-groupe ont le symbole commun n_k* ; elles satisfont à des conditions quantiques semblables et nous les appellerons les orbites n_k. Le nombre des sous-groupes dans la couche n est évidemment n ; le nombre des orbites d'un sous-groupe, c'est-à-dire de même n_k, peut atteindre 8. Dans le tableau suivant on embrasse d'un coup d'œil le nombre des couches et des sous-groupes :

	Couches	K	L	M	N	O	P	Q
(3, a)	N. quantique principal et nombre de sous-groupes....	1	2	3	4	5	6	7
	Dénominations des sous-groupes....	1_1	$2_1, 2_2$	$3_1, 3_2, 3_3$	$4_1, 4_2, 4_3, 4_4$	$5_1, 5_2, 5_3, 5_4, 5_5$	$6_1, 6_2 \ldots$	$7_1, 7_2 \ldots$

<table>
<thead>
<tr><th colspan="2">Couches</th><th>K</th><th colspan="2">L</th><th colspan="3">M</th><th colspan="4">N</th><th colspan="5">O</th><th colspan="6">P</th><th colspan="2">Q</th></tr>
<tr><th colspan="2">Sous-groupes</th><th>1_1</th><th>2_1</th><th>2_2</th><th>3_1</th><th>3_2</th><th>3_3</th><th>4_1</th><th>4_2</th><th>4_3</th><th>4_4</th><th>5_1</th><th>5_2</th><th>5_3</th><th>$(5_4$</th><th>$5_5)$</th><th>6_1</th><th>6_2</th><th>6_3</th><th>$(6_4$</th><th>6_5</th><th>$6_6)$</th><th>7_1</th><th>(7_2)</th></tr>
</thead>
<tbody>
<tr><td rowspan="2">I</td><td>1 H</td><td>1</td><td></td><td></td><td></td><td></td><td></td><td></td><td></td><td></td><td></td><td></td><td></td><td></td><td></td><td></td><td></td><td></td><td></td><td></td><td></td><td></td><td></td><td></td></tr>
<tr><td>2 He</td><td>2</td><td></td><td></td><td></td><td></td><td></td><td></td><td></td><td></td><td></td><td></td><td></td><td></td><td></td><td></td><td></td><td></td><td></td><td></td><td></td><td></td><td></td><td></td></tr>
<tr><td rowspan="3">II</td><td>3 Li</td><td>2</td><td>1</td><td></td><td></td><td></td><td></td><td></td><td></td><td></td><td></td><td></td><td></td><td></td><td></td><td></td><td></td><td></td><td></td><td></td><td></td><td></td><td></td><td></td></tr>
<tr><td>4 Gl</td><td>2</td><td>2</td><td></td><td></td><td></td><td></td><td></td><td></td><td></td><td></td><td></td><td></td><td></td><td></td><td></td><td></td><td></td><td></td><td></td><td></td><td></td><td></td><td></td></tr>
<tr><td>10 Ne</td><td>2</td><td>4</td><td>4</td><td></td><td></td><td></td><td></td><td></td><td></td><td></td><td></td><td></td><td></td><td></td><td></td><td></td><td></td><td></td><td></td><td></td><td></td><td></td><td></td></tr>
<tr><td rowspan="4">III</td><td>11 Na</td><td>2</td><td>4</td><td>4</td><td>1</td><td></td><td></td><td></td><td></td><td></td><td></td><td></td><td></td><td></td><td></td><td></td><td></td><td></td><td></td><td></td><td></td><td></td><td></td><td></td></tr>
<tr><td>12 Mg</td><td>2</td><td>4</td><td>4</td><td>2</td><td></td><td></td><td></td><td></td><td></td><td></td><td></td><td></td><td></td><td></td><td></td><td></td><td></td><td></td><td></td><td></td><td></td><td></td><td></td></tr>
<tr><td>13 Al</td><td>2</td><td>4</td><td>4</td><td>2</td><td>1</td><td></td><td></td><td></td><td></td><td></td><td></td><td></td><td></td><td></td><td></td><td></td><td></td><td></td><td></td><td></td><td></td><td></td><td></td></tr>
<tr><td>18 A</td><td>2</td><td>4</td><td>4</td><td>4</td><td>4</td><td></td><td></td><td></td><td></td><td></td><td></td><td></td><td></td><td></td><td></td><td></td><td></td><td></td><td></td><td></td><td></td><td></td><td></td></tr>
<tr><td rowspan="6">IV</td><td>19 K</td><td>2</td><td>4</td><td>4</td><td>4</td><td>4</td><td></td><td>1</td><td></td><td></td><td></td><td></td><td></td><td></td><td></td><td></td><td></td><td></td><td></td><td></td><td></td><td></td><td></td><td></td></tr>
<tr><td>20 Ca</td><td>2</td><td>4</td><td>4</td><td>4</td><td>4</td><td></td><td>2</td><td></td><td></td><td></td><td></td><td></td><td></td><td></td><td></td><td></td><td></td><td></td><td></td><td></td><td></td><td></td><td></td></tr>
<tr><td>21 Sc</td><td>2</td><td>4</td><td>4</td><td>4</td><td>4</td><td>1</td><td>(2)</td><td></td><td></td><td></td><td></td><td></td><td></td><td></td><td></td><td></td><td></td><td></td><td></td><td></td><td></td><td></td><td></td></tr>
<tr><td>29 Cu</td><td>2</td><td>4</td><td>4</td><td>6</td><td>6</td><td>6</td><td>1</td><td></td><td></td><td></td><td></td><td></td><td></td><td></td><td></td><td></td><td></td><td></td><td></td><td></td><td></td><td></td><td></td></tr>
<tr><td>30 Zn</td><td>2</td><td>4</td><td>4</td><td>6</td><td>6</td><td>6</td><td>2</td><td></td><td></td><td></td><td></td><td></td><td></td><td></td><td></td><td></td><td></td><td></td><td></td><td></td><td></td><td></td><td></td></tr>
<tr><td>36 Kr</td><td>2</td><td>4</td><td>4</td><td>6</td><td>6</td><td>6</td><td>4</td><td>4</td><td></td><td></td><td></td><td></td><td></td><td></td><td></td><td></td><td></td><td></td><td></td><td></td><td></td><td></td><td></td></tr>
<tr><td rowspan="8">V</td><td>37 Rb</td><td>2</td><td>4</td><td>4</td><td>6</td><td>6</td><td>6</td><td>4</td><td>4</td><td></td><td></td><td>1</td><td></td><td></td><td></td><td></td><td></td><td></td><td></td><td></td><td></td><td></td><td></td><td></td></tr>
<tr><td>38 Sr</td><td>2</td><td>4</td><td>4</td><td>6</td><td>6</td><td>6</td><td>4</td><td>4</td><td></td><td></td><td>2</td><td></td><td></td><td></td><td></td><td></td><td></td><td></td><td></td><td></td><td></td><td></td><td></td></tr>
<tr><td>39 Y</td><td>2</td><td>4</td><td>4</td><td>6</td><td>6</td><td>6</td><td>4</td><td>4</td><td>1</td><td></td><td>(2)</td><td></td><td></td><td></td><td></td><td></td><td></td><td></td><td></td><td></td><td></td><td></td><td></td></tr>
<tr><td>40 Zr</td><td>2</td><td>4</td><td>4</td><td>6</td><td>6</td><td>6</td><td>4</td><td>4</td><td>2</td><td></td><td>(2)</td><td></td><td></td><td></td><td></td><td></td><td></td><td></td><td></td><td></td><td></td><td></td><td></td></tr>
<tr><td>47 Ag</td><td>2</td><td>4</td><td>4</td><td>6</td><td>6</td><td>6</td><td>6</td><td>6</td><td>6</td><td></td><td>1</td><td></td><td></td><td></td><td></td><td></td><td></td><td></td><td></td><td></td><td></td><td></td><td></td></tr>
<tr><td>48 Cd</td><td>2</td><td>4</td><td>4</td><td>6</td><td>6</td><td>6</td><td>6</td><td>6</td><td>6</td><td></td><td>2</td><td></td><td></td><td></td><td></td><td></td><td></td><td></td><td></td><td></td><td></td><td></td><td></td></tr>
<tr><td>49 In</td><td>2</td><td>4</td><td>4</td><td>6</td><td>6</td><td>6</td><td>6</td><td>6</td><td>6</td><td></td><td>2</td><td>1</td><td></td><td></td><td></td><td></td><td></td><td></td><td></td><td></td><td></td><td></td><td></td></tr>
<tr><td>54 X</td><td>2</td><td>4</td><td>4</td><td>6</td><td>6</td><td>6</td><td>6</td><td>6</td><td>6</td><td></td><td>4</td><td>4</td><td></td><td></td><td></td><td></td><td></td><td></td><td></td><td></td><td></td><td></td><td></td></tr>
<tr><td rowspan="10">VI</td><td>55 Cs</td><td>2</td><td>4</td><td>4</td><td>6</td><td>6</td><td>6</td><td>6</td><td>6</td><td>6</td><td></td><td>4</td><td>4</td><td></td><td></td><td></td><td>1</td><td></td><td></td><td></td><td></td><td></td><td></td><td></td></tr>
<tr><td>56 Ba</td><td>2</td><td>4</td><td>4</td><td>6</td><td>6</td><td>6</td><td>6</td><td>6</td><td>6</td><td></td><td>4</td><td>4</td><td></td><td></td><td></td><td>2</td><td></td><td></td><td></td><td></td><td></td><td></td><td></td></tr>
<tr><td>57 La</td><td>2</td><td>4</td><td>4</td><td>6</td><td>6</td><td>6</td><td>6</td><td>6</td><td>6</td><td></td><td>4</td><td>4</td><td>1</td><td></td><td></td><td>(2)</td><td></td><td></td><td></td><td></td><td></td><td></td><td></td></tr>
<tr><td>58 Ce</td><td>2</td><td>4</td><td>4</td><td>6</td><td>6</td><td>6</td><td>6</td><td>6</td><td>6</td><td>1</td><td>4</td><td>4</td><td>1</td><td></td><td></td><td>(2)</td><td></td><td></td><td></td><td></td><td></td><td></td><td></td></tr>
<tr><td>71 Lu</td><td>2</td><td>4</td><td>4</td><td>6</td><td>6</td><td>6</td><td>8</td><td>8</td><td>8</td><td>8</td><td>4</td><td>4</td><td>1</td><td></td><td></td><td>(2)</td><td></td><td></td><td></td><td></td><td></td><td></td><td></td></tr>
<tr><td>72 Hf</td><td>2</td><td>4</td><td>4</td><td>6</td><td>6</td><td>6</td><td>8</td><td>8</td><td>8</td><td>8</td><td>4</td><td>4</td><td>2</td><td></td><td></td><td>(2)</td><td></td><td></td><td></td><td></td><td></td><td></td><td></td></tr>
<tr><td>79 Au</td><td>2</td><td>4</td><td>4</td><td>6</td><td>6</td><td>6</td><td>8</td><td>8</td><td>8</td><td>8</td><td>6</td><td>6</td><td>6</td><td></td><td></td><td>1</td><td></td><td></td><td></td><td></td><td></td><td></td><td></td></tr>
<tr><td>80 Hg</td><td>2</td><td>4</td><td>4</td><td>6</td><td>6</td><td>6</td><td>8</td><td>8</td><td>8</td><td>8</td><td>6</td><td>6</td><td>6</td><td></td><td></td><td>2</td><td></td><td></td><td></td><td></td><td></td><td></td><td></td></tr>
<tr><td>81 Tl</td><td>2</td><td>4</td><td>4</td><td>6</td><td>6</td><td>6</td><td>8</td><td>8</td><td>8</td><td>8</td><td>6</td><td>6</td><td>6</td><td></td><td></td><td>2</td><td>1</td><td></td><td></td><td></td><td></td><td></td><td></td></tr>
<tr><td>86 Em</td><td>2</td><td>4</td><td>4</td><td>6</td><td>6</td><td>6</td><td>8</td><td>8</td><td>8</td><td>8</td><td>6</td><td>6</td><td>6</td><td></td><td></td><td>4</td><td>4</td><td></td><td></td><td></td><td></td><td></td><td></td></tr>
<tr><td rowspan="5">VII</td><td>87</td><td>2</td><td>4</td><td>4</td><td>6</td><td>6</td><td>6</td><td>8</td><td>8</td><td>8</td><td>8</td><td>6</td><td>6</td><td>6</td><td></td><td></td><td>4</td><td>4</td><td></td><td></td><td></td><td></td><td>1</td><td></td></tr>
<tr><td>88 Ra</td><td>2</td><td>4</td><td>4</td><td>6</td><td>6</td><td>6</td><td>8</td><td>8</td><td>8</td><td>8</td><td>6</td><td>6</td><td>6</td><td></td><td></td><td>4</td><td>4</td><td></td><td></td><td></td><td></td><td>2</td><td></td></tr>
<tr><td>89 Ac</td><td>2</td><td>4</td><td>4</td><td>6</td><td>6</td><td>6</td><td>8</td><td>8</td><td>8</td><td>8</td><td>6</td><td>6</td><td>6</td><td></td><td></td><td>4</td><td>4</td><td>1</td><td></td><td></td><td></td><td>(2)</td><td></td></tr>
<tr><td>90 Th</td><td>2</td><td>4</td><td>4</td><td>6</td><td>6</td><td>6</td><td>8</td><td>8</td><td>8</td><td>8</td><td>6</td><td>6</td><td>6</td><td></td><td></td><td>4</td><td>4</td><td>2</td><td></td><td></td><td></td><td>(2)</td><td></td></tr>
<tr><td>118 ?</td><td>2</td><td>4</td><td>4</td><td>6</td><td>6</td><td>6</td><td>8</td><td>8</td><td>8</td><td>8</td><td>8</td><td>8</td><td>8</td><td>8</td><td></td><td>6</td><td>6</td><td>6</td><td></td><td></td><td></td><td>4</td><td>4</td></tr>
</tbody>
</table>

Les couches correspondent exactement aux périodes du système de MENDÉLÈIEF. La période commence quand apparaît le premier électron d'une nouvelle couche (métaux alcalins) ; elle se termine quand le nombre des électrons y atteint huit (gaz nobles). La période contient plus de huit éléments quand pour une couche extérieure non déterminée il se produit un accroissement en surnombre des couches intérieures. Cet accroissement explique l'apparition de séries d'éléments dont les numéros d'ordre croissent successivement mais qui sont chimiquement très semblables entre eux et, par conséquent, dans le tableau de MENDÉLÉIEF se trouvent dans un même groupe (colonne verticale). *Ces éléments ont des couches extérieures semblables*, de la composition desquelles dépendent les propriétés chimiques. Tels sont Fe, Co, Ni — Ru, Rh, Pd — Os, Ir, Pt — et en particulier 14 terres rares de Ce à Lu.

Dans le tableau p. 103 est donné, d'après BOHR, pour tous les éléments, *le nombre des électrons qui se meuvent dans les divers sous-groupes*, c'est-à-dire ayant mêmes n et k, et par conséquent n_k. Dans la seconde ligne sont indiqués les symboles de ces sous-groupes ; les symboles de ces sous-groupes dont la formation n'a pas commencé avant l'uranium sont mis entre parenthèses. Les chiffres romains, dans la première colonne donnent les numéros des périodes de MENDÉLÉIEF. Les nombres douteux sont mis entre parenthèses. Dans la dernière ligne est ajouté le gaz noble qui devrait terminer la VII° période.

Nous ne pouvons examiner les considérations diverses qui ont conduit BOHR aux nombres placés dans ce tableau. Ces considérations sont basées sur les données qui furent obtenues, en premier lieu, de l'étude des spectres des éléments, non seulement des spectres visibles et ultra-violets, mais encore des spectres des rayons X ; en second lieu, des potentiels d'ionisation que nous étudierons dans le chapitre IX. De plus, les phénomènes de radioactivité et aussi le principe de correspondance (voir plus loin) fournissent dans certains cas des indications précieuses. Il convient d'examiner le tableau avec beauconp d'attention ; on y trouve tout ce qui est essentiel, quoique des 92 éléments on n'en ait indiqué que 36. Chaque période commence avec l'apparition d'un électron dans une nouvelle couche ; elle se termine quand 8 électrons s'y sont accumulés, 4 en chacun des deux sous-groupes du type n_1 et n_2.

Les *trois premières périodes* n'appellent aucune observation ; dans les éléments non indiqués se continue l'accroissement des seconde (L) et troisième (M) couches. *Dans la quatrième période* commence d'abord la formation de la couche N (sous-groupe 4_1), mais ensuite à partir de 21 Sc commence l'accroissement en surnombre de la couche (M), dans laquelle le nombre des électrons augmente de $4 + 4 = 8$ à $6 + 6 + 6 = 18$; il est terminé à 28 Ni, après quoi la couche M ne varie plus. Ici nous avons une triade d'éléments chimiques semblables 26 Fe, 27 Co, 28 Ni. *Dans la cinquième période*, le premier accroissement en surnombre de la couche N commence à 39 Y ; il est terminé à 46 Pd avec la triade 44 Ru, 45 Rh. 46 Pd. *Dans la sixième période* nous rencontrons le second accroissement, énorme, de la couche N. commençant à 58 Ce et finissant à 71 Lu. Ici nous avons l'accroissement en surnombre d'une couche située profondément, ce qui explique l'identité presque complète des propriété schimiques de ces éléments. *Le nombre des terres rares qui sont ici en cause peut être déterminé indépendamment des nombres 58 et 71.* Effectivement, avant l'accroissement (57 La) la couche N contient $6 + 6 + 6 = 18$ électrons dans les sous-groupes 4_1, 4_2, 4_3. Après l'accroissement, nous avons $8 + 8 + 8 + 8 = 32$ électrons en quatre sous-groupes de cette couche. Ceci montre que le nombre des éléments chimiquement semblables entre eux doit être égal à $32 - 18 = 14$. Il suit de là que le dernier d'entre eux doit avoir le numéro d'ordre 71 (Lu) et que *l'élément 72 ne peut appartenir aux terres rares*, mais doit appartenir au quatrième groupe (4ᵉ colonne, Ti, Zr) du système périodique. C'est ce qui fut prédit par Bohr. La découverte du *hafnium* (72 Hf), très voisin chimiquement du zirconium, a confirmé brillamment les prévisions de la théorie, et il est impossible de ne pas voir en cela un nouveau et grand succès de la théorie des quanta. *Dans la septième période* on ne trouve que 6 éléments, jusqu'à l'uranium inclusivement, Il semble ici qu'à 89 Ac commence un accroissement en surnombre de la couche P. Prolongeant et terminant par la pensée, nous arrivons au gaz noble inconnu de numéro d'ordre 118. Il va de soi que beaucoup des nombres inscrits dans notre tableau sont discutables et qu'avec le temps des modifications devront sans doute être apportées.

Pour compléter le tableau rappelons les *niveaux d'énergie*, dont dépend la fréquence des vibrations ν ou le nombre d'ondes $\frac{\nu}{c}$ du rayon émis par le passage de l'électron d'une orbite à une autre. Nous en avons parlé dans le § 5 du chapitre III. Nous voyons qu'il n'existe aucune relation simple entre le nombre de niveaux d'énergie existant dans une couche donnée et le nombre de sous-groupes d'orbites qui se trouvent dans cette couche, comme on le voit par le tableau suivant :

(4)

Couches	K	L	M	N	O	P	Q
Nombre de sous-groupes	1	2	3	4	5	6	7
Nombre de niveaux d'énergie.	1	3	5	7	5	3	?

2. Développements plus complets de la théorie de la structure de l'atome. — Dans ce paragraphe nous mentionnerons une série de questions qui ont surgi dans ces derniers temps et qui se trouvent encore en partie dans le stade primitif de leur développement.

I. Dans le paragraphe précédent nous avons appris la théorie actuelle de la *distribution* des Z électrons qui entourent le noyau de l'atome de l'élément de numéro d'ordre Z sur les orbites des divers sous-groupes, et où toutes les orbites d'un seul sous-groupe donné satisfont aux mêmes conditions quantiques caractérisées par le symbole n_k. Le tableau de la p. 103 donne le résultat des essais qui ont été faits pour trouver cette distribution ; il est certain qu'avec le temps il subira encore beaucoup de modifications. Entre autres nous avons vu que les électrons jusqu'au nombre de 8 peuvent se mouvoir sur des orbites de même n_k (ces orbites pourraient être appelées *équiquantiques* si cette expression était plus euphonique). A la suite de la question de la distribution des électrons sur les orbites vient la question de *la position des orbites individuelles, des groupes d'orbites et des couches dans l'espace* qui entoure le noyau de l'atome. Bohr s'est attaché à la solution de cette question en 1922. Il a exposé le résultat de ses études dans des rapports faits à Cambridge et à Gœttingue. Mais il me semble que jusqu'à ce jour (août 1925), aucun de ces rapports n'a été imprimé dans aucune des langues qui me soient accessibles.

En Danemark parut en 1922 un livre populaire de Helge, Holts et H.-A. Kramers sur la théorie de Bohr, dans lequel est expliquée la nouvelle théorie. Ceci se voit en ce que, dans un article de H.-A. Kramers imprimé en 1923 dans le 27° fascicule du journal *Die Naturwissenschaften* consacré à la théorie de Bohr, alors à son dixième anniversaire, est une planche des figures empruntées au livre que nous venons de citer, où sont représentées les orbites électroniques des atomes 1H, 2He, 3Li, 6C, 10Ne, 11Na, 18A, 29Cu, 36Kr, 54X et 88Ra. Les orbites avec n impair (couches deuxième, troisième, etc.) sont en traits rouges. La complication de ces dessins est très grande, bien que pour la plupart des orbites ne soient tracées que les parties extérieures, parce que toutes les orbites à grande excentricité ont leur périhélie très voisin du noyau. Ceci signifie que les orbites appartenant aux couches $M(n = 3)$, $N(n = 4)$, $O(n = 5)$, $P(n = 6)$, comme par exemple, 3_1, 4_1, 4_2. 5_1, 5_2, 5_3, 6_1, 6_2, 7_1 $(n - k > 1)$ pénètrent jusqu'à la couche L et en partie même jusqu'à la couche K. Pour passer à la réalité il est nécessaire de se représenter ces orbites disposées dans l'espace et, outre cela, tournant dans leurs plans avec des vitesses angulaires différentes (voir la fig. 9, p. 91). Une chose très essentielle, c'est que non seulement chaque couche n, mais aussi chaque sous-groupe n_k représente quelque chose de très symétrique, un tout harmonique et fini. Dans la 4° édition du livre de Sommerfeld A, u. S. presque tout le paragraphe 4 du chapitre 7 (pp. 534 à 546) est consacré à la question des orbites qui pénètrent et qui ne pénètrent pas les couches inférieures.

II. Il va de soi que cette distribution des électrons en diverses couches et sur des orbites de divers sous-groupes, qui est indiquée dans le tableau p. 103, ne se rapporte qu'à l'atome dans son état *normal*, c'est-à-dire non perturbé et non ionisé. Sous l'influence des actions extérieures (chocs de la part d'électrons venant de l'extérieur, afflux d'énergie rayonnante, etc.) il se produit un changement de cette distribution normale ; les uns ou les autres de ces électrons sont rejetés de leurs orbites habituelles. Quand ce fait se produit pour un électron appartenant à une des couches intérieures déjà *complètes*, il apparaît comme la cause de la formation de rayons X. Cette question sera plus tard examinée dans ses détails. Mais quand cette action s'exerce sur un des électrons de la couche extérieure, cet électron peut être élevé à une des orbites possibles plus éloignée n_k ; par sa chute inverse sur l'orbite normale, chute qui peut se produire en une fois ou en stades espacés, il se produit un rayonnement, qui est comme toujours déterminé par le troisième postulat de Bohr (voir (18) du chapitre III). La question de ces orbites « extérieures » d'électrons se présente aujourd'hui comme une des plus importantes. Les essais que l'on a fait pour la résoudre sont basés avant tout sur les résultats de l'étude des spectres et des potentiels d'ionisation ; ils donnent des renseignements précis concernant les *termes* correspondant à diverses orbites. Nous reviendrons encore sur ces questions. Comme exemple nous expliquerons l'idée de Bohr sur ces orbites dans l'atome de *sodium*, chez lequel les couches $K(n = 1)$ et $L(n = 2)$ sont remplies par 10 électrons ; le onzième se meut normalement dans la couche M sur une des orbites du sous-groupe 3_1. On demande sur quelles orbites il peut être élevé et par quelles voies il retournera à son orbite 3_1, *si l'on prend en considération le principe de sélection* dans toute son acception, n'admettant le changement du nombre quantique k que de $+ 1$ et $- 1$. Bohr répond aussi à la question sur les termes, c'est-à-dire sur l'énergie de l'atome de sodium dans ses divers états déterminés par la position de l'électron extérieur. Sur la fig. 12 est représenté le schéma de Bohr dans sa forme définitive.

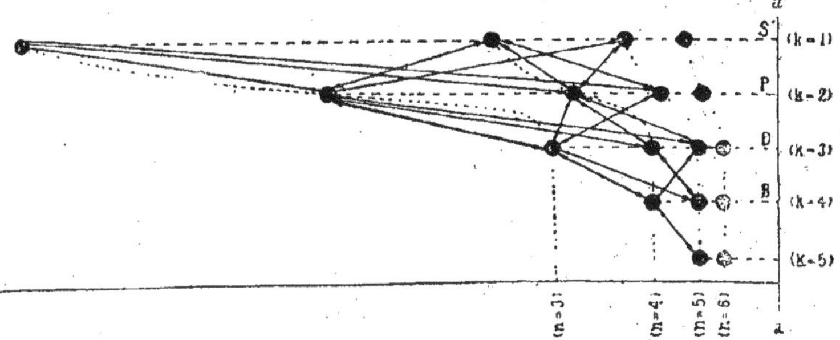

Fig. 12.

Les cercles noirs symbolisent les divers états de l'atome ; ils correspondent à des orbites déterminées n_k. Les nombres n et k sont indiqués en dessous et à droite, respectivement. Tous les cercles pour lesquels k est le même sont disposés sur une droite horizontale ; les cercles pour lesquels n est le même sont joints par des lignes en pointillé, qu'il est facile de suivre pour $n = 4$, 5 et 6. Pour $n = 3$ nous avons 3 cercles, 3_1 (le plus à gauche dans la figure), 3_2 (le plus voisin du précédent) et 3_3, celui qui est juste au-dessus de l'indication $(n = 3)$. La distance des cercles à la droite aa détermine la grandeur du terme, c'est-à-dire *la grandeur (numérique) absolue de l'énergie de l'atome*. Symboliquement nous devons nous figurer le noyau quelque part assez loin à gauche. En fait l'énergie *diminue* si l'on va de droite à gauche, de sorte que la chute de l'électron (rayonnement) ne peut se faire d'un cercle donné qu'à un autre qui est placé plus à gauche. Les transferts possibles de l'électron, c'est-à-dire ceux qui sont conformes au principe de sélection, sont représentés par des droites en trait fort unissant les cercles correspondants. Ces droites sont munies de flèches à leurs deux extrémités pour rappeler que les passages (spontanés ou forcés) peuvent se faire dans les deux sens. Les lettres S, P, D, B indiquent les séries des lignes spectrales qui prennent naissance dans ces passages. Nous reviendrons sur cette question.

III. En union avec ce qui vient d'être examiné, nous trouvons la question d'un état spécial de l'atome, sur la possibilité duquel FRANCK (1922) a appelé l'attention et qu'il a dénommé *métastable*. C'est un état de l'atome dans lequel un des électrons ne se trouve pas sur son orbite normale, et de plus ne peut y retourner, car tous les chemins lui sont fermés : l'un, à cause du principe de sélection, les autres, parce que le passage s'accompagnerait d'une augmentation d'énergie de l'atome. Nous avons un tel cas dans l'atome de *calcium* ionisé (Ca^+), qui a perdu un des deux électrons extérieurs (4_1, voir le tableau p. 103) quand un des électrons se trouverait sur l'orbite 3_3. Quelque chose d'analogue est possible également pour Ba, Sr et He. On obtient *pour l'atome deux états stables différents*. Quelques savants attribuent une énorme importance à la découverte de l'état métastable. Dans le chapitre IX nous reviendrons sur cette question.

IV. Après l'atome d'hydrogène, le plus simple dans sa structure est l'atome d'*hélium*. Un grand nombre de modèles différents ont été proposés pour l'atome d'hélium ; parmi eux il en est de très curieux, mais peu plausibles. La question se complique parce que l'hélium existe sous deux aspects différents, que cependant on ne peut qualifier d'isotopes. La difficulté résulte de ce que le spectre de l'hélium est formé de deux systèmes de séries spectrales, qui ne donnent entre eux aucune combinaison de lignes. Ils apparaissent

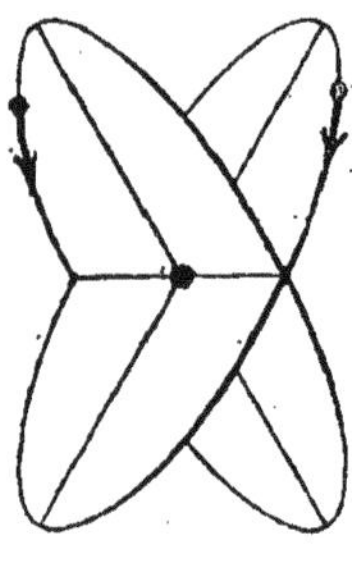

Fig 13.

simultanément et existent, semble-t-il, indépendamment l'un de l'autre. Ces deux variétés ont reçu les dénominations d'*orthohélium* et de *parhélium*. Les lignes en séries du premier consistent en doublets très étroits; celles du second sont des lignes simples. Les termes, c'est-à-dire les niveaux d'énergie, ne sont pas les mêmes dans les deux variétés. On a exprimé la supposition que les deux variétés se distinguent par la disposition des orbites des deux électrons : dans l'orthohélium les deux orbites seraient dans un même plan, et dans le parhélium leurs plans feraient entre eux un angle de 60°. Le modèle de ce dernier genre est représenté dans la fig. 13 ; mais il a fallu le rejeter lorsque VAN VLECK (1922) et A. KRAMERS (1923) eurent montré qu'il conduit à des résultats incompatibles avec l'expérience. Si l'on admet que les deux orbites sont dans un même plan, on suppose ordinairement que l'une

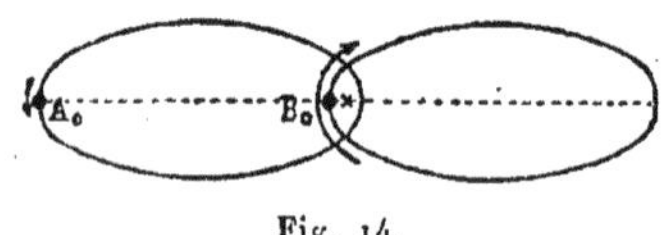

Fig. 14.

des deux est intérieure à l'autre. A. SOMMERFELD a donné en 1924 (une observation préliminaire est de 1923) un nouveau modèle de l'atome

d'hélium, représenté dans la fig. 14. Deux ellipses égales dans lesquelles
le grand axe est deux fois le petit axe sont disposées dans un même plan ;
le mouvement des électrons s'y fait dans des sens opposés. Quant aux
phases relatives des deux mouvements, on ne peut rien dire ; la position
simultanée des deux électrons sur A_0 et B_0 a été marquée d'une façon con-
jecturale comme la plus vraisemblable.

Les deux orbites indiquées ne se rapportent sûrement pas qu'à l'atome
normal d'hélium, mais *en général à la couche K pour tous les éléments* ayant
un numéro d'ordre $Z > 2$. Tout à fait nouvelle et imprévue est la déduction
de Sommerfeld, que pour ces orbites $n = 1$, mais $k = \frac{1}{2}$ (nombre quantique fractionnaire) et non $k = 1$, comme l'admet Bohr. Comme symbole
des orbites de la couche K, Sommerfeld adopte $1_{\frac{1}{2}}$ et non 1_1.

Nous ne nous arrêterons pas sur les derniers essais tentés pour résoudre le
« problème de l'hélium ».

Dans le paragraphe 5 du chapitre III nous avons indiqué rapidement les
essais de Bohr pour construire le modèle de la *molécule d'hydrogène* (H^2) et
nous avons dit les raisons pour lesquelles il a fallu l'abandonner. Ajoutons
qu'il doit être plus simple de construire le modèle de la molécule d'hydrogène ionisée (H_2^+), formée de deux noyaux (protons) et d'un électron. Les
formes possibles d'un tel modèle ont été examinées par W. Pauli jr. (1922)
dans un travail très étendu et très compliqué (64 pages), qui montre combien
nous sommes encore loin de la solution véritable des plus simples de cette
série illimitée de problèmes que nous pose le monde des atomes et des molécules, solution qui sera la tâche du xx° siècle. C'est la raison pour laquelle
nous ne nous arrêtons pas sur les divers modèles de l'atome qui furent proposés par divers savants. A cela se rattache ce que l'on nomme le modèle
cubique, proposé par Born et Landé et sur lequel a surtout travaillé Landé.
La base de ce modèle est le cube, dont les huit angles figurent ce même
nombre 8, qui joue un si grand rôle dans le système périodique des éléments
et dans le tableau de la p. 103. Dans ce genre rentrent les modèles statiques
qu'ont proposés G.-N. Lewis, J. Langmuir, L. Parson et en particulier
J.-J. Thomson. Dans ces modèles le noyau, ou, dans les molécules, les
noyaux et les électrons sont immobiles et groupés d'une façon déterminée.
Il est impossible de ne pas remarquer que les modèles statiques ont été
très favorablement accueillis par les chimistes. Nous nous bornerons en cela
aux indications bibliographiques.

V. La question de la structure de l'atome doit évidemment présenter un
grand intérêt pour la *chimie*.. La périodicité des propriétés chimiques des
éléments, la nature de l'*affinité chimique*, la formation de combinaisons
chimiques variées, leur degré de stabilité, la nécessité de telles ou telles réactions chimiques dans des conditions données, ce sont des questions dont on
peut attendre l'éclaircissement et peut-être la solution de la nouvelle théorie
de l'atome. L'examen des questions chimiques ne doit pas entrer dans le
cadre de ce livre ; nous nous bornerons donc à quelques insinuations. Les
travaux les plus importants ont été publiés par W. Kossel et J.-J. Thomson.

Les résultats auxquels est arrivé Kossel sont très intéressants. Entre autres, il examine les substances que l'on obtient par l'union de deux éléments disposés dans le système périodique des deux côtés d'un gaz inerte (Ne, Ar, Kr, Xe, Em) qui a toujours une couche extérieure complète contenant *huit* électrons. Avant le gaz inerte il y a un halogène, après ce gaz, un métal alcalin. Les phénomènes d'électrolyse montrent que l'halogène est un élément électronégatif qui s'adjoint facilement un électron, tandis que le métal alcalin est électropositif et cède facilement un électron. Mais l'halogène contient dans sa couche extérieure sept électrons et le métal alcalin un seul électron qui commence une nouvelle couche. Quand l'halogène s'unit au métal alcalin, un électron va de ce dernier au premier, par suite de quoi les deux atomes ont chacun 8 électrons dans leur couche extérieure et s'assimilent à un gaz inerte. Mais la même chose se rapporte à une série d'éléments disposés des deux côtés d'un gaz inerte : quand s'unissent les atomes de deux éléments situés de part et d'autre d'un tel gaz, chez un atome (Z moindre) se produit le remplissage de la couche extérieure dans laquelle le nombre des électrons monte jusqu'à 8, et l'autre atome perd tous les électrons de sa couche extérieure, par suite de quoi il a encore une couche extérieure de 8 électrons. Ce que nous venons de dire se rapporte au 11 éléments de C à Cl disposés des deux côtés du néon. De même, les éléments de Si à Mn tendent en quelque sorte à ressembler à l'argon, et les éléments de Ce à Ru, au crypton. Ajoutons deux exemples : dans la combinaison NaCl nous avons Na$^+$(Z = 11) du type du néon (Z = 10) et Cl$^-$(Z = 16) du type de l'argon (Z = 18) ; dans la combinaison CaO, nous avons, au contraire, Ca^{++}(Z = 20) du type de l'argon et O$^-$ du type du néon. Ainsi, dit Kossel, *un grand nombre d'éléments, surtout de ceux qui sont chimiquement les plus actifs, doivent, pour s'unir chimiquement, prendre d'abord une forme telle qu'ils deviennent autant que possible semblables aux éléments les plus inertes chimiquement, aux gaz nobles.* Cette similitude ne concerne que la distribution des électrons qui entourent le noyau. Le noyau lui-même reste sans changement sensible et tout l'atome passe de l'état électriquement neutre, en quelque sorte inerte, à un état électriquement actif, plus ou moins fortement électrisé positivement ou négativement. L'ancienne théorie électrique des combinaisons chimiques, créée autrefois par Berzélius, revit en quelque sorte dans la théorie de Kossel, qui étend aussi sa doctrine à d'autres combinaisons chimiques plus compliquées.

3. Magnéton. Quantification dans l'espace. — Comme chacun le sait, Ampère a créé une théorie qui relie les phénomènes magnétiques aux phénomènes électriques, admettant que tout aimant consiste en petites particules, aimants moléculaires, dont chacune est entourée d'un courant électrique (courants d'Ampère). Quelle est la force électromotrice qui entretient ces courants ? la question est restée sans réponse ; et si cette force électromotrice n'existe pas, on se demande pourquoi ces courants ne disparaissent pas, comme tous les courants que nous connaissons, lorsque la force électromotrice cesse d'agir. Ou bien, pour s'exprimer d'une façon plus moderne, pourquoi l'énergie électrique des courants d'AMPÈRE ne se transforme-t-elle pas en énergie thermique? La théorie de BOHR sur la structure de l'atome, nous ramène à la théorie d'AMPÈRE et répond à toutes ces questions. Les courants d'AMPÈRE se forment par les électrons qui tournent autour des noyaux des atomes. Ce mouvement des électrons est maintenu par la force attractive des noyaux comme le mouvement des planètes par la gravitation vers le soleil. La question de la transformation de l'énergie électrique en énergie thermique est remplacée par une autre qui n'est pas moins, qui est même beaucoup plus embarrassante : pourquoi l'énergie électrique de l'électron en mouvement, non suivant une ligne droite et, en général, d'une façon non uniforme, ne se transforme-t-elle pas en énergie rayonnante comme l'exige l'électrodynamique classique? Mais cette question est résolue catégoriquement, d'une façon aussi hardie qu'inconcevable par le second postulat de BOHR : quand l'électron se meut sur une orbite « possible » satisfaisant aux conditions quantiques connues (premier postulat), il ne rayonne pas.

Dans le T. IV a été expliquée avec détails la théorie de P. WEISS sur le *magnéton*. Elle se résume en ceci, que les moments magnétiques des atomes des divers éléments sont des multiples entiers d'un certain moment magnétique élémentaire μ, qui a reçu le nom de *magnéton*. Si l'on multiplie ce μ par le nombre d'AVOGADRO N (T. I), on obtient le moment magnétique rapporté à la molécule-gramme de substance.

Désignons-le par M, de sorte que $M = N\mu$. La valeur numérique de cette grandeur en unités C. G. S. trouvée par WEISS, que nous désignerons par M(W), se trouve égale à

$$(5) \qquad M(W) = N\mu = 1\ 123{,}5 \text{ gauss} \times \text{cm. par mol. gr.}$$

Considérons maintenant ce que nous dit la théorie de BOHR concernant l'origine du moment magnétique de l'atome. Soit I l'intensité du courant fermé qui entoure d'une courbe plane la surface S ; nous savons que ce courant est l'équivalent d'un aimant dont l'axe est normal à S et dont le moment magnétique μ est déterminé par la formule (T. IV) :

$$(5, a) \qquad \mu' = IS.$$

Le contour fermé sur lequel se meut l'électron représente un courant électrique dont l'intensité I doit, comme toujours, être déterminée par la quantité d'électricité qui traverse par seconde une section transversale quelconque. Il est évident que

$$(5, b) \qquad I = n'e,$$

où e est la charge de l'électron en unités é. m., n' le nombre de rotations de l'électron par seconde. La surface S de l'orbite elliptique est exprimée facilement par le moment de la quantité de mouvement $p = p_\varphi$, qui est (voir $(38, b)$ du chap. III)

$$(5, c) \qquad p = p_\varphi = mr^2\varphi'$$

Mais $\frac{1}{2} r^2\varphi'$ n'est autre que la constante des aires (seconde loi de KÉPLER) égale à la surface décrite par le rayon vecteur pendant l'unité de temps ; cette constante est égale à Sn', de sorte que

$$(5, d) \qquad\qquad p = 2mSn',$$

Mais pour p nous avons la condition quantique (voir (39) et (43) du chap. III)

$$(5, e) \qquad\qquad p = k\frac{h}{2\pi}.$$

Egalant ces deux expressions de p, nous trouvons

$$(5, f) \qquad\qquad S = \frac{kh}{4\pi mn'}.$$

Portons les expressions $(5, b)$ et $(5, f)$ dans $(5, a)$, nous obtenons

$$(6) \qquad\qquad \mu' = k\frac{he}{4\pi m}.$$

Nous voyons que *le moment magnétique produit par le mouvement de l'électron tournant autour du noyau se montre réellement égal au produit par un nombre entier d'un certain moment magnétique élémentaire* μ, égal à

$$(6, a) \qquad\qquad \mu_1 = \frac{he}{4\pi m} ;$$

le nombre entier multiplicateur est défini par le nombre quantique azimutal k (et non par le nombre quantique principal n). Si l'on remplace h, e (en unités é. m.) et m par leurs valeurs numériques, on obtient, après multiplication par le nombre d'AVOGADRO N, pour le moment magnétique de la molécule-gramme d'une substance

$$(7) \qquad\qquad M(B) = N\mu_1 = 5\,584 \text{ gauss} \times \text{cm. par mol. gr.}$$

La lettre B rappelle ici le nom de BOHR. La comparaison de (5) et (7) montre que, d'une façon très approchée le

$$(7, a) \qquad\qquad \text{magnéton de BOHR} = 5 \text{ magnétons de WEISS}$$

Une explication intéressante de cette discordance a été donnée par W. PAULI jr (1920). Nous comptons examiner par la suite la question de la détermination du magnéton par l'*expérience*.

Le mouvement de l'électron sur son orbite elliptique a été défini par les deux conditions quantiques (38) du chapitre III (à ce chapitre se rapporteront les renvois aux formules) ; la position de l'orbite dans l'espace est restée indéterminée, c'est-à-dire n'est soumise à aucune condition. Dans le § 5 du même chapitre il a été dit quelques mots de la *quantification dans l'espace*, c'est-à-dire du choix des positions *possibles* des orbites dans l'espace, et là il a été montré que la question d'un tel choix ne peut avoir de sens que dans le cas où il existe une direction déterminée jouant un rôle spécial. Telle peut être la direction du champ extérieur, électrique ou magnétique, et aussi du champ intérieur à l'atome lui-même. SOMMERFELD admet une quantification dans l'espace, même en l'absence d'un champ, c'est-à-dire dans le cas de l'atome normal. Il raisonne de cette façon : le résultat de la quantification, c'est-à-dire la position des plans possibles des orbites, peut évidemment ne dépendre que de la direction du champ, mais ne doit pas dépendre de la grandeur (intensité) de ce champ. Ce résultat reste sans changement quelque petite que devienne l'intensité du champ, et c'est pourquoi il doit encore être vrai à la limite, quand cette intensité devient égale à zéro. Il est impossible d'afirmer que ce raisonnement est tout à fait convaincant, mais on pourrait peut-être dire à sa défense que chaque atome est certainement soumis à certains instants à l'action d'un champ extérieur qui détermine la position des plans possibles pour les orbites, plans qui seront conservés après la disparition du champ. Il serait encore plus simple de supposer qu'un tel champ existe toujours. Quoi qu'il en soit, nous supposerons qu'il existe quelque direction jouant un rôle spécial. La droite menée par le noyau de l'atome et parallèle à cette direction sera appelée l'*axe*, et le plan qui lui est perpendiculaire et passe par le noyau sera dit *équatorial*. L'angle compris entre le plan de l'orbite de l'électron et le plan équatorial sera désigné par α ; *le problème consiste à déterminer les valeurs possibles de cet angle α.*

La position de l'électron est déterminée par *trois* coordonnées polaires r, ψ et ϑ ; d'après cela nous devrons obtenir trois nombres quantiques, que nous désignerons par k_1, k_2 et i_2 ; i_2 est le nombre quantique radial et satisfait à l'équation (39, b) du chap. III

$$(8) \qquad 2\pi p \left(\frac{1}{\sqrt{1 - \varepsilon^2}} - 1 \right) = i_2 h.$$

Par ce nombre est déterminée l'excentricité ε de l'orbite elliptique de l'électron. Ici, comme précédemment,

$$(8, a) \qquad 2\pi p = kh,$$

où le nombre entier k représente le nombre quantique azimutal, *l'azimut étant, comme toujours, complé dans le plan de l'orbite.* Sans entrer dans les détails du raisonnement, nous nous bornerons à l'indication des résultats définitifs très simples. Il se trouve que

$$(8, b) \qquad k = k_1 + k_2$$

et

$$(8, c) \qquad k_1 = k \cos \alpha$$

D'où

$$(9) \qquad \cos \alpha = \frac{k_1}{k} = \frac{k_1}{k_1 + k_2}.$$

Par cette formule est résolu le problème proposé ; il faut seulement ajouter que k_1 *ne peut être égal à zéro*, c'est-à-dire que le plan de l'orbite ne peut être parallèle à l'axe. Ce cas, nous devons l'exclure pour une raison analogue à celle qui nous a forcé précédemment d'exclure le cas $k = 0$. La formule (9) montre ce qui suit.

Les dimensions et la forme de l'orbite elliptique sont déterminées, comme précédemment par deux nombres quantiques : nombre azimutal k et nombre radial i_2, ou par le nombre principal n et l'azimutal k, où

$$(9, a) \qquad n = k + i_2$$

(voir (43) du chap. III). Pour déterminer les positions possibles du plan de l'orbite, c'est-à-dire les angles α, nous devons décomposer le nombre quantique azimutal en deux nombres entiers k_1 et k_2, k_1 pouvant avoir k valeurs différentes $1, 2, 3, \ldots k$. L'angle α du plan de l'orbite et du plan équatorial peut avoir k valeurs différentes déterminées par les équations

$$(9, b) \qquad \cos \alpha = \frac{k_1}{k} = \frac{1}{k}, \ \frac{2}{k}, \ \cdots \ \frac{k-1}{k}, \ \frac{k}{k} = 1.$$

Le cas $k_1 = k$ correspond à un plan d'orbite perpendiculaire à la direction de l'axe, c'est-à-dire coïncidant avec le plan équatorial.

Le nombre des positions possibles du plan de l'orbite est égal au nombre quantique azimutal. Le nombre et la position de ces plans ne dépend nullement du nombre quantique principal n.

Lorsque $k = 1$ (orbites 2_1, 3_1, 4_1,...), il n'existe qu'une position possible du plan de l'orbite, c'est celle du plan équatorial.

Pour $k = 2$ (orbites 3_2, 4_2, 5_2,...), deux positions sont possibles : la position équatoriale et celle qui fait un angle de 60° $\left(\cos \alpha = \frac{1}{2} \right)$ avec la première.

Pour $k = 3$ (orbites 4_3, 5_3, 6_3,...), outre la position équatoriale, il y en a deux autres possibles, pour lesquelles $\cos \alpha = \frac{1}{2}$ et $\frac{2}{3}$.

Le cas général est déterminé par l'équation (9, b).

Il est important de remarquer qu'à chaque plan possible correspondent en quelque sorte deux orbites d'électrons, dont l'une s'obtient de l'autre par une rotation de 180° autour du grand axe ou du petit axe. Géométriquement les deux orbites sont identiques, mais physiquement nous avons *deux mouvements différents de l'électron*, bien que sur une seule et même courbe géométrique, mais *dans des sens opposés* (dans le sens des aiguilles d'une montre et dans le sens contraire). A ces deux mouvements correspondent *deux directions opposées du moment de la quantité de mouvement*, considéré comme vecteur perpendiculaire à l'orbite, et aussi deux directions opposées de l'axe de l'aimant (du magnéton ou de son multiple) équivalent à l'électron en mouvement. *Si l'atome se trouve dans un champ magnétique extérieur non uniforme, ses mouvements dans ces deux cas se trouveront être différents.* Nous comptons revenir par la suite sur cette question (expériences de GERLACH et STERN.

Il n'est pas moins important de remarquer que *l'énergie de l'atome*, comme précédemment, ne dépend que du seul nombre quantique n, que nous avons appelé principal et qui est égal à

$$(10) \qquad n = k + i_2 = k_1 + k_2 + i_2$$

où i_2 est le nombre quantique radial déterminant l'excentricité de l'orbite. Dans le § 6 du chapitre III, après la formule $(37, a)$, nous avons dit que le noyau et l'électron qui se meut autour de lui sur une orbite elliptique représentent un système qui est dégénéré, dont l'état est déterminé par deux grandeurs, tandis que, dans le sens bien défini du mot, il n'a qu'un seul degré de liberté. Le système que nous venons de considérer peut être appelé *deux fois* (ou doublement) *dégénéré*. Son état est déterminé par trois grandeurs ; c'est pourquoi *mécaniquement* il représente un système à *trois* degrés de liberté, tandis que son énergie n'est déterminée que par *la seule* grandeur n. Ce qui vient d'être dit ne se rapporte toutefois qu'au cas limite d'un atome non soumis à l'influence d'un champ extérieur. Quand il existe un champ, la dégénération cesse d'avoir lieu, comme l'a montré SOMMERFELD (1916) dans son travail sur le phénomène de ZEEMAN.

4. Le noyau de l'atome et sa désintégration. — Jusqu'ici nous avons considéré presque exclusivement cette partie de l'atome constituée par les électrons qui se meuvent librement autour du noyau. Maintenant passons à l'exposé de ce que nous savons du noyau, ce qui, malheureusement, est encore peu de chose. Avant tout, nous avons à étudier la masse du noyau et sa charge électrique. Pour la masse du noyau, nous savons qu'elle n'est que très peu moindre que celle de l'atome, qui est numériquement égale au poids atomique A de l'élément, si nous prenons comme unité de masse $\frac{1}{16}$ de la masse de l'atome d'oxygène. Si nous désignons la masse du noyau par M, la masse A de l'atome est égale à la masse M combinée à la masse des Z électrons, de sorte que

$$(11) \qquad M = A - \frac{Z}{1840}.$$

Pour l'uranium $Z = 92$, de sorte que $M = A - 0{,}05$, ou $(A = 238{,}2)$, $M = A \left(1 - \frac{1}{5\,760}\right)$; pour l'hélium $M = A \left(1 - \frac{1}{3\,686}\right)$. Dans ce qui suit nous mettrons $M = A$; en outre, nous prendrons la masse du noyau de l'hydrogène, c'est-à-dire du proton, égale à l'unité. La charge du noyau $E = Ze$. De là nous concluons (voir $(16, a)$ et $(16, b)$, chapitre III) que *le noyau est formé de* A *protons,* A *étant un nombre entier, et de* (A — Z) *électrons.*

Le noyau de l'atome d'hélium, c'est-à-dire la particule α, *est formé de 4 protons et de 2 électrons,* qui sont unis entre eux d'une façon très solide et constituent un ensemble très stable, qu'il est très difficile, sinon impossible, de décomposer. Jusqu'à ce jour la structure de ce noyau est inconnue ; en tous cas il est difficile de se représenter de quelle façon quatre protons, qui se repoussent mutuellement, peuvent être maintenus par deux électrons et forment avec ceux-ci un tout extraordinairement stable. Aujourd'hui on considère comme très vraisemblable que ces A protons et $(A - Z)$ électrons qui entrent dans la composition du noyau de l'atome sont, au moins en partie, réunis en groupes identiques aux noyaux d'hélium, c'est-à-dire aux particules α. Ainsi nous pouvons dire que, suivant les vues actuelles, *le noyau de l'atome, en général, consiste en protons et électrons individuels et en noyaux de l'atome d'hélium*, dont chacun est formé de quatre protons et deux électrons Nous reviendrons sur la question afin d'obtenir des représentations plus précises de la constitution du noyau.

La stabilité surprenante du noyau de l'hélium ne peut être expliquée par des considérations purement mécaniques, mais elle peut être éclaircie et rendue compréhensible si l'on se base sur des considérations thermodynamiques et particulièrement si l'on calcule la chaleur de formation de l'hélium à partir de l'hydrogène, c'est-à-dire du noyau de l'hélium au moyen de quatre noyaux d'hydrogène (d'une particule α au moyen de quatre protons). Un tel calcul peut être basé sur les considérations suivantes, peut-être un peu hardies, qu'ont exprimées W. D. HARKINS et E. D. WILSON (1916) et ensuite W. LENZ (1918). Le principe de relativité (T. V) enseigne que toute masse de m gr. est équivalente à une énergie $J = mc^2$ ergs, où $c = 3.10^{10}$ cm. est la vitesse de la lumière. L'atome-gramme d'hélium a une masse de 4 grammes ; il s'est formé par la « combinaison » de quatre atomes-gramme d'hydrogène, dont chacun a une masse de 1,0077 gr. Ainsi la masse a diminué de la quantité

$$(11, a) \qquad \Delta m = 4 . 1,0077 - 4,00 = 0,03 \text{ gr.}$$

Admettons que cette masse qui a disparu s'est dégagée sous forme d'énergie

$$(11, b) \qquad J = 0,03c^2 = 0,03 . 9 . 10^{20} \text{ ergs.}$$

Pour l'évaluation en chaleur exprimée en *grandes* calories, il suffit de diviser ce nombre par $4,19.10^{10}$; on obtient

$$(11, c) \qquad Q = \frac{0,03 . 9 . 10^{20}}{4,19 . 10^{10}} = 0,63 . 10^{9} \text{ grandes calories.}$$

L'énormité de ce nombre apparaît quand on considère que les chaleurs de formation correspondant aux combinaisons chimiques sont des grandeurs de l'ordre de 100 cal. gr. Cette quantité si considérable d'énergie, équivalente à un travail de $0,3.10^{12}$ kgm., devrait être dépensée pour transformer 4 gr. d'hélium en protons. Ainsi s'explique la stabilité du noyau d'hélium, c'est-à-dire de la particule α. EDDINGTON (1923) a montré que si des noyaux des atomes d'hydrogène qui se trouvent sur le soleil quelques centièmes seulement s'unissaient en noyaux d'hélium, la chaleur dégagée suffirait pour entretenir la température du soleil pendant des milliers d'années.

Nous examinerons par la suite les expériences de RUTHERFORD et de ses élèves sur le passage des particules α à travers des couches de diverses substances, et nous verrons qu'il y a alors une *dispersion* de ces particules.

Cela prouve qu'à l'intérieur de la matière les particules α sont soumises à des actions en vertu desquelles la direction de leur mouvement se trouve changée. Ce changement de direction peut de beaucoup dépasser 90°, atteindre même 150°, ce qui signifie que beaucoup de particules sortent de la couche du même côté qu'elles y sont entrées. Il n'y a aucun doute qu'une telle dispersion des particules ne puisse être provoquée que par la force de répulsion à laquelle elles sont soumises de la part des charges positives des noyaux des atomes qui composent la couche. E. RUTHERFORD a examiné cette question du point de vue théorique, et ses élèves (GEIGER, MARSDEN, LANTS-BERRY, CHADWICK et autres) ont comparé les résultats de leurs recherches expérimentales avec les déductions de la théorie. Cette comparaison a amené RUTHERFORD à la construction du modèle d'atome qui a ensuite été modifié par BOHR. Ces mêmes observations ont entre autres fourni à RUTHERFORD la preuve que *les dimensions du noyau doivent être très petites, quelquefois même relativement à celles de l'électron*. Ceci se rapporte, par exemple, au noyau de l'atome d'hydrogène, c'est-à-dire au proton ; mais même les dimensions de l'atome d'or doivent être moindres que celles de l'électron.

Passons maintenant au thème principal de ce paragraphe, aux expériences classiques de E. RUTHERFORD, dans lesquelles, sans le moindre doute, eut lieu *le fractionnement des noyaux d'atomes de divers éléments*. Ces expériences, uniques jusqu'à ce jour, nous apportèrent les témoignages les plus dignes de foi concernant la question de la constitution du noyau de l'atome. Nous examinerons les travaux de E. RUTHERFORD dans l'ordre historique ; les plus importants parurent en 1919, puis en 1921 et 1922.

Rappelons que la *longueur du parcours* d'une particule active quelconque, dans une substance donnée, est la longueur du chemin que la particule peut parcourir dans ce milieu depuis son point de départ jusqu'à l'endroit où son activité cesse, c'est-à-dire où elle cesse de provoquer, par exemple, l'ionisation d'un gaz ou la scintillation sur un écran fluorescent, c'est-à-dire l'apparition instantanée d'un point lumineux (étincelle) à la surface de l'écran.

L'apparition de ces points peut être observée au microscope. La longueur de la course dépend de la source qui émet les particules actives et du milieu dans lequel elles se meuvent. Ordinairement on détermine la longueur de parcours dans l'*air* et on lui compare la longueur dans d'autres milieux. Si, par exemple, on dit qu'une lame d'une substance donnée et d'une épaisseur donnée est, par rapport au parcours des particules actives d'une espèce déterminée, équivalente à a centimètres d'air, cela veut dire que la longueur de la course sera la même que si l'on remplaçait la lame par une couche d'air de a cm. d'épaisseur. La longueur du parcours d'une particule α dans l'*air* dépend de la substance radioactive qui émet ces particules ; elle oscille entre 2,5 cm. environ et 8 cm. ; dans l'hydrogène la longueur du parcours d'une particule α est environ 25 cm.

Les premières expériences qui conduisirent à la grande découverte d'un cas de désintégration d'un noyau d'atome se rapportent à l'*action des particules α* (du Rad. C) sur l'hydrogène. C'est E. MARSDEN qui effectua les premières observations dès 1914. Il trouva que sur l'écran fluorescent on perçoit

de nombreuses et faibles étincelles lorsque la distance de l'écran à la source
des particules α dépasse de beaucoup la longueur du parcours de ces particules dans l'hydrogène. Des étincelles furent perçues à une distance de
100 cm. de la source, distance qui est presque quatre fois plus grande que
la longueur possible du parcours des particules α dans ce gaz. E. Marsden
supposa alors, puis démontra que la scintillation est produite par les atomes
d'hydrogène détachés des molécules et lancés par le choc des particules α. En
raison de la grande vitesse des particules α et en particulier de leur masse
considérable, un tel choc doit être intense. Il est facile de démontrer que par
un choc central l'atome d'hydrogène acquiert 0,64 de l'énergie de la particule α et une vitesse qui est 1,6 fois plus grande que celle de la particule.
Dans un second travail (1915) Marsden arriva à cette déduction, qu'une
partie des atomes H provient de la source radioactive elle-même.

En 1919 E. Rutherford entreprit l'étude de la question du passage des
particules α à travers les divers gaz. L'appareil très simple dont il fit usage
est représenté par la figure 15. Dans une caisse de laiton de forme rectangulaire AA (longueur 18 cm., hauteur 6 cm., largeur 2 cm.), est disposée une
tige métallique BB le long de laquelle peut se déplacer une lame D qui porte
la source des particules α. La caisse est fermée à une extrémité par une lame
de verre dépoli C, et à l'autre par une lame de laiton au centre de laquelle
se trouve une ouverture recouverte d'une lame S d'argent, d'aluminium ou
de fer. Cette lame arrête les particules α comme une couche d'air de 4 à 6 cm.
d'épaisseur. A l'extérieur, à une distance de 1 à 2 mm. de S, est placé l'écran
fluorescent F de sulfure de zinc. Deux tubes latéraux servent à remplir le
vase du gaz à étudier. Les scintillations s'observent au moyen du microscope M.

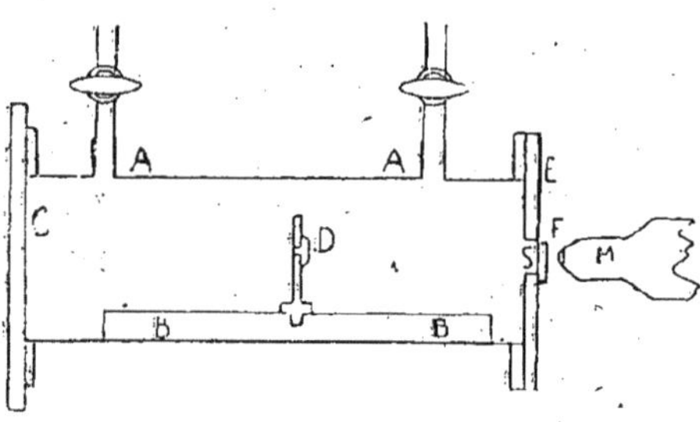

Fig. 15.

Les résultats de ce premier travail de E. Rutherford peuvent se résumer
comme suit. Les particules α rapides (du Rad. C) donnent un courant de
rayons H à peu près exclusivement dans la direction où elles se meuvent ; les
particules α plus lentes donnent un faisceau H inhomogène et plus dispersé.
Sur 100 000 particules α, une seulement excite une particule rapide H sur une
longueur de 1 cm. Ceci montre que sur 10^9 rencontres des particules α avec
les molécules d'hydrogène, une seule se fait assez centralement pour provoquer l'expulsion d'un atome H. Une très petite partie des particules H

s'échappe, semble-t-il, de la source même des particules α; il est possible qu'elle provienne de l'hydrogène se trouvant à l'état d'occlusion (T. H).

Dans un second travail E. Rutherford a étudié la vitesse et la charge des particules H qui sont dégagées sous l'action des chocs des particules α, non seulement des molécules d'hydrogène, mais aussi de diverses substances riches en hydrogène, comme, par exemple, la paraffine, la cire, la résine, que Marsden avait déjà signalés dans le premier de ses travaux. Sur le chemin de la particule α était placée une pellicule de paraffine d'environ 0,03 mm. d'épaisseur. On enlève l'air de la caisse AA (fig. 15) ; on établit d'abord un champ magnétique transversal, puis en même temps un champ magnétique et un champ électrique. On a trouvé comme résultat que la plus grande vitesse de la particule H est égale à $3,12.10^9 \dfrac{\text{cm}}{\text{sec}}$, et la charge spécifique $\dfrac{e}{m} = 10\,000$ unités é. m.

Le premier nombre se rapproche d'une façon étonnante de $3,07.10^9 \dfrac{\text{cm}}{\text{sec}}$ qu'a trouvé théoriquement C.-G. Darwin (1914) dans son travail sur le choc des particules α avec les atomes d'hydrogène. Le second nombre est très voisin du nombre $\dfrac{e}{m} = 9570$, qui est connu d'après les données de l'électrolyse. Ainsi il n'y a aucun doute que les scintillations dans ces expériences soient produites par des atomes d'hydrogène animés d'un mouvement rapide et portant une charge élémentaire d'électricité positive, c'est-à-dire par des *protons*.

Dans un troisième travail E. Rutherford examine principalement l'action des particules α sur *l'oxygène* et *l'azote*. D'abord il calcule le parcours de l'atome qui est soumis au choc central de la part d'une particule α, dans la supposition que cette atome porte l'unité de charge (comparativement avec le même atome à l'état neutre). Il s'est trouvé que pour les atomes H, He, Li, Cl, B, C, N et O (plus exactement H^+, He^+, Li^+, etc.) le parcours est *plus grand* que pour la particule α elle-même (He^{++}), de sorte que la présence de ces atomes aurait dû se manifester. Dans l'hélium de tels atomes n'ont pas été mis en évidence, d'où il suit que si dans le choc on obtient des atomes d'hélium animés d'un mouvement rapide, ces atomes portent une charge double, c'est-à-dire ne se distinguent pas des particules α. Les expériences avec de minces couches de Li^2CO^3, B^2O^3 et GlO ne donnèrent pas non plus de résultats bien nets. Par contre, dans l'air, l'oxygène, l'azote, l'anhydride carbonique, on a mis en évidence des atomes de O et de N en mouvement rapide quand les molécules de ces substances étaient soumises aux chocs de particules α. Leur parcours dans l'air atteint jusqu'à 9 cm. (tandis que le parcours des particules α est égal à 7 cm.), et de plus il est le même pour les « rayons » O et N, quoique selon la théorie le parcours des atomes O^+ doive être moindre (d'environ 1,5 cm.) que celui des atomes N^+. Dans GO^2 également il ne s'est trouvé que des atomes avec un parcours de 9 cm., d'où il suit que le choc des particules α ne provoque pas l'apparition d'atomes C^+, dont le parcours doit être égal à 12 cm. De même que les atomes H, les atomes O et N se mettent aussi en mouvement, en majeure partie dans la direction du mouvement des particules α percutantes. Leur nombre est un peu moindre que celui des atomes H ; de 10^6 particules α, 7 seulement libèrent des atomes N ou O, c'est-à-dire produisent un choc central. RUTERFORD calcule que dans de tels chocs efficaces la particule α s'approche des noyaux des atomes N ou O à une distance de $2,4.10^{-13}$cm., approximativement égale au diamètre de l'électron.

Passons maintenant au dernier, de beaucoup le plus important, des mémoires de RUTHERFORD, qui parurent dans l'espace de quelques mois, en 1919, et qui furent imprimés dans un même tome du journal « Philosophical Magazine ». Dans ce mémoire intitulé « Effet anormal dans l'azote », il a le premier parlé de la *fragmentation du noyau de l'atome d'azote*. Un « effet anormal » se manifesta quand RUTHERFORD soumit de l'air ou de l'azote secs à l'action des particules α. Alors se manifestèrent des flux de particules dont le parcours (dans l'air) atteignait jusqu'à 28 cm., c'est-à-dire plus de trois fois le parcours des atomes N^+ et O^+ (9 cm.). Dans l'azote pur cet effet se montra $1,25$ fois plus grand que dans l'air. La longueur du parcours et aussi les observations de la déviation de ces atomes dans le champ magnétique ne laissèrent aucun doute que ce fussent des atomes H^+. Ayant démontré l'inconsistance de quelques autres suppositions sur les sources possibles de ces atomes, RUTHERFORD dut s'arrêter à la pensée qu'*ils sont par le choc expulsés du noyau de l'atome d'azote*. Leur nombre est 12 fois moindre que celui des N^+ rapides et pénétrants produits en même temps et dont le parcours est de 9 cm. Ceci s'explique facilement si l'on admet que le noyau de l'atome d'azote (masse 14) consiste en trois noyaux d'hélium, deux protons et un électron. Comme le noyau de l'hélium est formé de 4 protons et 2 électrons, nous obtenons en tout 14 protons et 7 électrons pour le noyau de l'atome neutre d'azote. On peut admettre que 3 noyaux d'hélium constituent la partie centrale du noyau de l'atome d'azote ; dans ce cas on comprend qu'un choc efficace de la particule α dans l'un des deux protons individuels doive arriver beaucoup plus rarement qu'un choc dans la masse principale du noyau de l'azote.

Allant plus loin dans l'ordre historique, il convient de rappeler un article de RUTHERFORD (Bakerian Lectures) de 1920. Là il communique des expériences effectuées sur des combinaisons solides de l'azote avec le bore, le sodium et le titane, et sur le paracyanogène. Dans tous ces cas on a trouvé, en même temps que des atomes N^+, des atomes H^+ qui ne pouvaient provenir que du noyau de l'azote. De plus RUTHERFORD parle en détail d'atomes de masse 3 obtenus, par exemple, de O ; mais nous ne nous arrêterons pas sur cette question, car par la suite RUTHERFORD a abandonné l'idée de l'existence de tels atomes intermédiaires entre l'hydrogène et l'hélium (lecture faite à la Société chimique de Londres, 1922).

Arrivons à deux travaux très importants effectués en 1921 et 1922 par RUTHERFORD avec J. CHLADWICK. Dans le premier de ces travaux les auteurs communiquent qu'ils ont réussi à observer des atomes d'H^+ animés d'un mouvement très rapide, arrachés par des particules α (parcours dans l'air 7 cm.) *au noyau du bore, du fluor, du sodium, de l'aluminium et du phosphore, et pour lesquels le parcours est compris entre 40 et 90 cm. d'air.* L'appareil dont ils se sont servis ne diffère que peu de celui qui est représenté fig. 15. Le parcours des atomes H^+ arrachés à H^2 s'est montré égal à 29 cm., et il a atteint jusqu'à 40 cm. pour les atomes arrachés à N^2. On a aussi étudié Li, Cl, C, O^2, Mg, Si, S et encore 10 éléments dont les numéros d'ordre sont supérieurs à 15 ; ces derniers n'ont pas donné de résultats bien nets. Le phosphore ($Z = 15$) s'est trouvé être le dernier élément du système périodique du noyau duquel la particule α en mouvement rapide peut arracher un atome H^+. Le parcours (en cm.) des particules H^+ *dans la direction* du mouvement des particules α est indiqué dans le tableau suivant :

$$(12) \qquad \begin{cases} \text{B} & \text{N} & \text{F} & \text{Na} & \text{Al} & \text{P} \\ 45 & 40 & 40 & 42 & 90 & 65 \text{ cm.} \end{cases}$$

Les autres éléments n'ont pas donné de particules dont le parcours fût supérieur à 32 cm. Une recherche ultérieure a montré que *de Al s'échappent de telles particules non seulement suivant la direction du choc, mais encore dans la direction opposée, c'est-à-dire allant à la rencontre des particules α,* et cela en quantités presque égales. Le parcours dans la direction opposée s'est trouvé égal à 67 cm., au lieu de 90 cm. dans le sens direct (voir (12)). En général les atomes H^+ s'échappent de Al dans *toutes les directions.*

Il est très remarquable que les poids atomiques des éléments B, F, Na, Al et P soient des nombres de la forme $4n + 3$, où n est un nombre entier ; pour N seulement ce nombre (14) est de la forme $4n + 2$. *Aucun élément dont le poids atomique est de la forme $4n$ (O, C, S) ne peut avoir son noyau brisé par le choc de particules α.* Ceci peut s'expliquer par ce que de tels noyaux sont formés de n noyaux d'hélium et ne contiennent pas de protons libres, qui seuls pourraient être expulsés du noyau, et représentent en quelque sorte des satellites du reste du noyau. Pour expliquer l'existence de ce reste constitué par de seuls noyaux d'hélium, les auteurs émettent l'idée qu'à ces très faibles distances où se trouvent ces noyaux d'hélium à l'intérieur du noyau d'autres éléments, *les particules chargées positivement s'attirent.* La vitesse des particules α joue un rôle énorme dans les phénomènes que nous considérons. Quand le parcours de ces particules est moindre que 5 cm. d'air, elles n'agissent déjà plus sur Al.

Le fait suivant, très surprenant, est d'une importance exceptionnelle : *l'énergie des atomes H^+ qui s'échappent de Al dans la direction du choc est 1,4 fois plus grande et celle des atomes qui suivent la direction inverse est 1,13 fois plus grande que l'énergie des particules α percutantes.* Cela nous oblige à admettre qu'une partie au moins de l'énergie des atomes H^+ est de provenance intraatomique, et que nous avons affaire à une explosion qui se produit à l'intérieur de l'atome, c'est-à-dire à un phénomène analogue aux phénomènes radioactifs, avec cette différence toutefois que c'est l'atome H^+ et non He^{++} (particule α) qui est expulsé du noyau de l'atome. Le choc d'une particule α qui arrive avec une grande vitesse serait la cause de cette explosion.

Dans le second des deux travaux mentionnés de RUTHERFORD et CHADWICK (Septembre 1922), les auteurs ont de nouveau affirmé que les atomes H+ ne peuvent être expulsés que des noyaux des six éléments énumérés (12). La répétition des expériences de déviation des atomes en mouvement par un champ magnétique, effectuées dans le cas de F, Al et P, a de nouveau confirmé que nous avons affaire ici à des atomes H+. Ce qui semble le plus intéressant, c'est la découverte que, *pour tous les six éléments B, N, F, Na, Al et P, l'expulsion des atomes* H+ *se fait dans toutes les directions* et en quantités approximativement égales. Mais le parcours dans le sens direct est toujours plus grand que dans le sens opposé, comme on le voit par le tableau suivant :

<table>
<tr><td>(13)</td><td></td><td>B</td><td>N</td><td>F</td><td>Na</td><td>Al</td><td>P</td></tr>
<tr><td></td><td>Sens direct ....</td><td>58</td><td>40</td><td>65</td><td>58</td><td>90</td><td>65 cm</td></tr>
<tr><td></td><td>Sens inverse.........</td><td>38</td><td>18</td><td>48</td><td>63</td><td>65</td><td>49 cm</td></tr>
<tr><td></td><td>Rapport ....</td><td>1,5</td><td>2,2</td><td>1,35</td><td>1,6</td><td>1,35</td><td>1,32</td></tr>
<tr><td></td><td>Numéro d'ordre......</td><td>5</td><td>7</td><td>9</td><td>11</td><td>13</td><td>15</td></tr>
</table>

Ici sont inscrits les parcours maximums ; les chiffres diffèrent quelque peu de ceux qui ont été trouvés antérieurement ; voir (12). Il est curieux que les numéros d'ordre Z de ces éléments soient les nombres impairs successifs de 5 à 15. Pour le lithium ($Z = 3$) et pour le chlore ($Z = 17$) on n'a observé aucune action. A l'exception du bore, pour lequel il existe deux isotopes, les cinq autres sont des éléments « purs ».

Après avoir examiné avec assez de détails les recherches de RUTHERFORD, qui semblent terminées, il nous reste à parler d'un travail unique se rapportant aussi au fractionnement des noyaux des atomes par les particules α animées d'un mouvement rapide, et qui a paru dans ces derniers temps. Ce travail, qui, semble-t-il, n'est pas encore terminé, a été effectué par G. KIRSCH et PETTERSON (1923) à l'Institut radiologique de Vienne. La source de particules α qui fut d'abord employée était un tube de quartz à parois minces contenant un mélange d'oxygène sec et d'émanation du radium. Un tube de verre ne peut convenir, car dans le verre se trouvent B, Na et Al, qui sont soumis, comme nous l'avons vu, à l'action des particules α (voir (12) et (13)) Mais il s'est trouvé que du quartz aussi se dégagent des atomes H avec un parcours de 12 cm. d'air. C'est pourquoi les savants précités ont construit un « appareil pour le fractionnement de l'atome » (Atomzertrümmerungs-apparat), dans lequel le mélange d'air et d'émanation agit directement sur les substances essayées placées sur une petite lamelle de cuivre de 0,01 mm. d'épaisseur, équivalente à un parcours de 3,5 cm. dans l'air. Les particules H+ qui traversent cette lamelle sont observées dans un champ magnétique par la méthode de la numération des scintillations. Quand il n'y a aucune matière sur la lamelle on observe aussi des scintillations, mais en nombre moindre ; il semble que leur origine est l'hydrogène occlus par le cuivre. On a **étudié** les éléments Gl, Si et Mg, sous forme d'oxyde de glucinium, de silicium pur et d'oxyde de magnésium. On a mis en évidence le dégagement par ces matières d'atomes H^+, dont les parcours en cm. d'air sont donnés dans le tableau suivant :

$$(14) \qquad \left\{ \begin{array}{lcccc} & Gl & Si & Mg \\ Parcours & 18 & 12 & 13 \text{ cm. d'air.} \end{array} \right.$$

Les élèves de RUTHERFORD, L. F. BATES et J. St. ROGERS, ont publié à la fin de 1923 et au commencement de 1924 une série d'articles dans lesquels ils ont annoncé qu'ils avaient réussi à prouver l'existence de particules α émises par RaC et ayant un parcours plus grand que 7 cm. d'air. Pour 10^7 particules α, ayant un parcours normal (7 cm.), il se trouve 380 particules avec un parcours de 9.3 cm., 125 avec un parcours de 11,2 cm. et 65 avec un parcours de 13,3 cm. : outre cela, 160 particules H^+ avec un parcours qui dépasse 13 cm. d'air. De pareilles particules α anormales ont aussi été trouvées dans AcC et Po (parcours normal 3,8 cm.). BATES et ROGERS expriment l'idée que les scintillations qu'ont observées KIRSCH et PETTERSON ne provenaient pas du tout de particules H^+ expulsées des noyaux des atomes Gl, Si et Mg, mais étaient produits par des particules α à parcours anormal, qui sont émises par une source radioactive, par exemple par l'émanation du radium. Mais KIRSCH et PETTERSON considèrent comme absolument inadmissible cette interprétation des phénomènes qu'ils ont observés. Ils montrent que les scintillations provoquées par les particules α et par les atomes H^+ sont tellement différentes l'une de l'autre qu'il est impossible de les confondre. En outre ils doutent, en général, de la justesse des observations de BATES et ROGERS. Les expériences qui ont été effectuées par D. PETTERSON (1924) et aussi par E. KARA-MICHAILOWA et H. PETTERSON (1924) confirment ces doutes dans une large mesure. De nouvelles recherches conduiront probablement à la solution de la question.

5. **Structure du noyau de l'atome.** — Un des problèmes les plus importants de la physique contemporaine est la détermination de la structure de l'atome. Malheureusement il convient d'avouer que la solution de ce problème est encore dans l'état le plus rudimentaire. Avant tout comparons encore une fois tout ce que nous savons du noyau de l'atome et rappelons quels sont les phénomènes qui peuvent fournir des indications utiles au sujet de sa structure. Au premier plan sont *les phénomènes radioactifs*, qui démontrent d'une façon indubitable que dans le noyau des atomes se trouvent des particules α (He^{++}) et des électrons (particules β). Les expériences de RUTHERFORD prouvent que dans les noyaux de certains éléments se trouvent des protons (H^+) ; le poids atomique de ces éléments est égal à $4n + 3$ ou n est un nombre entier ou bien $4n + 2$ (azote), mais non $4n$. Une grande signification doit être attribuée à ce fait, que l'énergie des protons (H^+) s'échappant du noyau se montre souvent supérieure à l'énergie de ces particules α, dont le choc les a mis en mouvement ; l'excès d'énergie doit être d'origine intra-nucléaire. Nous pouvons aussi tirer quelques indications de

l'ordre dans lequel les particules α et les électrons β sortent des noyaux des substances radioactives. Il n'y a aucun doute que les noyaux consistent en particules α (He^{++}), protons (H^+) et électrons, chaque particule α étant constituée par quatre protons et deux électrons. Le poids atomique A, que nous prenons pour un nombre entier, se présente sous la forme (n étant un nombre entier)

$$(15) \qquad A = 4n + p \qquad (p = 0, 1, 2, 3)$$

Il est naturel d'admettre que dans le noyau de l'atome

$$(15, a) \qquad \begin{cases} \text{Le nombre de particules } \alpha \ (He^{++}) = n \\ \text{Le nombre de protons} \quad (H^+) \quad = p \end{cases}$$

Le nombre de tous les électrons qui se trouvent dans l'atome, de même que le nombre des protons, est égal au poids atomique A. Le nombre de tous les électrons dans le noyau doit être égal à A — Z, Z étant le numéro d'ordre de l'élément donné, égal au nombre des électrons qui entourent le noyau de l'atome si ce dernier est à l'état neutre. De tous les A — Z électrons, $2n$ entrent dans la constitution des n des particules α, de sorte que le nombre x des électrons restants, des électrons non « vernissés ».

$$(15, b) \qquad x = A - Z - 2n = 2n - Z + p = \frac{A}{2} - Z + \frac{p}{2}$$

(quand p est impair A est aussi impair). Citons quelques exemples, avant tout ces 6 éléments dont Rutherford a réussi à briser les noyaux. Remarquons qu'il existe deux variétés (deux isotopes) de bore avec les poids atomiques 10 et 11.

Eléments	Z	Poids atomiques	Particules α (n)	Protons (p)	Electrons (x)
B	5	10 ; 11	2	2 ; 3	1 ; 2
N	7	14	3	2	1
F	9	19	4	3	2
Na	11	23	5	3	2
Al	13	27	6	3	2
P	15	31	7	3	2
Ca	20	40	10	0	0
I	53	127	31	3	12
Ra	88	226	56	2	26
Th	90	232	58	0	26
U	92	238	59	2	28

La question se ramène à ceci : quelle est la position réciproque des particules α, des protons et des électrons ? Plus d'une fois on a exprimé la pensée que les n particules α sont agglomérées, formant en quelque sorte un noyau central du noyau, dans lequel les distances des particules α l'une à l'autre et aussi des protons au noyau central sont telles que ces particules ne se repoussent pas mais s'attirent mutuellement.

W. D. Harkins a étudié la question des éléments qui se rencontrent le plus souvent de tous dans l'écorce terrestre et dans les météorites, supposant que ces éléments doivent posséder *des noyaux de structure particulièrement stable.* Il a trouvé que 99 °/₀ de toute la masse est composée d'éléments dont le nombre atomique ne dépasse pas 26 (Fe) ; tous les éléments qui sont les plus répandus ont un poids atomique *pair.* Sont particulièrement répandus les éléments pour lesquels $A = 4n$ et, parconséquent, *les protons individuels manquent totalement* $(p = 0)$, et le nombre des électrons $x = \frac{1}{2} A - Z$.

La question de la structure du noyau de l'hélium, c'est-à-dire de la particule α, paraît la plus simple. W. Lenz (1918) a proposé de ce noyau un modèle qui rappelle en quelque sorte le modèle renversé de la molécule d'hydrogène construit par Bohr et qu'on a dû rejeter. Lenz pense que deux électrons immobiles se trouvent à une certaine distance l'un de l'autre et 4 particules α se meuvent sur une circonférence disposée dans le plan perpendiculaire à la droite qui joint les électrons et passant par le milieu de cette droite. Les orbites possibles sont déterminées par quantification ; les dimensions du noyau se montrent 1000 fois plus faibles que les dimensions du modèle de Bohr précité.

Beaucoup d'auteurs ont proposé des modèles de la répartition des diverses parties qui constituent le noyau de l'atome. Nous pouvons citer pour cela Van den Broek, E. Kohlweiler, H. Th. Volff, W. D. Harkins et d'autres dont nous parlerons plus loin. Van den Brocks unit à chaque groupe de 4 particules α 2 et parfois jusqu'à 6 électrons. H. Th. Wolff ne construit le noyau que de protons H^+ et d'électrons, n'admettant l'existence de particules α que dans les noyaux des éléments radioactifs et en outre en ces quantités minimes qui sont déterminées par le nombre de particules α émises.

Un grand intérêt s'attache au travail de L. Meitner (1921), qui a exprimé des considérations sur une répartition des parties constituantes du noyau de l'atome qui donnerait la possibilité d'expliquer toute une série de transformations radioactives successives. Elle suppose que les x électrons libres, qui doivent se trouver à l'intérieur du noyau à côté des $2n$ qui doivent être inclus dans les n particules α (voir (15, *b*)), n'ont en réalité pour ainsi dire aucune liberté, mais sont en grande partie fixées (extérieurement) aux particules α et aux protons, les rendant *neutres,* de sorte qu'il y a deux électrons pour une particule α et un pour un proton. Elle désigne par α la particule non neutralisée (He^{++}) et par α' celle qui est neutralisée, de sorte que (voir form. (15, *a*)) notre n est égal à la somme des nombres des particules α et α'. Les électrons unis aux particules α' sont désignés par β, en admettant que ce sont eux qui donnent des particules β dans les transformations radioactives. Les protons sont désignés par H, et les électrons qui les neutralisent, par e. Pour l'uranium (voir le tableau précédent), nous avions $n = 59, p = 2, x = 28$. L. Meitner divise les 59 noyaux d'hélium en $46\alpha + 13\alpha'$, et les 28 électrons en $26\beta + 2e$, de sorte que *pour le noyau d'uranium* $(Z = 92)$, dont toute la charge est $59 \times 2 + 2 - 28 = 92 (= Z)$, on obtient le schéma

$$46\alpha + 13(\alpha' + 2\beta) + 2(H + e).$$

Pour le thorium (voir le tableau), nous avons

$$(45 + 13 = 58 = n; \qquad 13 \times 2 = 26 = x)$$
$$45\alpha + 13(\alpha' + 2\beta).$$

Quand nous avons successivement l'émission α, β, β (par exemple au commencement de la série de l'uranium), alors ici $\alpha = \alpha'$, c'est-à-dire est émise successivement toute la composition du noyau *neutralisé* de l'hélium $(\alpha' + 2\beta)$. Lorsque la particule β est émise d'abord, deux suites sont possibles : premièrement le second β est émis, ensuite α', ou bien d'abord α' puis le second β. Ainsi s'explique cette *bifurcation* que l'on observe dans les séries radioactives. Quand nous avons une série d'émissions successives de particules α, nous avons affaire à des noyaux d'hélium non neutralisés. A. V. WEINBERG a élargi la théorie de L. MEITNER; il suppose que dans les expériences de RUTHERFORD il se forme un isotope de cet élément dont les atomes ont perdu un proton par le choc d'une particule α. Contre les travaux de L. MEITNER se sont exprimés M. C. NEUBURGER et F. P. VALERAS, qui ont proposé leurs schémas de la distribution des parties constituantes du noyau de l'atome. De même firent C. D. ELLIS, A. SMEKAL et W. ROSSELAND. Ces savants utilisèrent la méthode de quantification dans leurs considérations sur la structure du noyau de l'atome. Nous nous bornerons à l'indication bibliographique. Nous remarquons seulement que C. D. ELLIS, déterminant les divers états quantiques des électrons à l'intérieur du noyau, obtient l'émission de divers rayons monochromatiques γ par des passages non identiques d'un état à un autre. En conclusion nous rappellerons les modèles atomiques des noyaux de divers éléments qu'a proposés E. GEHRCKE dans deux mémoires (1919, 1920) et qui doivent expliquer quelques particularités des phénomènes spectraux et des phénomènes radioactifs. Avant tout il construit au moyen de protons H^+ et d'électrons, les noyaux de He, Li, Cl, B et C, et, au moyen de ceux-ci successivement les noyaux de tous les éléments du système périodique. Ainsi par exemple, le noyau de l'atome d'azote consiste en une partie centrale $2H^+$ autour de laquelle tournent trois particules α (He^{++}); le noyau du fluor contient à son centre $3H^+$ et, tournant autour d'eux, 4 particules α, etc. Les noyaux de certains éléments entrent dans la constitution des autres. Entre autres, GEHRCKE explique la non existence des éléments N°s 61, 75 et 93 [1].

____

[1] Les éléments N°s 61 et 75 ont été découverts récemment; voir p. 52 (T.).

BIBLIOGRAPHIE

2

Helge Holst et H. A. Kramers. — *Bohrs Atomteori, Gyldendals Forlag.*, Köbenhavn, 1922.

H. A. Kramers. — *Die Naturwissenschaften*, **11**, p. 550 (Bohr-Heft), 1923.

Franck et Reiche. — *Physik. Ztschr.*, **19**, p. 419, 1922.

Van Vleck. — *Phil. Mag.*, **44**, p. 842, 1922.

A. Sommerfeld. — *Journ. of Optic. Soc. Amer.*, **7**, p. 309, 1923 ; Atombau und Spektrallinien, 4e éd., p. 197-206, 1924.

W. Pauli jr. — *Dissert. Munich*, 1921 ; *Ann. der Phys.*, (4), **68**, p. 177, 1922.

G. N. Lewis. — *Journ. Amer. Chem. Soc.*, **33**, p. 762, 1916.

J. Langmuir. — *Jour. Amer. Chem. Soc.*, **41**, p. 868, 1919 ; *Phys. Rev.*, **13**, p. 300, 1919.

L. Parson. — *Smithson. Miscel. Coll.*, **65**, No 11, 1915.

J. J. Thomson. — *Phil. Mag.*, (6), **37**, p. 419, 1919 ; **41**, p. 510, 1921 ; **43**, p. 721, 1922 ; **44**, p. 657, 1922 ; **46**, p. 497, 1923 ; *Journ. Frankl. Inst.*, **195**, p. 593, 737, 1923 ; **196**, p. 1, 145, 1923.

Born et Landé. — *Verh. d. d. phys. Ges.*, 1918, p. 210 ; *Berl. Ber.*, 1918, p. 1048.

Landé. — *Verh. d. d. phys. Ges.*, 1919, p. 1, 653 ; *Berl. Ber.*, 1919, p. 101 ; *Ztschr. f. Phys.*, **1**, p. 191, 1920 ; **2**, p. 83, 380, 1920 ; *Phys. Ztschr.*, 1920, p. 114 ; 1923, p. 441.

W. Kossel. — *Ann. der Phys.*, (4), **49**, p. 229, 1916 ; *Die Naturwissenschaften*, 1919, p. 339, 360 ; *Valenzkräfted und Röntgenspektren*, Berlin, Jul. Springer, 1921.

3

W. Pauli jr. — *Physik. Ztschr.*, 1920, p. 615.

4

E. Rutherford. — *Phil. Mag.*, (6), **37**, p. 562, 571, 581, 1919 ; **41**, p. 307, 1921 ; *Proc. R. Soc.*, **97**, p. 374 (Bakerian Lecture), 1920 ; *Journ. of the Chem. Soc*, London, **121**, p. 400 (No 113), 1922 ; *Journ. de Phys. et le Radium*, (6), **3**, p. 133. 1922 ; *Cardiff meeting of the Brit. Assoc.*, 1920.

Eddington. — *Nature*, mai 1923.

E. Marsden. — *Phil. Mag.*, (6), **27**, p. 824, 1914 ; **30**, p. 537, 1915.

C. G. Darwin. — *Phil. Mag.*, (6), **27**, p. 499, 1914.

E. Rutherford et J. Chadwick. — *Nature*, **107**, p. 41, 1921, ; *Phil. Mag.*, (6), **42**, p. 809, 1921 ; **44**, p. 417, 1922.

G. Kirsch et H. Petterson. — *Wien. Anz.*, 1923, p. 124, No 17 ; *Nature*, **112**, p. 394, 687, 1923 ; *Wien. Ber.*, **132**, IIa, p. 299, 1924 ; *Phil. Mag.*, (6), **47**, p. 500, 1924 ; *Die Naturwissenschaften*, 1924, p. 495.

H. Petterson. — *Nature*, **112**, p. 540, 1923.

L. F. BATES et J. ST. ROGERS. — *Nature*, 22 sept. 1923, p. 435 ; 29 déc. 1923, p. 938 ; *Proc. R. Soc. London*, (A), **105**, p. 97, 1924.

W. D. HARKINS et E. D. WILSON. — *Ztschr. f. anorg. Chem.*, **95**, p. 1, 20, 1916 ; *Phil. Mag.*, (6), **30**, p. 723, 1915.

W. LENZ. — *Ber. München. Acad.*, 1918, p. 355.

DAGMAR PETTERSSON. — *Mitteil. aus d. Inst. f. Rad. Forschung*, Nº 193, 1924.

E. KARA-MICHAILOWA et H. PETTERSON. — *Mitteil. aus d. Inst. f. Rad. Forschung*, Nº 164, 1924.

5

W. D. HARKINS. — *Phys. Rev.*, (2), **15**, p. 73, 1920 ; **17**, p. 386, 388, 1921 ; *Amer. Chem. Soc.*, **39**, p. 856, 1917 ; *Science* 1917 ; *Proc. Amer. Nat. Ac.*, **2**, p. 216, 1916.

W. LENZ. — *Ber München. Acad.*, 1918, p. 355.

VAN DEN BROEK. — *Physik. Ztschr.*, 1916, p. 206 ; 1920, p. 337.

E. KOHLWEILER. — *Physik. Ztschr.*, 1920, p. 203.

H. TH. WOLFF. — *Ann. der Phys.*, (4), **60**, p. 685, 1919.

W. D. HARKINS. — *J. Amer. Chem. Soc.*, **42**, p. 1956, 1920.

LISE MEITNER. — *Ztschr. f. Phys.*, 4, p. 146, 1921 ; *Physik. Ztschr.*, 1922, p. 305.

A. V. WEINBERG. — *Ztschr. f. anorg. Chem.*, 1923, p. 525.

M. C. NEUBURGER. — *Ztschr. f. physik Chem.*, **99**, p. 161, 168, 321, 454, 1921. *Phys. Ztschr.*, 1922, p. 133, 145, 305 ; *Annal. der Phys.*, (4), **68**, p. 574, 1922.

F. P. VALERAS. — *Physik. Ztschr.*, 1922, p. 304.

C. D. ELLIS. — *Ztschr. f. Phys.*, **10**, p. 303, 1922 ; *Proc. R. Soc.*, **99**, p. 261, 1921, ; **101**, p. 1, 1922.

A. SMEKAL. — *Wien. Ber.*, **129**, p. 455, 1921 ; **130**, p. 149, 1921 ; *Ztschr. f. El.-Chem.*, **26**, p. 277, 1922 ; *Ztschr. f. Phys.*, **10**, p. 275, 1922.

W. ROSSELAND. — *Ztschr. f. Phys.*, **14**, p. 173, 1923.

E. GEHRCKE. — *Verh. d. d. Phys. Ges.*, **21**, p. 779, 1919 ; *Sitzber. Heidelb. Akad.*, 1920, Nº 4 ; *Phys. Ztschr.*, 1914, p. 198.

CHAPITRE V

ÉTUDE DES SPECTRES DE LIGNES

———

1. Formules sérielles. — Dans le T. II (chapitre de la dispersion) on a consacré un paragraphe spécial à la question des régularités dans les spectres ; en outre, nous avons dans ce livre, chapitre III, § 2, II, rappelé brièvement la formule de Balmer et donné sur les spectres de l'hydrogène et de l'hélium quelques détails nécessaires pour l'explication de la théorie de Bohr. Maintenant il est nécessaire d'avoir une connaissance plus complète des formules sérielles, des dénominations et modes de représentation aujourd'hui employés, et de tout un ensemble de propriétés des séries spectrales.

Une formule sérielle donne la fréquence des vibrations ou le nombre d'ondes (nombre d'ondes dans une longueur d'un cm.) pour *toutes les lignes* de la série spectrale à laquelle elle se rapporte. Jusqu'ici nous avons désigné la fréquence des vibrations par v et le nombre d'ondes par $n = \dfrac{v}{c}$, où c est la vitesse de la lumière. Nous avons besoin de ces deux grandeurs, car v entre dans l'expression du quantum hv.

Dans ce chapitre nous n'aurons pas à parler des quanta et nous pouvons ne pas introduire la fréquence des vibrations dans nos formules. Dans ce chapitre nous changerons nos désignations, car la lettre n, comme dans les chapitres précédents, représentera le nombre quantique principel. Sommerfeld ne distingue pas l'un de l'autre la fréquence des vibrations et le nombre d'ondes, les désignant l'un et l'autre par la lettre v ; Paschen (1922) n'introduit que le nombre d'ondes, qu'il désigne par la lettre v. Nous suivrons son exemple, c'est-à-dire que

$$(1) \qquad \text{nous désignerons le nombre d'ondes par } v.$$

Nous avons vu que dans la formule sérielle le nombre d'ondes v est donné sous la forme de différence de deux termes

$$(2) \qquad v = R[F_1(n) - F_2(m)],$$

où R, la constante de Rydberg, est égale à (voir (8, c), chapitre III) :

$$(2, a) \qquad R = R_\infty = 109\,737,11.$$

Les fonctions F_1 et F_2 sont presque toujours les mêmes. Pour H et He les valeurs numériques sont un peu différentes (voir dans le chapitre III les form, $(5, a)$ et $(8, a)$) ; nous verrons qu'il y a des cas où à la place de R il convient d'écrire 4R ou 9R. Les grandeurs m et n dans (2) sont des nombres entiers ; d'habitude

$$(2, b) \qquad m = n + 1, \quad n + 2, \quad n + 3, \quad \text{etc.}$$

Cependant nous verrons qu'il y a des cas où

$$(2, c) \qquad m = n ;$$

alors F_1 et F_2 ne sont plus les mêmes fonctions. Dans le chapitre III, form, (11), nous avons introduit la *forme générale du terme* telle que l'avait proposée Ritz. Employant d'autres désignations, nous écrirons maintenant le terme sous la forme

$$(3) \qquad (m, a) = \frac{R}{[m + a + \alpha(m, a)]^2} .$$

Cette forme est employée en général pour les séries spectrales des éléments dans les atomes desquels plus d'un électron tourne autour du noyau. Tout le terme (m, a) entre dans le dénominateur de la fraction (3). *Les grandeurs a et α sont des constantes, c'est-à-dire sont les mêmes pour toutes les lignes d'une série donnée* ; en général elles sont différentes pour les deux termes dont est constituée la formule sérielle (2), *mais elles peuvent être les mêmes*. Si l'égalité $m = n$ a lieu, a et α ne doivent pas être les mêmes dans les deux termes, et alors c'est dans cette diversité de valeurs que réside la différence entre les fonctions F_1 et F_2 de l'équation (2). Si a et α sont les mêmes dans les deux termes, on comprend que m et n doivent être différents. Symboliquement il conviendrait d'écrire le terme sous la forme

$$(m, a, \alpha),$$

mais on a adopté d'écrire (m, a), regardant a ici comme représentant des deux grandeurs a et α. *Il s'en faut qu'il soit toujours possible d'exprimer par une formule de la forme (3) les termes de toutes les lignes d'une série spectrale.* Dans le chapitre III nous avons donné la formule généralisée $(11, a)$ de Sommerfeld. E. Fues (1920) particulièrement l'a employée pour le calcul des termes, mais cela sans grand profit, comme l'affirme Paschen.

Des deux termes qui entrent dans l'expression de la formule sérielle, le premier reste invariable pour toutes les lignes d'une série donnée, c'est-à-dire que le nombre n reste le même pour toutes. Ce terme est dit terme *constant* ou *limite*, car par lui est déterminé le nombre d'ondes de la limite de la série, c'est-à-dire de la limite de la queue (chapitre III, § 2, II), pour laquelle $m = \infty$ et le second terme devient égal à zéro. Ce second terme est appelé le terme *variable* ou *courant* ; m y prend les valeurs des nombres entiers successifs (voir $(2, b)$ et $(2, c)$) déterminant les nombres d'ondes de toute la suite des lignes de la série donnée ; le nombre m peut aussi être appelé *variable*. Ce qui suit doit avant tout se rapporter aux *séries de lignes individuelles* ; quant aux doublets et triplets, nous en parlerons plus loin.

Il s'en faut de beaucoup que tous les éléments donnent des spectres dans lesquels il est possible de découvrir des séries. Les spectres qu'on a réussi à déchiffrer, c'est-à-dire à trouver en eux des séries de lignes spectrales, contiennent plusieurs séries, dont l'ensemble est appelé un *système de séries*. Un tel système peut consister en trois, quatre et même un plus grand nombre de séries, parmi lesquelles les cinq premières ont reçu les dénominations suivantes généralement adoptées :

$$(4) \begin{cases} \text{I. Seconde série (2}^\text{e}\text{ S. S.) aussi appelée série étroite.} \\ \text{II. Série principale (S. P.).} \\ \text{III. Première série secondaire (1}^\text{re}\text{ S. S.}), \text{ aussi appelée série diffuse.} \\ \text{IV. Série de Bergmann (S. B.).} \\ \text{V. Troisième série secondaire (3}^\text{e}\text{ S. S.) ou série ultra-Bergmannienne.} \end{cases}$$

Quelquefois nous les disposerons dans un autre ordre. Dans chacune des formules sérielles correspondantes nous avons affaire à quatre valeurs numériques :

1° Nombre constant n dans le premier (constant) terme ;

2° Nombre constant a (et α) du premier terme ;

3° Valeur minimum du nombre variable m dans le second (variable) terme ;

4° Nombre constant a (et α) du second terme.

Les séries V et VI (voir plus loin) ne s'observent que rarement et seulement en partie ; mais il faut en tenir compte pour l'explication de quelques *lignes de combinaison* (voir chapitre III, § 2, II, et aussi plus loin). Puisque le nombre a (et α) possède une valeur numérique déterminée dans le premier comme dans le second terme de chaque formule sérielle, on peut montrer que dans les formules des cinq séries (4) doivent se rencontrer dix valeurs différentes du nombre a. Dans la réalité, cependant, il n'y en a que cinq, et elles paraissent caractéristiques des *seconds termes* des formules sérielles. Dans les cinq séries (4) les constantes a et α ont cinq valeurs différentes, de sorte que quelquefois, pour plus de brièveté, toute la formule sérielle est désignée par le symbole du second (variable) terme (m, a), où a est remplacé par la lettre correspondante. Malheureusement les désignations par des lettres ne sont adoptées d'une façon générale que pour les trois premières séries ; pour les autres le mode de représentation varie avec les divers auteurs (nous ajouterons une sixième série) :

$$(5) \begin{cases} & & \\ & & \end{cases}$$

	2ᵉ S. S.	S. P.	1ʳᵉ S. S.	S. B.	3ᵉ S. S.	4ᵉ S.S.
D. S. Rojdestvensky.	s	p	d	Δ	Δ'	Δ''
Paschen	s	p	d	f	f'	—
Sommerfeld . . .	s	p	d	f	g	h
Fowler.	σ	π	δ	φ	—	—

La lettre f (série fondamentale) est très employée dans les ouvrages anglais et américains. Il arrive rarement d'employer la constante α, en dehors, bien entendu, du calcul des termes sur la base de données empiriques sur les nombees d'ondes de la série supposée des lignes spectrales. PASCHEN emploie les dénominations suivantes (ncus répétons les lettres qui remplacent a) :

	2e S. S.	S. P.	1re S. S.	S. B.	3e S. S.
$(5, a)$ a et α . . .	s, σ	p, π	d, δ	f, φ	f, φ'

Nous emploierons les désignations de SOMMERFELD ; ici les seconds termes des quatre premières formules sérielles reçoivent les désignations symboliques suivantes :

	2e S. S.	S. P.	1re S. S.	S. B.
$(5, b)$	(m, s)	(m, p)	(m, d)	(m, f)

Dans le *premier* terme, qui est constant, nous avons le nombre *constant* n au lieu du nombre variable m. Pour ce qui concerne la grandeur a de la formule générale (3), il se trouve que *dans les premiers termes de nos formules sérielles elle prend les mêmes valeurs que celles qui se rencontrent dans les seconds termes*, c'est-à-dire les valeurs s, p, d, f, g, h. Finalement les formules sérielles ont la forme suivante :

$$
(6)\quad
\begin{cases}
\text{Série principale} & \ldots & (1, s) - (m, p) & m = 2, 3, 4 \\
\text{Prem. série secondaire} & . & (2, p) - (m, d) & m = 3, 4, 5 \\
\text{Sec. série secondaire.} & . & (2, p) - (m, s) & m = 2, 3, 4 \\
\text{Série de Bergmann} & . & (3, d) - (m, f) & m = 4, 5, 6 \\
\text{Trois. série secondaire} & . & (4, f) - (m, g) & m = 5, 6, 7 \\
\text{Quatr. série secondaire} & . & (5, g) - (m, h) & m = 6, 7, 8
\end{cases}
$$

Dans les ouvrages anglais et américains la série de BERGMANN est appelée *fondamentale*. Avant la 3^c édition de A. et S., SOMMERFELD, au lieu de f, g, h, employait les désignations b, x, y ; les séries qui viennent après celle de BERGMANN il les appelle ultra-bergmanniennes.

Avant de parler des régularités qui sont exprimées par ces formules disons quelques mots des valenrs numériques des grandeurs s, p, d et f, qui sont constantes pour un élément donné, mais sont différentes pour les divers éléments. Il se trouve que pour tous les éléments ces grandeurs diminuent rapidement dans l'ordre où elles sont écrites, de sorte que s a la valeur numérique la plus grande et f la valeur la plus petite. Comme exemple, donnons les nombres pour le spectre d'étincelle (voir plus loin) du magnésium (SOMMERFELD, A, u. S., 3e éd., p. 462) : $s = 0,93$; $p = 0,31$; $d = -0,045$; $f = 0,0006$.

Plus faible est la grandeur a dans les expressions (3) du terme, moins ce terme diffère du terme de l'hydrogène $\dfrac{R}{m^2}$. D'où il suit que des quatre premières séries, c'est celle de BERGMANN qui est la plus proche des séries de l'hydrogène.

Sont encore plus proches de l'hydrogène les séries V et VI de (6). A cela se rattache la question importante du choix des nombres n et m dans les termes des formules sérielles contenant la grandeur s (série principale et seconde série secondaire). Nous écrirons dans la série principale le terme $(1, s)$, dans la seconde série secondaire, le terme (m, s), où m est un nombre entier. Mais il n'est pas rare que s dépasse 0,5 ; par exemple, pour Li — 0,59 ; pour Na — 0,65 ; pour K — 0,83 ; pour Rb — 0,91 ; pour Cs — 0,95. Cela a obligé beaucoup de savants à ajouter 0,5 aux nombres m et n dans les termes (m, s) et (n, s), c'est-à-dire à écrire les formules sérielles de la série principale et de la deuxième série secondaire sous la forme

$$(6, a) \begin{cases} \text{Série principale} \quad (1, 5s) - (m, p) \qquad m = 2, 3, 4, \ldots \\ \text{Sec. série secondaire} \ (2, p) - \left(m + \dfrac{1}{2}, s\right) \quad m + \dfrac{1}{2} = 2,5 - 3,5 - 4,5 \ldots \end{cases}$$

Suivant l'exemple de SOMMERFELD, nous conservons les désignations (6) ; nous employons les lettres s, p, d, f ; plus loin nous verrons des cas où il conviendra d'introduire de nouvelles désignations différentes en utilisant des indices numériques p_1, p_2, p_3, d_1, etc. et aussi de remplacer les petites lettres par des capitales S, P, D, etc.

Maintenant passons aux régularités qui sont exprimées par les formules (6). Elles furent découvertes *empiriquement* et elles ont servi de fil conducteur pour l'établissement des formules sérielles.

Quelques-unes d'entre elles ont déjà été données dans le T. II. Avant tout, (6) montre *quels termes en général existent dans le système des séries spectrales d'un élément donné.* Il est évident que tous ces termes épuisent le tableau suivant (nous écrivons de la façon simplifiée) :

$$(7) \quad \begin{array}{llllll} 1s & 2s & 3s & 4s & 5s & 6s \ \ldots \\ & 2p & 3p & 4p & 5p & 6p \ \ldots \\ & & 3d & 5d & 5d & 6d \ \ldots \\ & & & 4f & 5f & 6f \ \ldots \\ & & & & 5g & 6g \ \ldots \\ & & & & & 6h \ \ldots \end{array}$$

Nous verrons plus loin la véritable cause d'une telle combinaison des nombres et des lettres, dans laquelle le premier nombre pour les termes s est 1, pour les termes p — 2 ; pour les termes d — 3, etc. Les formules (6) expriment les régularités suivantes :

I. *Deux séries secondaires ont une seule et même limite* $(2p)$, car le terme constant est le même chez elles.

II. *Ce terme limite* $(2p)$ *de deux séries secondaires est égal au second terme de la ligne de tête (première) de la série principale.* Ou autrement : *le nombre d'ondes* $(1s) - (2p)$ *de la première ligne de la série principale est égal à la différence du terme limite* $(1s)$ *de la série principale et du terme limite de deux séries secondaires* (loi de SCHUSTER et RYDBERG).

III. *Des lois analogues relient la première série secondaire* (ligne de tête $2p - 3d$) *avec la série de* BERGMANN (terme limite $3d$) et, plus ou moins hypothétiquement, la série de BERGMANN avec la troisième secondaire, la troisième secondaire avec la quatrième, etc.

Jusqu'ici nous avons considéré l'existence de séries de lignes spectrales, la forme extérieure des formules sérielles, dont chacune donne les nombres d'ondes de toutes les lignes d'une série, et aussi les régularités qui relient ces formules entre elles, tout cela comme des faits établis empiriquement et indépendamment de toute théorie. Passons maintenant à la question importante *de la liaison entre ces faits et les représentations des orbites électroniques auxquels nous a conduits la théorie de* Bohr *sur la structure de l'atome.*

Dans le § 1 du chapitre IV nous avons vu que les orbites électroniques peuvent être réparties en une série de *couches* successives K, L, M, N, O, P, Q, correspondant aux périodes du système des éléments de Mendéléief. Le nombre des orbites dans chaque couche, *lorsqu'elle est complète,* est égal au nombre d'éléments dans la période correspondante. *Le nombre quantique principal n est le même pour toutes les orbites d'une couche donnée* : il est égal au numéro de la couche ou de la période (voir (3, a), chapitre IV). Les orbites de chaque couche se partagent en *sous-groupes* dont le nombre est encore égal au nombre n de cette couche. Toutes les orbites d'un sous-groupe donné ont un même nombre quantique azimutal k ; par conséquent elles ont le même symbole n_k (voir (3, a), chapitre IV). Le nombre des orbites d'un sous-groupe peut aller jusqu'à huit. Un aperçu de toutes les orbites des divers éléments, c'est-à-dire leur répartition en couches et sous-groupes est donné, en partie hypothétiquement, dans le tableau de la p. 103. Ainsi *une orbite est définie par les nombres quantiques n et k, c'est-à-dire par le symbole n_k.* Ceci d'une part ; mais, d'autre part, en partant de la théorie de Bohr, nous devons admettre que chaque *terme* correspond à une ou à quelques orbites et apparaît en quelque sorte leur symbole ; l'aperçu de tous les termes possibles est donné dans (7). Nous avons représenté l'aspect général d'un terme (voir (3)) par le symbole (m, a) ; nous appellerons m le « *nombre* » et a la « *lettre* » ; le nombre peut être $m = 1, 2, 3, 4, 5, \ldots$; la lettre peut être s, p, d, f, g, h (voir (7)). Maintenant on peut se demander : *quelle relation existe entre les deux symboles*

$$n_k \qquad \text{et} \qquad (m, a)$$

s'ils se rapportent à une seule et même orbite ? La réponse est simple :

$$(8) \quad \begin{cases} \text{I. Le nombre } m \text{ dans un terme est égal au nombre quantique principal } n ; \\ \qquad \text{il est le même pour toutes les orbites d'une même couche.} \\ \text{II. La lettre dans le terme, dans l'ordre } s, p, d, f, g, h \text{ correspond aux} \\ \qquad \text{nombres azimutaux } k, \text{ dans l'ordre } k = 1, 2, 3, 4, 5 \ldots \end{cases}$$

Exprimons ces deux propositions avec plus de précision :

	Couches	K	L	M	N	O	P	Q
(8, a)	Nombre m dans le terme...	1	2	3	4	5	6	7
	N. quantique principal n...	1	2	3	4	5	6	7
(8, b)	Lettre dans le terme.......	s	p	d	f	g	h	
	N. quantique azimutal k ...	1	2	3	4	5	6	

Maintenant il est facile de se faire une vue des symboles (m, a) et n_k se correspondant l'un à l'autre

$$(9)\quad\begin{cases}
\text{Couches} & \underline{\text{K}} & \underline{\text{L}} & \underline{\text{M}} & \underline{\text{N}} \\
k = 1 & 1s\ 1_1 & 2s\ 2_1 & 3s\ 3_1 & 4s\ 4_1 & 5s\ 5_1 & a = s \\
k = 2 & & 2p\ 2_2 & 3p\ 3_2 & 4p\ 4_2 & 5p\ 5_2 & a = p \\
k = 3 & & & 3d\ 3_3 & 4d\ 4_3 & 5d\ 5_3 & a = d \\
k = 4 & & & & 4f\ 4_4 & 5f\ 5_4 & a = f \\
& & & & & 5g\ 5_5 & a = g \\
& n = 1 & n = 2 & n = 3 & n = 4 & n = 5 \\
& m = 1 & m = 2 & m = 3 & m = 4 & m = 5.
\end{cases}$$

Les colonnes verticales correspondent aux couches. Après les formules (7) nous avons promis d'expliquer pourquoi les termes s commencent au nombre 1, les termes p au nombre 2, les termes d au nombre 3, etc. Maintenant ceci se comprend : le nombre quantique principal n ne peut être moindre que le nombre azimutal k (voir (43) du chapitre III) $(n = k + i_2)$, et par suite

$$(9, a)\quad\begin{cases}
\text{pour} & \underline{s} & \underline{p} & \underline{d} & \underline{f} & \underline{g} \\
\text{N. azimutal} \ldots & k = 1 & k = 2 & k = 3 & k = 4 & k = 5 \\
\text{Minimum de } n. & 1 & 2 & 3 & 4 & 5 \\
\text{N. minimum } m \\
\text{dans le terme} & 1 & 2 & 3 & 4 & 5 \\
\text{Premiers termes} & 1s & 2p & 3d & 4f & 5g
\end{cases}$$

Pour une valeur donnée de k les nombres n et m ne peuvent avoir que les valeurs $k, k + 1, k + 2, k + 3$, etc. Remarquons encore une particularité des formules sérielles (6), dont il est maintenant facile d'expliquer la signification. Elle consiste en ce que des lettres de la série s, p, d, f, g, h, dans deux termes de chacune des formules sérielles, nous voyons toujours deux lettres voisines : s et p, p et d, p et s, d et f, etc. *En cela s'exprime clairement le principe de sélection* conformément auquel lors de la chute d'un électron (rayonnement) le nombre quantique azimutal ne peut varier que de $+ 1$ ou $- 1$; le reste est clair d'après $(9, a)$. *En présence d'un champ extérieur ou intérieur* il est possible que la valeur numérique de k ne change pas. Dans ce cas *les deux termes* qui déterminent le nombre d'ondes de la ligne spectrale qui prend naissance *contiendront une seule et même lettre*.

2. Doublets et triplets. Lignes et séries de combinaison. — Dans le paragraphe précédent nous avons supposé que les séries sont composées de lignes simples dont les nombres d'ondes s'obtiennent en portant dans le second terme de la formule sérielle correspondante, à la place de m, les nombres entiers successifs qui sont indiqués dans (6). Mais on a découvert depuis longtemps que les séries peuvent aussi être constituées par des *doublets* et des *triplets*, c'est-à-dire que chaque ligne peut être remplacée par un ensemble de deux ou trois lignes. Un exemple typique d'un tel doublet nous est présenté par la ligne jaune bien connue D, qui consiste en deux lignes D_1 et D_2, dont la différence des longueurs d'onde est approximativement égale à 6 Å. Au sujet de telles séries de doublets et triplets on a découvert empiriquement un ensemble de régularités ou de lois, dont quelques-unes ont déjà été données dans le T. II. Avant tout remarquons que les unes et les autres sont de deux espèces, savoir :

Séries de première espèce. La différence $\Delta\nu$ des deux nombres d'onde des lignes d'un doublet est la même pour tous les doublets d'une série donnée. Deux différences $\Delta_1\nu$ et $\Delta_2\nu$ des trois nombres d'onde des lignes d'un triplet sont les mêmes pour tous les triplets d'une série donnée. Dans le sens figuré du mot on peut dire que dans tous les doublets la « distance » des deux lignes est la même ; que dans les triplets les deux « distances », par exemple de la première ligne à la seconde et de la seconde à la troisième (en général inégales entre elles), sont les mêmes dans tous les triplets. Nous avons affaire ici en quelque sorte à deux ou trois séries semblables, qui sont un peu déplacées, l'une par rapport à l'autre. Si l'on dessine le spectre à l'échelle des nombres d'onde, ce que nous venons de dire est littéralement vrai: *Dans ce cas les séries possèdent deux ou trois limites,* avec les mêmes différences de nombres d'onde.

Séries de seconde espèce. Les différences des nombres d'ondes, tant dans les doublets ($\Delta\nu$) que dans les triplets ($\Delta_1\nu$ et $\Delta_2\nu$) diminuent peu à peu dans la direction des nombres d'ondes croissants. Toute la série a une limite. Nous avons ensuite les règles suivantes :

I. *Quand la série principale est formée de doublets ou de triplets, elle est toujours de seconde espèce* (une seule limite).

II. *Les deux séries secondaires sont toujours de première espèce et de même multiplicité* (doublets ou triplets).

III. *Les différences de nombre d'ondes ($\Delta\nu$ ou $\Delta_1\nu$ et $\Delta_2\nu$) dans les deux séries secondaires sont les mêmes ; les deux ou trois limites de l'une coïncident avec les limites de l'autre.*

IV. *La répartition des intensités relatives des lignes spectrales dans tous les doublets ou triplets d'une série donnée est la même.*

Une série de doublets consiste en deux séries, et une série de triplets en trois séries, que l'on peut appeler des *sous-séries* ; chacune d'elles doit avoir sa formule sérielle. On les distingue par addition de chiffres aux lettres qui les désignent, par exemple, p_1 et p_2 pour les doublets ; p_1, p_2 et p_3 pour les triplets ; comme indice général nous prendrons pour cette lettre p_i ; pour les doublets $i = 1, 2$; pour les triplets, $i = 1, 2, 3$. La même chose se rapporte aux lettres d et f.

V. *Un terme contenant la lettre s est toujours unique (s_i n'existe pas).*

Quand, dans une formule sérielle se rencontrent deux lettres doubles ou triples, nous emploierons pour la désignation générale les indices i et j, par exemple p_i et d_j. Les formules générales des séries de doublets et de triplets prennent alors la forme

$$(10) \begin{cases} \text{Série générale} & (1s) - (mp_i) \\ \text{Prem. série secondaire.} & (2p_i) - (md_j) \\ \text{Sec. série secondaire} & (2p_i) - (ms) \\ \text{Série de Bergmann.} & (3d_i) - (mf_j) \end{cases} \quad \begin{matrix} i \\ j \end{matrix} \Big\} \begin{matrix} = 1, 2 \text{ (doublet)} \\ = 1, 2, 3 \text{ (triplet)} \end{matrix}$$

Les séries sont évidemment de première espèce quand le premier terme est double ou triple ; les séries de seconde espèce ont le second terme double ou triple. Une complication a lieu lorsque les deux termes sont doubles ou triples, comme cela est possible, par exemple, dans la Ire série secondaire. Dans les formules (10) sont exprimées clairement les trois premières règles énoncées ci-dessus. On peut représenter d'une façon abrégée les lignes individuelles des doublets et des triplets par des symboles compréhensibles de la forme sp_1, sp_2, etc.

Les nombres d'ondes d'un doublet de la série principale sont définis par des formules de la forme

$$(10, a) \quad \begin{cases} \nu_1 = (1, s) - (m, p_1) & sp_1 \\ & \text{ou} \quad \text{dans lesquelles} \\ \nu_2 = (1, s) - (m, p_2) & sp_2 \qquad\qquad sp_2 < sp_1 \\ (m, p_1) < (m, p_2) & \nu_2 < \nu_1 \end{cases}$$

La différence $\nu_1 - \nu_2 = (mp_2) - (mp_1)$ est constante dans tous ces doublets. Les traits verticaux, ici et plus loin, indiquent l'intensité relative des lignes.

VI. *Dans les doublets de la série principale, la ligne dont le nombre d'ondes est le plus grand est la plus intense* (dont la longueur d'onde est moindre). Exemple : les lignes D_1 et D_2 du sodium ; D_2 est deux fois plus intense que D_1.

Les nombres d'ondes du doublet de la seconde série secondaire sont représentés par des formules telles que

$$(10, b) \quad \begin{cases} \nu_1 = (2, p_1) - (m, s) & p_1 s \\ & \text{ou bien} \quad \text{dans lesquelles} \\ \nu_2 = (2, p_2) - (m, s) & p_2 s \qquad\qquad p_1 s < p_2 s \\ (2, p_1) < (2, p_2) & \nu_2 > \nu_1 \end{cases}$$

La différence $\nu_2 - \nu_1 = (2p_2) - (2p_1)$ est constante pour tous les doublets.

VII. *Dans les doublets de la seconde série secondaire la ligne la plus intense est celle dont le nombre d'ondes est moindre.*

VIII. *Dans les triplets de la série principale* $\nu_i = (1, s) - (m, p_i)$, $i = 1, 2, 3$, *la ligne la plus intense* $i = 1$ *se trouve du côté des petites longueurs d'onde.*

$$(10, c)$$

$$p_3 \quad p_2 \quad p_1$$

IX. *Dans les triplets de la seconde série secondaire* $\nu_i = (2p_i) - (ms)$, $i = 1, 2, 3$, *la ligne la plus intense* $i = 1$ *se trouve du côté des grandes longueurs d'onde*

$$(10, d)$$

$$p_1 \quad p_2 \quad p_3$$

Réunissant les quatre dernières règles, nous pouvons dire que *la répartition des intensités dans les doublets et les triplets de la série principale est l'inverse de la répartition dans les doublets et triplets de la seconde série secondaire.*

X. *Les différences constantes des nombres d'ondes dans les doublets* $(2p_2 - 2p_1)$ *et triplets* $(2p_2 - 2p_1$ *et* $2p_3 - 2p_2)$ *de la seconde série secondaire sont égales aux différences des nombres d'ondes des lignes de tête* $(m = 2)$ (voir $(10, a)$ et VIII) *de la série principale.*

XI. *Le doublet de la première série secondaire est formé de trois lignes (doublet complexe).* L'expression générale du nombre d'ondes peut s'écrire sous la forme (voir (10))

$$\nu_{i,j} = (2p_i) - (md_j); \qquad i = 1,2; \qquad j = 1,2.$$

Les trois lignes ont les nombres d'ondes

$$(11) \qquad \begin{cases} \nu_{1,1} = (2p_1) - (md_1); \\ \nu_{1,2} = (2p_1) - (md_2); \qquad \nu_{2,2} = (2p_2) - (md_2); \end{cases}$$

La plus intense des trois, $\nu_{1,1}$, est placée entre les deux autres.

XII. *Le triplet de la première série secondaire est formé de six lignes (triplet complexe),* dont les nombres d'ondes sont

$$(11, a) \begin{cases} \nu_{1,1} = (2p_1) - (md_1) \\ \nu_{1,2} = (2p_1) - (md_2), \quad \nu_{2,2} = (2p_2) - (md_2) \\ \nu_{1,3} = (2p_1) - (md_3), \quad \nu_{2,3} = (2p_2) - (md_3), \quad \nu_{3,3} = (2p_3) - (md_3) \end{cases}$$

Dans (11) et $(11, a)$ nous avons dans la même ligne horizontale des p_i différents et dans la même ligne verticale des d_i différents. Nous ne toucherons pas la question de la disposition relative et de l'intensité relative de ces lignes. Dans le § 4 nous reviendrons sur la question des doublets et triplets complexes.

Nous avons examiné un *système de séries* dont les formules sont données dans (6) ; nous pouvons l'appeler *fondamental.*

Outre ce système de séries, il existe dans les spectres de beaucoup d'éléments encore *d'autres systèmes de séries,* et dans chacun de ces systèmes on remarque aussi des séries principale, première secondaire, seconde secondaire, etc. Rɪᴛᴢ regardait les lignes de ces séries comme des *lignes de combinaison,* voir plus loin.

Donnons les formules sérielles des divers systèmes possibles de séries ; en cela nous aurons à modifier quelque peu les désignations que nous avons rencontrées dans les formules (6) du système fondamental de séries.

1. *Séries principales.* — Formule sérielle générale :

$$(12) \begin{cases} & \nu = (m, s) - (n, p) & m = 1, 2, 3 \\ & & n = 2, 3, 4 \\ \text{Système fondamental} & \nu = (1, s) - (n, p) & n = 2, 3, 4 \\ \text{Autres systèmes} & \nu = (2, s) - (n, p) & n = 3, 4, 5 \\ & \nu = (3, s) - (n, p) & n = 4, 5, 6, \text{ etc.} \end{cases}$$

2. *Secondes séries secondaires.* — Formule sérielle générale :

$$(12, a) \begin{cases} & \nu = (n, p) - (m, s) \qquad n = 2, 3, 4 \\ & \qquad\qquad\qquad\qquad\qquad\quad m = 2, 3, 4 \\ \text{Système fondamental } & \nu = (2, p) - (m, s) \qquad m = 2, 3, 4 \\ \text{Autres systèmes} & \nu = (3, p) - (m, s) \qquad m = 3, 4, 5 \\ & \nu = (4, p) - (m, s) \qquad m = 4, 5, 6 \end{cases}$$

etc.

Il est remarquable que toutes les séries principales et toutes les secondes séries secondaires puissent être représentées par une formule sérielle unique

$$(12, b) \qquad \nu = \pm \left\{ (np) - (ms) \right\} \begin{matrix} n = 2, 3, 4 \\ m = 1, 2, 3. \end{matrix}$$

Ligne d'une des séries principale $m < n$.

Ligne d'une des secondes séries secondaires $m \gg n$. -

3. *Premières séries secondaires.* — Formule sérielle générale :

$$(12, c) \begin{cases} & \nu = (n, p) - (m, d) \qquad n = 2, 3, 4 \\ & \qquad\qquad\qquad\qquad\qquad\quad m = 3, 4, 5 \\ \text{Système fondamental } & \nu = (2, p) - (m, d) \qquad m = 3, 4, 5 \\ \text{Autres systèmes} & \nu = (3, p) - (m, d) \qquad m = 5, 6, 7 \\ & \nu = (4, p) - (m, d) \qquad m = 5, 6, 7 \end{cases}$$

etc.

4. *Séries de Bergmann.* — Formule sérielle générale :

$$(12, d) \begin{cases} & \nu = (n, d) - (m, f) \qquad n = 3, 4, 5 \\ & \qquad\qquad\qquad\qquad\qquad\quad m = 4, 5, 6 \\ \text{Système fondamental } & \nu = (3, d) - (m, f) \qquad m = 4, 5, 6 \\ \text{Autres systèmes} & \nu = (4, d) - (m, f) \qquad m = 5, 6, 7 \\ & \nu = (5, d) - (m, f) \qquad m = 6, 7, 8 \end{cases}$$

etc.

Dans tous les cas représentés par les formules (12), (12, a), (12, c) *et* (12, d), *les raies les plus intenses correspondent au système fondamental de séries* ; *dans les autres systèmes les lignes deviennent plus faibles successivement dans l'ordre indiqué.*

Dans le chapitre III, § 2 II, nous avons mentionné le *principe de combinaison* découvert par Ritz. Sous sa forme générale ce principe exprime que *chaque combinaison de deux termes qui se rencontrent dans les formules sérielles d'un élément donné donne le nombre d'ondes d'une ligne possible du spectre de cet élément.* Les symboles de tous les termes qui se rencontrent sont indiqués dans (7) ; la forme générale d'un tel symbole est (m, a).

Si deux termes *arbitraires* des listes (7) sont représentés par les symboles (m, a) et (m', a'), où m et m' sont des nombres entiers et a, a' deux lettres de la suite s, p, d, g, f, h, alors, d'après le principe de Ritz, l'expression

$$(13) \qquad \pm \nu = (m, a) - (m', a')$$

doit donner le nombre d'ondes d'une ligne spectrale possible.

Mais il convient de resserrer notablement le cadre d'application de ce principe. Avant tout un tel rétrécissement est imposé par *le principe de sélection*, qui dit que dans les conditions normales, c'est-à-dire en l'absence, par exemple, d'un champ électrique, le nombre quantique azimutal (k dans le symbole n_k) ne peut changer que de $+ 1$ ou $- 1$ dans un tel passage de l'atome d'un état possible à un autre également possible, passage accompagné de rayonnement. Nous avons vu que cela se ramène à ce que les lettres a et a' doivent être voisines dans la série des lettres s, p, d, f, g, h. Dans un champ électrique intense peuvent apparaître des lignes dont les nombres d'ondes s'expriment par deux termes contenant des lettres semblables ou non voisines.

Si l'on compte que les termes (7) sont basés sur le système fondamental des séries (6), il est clair que tous les autres systèmes de séries (12), (12, a), (12, c) et (12, d) peuvent être regardés comme des séries de « combinaison » formées de lignes de combinaison. Mais, outre ces lignes introduites dans les formules que nous venons d'indiquer et qui suivent rigoureusement le principe de sélection, il se rencontre encore d'autres lignes qui n'obéissent pas à ce principe ; leur apparition est causée par quelque action sur l'atome, par exemple, par un champ électrique.

Passons maintenant à l'examen des lignes de combinaison dans le cas où il existe des séries *de doublets et de triplets.* Ici nous avons les règles fondamentales suivantes :

XIII. *Il n'existe pas de combinaison entre les termes de doublets et les termes de lignes individuelles ou de triplets.*

XIV. *Il existe des combinaisons entre les termes des lignes individuelles et les termes des triplets.* Représentant ces combinaisons symboliquement comme des assemblages de deux « lettres », on convient d'écrire les lettres d'une série individuelle en caractères *majuscules* S, P, D, etc., les lettres des triplets par p_i, d_i, etc. (nous rappelons que s_i ne se rencontre pas).

Sommerfeld (A. u. S., 4ᵉ éd., p. 585) arrive aux combinaisons :

$$(13, a) \begin{cases} \text{Combinaisons autorisées} & Sp_2, \quad Pd_2, \quad Pd_3, \quad p_1D, \quad p_2D \\ \text{Combinaisons non autorisés} & Sp_1, \quad Sp_3, \quad Pd_1, \quad p_3D \end{cases}$$

Nous n'entrerons pas dans plus de détails ; on pourra trouver l'explication complète dans le livre de Sommerfeld, 4ᵉ éd., chap. vii et viii.

3. Sur les séries spectrales (continuation). — Dans ce paragraphe nous examinerons une série de questions relatives à la théorie des spectres et en partie peu liées entre elles.

1. *Spectres d'arc et d'étincelle.* — Pour chaque élément il convient de distinguer deux spectres essentiellement différents : *le spectre d'arc et le spectre d'étincelle.* Relativement aux conditions de leur apparition, on peut dire que le premier s'obtient quand les actions extérieures auxquelles est soumis l'atome sont relativement moins intenses, et le second lorsque ces actions atteignent un haut degré d'intensité. Pratiquement le spectre d'arc est obtenu dans l'arc voltaïque, dans le tube à décharge (par exemple dans la

partie capillaire d'un tube de Geissler) et dans les flammes ; le spectre d'étincelle se produit dans une forte étincelle de décharge. Il est impossible d'obtenir une limite nettement marquée, souvent à l'un des deux spectres se mêlent des lignes individuelles de l'autre. *Jamais on n'observe de lignes dont les nombres d'ondes s'exprimeraient comme la différence de termes appartenant, l'un au spectre d'arc, l'autre au spectre d'étincelle.* Donc le principe de combinaison de RITZ se montre inapplicable ici.

Suivant l'opinion de BOHR, aujourd'hui généralement admise, *le spectre d'arc appartient à l'atome neutre, et le spectre d'étincelle à l'atome ionisé. Dans le premier cas*, l'électron de valence, extérieur, était rejeté de son orbite vers une autre plus éloignée du noyau, et en y revenant il émet des rayons qui correspondent aux lignes du spectre d'arc. En cela le noyau de l'atome et les électrons qui l'entourent doivent exercer sur l'électron extérieur une action approximativement égale à celle d'une charge unique $+ e$ au centre de l'atome, de sorte qu'on obtient quelque chose qui rappelle l'atome d'*hydrogène*. Dans le numérateur des termes est la constante de RYDBERG R. On peut espérer quelque ressemblance entre le spectre d'arc des éléments, particulièrement des métaux alcalins (un seul électron de valence extérieur), et le spectre de l'hydrogène. *Dans le second cas* un des électrons est rejeté en dehors de l'atome, et un autre électron est élevé à une des orbites extérieures possibles, d'où en retombant il produit les lignes du spectre d'étincelle. Cet électron se trouve soumis à une influence qui, à une approximation grossière près, est égale à celle qu'exercerait une charge $+ 2e$ au centre de l'atome. L'atome rappelle dans ce cas l'atome d'*hélium ionisé* He$^+$. Dans le numérateur des termes il faut écrire 4R au lieu de R. Nous pouvons attendre une certaine ressemblance entre les spectres d'étincelle des éléments, surtout des métaux alcalino-terreux (deux électrons de valence), et le spectre de l'hélium ionisé He$^+$.

En 1919, W. KOSSEL et A. SOMMERFELD ont fait connaître l'intéressante *loi du déplacement* (Verschiebungssatz) qui dans sa forme générale peut s'énoncer ainsi :

Le spectre d'étincelle de tout élément est, par son caractère, semblable au spectre d'arc de l'élément qui le précède dans le système périodique, c'est-à-dire de l'élément dont le numéro d'ordre est moindre d'une unité ; il est clair que ces deux éléments sont disposés sur une ligne horizontale (à l'exception des métaux alcalins) et appartiennent à des groupes voisins dans lesquels il convient de considérer aussi comme voisins le premier et le dernier (valence nulle, gaz nobles). Il est facile de comprendre sur quoi est basée cette loi. S'il ne se produit pas à l'intérieur d'addition d'atomes en surnombre et que les éléments placés à la suite l'un de l'autre appartiennent au même groupe, deux éléments voisins se distinguent l'un de l'autre, premièrement en ce que chez le dernier (second) le nombre des électrons dans la couche extérieure est plus grand d'une unité que chez le premier, et, deuxièmement en ce que leurs noyaux diffèrent un peu l'un de l'autre par la composition et la structure. La charge du noyau du second est plus grande de $+ e$ que celle du premier et c'est pourquoi les orbites des électrons sont disposées dans le second un peu plus près du noyau que dans le premier. Si l'on ionise l'atome du second élément, c'est-à-dire si on lui enlève un électron, il devient très semblable à l'atome du premier, à l'atome neutre. Si l'on se rappelle que le spectre d'arc appartient à l'atome neutre et le spectre d'étincelle, à l'atome ionisé, la loi du déplacement devient tout à fait compréhensible, et de même pour l'impossibilité de l'existence de lignes de combinaisons formées par des termes de l'un et de l'autre spectre.

Bien que la question de la relation du caractère d'un spectre et de la position de l'élément dans le système périodique doive être examinée plus loin, nous remarquerons dès maintenant que les spectres des éléments du groupe Ia, les métaux alcalins, sont formés de doublets; du groupe IIa, métaux alcalino-terreux, de triplets, et des gaz nobles, d'un très grand nombre de lignes, que pour le néon seulement on a réussi jusqu'ici à ranger en séries, et, comme l'a montré Paschen (1919, 1920), le spectre du néon est formé de 10 séries principales, 12 premières secondaires et 10 secondes secondaires. Le tableau de ces séries occupe 22 pages dans le livre de F. Paschen et R. Götze. Indiquons aussi quelques-unes de ces remarques qui confirment la loi du déplacement et que signalent Kossel et Sommerfeld. Les métaux alcalins donnent, comme nous l'avons dit, un spectre d'arc dans lequel nous avons des séries des doublets; les atomes de ces éléments ont un électron de valence dans la couche extérieure (voir le tableau p. 103). Si, lors de la décharge par étincelle cet électron est rejeté en dehors des limites de l'atome, alors la couche extérieure est tout à fait remplie, et l'atome Na (11) devient semblable à l'atome Ne (10), l'atome K (19) — à l'atome Ar (18), l'atome Rb (37) — à l'atome Kr, et l'atome Cs (55) à l'atome X (54). Eder et Valenta, dès 1894, avaient trouvé que Na et K donnent par de très fortes étincelles un spectre composé d'un nombre énormes de lignes, disposées principalement dans la partie ultra-violette; Goldstein (1907) étudia la partie visible de ce spectre; et Schillinger (1909) confirma les observations d'Eder et Valenta. Ensuite P. Zeeman et H. W. J. Dik (1923) comparèrent le spectre d'étincelle de K avec le spectre de l'argon; H. Reinhamer (1923), le spectre d'étincelle de Rb avec le spectre de Kr; L. A. Sommer (1924), le spectre de Cs avec le spectre de X. Il n'y a aucun doute que réellement le spectre d'étincelle des métaux alcalins soit de caractère semblable au spectre d'arc des gaz nobles.

Le spectre des métaux alcalino-terreux consiste en séries de lignes simples, de doublets et de triplets où, comme nous l'avons vu, il n'y a pas de combinaison entre les doublets et les autres lignes. Il s'est trouvé que les doublets se renforcent dans la décharge par étincelle. Kossel et Sommerfeld indiquent que les termes des *doublets*, comme l'a montré Lorensen (1913), ont un numérateur égal à 4R (pour Mg, Ca, Sr, Ba), d'où ils concluent que *les doublets des métaux alcalino-terreux appartiennent au spectre d'étincelle* et présentent l'analogue du spectre d'arc des métaux alcalins. Enfin Kossel et Sommerfeld trouvent que le spectre d'étincelle des terres Al (13) et Sc (21) contient des triplets, analogues aux triplets du spectre d'arc de Mg (12) et de Ca (20).

II. *Spectres partiellement semblables à celui de l'hydrogène.* Les formules sérielles (6) des éléments sont composées de termes de la forme (3), qui se distinguent des termes $\frac{R}{m^2}$ des formules sérielles de H et de He⁺ en ce qu'au nombre m s'ajoutent des nombres additionnels que nous avons désignés par les lettres s, p, d, f, g et h. Plus m est grand dans les termes (3), plus ils se rapprochent numériquement de la valeur du terme correspondant de l'hydrogène $\frac{R}{m^2}$, de sorte que non loin de la limite de la série, pour une très grande valeur de m, les termes sont peu différents l'un de l'autre et du terme de l'hydrogène.

Cela est manifeste dans le tableau suivant, où sont comparés les termes

$m =$	2	3		18	19	20
H $\left(\dfrac{R}{m^2}\right)$....	27 419	12 186	....	339	304	274
Li.........	28 551	12 560	....	340	304	274
Na.........	24 472	11 173	....	329	295	266
K	21 963	10 286	....	329	297	268

$\frac{R}{m^2}$ et les termes (mp), qui pour $m = 18$, 19, 20, sont déjà extrêmement voisins de $\frac{R}{m^2}$. Ces termes peuvent être dits semblables à ceux de l'hydrogène, en sous-entendant par là que les lois du mouvement (de l'énergie) de l'électron extérieur d'un atome polyélectronique (par exemple, Li pour $m = 20$) dans le champ du noyau + celui des autres électrons (deux pour Li) diffèrent peu des lois qui nous sont connues du mouvement de l'électron de l'hydrogène (pour $m = 20$) dans le champ du noyau seul.

D'un autre côté, paraissent semblables à ceux de l'hydrogène les termes chez lesquels les constantes additionnelles sont très petites, de sorte que les termes sont encore proches de $\frac{R}{m^2}$, même pour de petites valeurs de m. Nous avons vu que ces constantes s, p, d, f, g, h diminuent en général rapidement dans l'ordre indiqué ; les valeurs de f sont déjà très petites, et celles de g et h encore plus petites.

Conformément à cela les termes, à partir de (mf), se rapprochent rapidement de $\frac{R}{m^2}$. Comme exemple, donnons (d'après ROJDESTVENSKY) le tableau pour les termes $m = 6$ de Cs, où il faut les comparer à $\frac{R}{6^2} = 3\,047$:

$(6s)$	$(6p_1)$	$(6d_1)$	$(6f)$	$(6g)$	$(6h)$
3 108	2 656	3 584	3 077	3 061	3 051

Les orbites semblables à celles de l'hydrogène ont une grande importance pour l'extension de la théorie de BOHR du spectre de l'atome d'hydrogène aux spectres des atomes polyélectroniques. Après que SOMMERFELD eut établi deux séries de nombres quantiques (principal et azimutal) pour la structure fine des lignes de l'hydrogène (chapitre III, § 7), il fallut trouver deux séries de ces nombres dans les formules sérielles du type (3) et donner ainsi un sens réel aux nombres entiers m et aux lettres s, p, d, f, comme cela a été indiqué § 1. D.-S Rojdestvensky (1919) ayant résolu ce dernier problème indépendamment de Sommerfeld, utilisa la notion de termes semblables à ceux de l'hydrogène dans deux directions. En ce temps on connaissait seulement (et on n'avait aucune base pour en chercher un plus grand nombre) quatre séries (série principale, deux séries secondaires et la série de Bergmann) avec quatre catégories de termes (ms), (mp), (md), (mf), ou bien, avec les désignations de Bohr (§ 1), n_1, n_2, n_3, n_4, tandis que, par la nature de la chose, le nombre des termes aussi bien que celui des séries doit être illimité, de sorte que le nombre quantique azimutal k dans n_k peut être plus grand que 4. Effectivement Rojdestvensky a trouvé les termes (mg) et (mh) plus proches de ceux de l'hydrogène que (mf) (voir plus haut le tableau pour Cs) dans les lignes infra-rouges ayant presque la même longueur d'onde voisine de $4,0\ \mu$ que Paschen découvrit pour toute une série d'éléments. Paschen a indiqué ces lignes (voir les tableaux de Paschen et Götze) par $4f - \dfrac{R}{5^2}$, et leur signification n'était pas connue. En effet, elles représentent les premières lignes d'une nouvelle série $(4f) - (mg)$ pour $m = 5$. Beaucoup d'éléments ont encore une ligne infra-rouge voisine de $7,4\mu$, que Paschen a désignée simplement par $\dfrac{R}{5^2} - \dfrac{R}{6^2}$. Cette ligne est aussi la première d'une nouvelle série $(5g - mh)$, $m = 6$.

Outre ces lignes commencements de séries, Rojdestvensky put signaler une longue série $(4f) - (mg)$, que Fowler (1914) trouva dans le spectre d'étincelle de Mg. Il fut facile de démontrer que c'est la même valeur que possède la série qui a été incorrectement désignée $(4f) - (mf)$, en contradiction avec le principe de sélection.

L'existence d'autres séries encore (et de termes) en plus des quatre fondamentales est donc indubitable. De plus Paschen a trouvé d'autres séries avec les termes (mg) et (mh).

Pour les atomes à petit nombre d'électrons on peut déjà considérer comme semblables à ceux de l'hydrogène les termes (md), comme le montre le tableau suivant :

m	He (individ.)	He (doublet)	Li	Na	$\dfrac{R}{m^2}$
3	12 204	12 208	12 203	12 274	12 186
4	6 863	6 865	6 863	6 897	6 855

La similitude des termes à ceux de l'hydrogène avec l'accroissement du nombre quantique azimutal semble indiquer que l'orbite correspondante de l'électron extérieur *entoure complètement toutes les couches des électrons intérieurs*. L'électron extérieur ne pénètre jamais dans la région du mouvement des électrons intérieurs, et c'est pourquoi le champ dans lequel il se meut se distingue peu du champ dans lequel se meut l'unique électron de l'atome H ; l'action sur lui des charges négatives des électrons intérieurs $(Z - 1)e$ se retranche presque simplement de l'action de la charge positive Ze du noyau. On comprend que dans ce cas la ressemblance à l'hydrogène commence pour k moindre si le nombre des électrons est lui-même plus petit.

Indubitablement, c'est une autre signification que possède la similitude à l'hydrogène des termes à nombre quantique principal n considérable et à faible nombre quantique azimutal k dans le symbole n_k, auquel (voir § 1) correspond un grand nombre m et une des première lettres $a = s$ ou p dans le symbole $(m. a)$. Ici, sans aucun doute, les orbites sont très allongées, mais dans son mouvement l'électron de valence, à certains moments, se rapproche du noyau de telle sorte qu'il pénètre dans la région du mouvement des électrons intérieurs. A ces moments du mouvement quelques électrons non seulement ne s'opposent pas à l'attraction de l'électron de valence par le noyau, mais, au contraire, semblent l'aider. De là vient la grande complexité du mouvement, et il est facile de se représenter que dans ces cas les quantités correctives dans les termes du type (3) deviennent très grandes. Comme il a été indiqué § 1, les termes correspondants s'écrivaient $(m + \frac{1}{2},\ s)$, c'est-à-dire qu'on diminuait la valeur de s et que sa partie principale était reportée à m sous forme $\frac{1}{2}$. Au point de vue de la théorie quantique un nombre quantique fractionnaire n'a aucun sens, et c'est pourquoi se pose la question de savoir s'il est nécessaire d'augmenter ou de diminuer m de $\frac{1}{2}$, et de corriger en conséquence la valeur de s.

Partant de la comparaison avec les termes de l'hydrogène et de la notion de similitude à l'hydrogène, Rojdestvensky prit pour la série principale et la seconde série secondaire des éléments alcalins les formules $(2s) - (mp)$, $m \geqslant 2$ et $(2p) - (ms)$, $m \geqslant 2$; de cette façon l'orbite fondamentale se trouve être $(2s)$. c'est-à dire 2_1: et non $(1s)$, comme par exemple chez H et He. Comme nous l'avons vu, Bohr se plaça ensuite à un point de vue tout différent. Partant du tableau de la p. 103, nous avons vu que pour Li l'orbite fondamentale est réellement 2_1, c'est-à-dire $(2s)$, mais pour Na elle est 3_1, c'est-à dire $(3s)$; pour K elle est 4_1, c'est-à-dire $(4s)$, etc. Sur le dessin schématique de la fig. (12) (chapitre IV, § 2, II) pour Na on a pris comme orbite normale $(3s)$; voir le point le plus à gauche sur la ligne horizontale s et le pointillé qui réunit ce point à la marque inférieure $n = 3$. Ici la notion de la similitude à l'hydrogène des termes à grandes valeurs de m (ou de n) disparaît complètement. Par exemple, dans le premier tableau de ce paragraphe les termes de Li correspondent régulièrement à ceux de l'hydrogène, mais la ligne pour Na doit être déplacée d'une colonne vers la droite, pour K de deux colonnes, etc. En cela Bohr introduit la notion du nombre quantique « effectif », qui pourrait être fractionnaire et en tout cas notablement moindre (quelquefois de plusieurs unités) que le nombre quantique vrai.

Toute la correspondance entre les symboles $(m,\ a)$, d'un part, et n_k, d'autre part, devrait être changée et en outre différente pour les divers éléments.

Nous laissons ici la désignation première des symboles (m, a), car elle est encore conservée dans toutes les tables et travaux de spectroscopie, mais il faut se rappeler que m représente non le nombre quantique vrai, mais plutôt le nombre quantique effectif.

III. *Déduction théorique des formules sérielles.* — Nous avons vu que toute formule sérielle, déterminant les nombres d'ondes des lignes d'une série, se présente sous forme de différence de deux grandeurs, que nous avons appelées des termes. La forme la plus simple d'un terme

$$(14) \qquad \frac{R}{m^2}$$

fut déduite théoriquement par BOHR pour les orbites circulaires, par SOMMER-FELD pour les orbites elliptiques de l'électron unique dans les atome H, He$^+$, Li^{++}, etc. Pour les atomes complexes, contenant plus d'un électron, nous avons la forme de RYDBERG

$$(14, a) \qquad \frac{R}{(m + \mu)^2}$$

et la forme de RITZ

$$(14, b) \qquad (m, a) = \frac{R}{[m + a + a(m, a)]^2},$$

qui furent établies par voie purement *empirique*. Plusieurs moyens sont possibles pour la déduction *théorique* des formules sérielles. La voie idéale serait la solution du problème suivant : étant donné un noyau contenant une charge positive $+ Ze$, autour duquel tournent Z électrons portant des charges $- e$, il s'agit de trouver de ces électrons les orbites permanentes, quoique mobiles éventuellement et satisfaisant à des conditions quantiques déterminées. Supposant que seuls les électrons extérieurs peuvent passer de certaines orbites possibles à d'autres aussi possibles, il faudrait calculer les valeurs de l'énergie que possède l'atome quand ces électrons se trouvent sur les diverses orbites possibles. Divisant l'énergie par la constante de PLANCK h, nous obtenons les termes cherchés. Les cas les plus simples qui se présentent sont ceux où il n'y a qu'un seul (métaux alcalins) ou deux (métaux alcalino-terreux) de ces électrons errants.

Il est impossible de résoudre un tel problème en général, même dans le cas le plus simple $Z = 2$ (hélium), où tournent autour du noyau seulement deux électrons (problème des trois corps de la mécanique céleste). Mais on peut essayer de trouver une solution approchée du problème en y introduisant des simplifications de divers genres et aussi des hypothèses supplémentaires plus ou moins vraisemblables. Parmi celles-ci, on demande avant tout *d'admettre que l'électron errant extérieur est soumis à l'action de forces centrales qui sont les mêmes dans toutes les directions.* Cela veut dire que l'énergie potentielle P de l'atome est fonction seulement de la distance r de l'électron au centre de l'atome, mais ne dépend de ses deux autres coordonnées polaires.

La charge de l'ensemble de l'atome moins l'électron extérieur considéré est égale à $+ e$. L'énergie potentielle P de l'atome peut s'écrire sous la forme

$$(14, c) \qquad P = - e^2 f(r).$$

Dans une première et grossière approximation, on peut admettre que l'électron extérieur se trouve sous l'influence de la seule charge $+ e$ placée au centre de l'atome. Dans ce cas

$$(15) \qquad P = - \frac{e^2}{r}.$$

Nous savons déjà (voir, par exemple, la formule $(25, a)$ du chapitre III) que cela conduit aux formules primitives de Bohr, c'est-à-dire au terme de la forme (14). Sommerfeld le premier (A. u. S., 3ᵉ éd., p. 721-726) a calculé les termes que l'on obtient si dans (15) l'on prend pour $f(r)$ une fonction plus compliquée que $\frac{1}{r}$. Représentons-nous $f(r)$ sous la forme d'une fonction de $\frac{1}{r}$ et développons-le par la pensée en série suivant les puissances croissantes de $\frac{1}{r}$, alors on peut regarder (15) comme le premier terme d'un tel développement.

Sommerfeld choisit d'abord le cas où dans le développement on ne conserve que les deux premiers termes, ce qui donne une seconde *approximation;* il prend

$$(15, a) \qquad P = - \frac{e^2}{r} \left(1 - \frac{c_1}{r^2} \right).$$

Ensuite il passa à une *troisième approximation* en prenant

$$(15, b) \qquad P = - \frac{e^2}{r} \left(1 - \frac{c_1}{r^2} - \frac{c_2}{r^3} \right);$$

c_1 et c_2 sont des grandeurs constantes, c'est-à-dire ne dépendent pas de r. *Il est extrêmement remarquable que la formule $(15, a)$ conduit à un terme de la forme $(14, a)$, et la formule $(15, b)$ à un terme qui est précisément de la forme $(14, b)$.*

De cette façon les termes de Rydberg et Ritz établis empiriquement ont reçu une base théorique. De plus Sommerfeld a montré que, par une extension nouvelle, sa théorie conduit à la même expression générale du terme que celle qui est donnée dans la formule $(11, a)$ du chapitre III. La théorie de Sommerfeld a été développée davantage par J. Weinacht, van Urk (1923), E. Fues (1922), G. Wentzel (1923) et W. Thomas (1924). E. Schrödingen (1921) a suivi une autre voie; il porta son attention sur ce que l'orbite de l'électron extérieur peut ne pas être toute entière à l'extérieur du reste de l'atome, mais peut pénétrer profondément dans la région où sont les orbites des autres électrons. La plus grande partie des travaux que nous signalons se rapporte au cas des métaux alcalins, et en particulier du sodium.

4. Nombres quantiques intérieurs. Quelques autres questions.

I. *Nombres quantiques intérieurs.* — Dans le § 2 de ce chapitre nous avons pris connaissance des doublets et des triplets. Sommerfeld s'en est occupé spécialement et pour leur étude systématique il a introduit la notion des nombres quantiques intérieurs correspondant aux termes multiples mp_i, md_i, etc. Avant tout il affirme que *quand un terme mp est multiple les termes md et mf sont aussi multiples.* C'est ce qu'il appelle la règle de la *constance des multiplicités* (Permanenz der Multiplizitäten), et il prouve en détail que cette règle est confirmée non seulement pour les termes md, mais encore pour les termes mf. Un intérêt spécial s'attache surtout aux doublets et triplets de la *première série secondaire* (voir (11) et (11, a)) que nous avons appelés *complexes*.

La formule de cette série est $(2p) — (md)$, et dans le cas de multiplicité des termes, $(2p_i) — (md_j)$. Pour le doublet p et d nous avons les valeurs p_1 p_2, d_1, d_2, d'où il suit que *le doublet complexe devrait consister* en quatre lignes. Mais (11) montre qu'il ne contient que *trois* lignes, que la ligne

$$(16) \qquad \nu = (2p_2) — (md_1)$$

n'existe pas. Dans le triplet nous avons les lettres p_1, p_2, p_3 et d_1, d_2, d_3, de sorte que le *triplet complexe* devrait contenir *neuf* lignes, tandis que, ainsi que (12) le montre, il consiste seulement en *six* lignes. N'existent pas les lignes

$$(16, a) \qquad \nu = (2p_2) — (md_1); \quad (2p_3) — (md_1); \quad (2p_3) — (md_2).$$

Cette absence de certaines lignes de combinaison a inspiré à Sommerfeld l'idée que dans le cas donné il doit exister un *principe de sélection* d'espèce particulière, qui s'oppose à certaines combinaisons déterminées. Du côté extérieur les formules (11) et (11, a) pour les combinaisons possibles, et les formules (16) et (16, a) pour les combinaisons impossibles montrent clairement que les combinaisons sont *possibles* pour lesquelles

$$(16, b) \qquad i \leqslant j$$

et sont *impossibles* celles pour lesquelles

$$(16, c) \qquad i > j.$$

Les doublets et les triplets ne donnent jamais de combinaisons entre eux (voir § 2, XIII). Il est hors de doute que tout ce qui vient d'être dit de la première série secondaire s'applique aussi à la série de Bergmann $(3d) — (mf)$ (voir (6)), comme l'a montré Sommerfeld en se basant sur les observations de F.-A. Saunders (1920, Ba, spectre d'arc), de K.-W. Meissner (1920, Cs) et de S. Popow (1914, Ba, spectre d'étincelle).

Pour l'instant nous remettons à plus tard l'examen de la question de l'origine de la multiplicité des termes contenant les lettres p, d et f; nous y reviendrons après que nous aurons pris connaissance de nouveaux travaux qui se rapportent au phénomène de Zeeman. Maintenant remarquons seulement que D.-S. Rojdestvensky (1920) et A. Sommerfeld indépendamment l'un de l'autre, ont exprimé l'hypothèse que les doublets et triplets sont produits par des *champs magnétiques intérieurs* ; I.-A. Kroutkof a travaillé cette question théoriquement.

Le principe de sélection avec lequel nous avons affaire jusqu'ici se rapporte au nombre quantique azimutal k ; dans son application aux formules sérielles, il indique que dans deux termes de ces formules il doit y avoir des lettres voisines de la suite s, p, d, f, g, h. Il est clair que ce principe ne peut expliquer l'absence des combinaisons (16) et (16, a), c'est-à-dire de la règle exprimée par les formules (16, b) et (16, c). Sommerfeld exprime la pensée que pour formuler le *nouveau principe de sélection* il est indispensable de relier les lettres p, d, etc. à des nombres quantiques d'espèce spéciale, qu'il appelle nombres quantiques *intérieurs*. Nous les avons désignés par k_i, où la lettre i, comme cela se rencontre souvent dans diverses parties de la physique (chaleur latente interne de vaporisation ρ_i, T. III) rappelle le mot « intérieur ». Ces *nombres quantiques internes* k_i, Sommerfeld les établit d'une façon purement formelle de la façon suivante.

Dans les *doublets*

$$(17) \quad \begin{cases} \text{pour} & p_1 \ldots k_i = 2 & d_1 \ldots k_i = 3 & f_1 \ldots k_i = 4 \\ \text{pour} & p_2 \ldots k_i = 1 & d_2 \ldots k_i = 2 & f_2 \ldots k_i = 3 \end{cases}$$

Dans les *triplets*

$$(17, a) \quad \begin{cases} \text{pour} & p_1 \ldots k_i = 2 & d_1 \ldots k_i = 3 & f_1 \ldots k_i = 4 \\ \text{pour} & p_2 \ldots k_i = 1 & d_2 \ldots k_i = 2 & f_2 \ldots k_i = 3 \\ \text{pour} & p_3 \ldots k_i = 0 & d_3 \ldots k_i = 1 & f_3 \ldots k_i = 2 \\ \text{N. quant. azim. } k = 2 & & k = 3 & k = 4 \end{cases}$$

Pour les termes contenant s, Sommerfeld prend :

$$(17, b) \quad \begin{cases} \text{N. quant. interne pour } s \ . \ . \ . \ . \ . \ . \ . & k = 1 \\ \text{Nous savons que le n. quant. azim.} \ . \ . \ . \ . & k_1 = 1 \end{cases}$$

Ainsi le nombre quantique interne pour s, p_1, d_1, f_1, est égal au nombre azimutal, et ensuite il diminue d'une unité par accroissement du nombre i dans les symboles p_i, d_i et $f_i (i = 1, 2, 3)$; dans les doublets et triplets à des p_i, d_i, f_i ($i = 1, 2$) semblables correspondent des nombres quantiques internes semblables k_i. Pour le nombre quantique azimutal k le principe de sélection exigeait que k ne changeât que de $+ 1$ ou $- 1$. Pour le nombre quantique interne Sommerfeld le formule d'une façon plus large : *Dans les deux termes de la formule spectrale d'une ligne quelconque d'un doublet ou d'un triplet doivent se trouver les lettres symboles correspondant aux nombres quantiques internes* k_i *et* k_j, *dont la différence ne peut être que* $+ 1$, $- 1$ *ou* 0.

$$(17, c) \qquad k_j - k_i = + 1, 0, - 1.$$

A cela Sommerfeld ajoute la règle de l'intensité relative des raies d'un doublet ou d'un triplet : *la ligne qui apparaît la plus intense est celle dans les deux termes de laquelle la différence des nombres quantiques internes k_i est égale à la différence des nombres quantiques azimutaux k ; l'intensité est d'autant moindre que ces deux différences s'écartent plus l'une de l'autre.*

Pour les doublets ce nouveau principe de sélection est confirmé par les formules (11), (16) et (17). Pour les trois lignes (11) nous avons [k_i se rapporte au premier terme, k'_i au second terme ; les symboles (p_1), etc. désignent les nombres quantiques internes suivant (17) et (17, a)] :

$$k_i' - k_i = (d_1) - (p_1) = 3 - 2 = +1 ; \quad (d_2) - (p_1) = 2 - 2 = 0$$
$$(d_2) - (p_2) = +1.$$

Pour les lignes (16), $(d_1) - (p_2) = 3 - 1 = 2$, ce qui n'est pas permis (voir (17, c)). La différence des nombres quantiques *azimutaux* (entre d et p) (voir (17, b), dernière ligne) est égale a $3 - 2 = +1$. C'est pourquoi des trois lignes du doublet complexe (11) la première et la troisième sont intenses, la seconde est plus faible.

Sommerfeld applique également le principe de sélection et la règle de l'intensité aux doublets de la série principale et de la seconde série secondaire. Dans la série principale nous avons le doublet

$$(1, s) - (mp_1) \quad \text{et} \quad (1, s) - (mp_2).$$

La variation du nombre quantique interne est $(p_1) - (s) = 2 - 1 = 1$ et $(p_2) - (s) = 1 - 1 = 0$.

Les deux lignes sont possibles ; la différence des nombres quantiques azimutaux est égale à $2 - 1 = 1$, et c'est pourquoi *la première ligne est plus intense que la seconde*. Pour la ligne jaune du sodium, la première ligne est D_2, la seconde D_1, et effectivement D_2 est à peu près 2 fois plus intense que D_1.

Il est facile de se convaincre que les six lignes (11, a) du triplet complexe satisfont au nouveau principe de sélection et que les trois lignes (16, a) y contredisent. L'intensité relative établie empiriquement est aussi d'accord avec la règle énoncée.

Sommerfeld applique aussi le principe et la règle aux combinaisons des termes individuels avec des termes triples qui sont possibles dans la série principale et dans la seconde série secondaire. Désignant les grandeurs littérales pour les termes individuels par S, P, D, Sommerfeld les relie aux nombres quantiques internes suivants

$$(17, d) \qquad \begin{cases} \qquad \text{S} \qquad \text{P} \qquad \text{D} \\ k_i = 0 \qquad 1 \qquad 2 \end{cases}$$

et trouve une concordance parfaite entre le principe et la règle, d'une part, et les faits établis empiriquement, d'autre part. La même chose a lieu pour quelques autres combinaisons, mais nous n'entrerons pas dans plus de détails.

A. Landé (1921) soumit à un examen théorique la question des nombres quantiques internes. Il trouva que pour chaque état de l'atome le nombre quantique interne multiplié par $\frac{h}{2\pi}$ (h, constante de PLANCK) est égal au *moment de la quantité de mouvement de tout l'atome dans cet état*. HEISSENBERG arrive aussi à un résultat semblable. Ainsi apparaît la signification physique des nombres quantiques internes et leur analogie avec les nombres quantiques introduits pour la première fois par BOHR. La théorie de LANDÉ conduit à ce résultat que la différence des nombres quantiques internes k_i et k_j (voir (17, c)) ne peut avoir la valeur nulle que SOMMERFELD accepte. Mais les grandeurs numériques (17), (17, a) et (17, b) attribuées par SOMMERFELD aux nombres quantiques internes n'ont qu'une valeur relative, et c'est pourquoi, comme il le montre, le passage $k_j - k_i = 0$, interdit par la théorie de LANDÉ peut servir pour déterminer la valeur numérique vraie (absolue) des nombres quantiques internes. Dans un récent travail, très étendu, SOMMERFELD (1923) applique sa théorie sur les nombres quantiques internes aux spectres du *manganèse* et du *chrome* qu'a étudiés M. A. CATALAN dans le laboratoire de A. FOWLER. CATALAN a trouvé que dans la première série secondaire du spectre de manganèse, le triplet complexe (11, a) des métaux alcalins, formé de six lignes, est remplacé par *neuf* lignes, dont l'ensemble est appelé par lui un *multiplet*. Ceci prouve que nous avons affaire ici aux combinaisons du terme p *triple* (p_{1-3}) avec le terme *quintuple* d (d_{1-5}). Pour les termes s et p SOMMERFELD conserve ici les nombres quantiques internes qui ont été donnés dans (17, a) et (17, b). Mais pour le terme quintuple d, il prend les nombres 3, 2, 1, 0 et — 1, dans lequel le nombre négatif disparaît si on ajoute à tous les nombres des composantes communes jusqu'ici encore inconnues. Dans le spectre du *chrome* SOMMERFELD réussit à déterminer les valeurs absolues des nombres quantiques internes, en se basant sur la formule donnée par LANDÉ au principe de sélection (impossibilité de $k_j - k_i = 0$). Il s'est trouvé que pour le chrome les nombres quantiques internes du terme d sont 4, 3, 2, 1, 0. Nous ne pouvons entrer dans un examen plus détaillé de ce grand travail de SOMMERFELD, à la fin duquel, en partant de la théorie de LANDÉ, il donne des considérations sur la relation entre les nombres quantiques internes et le nombre des magnétons dans l'atome (chapitre IV, § 3).

II. *Le spectre de l'hélium.* — On trouvera une vue d'ensemble complète des lignes du spectre de l'hélium dans le mémoire de F. A. SAUNDERS (1919) et, bien entendu, dans le livre de F. PASCHEN et R. GÖTZE (voir la bibliographie pour § 1). Le spectre *d'étincelle* de l'hélium est le spectre de He^+, dont les séries s'expriment par la formule de BOHR, dans laquelle $R(R_\infty)$ est remplacé par la grandeur $R(He)$ (voir (7), (8) et (8, a), chapitre III). Le spectre d'arc de l'hélium *non ionisé* est formé en quelque sorte de deux spectres, entre les lignes desquels les combinaisons n'existent pas et sont impossibles, car ces deux spectres sont émis par les deux variétés d'hélium (non par deux isotopes) que nous avons appelées *orthohélium* et *parhélium* (chapitre IV, § 2, IV). Selon toute vraisemblance, elles se distinguent par la position relative des orbites des deux électrons. Ainsi, semble-t-il, s'explique complètement l'impossibilité de lignes de combinaison des termes appartenant à deux spectres. Le spectre du *parhélium* est formé de lignes *individuelles*, dans les termes desquelles on écrit les lettres S, P, D, F ; le spectre de l'*orthohélium* est constitué par des *doublets*, d'ailleurs très étroits ($2p_2 = 29222,85$, $2p_1 = 29223,87$). Dans la série principale du parhélium $(2S) — (mP)$ on connaît des lignes jusqu'à $m = 20$; dans la seconde série secondaire $(2P) — (mS)$ jusqu'à $m = 20$, et dans la première secondaire $(2P) — (mD)$, jusqu'à $m = 14$. De la série de BERGMANN $(3D) — (mF)$ sont connues deux lignes $m = 4$ et $m = 5$. En outre, PASCHEN indique les lignes $(2P) — (mP)$, $(2S) — (mS)$ et $(2S) — (mD)$ qui n'obéissent pas au principe de sélection.

PASCHEN n'indique dans le spectre de l'orthohélium que les termes qui correspondent à la dualité des lettres p (p_1 et p_2) ; pour d la différence entre $3d_1$ et $3d_2$ est extrêmement faible, de sorte que les doublets complexes de la première série secondaire ne peuvent être observés sous l'aspect de trois lignes. Deux lignes de la série de BERGMANN, néanmoins, se montrent individuelles.

III. *Spectres multilinéaires de l'hydrogène et de l'hélium.* — Outre le spectre émis par les atomes de l'hydrogène dissocié H, qui suit les formules de BALMER et de BOHR, il existe encore un spectre *multilinéaire* de l'hydrogène, composé d'un nombre énorme de lignes. Il convient d'envisager ce spectre comme une variété des spectres de bandes, dont nous avons déjà parlé dans le T. II, et sur lesquels nous reviendrons.

A la vérité il n'y a pas dans le spectre multilinéaire de l'hydrogène ce groupement de lignes qui donne une limite tranchée d'un côté, et de l'autre côté une diminution progressive de l'intensité caractéristique des véritables spectres de bandes. Mais entre les lignes se trouvent des groupes qui obéissent aux lois de DESLANDRES (T. II), comme l'ont montré FULCHER (1912) et CROZE (1914). *Les recherches de E. GEHRCKE (1921) ne laissent aucun doute que le spectre multilinéaire est émis par la molécule H^2 d'hydrogène.* Il s'observe dans les tubes de GEISSLER pour des différences de potentiel moindres que celle qui est nécessaire pour l'apparition de la série de BALMER.

Remarquons que l'hydrogène a aussi un spectre continu, qui commence à la limite de la série de BALMER. On l'a d'abord trouvé dans quelques spectres d'étoiles, et ensuite J. STARK (1917) l'a découvert et observé dans les tubes où se produisent les rayons canaux. Nous reviendrons à la théorie de ce spectre dans le § 5.

Le spectre multilinéaire de l'hélium fut découvert par E. GOLDSTEIN (1913) et CURTIS (1914) ; A. FOWLER l'a étudié (1915). Ce spectre se rapproche par son aspect un peu plus des spectres de bandes que celui de l'hydrogène. Il contient des groupes de lignes rappelant des bandes à bords plus ou moins nets. A. SOMMERFELD (A. et S., 3e éd., p. 538, 1922) attribue ce spectre à la formation, bien que momentanée, de la *molécule d'hélium* He^2, sous l'influence d'un champ électrique puissant qui rejette un des électrons sur une orbite éloignée du noyau. Un atome ainsi perturbé est composé d'un électron qui tourne autour du reste de l'atome, dont toute la charge est égale à $+ e$; il est pareil à l'atome d'hydrogène et, comme ce dernier, peut avec un autre atome semblable former une molécule He^2. D'accord avec ceci est le fait que le spectre multilinéaire de l'hydrogène exige une excitation moindre que celle de la série de BALMER, tandis que le spectre multilinéaire de l'hélium a besoin d'une excitation plus forte que le spectre ordinaire de ce gaz.

IV. *Quelques spectres d'éléments ionisés.* — Le spectre d'un atome non ionisé (neutre) s'obtient quand un des électrons de la couche extérieure, rejeté de son orbite normale sur une des orbites plus éloignée du noyau, revient à son orbite normale. Le spectre d'un atome ionisé est émis quand *un ou quelques-uns des électrons* de la couche extérieure sont complètement expulsés de l'atome et que l'un des électrons restants de cette couche revient à son orbite normale. Pour l'hydrogène le premier cas est seul possible ; pour l'hélium nous avons déjà considéré les deux cas.

Nous avons vu (§ 3, I) que, d'une façon générale, le spectre d'arc correspond au premier cas, et le spectre d'étincelle, au second cas. L'ionisation peut être simple, double, triple, etc., suivant le nombre des électrons qui ont été rejetés hors des limites de l'atome. Le résidu de l'atome qui agit sur l'électron dont la chute produit le rayonnement est évidemment égal à $+ 2e$ pour l'ionisation simple, $+ 3e$ ou $+ 4e$ pour l'ionisation double ou triple, respectivement. Dans le numérateur des termes, nous avons R quand l'atome n'est pas ionisé, $4R$ dans le cas de l'ionisation simple (He^+), $9R$ si l'ionisation est double, $16R$ si elle est triple, etc. A chaque degré d'ionisation correspond son spectre ; jusqu'ici nous les avons distingués par des signes $+$, par exemple He^+, Li^{++}, etc. Aujourd'hui on est convenu d'indiquer le numéro du spectre par des *chiffres romains* M I, M II, M III, etc., où M est le symbole chimique de l'élément, par exemple He I, He II (He^+), Li I, Li II (Li^+), Li III (Li^{++}), etc. ; de la sorte le nombre I se rapporte à l'atome non activé ; le spectre d'étincelle appartient en général aux spectres M II. Un intérêt spécial est présenté par les spectres du type M III (M^{++}) d'éléments doublement ionisés, mais peu de ces spectres sont connus. Il serait très important d'obtenir le spectre de Li III (Li^{++}), qui doit être tout à fait semblable au spectre de l'hydrogène, avec cette différence que dans les numérateurs des termes c'est $9R$ au lieu de R qui doit s'y trouver.

En 1923, F. PASCHEN réussit à observer les spectres Al II (Al^+) et Al III (Al^{++}) en employant un tube avec une cathode cylindrique placée dans l'hélium. Dans la lueur cathodique qui apparaît à l'intérieur du cylindre par le passage d'un *courant constant*, PASCHEN a trouvé, outre les spectres He I et He II, le spectre Al II, et aussi, pour une puissante décharge par étincelle, le spectre Al III. Le premier de ceux-ci contient de nombreux triplets. On peut dire que le noyau de l'atome d'aluminium contenant la charge $+ 13e$ (le numéro d'ordre Z de l'aluminium est 13) attire successivement à soi les 11e, 12e et 13e électrons, tandis que sont émis les spectres Al III, Al II et Al I. PASCHEN analysa dans les détails les spectres Al II et Al III. Nous nous bornerons à quelques indications. Entre autres PASCHEN compare les spectres Al III (Z = 13), Mg II (Z = 12) et Na I (Z = 11) avec le spectre de l'hydrogène. Les termes de ces spectres correspondent aux niveaux stationnaires d'énergie qui, d'après BOHR, doivent se rencontrer dans la prise du 11e électron par le noyau, dont la charge est 13e, 12e et 11e; les grandeurs calculées des termes concordent d'une façon satisfaisante avec la théorie de Bohr. L'électron attiré, comme il doit en être ainsi d'après le tableau p. 103, tend vers l'orbite stationnaire 3_1 $(3,s)$. Paschen porte les valeurs numériques de tous les termes dans les formules sérielles du spectre Al III. Il trouve dans ce spectre les séries suivantes : secondes secondaires (voir 12, a), $3p_i — ms$ $(i = 1,2)$, $4p_i — ms$; séries principales (voir (12)), $3s — mp_i$, $4s — mp_i$; premières secondaires $3p_i — md_i$ $(i = 1, 2)$, $4p_i — md_i$ (jusqu'à $m = 8$), $5p_i — md_i$ (jusqu'à $m = 8$); les séries de Bergmann (voir (12, d)), $3d_i — mf_i$ $(i = 1, 2)$, $4d_i — mf_i$, $5d_i — mf_i$, et encore les séries $4f_i — md_i$, $5f_i — md_i$; les troisièmes séries secondaires $4f_i — mg$, $5f_i — mg$ et une quatrième secondaire $5g — mh$; et en plus de tout cela 5 séries de combinaison. Nous avons donné cet ensemble pour montrer jusqu'à quel point le travail de Paschen est complet.

Dans la seconde partie, l'auteur décrit en détail le spectre Al II. Ici encore il introduit les termes, donne les formules des séries découvertes de triplets et compare les spectres Al II et Mg I avec celui de l'hydrogène. On a trouvé des lignes individuelles, mais on n'a pu établir de séries de ces lignes. A la fin de son mémoire Paschen indique que de faibles traces de chlore mélangées à l'hélium donnent 4 triplets, dont deux sont simples $(p_i\ s)$ et deux sont complexes $(p_i\ d_j)$; il les attribue au spectre Cl II. Les nombres quantiques internes sont ici les mêmes que pour Cr I (voir ce paragraphe II).

A. Fowler. (1923) découvrit le spectre *du silicium trois fois ionisé* Si IV (Si+++). Il indique d'abord qu'une suite de lignes du silicium que Lockyer a trouvées dans des spectres d'étoiles doivent appartenir à Si I, Si II, Si III et Si IV. Il a obtenu artificiellement le spectre Si IV entre des électrodes de silicium dans diverses conditions ; ce spectre doit être analogue aux spectres Na I, Mg II et Al III (union du 11° électron) et consister en doublets. Donnons seulement quelques nombres

	$3s$	$3p_1$	$3d$	$4f$
NaI.....	41 449,0	24 475,7	12 276,2	6 860,4
SiIV.....	22 757,3	18 273,6	12 731,6	6 870,2

La différence des nombres d'ondes ν des doublets (p_1, p_2) pour Na I (17,18), Mg II (91,55), Al III (238) et Mg IV (460) peut être exprimée par la formule empirique

$$\Delta\nu = 7,5 + 36,9(n — 0,492)^2,$$

où n est le numéro de l'élément dans la série indiquée ($n = 1$ pour Na I, $n = 4$ pour Si IV).

Dans un nouveau travail Fowler (1924) fait connaître le spectre qu'il a trouvé du carbone ionisé C II (C+). Ce spectre consiste en doublets ; il doit être analogue au spectre du bore non ionisé, qui est inconnu, mais qui probablement est formé de doublets, comme aussi les spectres d'autres éléments du troisième groupe du système périodique. Fowler donne encore ici les valeurs numériques des termes et un certain nombre de formules sérielles : la seconde secondaire, la première secondaire et la série de BERGMANN. L'électron qui produit le spectre C II se meut sur l'orbite 2_2 ($2p$) (voir le tableau p. 103). Quelques-unes des lignes de ce spectre avaient déjà été observées par SIMÉON (1922, 1923), MILLIKAN (1921) et HUTCHINSON (1923).

5. Spectre continu des gaz. Affinité des atomes et des électrons. Spectre d'absorption des gaz.

I. *Spectre continu des gaz.* — Les gaz rayonnants, outre les spectres de lignes que nous avons considérés jusqu'ici, donnent encore et *simultanément* des bandes ayant tout à fait le caractère des spectres que nous avons appelés continus. Ils commencent là où finit la queue d'une des séries et s'étendent du côté des longueurs d'ondes qui diminuent. C'est R.-W. WOOD qui le premier a remarqué un tel spectre continu dans les vapeurs de sodium, dans lesquelles il commence à l'endroit où finit la série principale. Ce spectre et d'autres semblables furent étudiés par J. HOLTSMARK (1919) dans les vapeurs de sodium et de potassium.

Des bandes continues se trouvent aussi dans quelques spectres stellaires. J. HARTMANN (1917) les étudia ; ils appartiennent indubitablement à l'*atome* d'hydrogène. Le spectre continu de l'*hydrogène* mentionné dans le § 4, III, découvert par J. STARK (1917), commence à la fin de la série de BALMER (3 600 Å) et s'étend jusqu'à 2 000 Å, ayant un maximum d'intensité vers 2 500 Å ; il est évidemment identique à ceux qui se trouvent dans les spectres stellaires. W. STEUBING (1921) trouve dans le spectre des vapeurs d'iode une bande continue ; quant aux travaux ultérieurs consacrés à ce spectre, nous en dirons quelques mots plus loin.

SOMMERFELD a expliqué de la façon suivante l'origine des parties continues des spectres des gaz. Le spectre de lignes, par exemple de l'hydrogène et du sodium, se produit, comme nous l'avons vu, quand un électron de valence projeté sur l'une de ses orbites possibles revient à son orbite normale, stable, par exemple dans l'atome d'hydrogène, à l'orbite 1_1, dans l'atome de sodium, à l'orbite 3_1 ($3s$). L'énergie perdue par l'atome dans un tel retour est transformée en un quantum d'énergie rayonnante. Pour l'hydrogène on obtient en cela la série ultraviolette (voir (6, a), chapitre III), dont la limite se trouve vers $\lambda = 911.75$ Å ; le terme correspondant à cette limite est numériquement égal à la constante de RYDBERG R. Quand l'électron retourne à l'orbite 2_1, on obtient la série de BALMER, dont la limite est définie par le rayon $\lambda = 3647,0$ Å, avec le terme $\dfrac{R}{4}$.

Si pour l'atome d'un élément quelconque on désigne par J_1 et J_2 les énergies avant et après la chute de l'électron d'une orbite à l'autre, et si pour la fréquence des vibrations du rayon qui en provient on revient à l'ancienne dénomination ν, on a

$$(18) \qquad\qquad h\nu = J_1 - J_2.$$

Ici J_1 et J_2 ne peuvent avoir que des valeurs numériques déterminées dont les combinaisons sont la cause de la production *du spectre de lignes* d'un élément donné. Remarquons que J_1 et J_2 ne représentent évidemment pas toute la provision d'énergie de l'atome, mais seulement la partie qui relève de l'électron errant, c'est-à-dire son énergie cinétique et la part d'énergie potentielle qui dépend de lui. Conformément à la dénomination que nous avons adoptée, J_1 et J_2 sont des grandeurs négatives (voir, par exemple, (26) et (26, *a*) du chapitre III), dont J_2 est plus grande en valeur absolue que J_1. Si l'on désigne par $\bar{\nu}$ la fréquence correspondant à la *limite* de la série donnée, $J_1 = 0$ et

$$(18, a) \qquad\qquad J_2 = - h\bar{\nu}.$$

La même ligne limite de la série s'obtient quand un électron qui se trouve en dehors de l'atome ionisé revient à ce dernier et, soumis à l'attraction du noyau, tombe sur l'orbite à laquelle correspond l'énergie J_2. Imaginons cependant que l'électron atteigne la « limite » extérieure de l'atome en possédant une certaine vitesse v et par conséquent une énergie cinétique $\frac{1}{2} mv^2$. Dans ce cas l'énergie initiale J_1 n'est pas égale à zéro et l'énergie perdue s'obtient en portant (18, *a*) dans (18) avec $J_2 = \frac{1}{2} mv^2$. Désignons par ν' la fréquence du rayon émis par l'absorption d'un tel électron par l'atome ; l'énergie perdue doit être égale à $h\nu'$. Alors (18) donne, après division des deux membres par h,

$$(18, b) \qquad\qquad \nu' = \nu + \frac{1}{2h} mv^2.$$

Comme *la vitesse v* n'est soumise à aucune condition quantique, *elle peut avoir toute les valeurs possibles* à partir de zéro. D'où il suit que ν' peut aussi avoir toutes les valeurs à partir de ν, *et ainsi s'explique la production d'un spectre continu* commençant à l'extrémité de la série. La répartition de l'intensité de l'énergie rayonnante le long de ce spectre dépend évidemment de ce que souvent il se rencontre des vitesses v différentes parmi les électrons qui arrivent fortuitement aux limites de l'atome. Nous avons vu que le spectre continu de l'hydrogène, qui commence à la limite de la série de Balmer, a son maximum d'intensité non à la limite elle-même, mais à une assez grande distance de celle-ci. Il n'existe pas encore de recherches théoriques sur cette question.

L'explication que nous venons de donner peut se rapporter aux parties continues des spectres de l'hydrogène et du sodium. Mais il y a possibilité d'un autre cas de production de telles parties continues dont on peut prévoir la réalisation dans les spectres des halogènes appartenant au VIIe groupe d'éléments du système périodique et précédant les gaz nobles. Dans les atomes d'halogènes se trouvent 7 électrons dans la couche extérieure, et nous avons vu dans le chapitre IV, § 2, V, que les halogènes ont une tendance à compléter la structure de l'anneau extérieur *par l'union à cet anneau d'un huitième électron.* Dans le tableau de la p. 103 les halogènes n'ont pas été indiqués, mais comme ils sont avant les gaz nobles Ne, A, Kr et X, il est clair que le huitième électron qui leur manque doit se placer sur l'orbite $n_2(np)$, où pour F, Cl, Br et I le nombre quantique principal n (numéro d'ordre de la couche) est respectivement égal à 2, 3, 4 et 5. On comprend que soit aussi applicable à ce cas la formule (18, *b*), où ν est *approximativement* égal à la fréquence du rayon qui est émis par l'atome *neutre* de l'halogène lorsqu'un des sept électrons de la couche extérieure revient de la limite de l'atome à son orbite normale n_2. Nous avons dit « approximativement » parce que le septième électron revient à son orbite quand la couche extérieure contient six électrons, tandis que le huitième s'unit à l'atome lorsque dans cette couche il y a déjà sept électrons, de sorte que les valeurs de l'énergie potentielle ne seront pas tout à fait les mêmes. Appliquant la formule (18, *b*) au cas considéré de l'union d'un huitième électron aux sept électrons de la couche extérieure de l'atome d'un halogène, nous voyons que, si le huitième électron a à la limite de l'atome la vitesse $v = 0$, on obtient un rayon presque identique au rayon correspondant à la limite de la série. Mais v peut avoir toutes les valeurs possibles, et c'est pourquoi nous devons dans ce cas encore obtenir un spectre continu, commençant à la limite de la série. Un peu plus haut nous avons mentionné le spectre continu des vapeurs d'*iode* que Steubing a découvert. C'est J. Franck (1921) qui a donné l'explication que nous venons d'exposer de la formation de ce spectre. Pour l'iode (voir le tableau p. 103), $n = 5$, et l'orbite sur laquelle tombe le hnitième électron est déterminée par le symbole $5_2(5p)$.

II. *Affinité des atomes pour les électrons.* — En chimie on parle de l'affinité d'un élément pour un autre comme mesure de la tendance à la combinaison chimique. W. Kossel (1916) dans un travail très étendu a le premier (ou un des premiers) appliqué ce mot à la tendance de l'atome *neutre* à s'ajoindre un électron et de cette façon devenir électrisé négativement. Cette tendance de l'atome neutre à s'unir un électron est appelée par Kossel *l'affinité de l'atome pour l'électron* (Elektronenaffinität), que nous désignerons pour abréger par « affinité at. el. ». Pour les gaz nobles qui ont la couche extérieure complètement remplie par 8 électrons, cette affinité at. el. est nulle. Elle est clairement exprimée chez les halogènes qui, ainsi que le dit Kossel, dans tous les cas favorables tendent à s'unir un électron. Le remarquable travail de ce savant est intitulé : Über Molekülbildung als Frage des Atombaues, « Sur la formation des molécules et leur dépendance de la structure de l'atome ». On y trouvera parfaitement expliquée la relation fondamentale de l'affinité at. el. avec un grand nombre de réactions chimiques et le système périodique des éléments.

On a fait des essais de divers genres pour mesurer cette affinité, mais ils n'ont donné que des résultats approximatifs, plutôt qualitatifs que quantitatifs. Born le premier (1919) a calculé théoriquement l'affinité at. el., en se basant sur sa théorie des réseaux dans l'espace. L'atome d'un halogène, après avoir fixé un électron, constitue ce que dans la théorie de la dissociation électrolytique on appelle un *ion*, avec plus de précision, un

anion. Suivant la terminologie actuelle il est cependant impossible de dire que
cet atome est ionisé, car ce terme désigne aujourd'hui un atome qui a perdu
un de ses électrons. BORN prend comme mesure de l'affinité at. el. d'un
atome le travail qu'il faut dépenser pour séparer de l'atome neutre l'électron supplémentaire qui s'est uni à lui. Si l'on multiplie ce travail par le
nombre d'AVOGADRO et que l'on convertisse le produit en *grandes* calories, on
obtient *la mesure de l'affinité at. el. d'une substance donnée*. Il est remarquable
que déjà dans son premier mémoire (1919) il indique l'importance possible de
l'affinité at. el. pour la théorie des spectres. Partant de sa théorie des réseaux
dans l'espace, BORN calcule l'affinité at. el. E des halogènes en grandes calories,
et aussi les longueurs d'onde des rayons qui doivent être émis lorsque le
huitième électron s'unit à la couche électronique extérieure des atomes. Il a
trouvé des nombres, mais comme il s'est glissé une erreur dans leur détermination, nous ne les reproduirons pas. En même temps que ce travail de
BORN parut un mémoire de FAJANS (1919) sur l'affinité at. el. ; il contient
les résultats :

$$(19) \qquad \left\{ \begin{array}{cccc} & \overset{Cl}{} & \overset{Br}{} & \overset{I}{} \\ E = & 116 & 87 & 81 \text{ gr. cal.} \\ \lambda = & 2440 & 3350 & 3490 \text{ Å} \end{array} \right.$$

La longueur d'onde est calculée de la façon suivante. Pour un atome il
faut une énergie libératrice de l'électron

$$\varepsilon = h\nu = h\,\frac{3 \cdot 10^{10}}{\lambda}.$$

Multiplions par le nombre d'AVOGADRO N, nous avons $N\varepsilon = E$. Si E est
exprimé en grandes calories et λ en angströms, nous obtenons

$$(19, a \qquad\qquad \lambda = \frac{2 \cdot 826 \cdot 10^{8}}{E}\,\text{Å}.$$

Ayant trouvé une erreur dans ses calculs, BORN (1921) accepta comme
vrais les nombres de FAJANS. Dans un second mémoire (1919) FAJANS
examine le rôle que l'affinité at. el. doit jouer lors de la rencontre d'un
électron animé d'une vitesse modérée avec une *molécule* HX, où X est un des
halogènes. Le calcul montre que dans une telle rencontre il doit se produire
une « réaction » selon la formule

$$(19, b) \qquad\qquad HX + e = H + Xe,$$

c'est-à-dire que l'atome d'hydrogène est mis en liberté, et il se forme un
anion de l'halogène. Dans le cas de HCl il faut pour cela un *afflux* d'énergie
peu considérable (la force vive du mouvement de l'électron), mais pour HBr
et HI la réaction s'accompagne même d'une dégagement d'énergie. Maintenant nous pouvons ajouter que, sur la base de l'explication que FRANCK a
donnée de la partie continue du spectre des vapeurs d'iode et que nous

avons mentionnée dans ce paragraphe (I), on est conduit à admettre l'existence d'une affinité at. el. chez les halogènes. Comme la limite bien nette du spectre continu se trouve vers $\lambda = 4\,800$ Å, alors par la formule (19, a) on obtient *pour l'iode*

$$(19, c) \qquad E = 59,2 \text{ gr. cal.}$$

au lieu de 81 gr. cal. et $\lambda = 3\,490$ Å (voir (19)) qu'a donné la théorie de Born. Le nombre (19, c) *représente le résultat de la première détermination de l'affinité at. el. sur la base des observations spectrales.*

Peu [après le mémoire de Franck parut un mémoire de M. Born et W. Gerlach (1921), qui, considérant les résultats de Franck comme exacts, expliquent l'écart des nombres (19) et (19, c) par l'inexactitude de la théorie sur laquelle étaient basés les calculs de Born et de Fajans. De plus Born et Gerlach trouvent théoriquement pour l'affinité at. el. du soufre

$$(19, d) \qquad E = 45 \text{ gr. cal.}$$

avec une erreur possible de 15 %. P. Knipping (1921) a étudié l'ionisation des vapeurs HCl, HBr et HI et a calculé l'affinité at. el. des halogènes, que pour I il a trouvée en concordance avec les résultats de Steubing et de J. Franck. Mais toute la question a pris une autre tournure grâce à une nouvelle recherche de W. Gerlach et F. Gromann (1923). Ces savants indiquent avant tout qu'un spectre continu semblable à celui qu'a trouvé Steubing pour l'iode (limite $4\,800$ Å) se trouve aussi dans les spectres du brome (limite $4\,200$) et du chlore (observations d'E. Angerer, 1922 ; limite $3\,180$). Steubing étudia le spectre de l'iode à 450° ; mais St. Landau (1922) a montré qu'à une plus haute température le spectre continu disparaît à $4\,800$ Å. Gerlach et Gromann ont observé le spectre de l'iode à des températures de 500° à 1 050°, sous des pressions de la vapeur de 0,1 à 10 mm. Comme on le sait, les molécules d'iode, par élévation de la température, subissent une dissociation en atomes, qui est d'autant plus complète que la température est plus élevée. Gerlach pense aussi que la bande qu'a observée Steubing appartient *aux molécules d'iode.* Mais on a étudié une autre bande ayant une limite nette à $\lambda = 3\,460$ Å ; elle apparaît dans le spectre d'étincelle de l'iode, comme l'a montré H. Konen (1898). Par l'élévation de la température disparaissent les bandes du spectre de la molécule I_2 et apparaissent les nombreuses lignes du spectre de l'atome I ; en même temps se renforce la bande continue vers $3\,460$ Å.

Cette bande apparaît grâce à l'affinité at. el. de l'iode et lui correspondent les valeurs

$$(19, e) \qquad \begin{cases} E = 41,8 \text{ gr. cal.} \\ \lambda = 3\,460 \text{ Å} \end{cases}$$

en concordance excellente avec les nombre théoriques de Born. Nous reviendrons dans le chapitre IX sur la question de l'affinité des atomes pour les électrons.

III. *Spectre d'absorption des gaz.* — L'absorption constitue le phénomène inverse de l'émission. L'énergie rayonnante qui afflue de l'extérieur est absorbée par les atomes ou les molécules d'un gaz ; elle est dépensée à élever un des électrons de la couche extérieure, à l'écarter de l'orbite sur laquelle il se meut et à le porter sur une des orbites possibles plus éloignées. Et dans ce cas le nombre d'ondes de la ligne du spectre d'absorption est égal au quotient par h de la différence des énergies correspondant aux deux positions de l'électron. Ainsi les conditions quantiques pour l'émission et pour l'absorption de l'énergie rayonnante sont les mêmes. En cela se résume la base quantitative de la formulation purement qualitative de la loi de KIRCHHOFF (T. II), selon laquelle à chaque ligne du spectre d'absorption d'un gaz correspond une ligne de même longueur d'onde dans le spectre d'émission. Si le gaz est à l'état non perturbé, l'électron qui peut être élevé se meut sur son orbite *normale*, qui est la plus stable, et c'est pourquoi le spectre d'absorption doit correspondre au spectre d'émission qui est produit par la chute de l'électron d'une orbite extérieure sur cette orbite normale, à laquelle correspond le plus grand terme. En conséquence, *l'étude des spectres d'absorption des gaz non perturbés donne la possibilité de déterminer l'orbite normale de l'électron qui se déplace.* Pour l'hélium l'orbite fondamentale est $1S(1_1)$; la série $1S — mP$ est dans la partie ultra-violette extrême, et ainsi s'explique que l'hélium non perturbé ne donne pas de ligne d'absorption dans la partie visible ou la partie ultra-violette plus accessible du spectre.

L'énergie rayonnante absorbée peut élever l'électron de l'orbite sur laquelle il se trouve à une quelconque des orbites supérieures ; *la limite* de la série du spectre d'absorption coïncide évidemment avec la limite de la série correspondante du spectre d'émission. Mais au delà de cette limite peut se trouver *une bande continue d'absorption*, tout à fait analogue au spectre continu d'émission et dont l'origine a été expliquée au commencement de ce paragraphe. Jusqu'à la limite de la série il n'y a d'absorption possible que celle de rayons qui satisfont à des conditions déterminées. Mais au delà du rayon limite absorbé (nous supposons qu'on fasse passer à travers le gaz de la lumière « blanche ») suivent, du côté des fréquences ν croissantes, des rayons dont les quanta sont plus grands que le quantum du rayon limite. Tous ces rayons peuvent être absorbés, en quoi leur énergie élève l'électron non seulement à la limite de l'atome mais encore lui imprime une certaine vitesse v, qui n'est soumise à aucune condition quantique. L'équation $(18, b)$ s'applique aussi à ce cas : tous les rayons dont les ν sont plus grands que $\bar{\nu}$ peuvent être soumis à l'absorption. Il est clair que la bande d'absorption correspond à l'ionisation du gaz ; dans le chapitre consacré à l'ionisation des gaz nous reviendrons sur la question dont nous venons de parler.

Nous avons supposé que l'énergie rayonnante affluente agit sur un gaz non perturbé. Si les atomes du gaz ont été soumis préalablement à la perturbation l'énergie rayonnante qu'ils reçoivent donne un spectre d'absorption correspondant au passage de l'électron de l'orbite où il est déjà à des orbites encore plus élevées. On regarde ce phénomène comme une preuve de ce que l'électron qui, d'après le postulat de Bohr, peut se mouvoir indéfiniment sur son orbite normale sans émettre de rayonnement, peut aussi demeurer quelque temps sur d'autres orbites possibles sans que l'énergie de son mouvement se transforme en énergie rayonnante. Ainsi, par exemple, la molécule d'hydrogène se divise sous l'influence de l'excitation électrique en deux atomes et en même temps un électron est projeté sur la seconde orbite I_2, qui apparaît comme fondamentale dans la génération de la série de Balmer. Un tel hydrogène perturbé donne aussi cette même série dans le spectre d'absorption ; au voisinage des lignes H_α et H_β on a même observé de la dispersion anormale (T. II et V).

La question de *l'intensité de l'absorption* peut être résolue en employant le calcul des probabilités, au moyen du principe de correspondance, qui sera examiné plus loin. On peut trouver dans le mémoire de R. Ladenburg et F. Reiche l'explication détaillée de cette question et d'autres qui s'y rattachent (diffusion et dispersion).

6. Les spectres et le système périodique des éléments. — Il nous est arrivé plusieurs fois de faire mention, en passant, des doublets dans les spectres des métaux alcalino-terreux. En outre, dans le § 3, I nous avons parlé des spectres d'arc et d'étincelle et nous avons pris connaissance de *la loi du déplacement* qu'ont découverte Kossel et Sommerfeld. Maintenant nous allons examiner avec plus de détail les notions peu complètes, mais cependant très importantes, que nous possédons sur la relation entre le spectre d'un élément et sa position dans le système périodique des éléments. Il nous arrivera souvent de renvoyer au tableau des éléments p. 51 et au tableau de la p. 103, qui indique la répartition des électrons en différentes couches. Une vue d'ensemble complète de toutes les séries spectrales trouvées avant 1922 est donnée dans le livre de F. Paschen et R. Götze.

On voit avant tout que, si l'on fait abstraction de l'hélium, les séries spectrales n'avaient été trouvées avant 1922 que chez les éléments des trois premiers groupes ; dans les éléments des autres groupes on n'a trouvé qu'un petit nombre de séries. Elles se rapportent aux sixième (O, S, Se) et septième (Mn) groupes ; dans le quatrième groupe on n'a que de faibles indications pour C et quelques séries chez Si ; dans le cinquième groupe on n'a pas découvert une seule série. Dans le huitième groupe et dans le groupe zéro (gaz nobles, excepté l'hélium) on n'a découvert (1922) de séries que chez le néon et l'argon, mais actuellement on en a trouvé aussi dans le spectre du fer. Nous savons que dans le spectre d'un élément donné il ne peut y avoir que des séries de doublets, ou bien des séries de triplets et des lignes individuelles. *Dans tous les éléments d'un groupe les spectres sont d'un type identique, ou du premier (doublets), ou du second (triplets et lignes individuelles).*

La documentation que nous possédons sur ce sujet, tout incomplète qu'elle soit, a conduit Rydberg d'abord, puis Sommerfeld, à la célèbre *loi de l'alternance* (Wechselsatz) qui dit que, *si dans les groupes du système périodique on s'avance dans le sens des numéros croissants des groupes, les deux types de spectres alternent régulièrement.* Si l'on joint cette loi de l'alternance avec la loi du déplacement on obtient le schéma suivant.

	Groupes impairs I, III, (V), VII	Groupes pairs II, IV, VI
(20) Spectre d'arc . .	doublets	triplets et lignes individuelles
Spectre d'étincelle.	triplets et lignes individuelles	doublets

On peut dire que lorsque l'on passe du spectre d'arc au spectre d'étincelle l'un des deux types de spectres est remplacé par l'autre.

Nous savons que le numéro du groupe est égal au nombre des électrons de valence qui sont dans la couche extérieure. C'est pourquoi nous pouvons formuler la loi de l'alternance de la façon suivante : *Dans le spectre d'arc* (atome neutre) *les atomes à nombre impair d'électrons de valence ont des spectres formés de doublets, et les atomes à nombre pair, des spectres formés de triplets et de lignes individuelles.* Dans le spectre d'étincelle (atome ionisé), c'est l'inverse qui a lieu. Examinons de plus près les divers groupes du système périodique des éléments.

Groupe I. — Ici il s'agit avant tout des métaux alcalins Li, Na, K, Rb et Cs. Leurs spectres d'arcs consistent en doublets, dont la distance des lignes augmente en même temps que le numéro d'ordre de l'élément, comme on le voit par les nombres suivants :

$$(20, a) \qquad \begin{cases} & \text{Li} \qquad \text{Na} \qquad \text{K} \\ \Delta\lambda = & 0,151 \qquad 6,0 \qquad 34 \text{ Å} \end{cases}$$

Au premier groupe appartiennent aussi Cu, Ag et Au (Ib dans le tableau p. 51) dans chacun desquels (voir le tableau p. 103) il y a un électron dans la couche extérieure. Il n'y a pas d'indications sur le spectre de l'or dans le livre de P. et G. (PASCHEN et GÖTZE). Dans les spectres de Cu et Ag il y a des séries de doublets. Sur le spectre *d'étincelle* de Na et de K, nous avons déjà dit, § 3, I, qu'il est semblable au spectre multilinéaire des gaz nobles.

Groupe II. — Ce groupe comprend les métaux alcalino-terreux et aussi Zn, Cd et Hg ; ces trois derniers possèdent, comme les premiers (voir le tableau p. 103), deux électrons de valence dans la couche extérieure. Ces éléments donnent des spectres d'arc formés de triplets et de lignes individuelles ; ces dernières ont été trouvées dans Ca, Sr, Ba, Mg, Zn, Cd et Hg ; dans les spectres d'étincelle de tous existent des séries de doublets ; ceci est vrai aussi pour Ra. La distance entre les lignes des triplets correspondants augmente encore en même temps que le numéro d'ordre de l'élément, comme on le voit par le tableau suivant, dans lequel sont données en Å les longueurs d'onde et leurs différences.

$$(20, b) \qquad \begin{cases} \text{Mg} & & \text{Cd} & & \text{Hg} \\ 5\,184 & & 5\,086 & & 5\,461 \\ & 11 & & 185 & & 1\,103 \\ 5\,173 & & 4\,801 & & 4\,358 \\ & 5 & & 123 & & 311 \\ 5\,168 & & 4\,678 & & 4\,048 \end{cases}$$

Groupe III. — Nous devons nous attendre à des spectres d'arcs formés de doublets et à des spectres d'étincelle formés de triplets et de lignes individuelles. Et effectivement on observe de tels spectres. Pour le bore il y a trace de doublets. Al, Ga, In, Tl donnent des doublets ; Al dans l'étincelle donne des triplets ; pour Sc, Yt, La on ne connaît que des séries de triplets.

Groupe IV. — PASCHEN et GÖTZE ne donnent que le spectre de Si, composé de triplets. K.W. MEISSNER a trouvé quelques régularités dans le spectre du *plomb* ; V. THORSEN a découvert aussi quelques séries (1923-24).

Dans le groupe V PASCHEN et GÖTZE n'indiquent pas de séries spectrales.

Groupe VI. — On doit obtenir dans le spectre d'arc des séries de triplets et de lignes individuelles. En réalité, on a dans le spectre de l'*oxygène* des séries de doublets et de triplets. Seulement, à juger d'après un caractère dont il sera parlé plus tard (phénomène de ZEEMAN), ce ne sont que des doublets apparents, impropres (uneigentlich), selon l'expression de SOMMERFELD (1922). En fait nous avons deux séries de lignes *individuelles*, quoique disposées très près l'une de l'autre, mais non liées entre elles comme le sont deux lignes d'un doublet. Pour le *soufre* et le *sélénium* on connaît des séries de triplets.

Chrome, manganèse et fer. — Nous avons déjà parlé des multiplets du chrome et du manganèse dans § 4, I. Chez Mn il y a aussi des séries de triplets dans le spectre d'arc, ce qui est contraire au schéma (20). Seulement LADENBURG (1920) arrive à cette conclusion que dans Mn et les éléments voisins, le nombre des électrons extérieurs est égal à deux, comme dans les éléments du groupe II. *Le spectre du fer* contient plusieurs milliers de lignes, parmi lesquelles on est arrivé à s'orienter seulement dans ces derniers temps. A.-S. KING (1913, 1922) a réparti toutes les lignes du spectre du fer en cinq groupes qui se distinguent l'un de l'autre par les températures auxquelles elles apparaissent, de telle sorte que le groupe I apparaît à la température la plus basse, et le groupe V, à la température la plus élevée. Le premier travail sur les séries du fer appartient à F.-M. WALTERS (1923), qui a trouvé dans le spectre du fer environ 20 multiplets avec des différences égales entre les nombres de vibrations. Ensuite CATALÁN (1923) a montré qu'il s'agit de triplets et de quintets. Peu après HAGENBACH et SHUMACHER (1923) ont trouvé quelques séries.

En 1924 parurent les travaux très étendus d'O. LAPORTE, H. GIESELER et W. GROTRIAN, et enfin d'ANGERER et Joos. Avant tout on trouva que dans le spectre du fer il y a des *quintets* et des triplets. Le terme fondamental, correspondant à l'état normal de l'atome, se trouva être le terme d d'un quintet. Ensuite on a mis en évidence des multiplets de 7 lignes. H. GIESELER et W. GROTRIAN déterminèrent la valeur numérique du terme fondamental $3d_4 = 65\,994$ cm^{-1} ; cela veut dire que le 26e électron de l'atome de fer se meut sur une orbite dont le nombre quantique azimutal est égal à 3. Il est curieux que les lignes d'un multiplet appartiennent pour la plus grande partie au seul et même groupe d'A.-S. KING. Dans un second travail O. LAPORTE a étudié avec plus de précision les multiplets de 7 lignes. A la fin de son mémoire il donne une liste de 600 lignes, qu'il a réussi à ranger

en séries, ce qui fait à peu près un quart de toutes les lignes du fer.
Il est à remarquer que les lignes les plus intenses sont rangées dans les séries
et aussi toutes celles qui dépendent le moins de la température, c'est-à-dire
qui appartiennent aux deux premiers groupes de A.-S. KING.

Gaz nobles. — Nous avons déjà parlé du spectre d'arc du *néon* (§ 3, I) ;
ici nous avons des multiplets de 4 termes *s* différents, de 10 termes *p* et
14 termes *d* ; en tout, environ 900 lignes, disposées d'une façon particulièrement dense dans la partie rouge du spectre. Pour l'*argon* PASCHEN
et GÖTZE indiquent trois séries, chez lesquelles on a pu discerner
18 termes *p*.

Pour l'*hélium* on devrait, d'après la loi de l'alternance, avoir dans le
spectre d'arc des lignes individuelles et des triplets ; mais nous avons vu
§ 4, II, que l'orthohélium donne des séries de doublets. Il se trouve que les
lignes de ces doublets ne répondent pas au caractère des véritables doublets
(voir ci-dessus le groupe VI, oxygène). SOMMERFELD (A. u. S., 3° éd., p. 469)
pense que les lignes des doublets appartiennent à deux séries de lignes individuelles. W. GERLACH (1923) exprime l'idée que la série est composée de
triplets qu'on n'a pas réussi à séparer.

Tout ce qui vient d'être expliqué dans ce paragraphe fournit une excellente
confirmation *de la loi d'alternance*. L'exception que constituent les spectres
à multiplets du chrome, du fer et du manganèse (le cobalt et le nickel n'ont
pas été étudiés) s'explique vraisemblablement parce que dans ces éléments
une couche intérieure prend des électrons en surnombre (chap. IV, § 1).
Il est possible que quelque chose d'analogue ait lieu pour les autres groupes
Ru, Rh, Pd et Os, Ir, Pt, dans lesquels nous avons aussi des couches contenant des électrons en surnombre

SOMMERFELD (A. u. S., 3° éd., p. 497) et W. HEISSENBERG (1921) ont
essayé de donner une explication théorique de la dépendance du caractère des séries spectrales et du nombre des électrons dans la couche
extérieure.

Pour conclure, nous rappellerons le remarquable travail de W. WIEN (1922),
qui a montré par l'expérience directe que les raies d'arcs sont émises par des
atomes neutres, qui ne sont pas déviés dans un champ électrique, tandis que
les lignes d'étincelles sont émises par des atomes ionisés, qui éprouvent une
déviation dans un champ électrique.

7. Introduction au Principe de Correspondance. — En 1910 BOHR
compléta sa théorie par un nouveau principe qui s'est trouvé être le digne
frère des trois principes ou postulats qui constituaient la base originelle de
sa théorie géniale. Le quatrième principe est aussi *hardi*, aussi *incompréhensible* dans son essence, et s'est montré aussi *fécond* que les trois premiers.
Nous l'appellerons le principe de *correspondance*. J.-A. KROUTOF l'appelle
principe d'*analogie* ; en allemand il est appelé « Korrespondenzprinzip ». On
peut déjà trouver dans les premiers travaux de BOHR (1913) quelques idées
se rapportant à ce principe.

L'étude du principe de correspondance, et particulièrement de son application à l'examen et à la solution de divers problèmes, présente des difficultés tout à fait exceptionnelles, par suite de la complication extraordinaire de l'appareil mathématique indispensable. Il existe un livre de E. Buchwald (1923) consacré au principe de correspondance, quelque chose dans le genre d'un traité classique, dans lequel l'auteur s'est efforcé de simplifier l'explication dans la mesure du possible et d'adoucir un peu les difficultés. En plus il y a des articles spéciaux de J.-A. Kroutkof, de N.-A. Kramers, de Sommerfeld (A. u. S., 4° éd., 1924) et d'autres, dans lesquels est expliquée l'essence de ce nouveau et vaste chapitre de la théorie de Bohr. Pour ne pas sortir du cadre du « Traité de Physique » nous nous bornerons à l'explication des bases générales et de l'essence principale du principe de correspondance.

Pour aborder notre problème nous allons avant tout comparer entre elles deux doctrines différentes, une ancienne et une nouvelle, qui, semblait-il, sont en opposition inconciliable l'une avec l'autre. Nous avons en vue l'ancienne *électrodynamique*, dite *classique*, et la nouvelle théorie *quantique* ; nous les comparerons en nous adressant à des phénomènes que nous avons tout le temps rencontrés et que nous rencontrerons plus loin, qui sont au premier plan des questions se rapportant aux molécules et aux atomes. Voyons d'abord ce que dit *la théorie classique* dans quelques cas les plus simples du mouvement d'un électron. Figurons-nous que l'électron effectue un mouvement de vibration harmonique (*oscillateur*), exécutant par seconde ω oscillations d'amplitude C, ou bien se meut avec une vitesse constante sur une circonférence de rayon C (*rotateur*) faisant ω tours par seconde. La théorie classique conduit aux résultats suivants :

1. L'électron, soit oscillateur soit rotateur, émet nécessairement de *l'énergie rayonnante,*

2. Dans les deux cas la *fréquence* des oscillations ν (cl.), où « cl. » est l'abréviation de « théorie classique », est déterminée par la formule

$$(21) \qquad \text{(osc. et rot.)} \quad \nu \text{ (cl.)} = \omega.$$

3. L'*énergie* E émise par les rayons, ou l'*intensité* des lignes spectrales est proportionnelle au carré de l'amplitude ou du rayon C, et à la quatrième puissance de la fréquence ω, de sorte que l'on peut écrire

$$(21, a) \qquad \text{(osc. et rot)} \quad E = bC^2\omega^4$$

où b est un facteur de proportionnalité, dépendant de la direction du rayon.

4. L'oscillateur donne un rayon *polarisé linéairement* ; les oscillations électriques y sont parallèles aux oscillations de l'électron.

5. Le rotateur donne en général un rayon *polarisé elliptiquement*. Dans la direction perpendiculaire au plan de l'orbite, le rayon est *polarisé circulairement* ; dans les directions qui sont dans le plan de l'orbite, le rayon est polarisé linéairement.

Considérons maintenant un vibrateur *anharmonique*. Tandis que pour un vibrateur harmonique nous avons l'équation des vibrations

$$(21, b) \qquad x = C \cos 2\pi(\omega t + \beta)$$

où t est le temps et β la constante de phase, nous avons pour le vibrateur anharmonique

$$(21, c) \qquad x = \sum_{\tau} C_{\tau} \cos (2\pi\tau\omega t + \beta_{\tau}),$$

où τ est la série des nombres entiers 1, 2, 3, 4, ... Ici $x = f(t)$ est décomposé en une série de FOURIER ; le mouvement est composé de la vibration fondamentale (première) d'amplitude C_1 de fréquence ω et de phase initiale β_1 et d'une série d'autres vibrations d'amplitude C_2, C_3, C_4, ..., de fréquences 2ω, 3ω, 4ω, ... et de phases initiales β_2, β_3, β_4, ..,

Par analogie avec les vibrations acoustiques, de telles vibrations additionnelles sont quelquefois appelées des *harmoniques* (Obertone). La *théorie classique* dit encore :

6. *Un oscillateur anharmonique* émet certainement un nombre infini de rayons composés de la vibration fondamentale et de tous ses harmoniques. *Tous ces rayons sont émis en même temps* par une seule et même source (oscillateur).

7. La fréquence des vibrations ν_{τ} (cl.) dans le τ^e rayon ou dans le $(\tau - 1)^{eme}$ harmonique est égale à

$$(21, d) \qquad \text{(osc. anh.)} \quad \nu_{\tau} \text{ (cl.)} = \tau\omega \quad (\tau = 1,\ 2,\ 3,\ 4,...).$$

8. L'énergie E_{τ} de ce rayon, c'est-à-dire du $(\tau - 1)^{eme}$ harmonique s'exprime comme dans $(21, a)$ par la formule

$$(21, e) \qquad \text{(osc. anh.)} \quad E_{\tau} = b\tau C_{\tau}^2(\tau\omega)^4.$$

Voyons maintenant ce que dit la *théorie des quanta*.

9. Quand l'électron se meut sur une des orbites « possibles » (quantiques), il ne rayonne pas du tout. A chaque orbite correspond son *nombre quantique n*.

10. L'émission se produit seulement dans le passage (chute) de l'électron d'une des orbites à une autre pour laquelle l'énergie J_1 de l'atome diminue jusqu'à une certaine valeur J_2.

11. La fréquence ν (quant.), où quant. est mis pour « théorie quantique », du rayonnement émis est déterminée par la formule

$$(22) \qquad \text{(rot)} \quad \nu \text{ (quant.)} = \frac{J_1 - J_2}{h};$$

où h est la constante de PLANCK.

12. Un atome donné émet à chaque chute d'électron un rayon d'*une seule fréquence* (22).

13. Les rayons de fréquence diverse se produisent par des chutes différentes des électrons et, en général, dans des divers atomes différents, c'est-à-dire *par des phénomènes indépendants les uns des autres.*

14. *L'énergie des divers rayons*, c'est-à-dire l'intensité des lignes individuelles des séries spectrales d'un élément donné, dans des conditions données, *dépend du degré de probabilité* des états et des événements qui provoquent le rayonnement qui lui correspond.

15. La théorie des quanta *ne dit rien de la polarisation* des rayons émis.

Comparant les 8 premiers points avec les 7 derniers, nous nous trouvons en présence de deux théories complètement différentes, non seulement par les principes de base, mais encore par les déductions qu'elles imposent. Ces déductions sont en partie différentes et même en partie opposées l'une à l'autre, comme, par exemple, les points 1 et 10, 6 et 13 (du reste ici 6 se rapporte à l'oscillateur et 13 au rotateur). Les points 2 et 11, c'est-à-dire les formules (21) et (22) sont inconciliables ; il en est de même des points (3) et (14).

Il semblerait qu'entre ces deux théories il n'y ait et ne puisse y avoir aucun lien et qu'en aucune façon l'une ne puisse utiliser les déductions de l'autre. Mais le génie de Bohr a réussi à trouver l'endroit où les deux théories, non seulement se touchent, mais même se pénètrent et conduisent à des résultats identiques. Cet endroit, c'est **la région des nombres quantiques élevés**, c'est-à-dire *très éloignée des orbites possibles*. Considérons le cas simple d'un *rotateur*, tel que celui que représente l'électron de l'atome d'hydrogène ou de He+, quand l'orbite est une circonférence. La théorie *quantique* nous a donné les deux formules suivantes : dans le chapitre IV la formule (33) détermine la fréquence n_i des tours de l'électron sur la i^{me} orbite ; à présent (voir chapitre IV (43)) nous désignons le numéro d'ordre de l'orbite par n et la fréquence des rotations sur cette orbite par ω_n. Alors (33) donne

$$(23) \qquad \omega_n = \frac{2cRZ^2}{n^3}.$$

Quand l'électron tombe de la m^{me} orbite à la n^{me}, où $m > n$, il est émis un quantum d'énergie dont la fréquence (voir (46, b), chap. IV), avec les nouvelles désignations, est égale à

$$(23, a) \qquad \nu_{m,n} \text{ (quant.)} = cRZ^2 \left\{ \frac{1}{n^2} - \frac{1}{m^2} \right\}.$$

Pour la fréquence des tours sur la m^e orbite (de départ) nous avons, comme dans (23),

$$(23, b) \qquad \omega_m = \frac{2cRZ^2}{m^3}.$$

Supposons maintenant que la chute de l'électron se fasse dans une région « éloignée », c'est-à-dire pour de grandes valeurs de m et de n, et introduisons la désignation

$$(23, c) \qquad m - n = \Delta n.$$

Soit d'abord

$$(23, d) \qquad \begin{cases} \Delta n = m - n = 1 \\ m = n + 1. \end{cases}$$

Cela signifie que l'électron tombe d'une orbite à la voisine. Posons $m = n + 1$ dans (23, a), nous obtenons

$$(23, e) \qquad \nu_{n+1,n} \text{ (quant.)} = cRZ^2 \frac{2n + 1}{n^2(n + 1)^2}.$$

Quand n est très grand on peut négliger les unités dans le numérateur et dans le dénominateur ; alors il reste

$$(23, f) \qquad \nu_{n+1,n} = \frac{2cRZ^2}{n^3}.$$

Comparant cette équation avec (23), nous voyons que

$$(23. g) \qquad (\text{rot.}) \; \nu_{n+1,n} \; (\text{quant.}) = \omega_n.$$

Supprimons l'indice n, alors (23,g) et (21) donnent pour le rotateur

$$(24) \qquad (\text{rot.}) \; \nu_1 \; (\text{quant.}) = \omega = \nu \; (\text{cl.}).$$

Les théories classique et quantique conduisent formellement à un même résultat ; la fréquence des vibrations dans le rayon émis est égale à la fréquence de l'électron. Si dans (23,a) nous avions porté $n = m - 1$, au lieu de (23,g) nous aurions obtenu (voir 23,b),

$$(24, a) \qquad \nu_{m,m-1} \; (\text{quant.}) = \omega_m.$$

Les premiers membres de (23,g) et (24,a) sont évidemment identiques ; il e·t clair que la simplification que nous avons introduite en passant de (23,e) à (23,f) conduit à l'égalité $\omega_n = \omega_m$, dont il est facile de se convaincre de la justesse, en portant, par exemple $m = n + 1$ dans (23,b) ; c'est pourquoi nous avons pu supprimer le signe n dans (23,g) ; et écrire l'égalité (24).

Revenons à l'égalité plus générale (23,c), où $\Delta n = 1, 2, 3, 4$, mais $n > \Delta n$, c'est-à-dire que n est très grand par rapport à Δn. Si dans (23,a) nous faisons $m = n + \Delta n$ ou $n = m - \Delta n$ et que nous négligions le nombre Δn comparativement à n ou m, alors nous obtenons facilement, en introduisant encore une désignation simplifiée et comparant avec (21, d).

$$(25) \quad \nu_{\Delta n} \; (\text{quant., rot.}) = \omega . \Delta n \quad (\Delta n = 1, 2, 3, 4, \dots) = \nu_\tau \; (\text{cl., rot. ang.}).$$

Ici encore les théories classique et quantique conduisent à un résultat formellement identique, dans lequel, au nombre entier $\Delta n = m - n$ qui détermine la grandeur de la chute de l'électron dans la théorie quantique du rotateur, correspond un numéro d'ordre dans la série constituée par la vibration fondamentale et ses harmoniques de la théorie classique de l'oscillateur anharmonique.

Le défaut de la formule (25) consiste en ce que nous comparons la théorie classique de l'oscillateur anharmonique avec la théorie quantique du rotateur ou, pour être plus précis, avec l'atome d'hydrogène. Mais on peut remplacer cette formule par une autre si l'on soulève la question de *la théorie quantique de l'oscillateur anharmonique* ou bien, d'une façon plus générale, d'un système quelconque possédant un degré de liberté et, par conséquent, un *degré de périodicité*. Un tel système est caractérisé en ce que son état est déterminé par une coordonnée généralisée q et une impulsion généralisée p, définies par la formule (20) du chapitre II ; en outre, un tel système revient à son état après des intervalles de temps égaux $T = \frac{1}{\omega}$. Appliquant la théorie *quantique* à un tel système, dont l'oscillateur anharmonique représente un cas particulier, on peut prouver que *dans le domaine des nombres quantiques élevés* la fréquence $\nu_{\Delta n}$ des rayons émis par le système dans le passage de l'état m (nombre quantique) à l'état n, où $m - n = \Delta n$, est déterminé par la formule (25), c'est-à-dire

$$(26) \qquad \nu_{\Delta n} \text{ (quant.)} = \omega \Delta n = \nu_\tau \text{ (cl.)}.$$

Pour de grandes valeurs de m et n nous avons l'oscillation fondamentale et ses harmoniques. La déduction de la formule généralisée (26) est assez compliquée, et nous la passerons sous silence. La théorie *classique* dans le cas général part aussi d'une formule de la forme de (21.c) donnant pour la fréquence l'expression (21 d). L'identité des valeurs numériques Δn et τ ($= 1, 2, 3,$) nous a donné le droit d'écrire (26).

Nous avons qualifié les résultats de *formellement* identiques, car les deux théories ne nous donnent que des grandeurs numériques identiques pour la fréquence d'une certaine espèce de rayons pouvant prendre naissance par le mouvement de l'électron ; les deux théories montrent que ces fréquences sont égales à ω, 2ω, 3ω, $p\omega$, où p est un nombre entier et ω la fréquence des vibrations ou des tours de l'électron. Mais au point de vue physique subsiste ici la plus profonde différence.

Selon la théorie classique tous les rayons sont émis *simultanément* par le mouvement d'un électron ; selon la théorie quantique, ils sont émis par les chutes de l'électron de son orbite sur d'autres orbites *diverses*. La vibration fondamentale émise suivant la théorie classique est égale à la vibration qui, selon la théorie quantique est émise par l'électron qui tombe sur l'orbite voisine ; et les harmoniques de la théorie classique correspondent dans la théorie quantique aux chutes de l'électron sur la seconde, la troisième, la quatrième, etc., orbite à partir de la sienne. Ici il est difficile de parler d'analogies ; nous avons affaire à une correspondance extérieure, formelle, ou même à une égalité approchée de deux séries de nombres. En cela il convient de se rappeler que tout ce qui a été dit se rapporte seulement au cas du mouvement de l'électron sur des orbites éloignées, c'est-à-dire à des phénomènes dont le siège est aux limites de l'atome. Effectivement l'égalité ne s'obtient qu'à *la limite*, pour $n = \infty$, c'est-à-dire à une distance infinie du noyau de l'atome. SOMMERFELD (A. u. S., 4° éd., p. 329) donne une interprétation curieuse des formules (24) et (26). Il considère un rotateur simple, c'est-à-dire l'atome d'hydrogène. Selon la théorie *quantique* nous avons deux formules fondamentales

$$(26, a) \qquad \Delta J = h\nu \quad \text{et} \quad K = \int p\,dq = nh$$

où ΔJ est la variation de l'énergie de l'atome par la chute de l'électron qui est accompagnée d'une variation de Δn unités du nombre quantique de l'orbite ; K est l'intégrale quantique, de sorte que $\Delta K = h\Delta n$. Si de là on tire h et qu'on le porte dans la première équation (26,a), on obtient

$$(27) \qquad \nu \text{ (quant.)} = \frac{\Delta J}{\Delta K} \Delta n \quad (\Delta n = 1, 2, 3, \ldots)$$

Revenons à la théorie classique, selon laquelle il n'existe qu'une fréquence fondamentale (ν_1) des oscillations égale à la fréquence des tours ω_n, sur la n^e orbite (voir (21)), de sorte que

$$(27, a) \qquad \nu_1 \text{ (cl.)} = \omega_n.$$

L'énergie J de l'atome, quand l'électron se meut sur la n^e orbite est égale à

$$(27, b) \qquad J = -\frac{cRhZ^2}{n^2}.$$

où R est la constante de RYDBERG pour le nombre d'ondes ; de là

$$\frac{1}{h} \frac{dJ}{dn} = \frac{2cRZ^2}{n^3}.$$

Mais $hdn = dK$; la grandeur qui est dans le second membre (voir (23)) est égale à ω_n ou (voir (27, a)) à ν_1 (cl.), de sorte que

$$(27, c) \qquad \frac{dJ}{dK} = \nu_1 \text{ (cl.)}.$$

Ajoutons à cela les harmoniques supérieurs (qui réellement n'existent pas dans la théorie classique du résonateur), et nous obtenons :

$$(28) \qquad \nu \text{ (cl.)} = \frac{dJ}{dK} \tau \quad (\tau = 1, 2, 3, \ldots)$$

La comparaison des formules (27) et (28) montre que la différence entre les théories classique et quantique se ramène à une différence entre *la théorie des infiniments petits* (calcul différentiel) et *la théorie des différences finies*. Nous avons considéré un rotateur, un oscillateur harmonique et anharmonique et le cas général d'un système périodique possédant un degré de liberté. Passons maintenant au cas d'*un système multipériodique* ; admettons que le nombre s des périodes existant en même temps est égal au nombre des degrés de liberté. Soient ω_1, ω_2, ω_3,... ω_s les fréquences de ces s mouvements périodiques qui existent dans le système, dans lequel ces fréquences n'ont pas de commune mesure, de sorte qu'on ne peut pas avoir d'équation de la forme

$$(28, a) \qquad a_1\omega_1 + a_2\omega_2 + \ldots + a_s\omega_s = 0,$$

où a_1, a_2,... a_s sont des nombres entiers. Comme exemple d'un tel système on peut prendre un électron qui décrit une courbe de LISSAJOUS plane et non fermée (T. II) avec des fréquences ω_1 et ω_2, incommensurables entre elles, de deux vibrations rectangulaires

$$(28, b) \qquad \begin{cases} x = A \cos 2\pi(\omega_1 t + \beta_1) \\ y = B \cos 2\pi(\omega_2 t + \beta_2). \end{cases}$$

La théorie quantique montre que si l'état du système est déterminé par s coordonnées généralisées q_1, q_2,... q_s, le nombre des conditions quantiques est égal à s. Par rapport à chacune d'elles le système peut se trouver dans toute une série d'états « possibles », de sorte que l'état vrai du système à un moment donné est déterminé par l'ensemble des nombres quantiques n_1, n_2; n_3,... n_s ; pour un autre état, nous avons les nombres m_1, m_2, m_3,... m_s. Quand le système passe du second état au premier, alors *les variations* des nombres quantiques sont

$$(28,\ c)\qquad \Delta n_1 = m_1 - n_1,\quad \Delta n_2 = m_2 - n_2,\ ...\ \Delta n_s = m_s - n_s.$$

On peut démontrer qu'une telle variation de l'état d'un système s'accompagne d'un rayonnement dont la fréquence, pour une *grande valeur de* n_i, c'est-à-dire $n_i > \Delta n_i$, est

$$(29)\qquad \begin{cases} \nu\ (\text{quant.}) = \omega_1\Delta n_1 + \omega_2\Delta n_2 + ... + \omega_s\Delta n_s \\ \qquad \Delta n_i = 0,\ 1,\ 2,\ 3,... \end{cases}$$

On voit par là que le système peut émettre s *vibrations fondamentales* différentes ($\nu = \omega_i$), *tous les harmoniques supérieurs* ($\nu = \omega_i\Delta n_i$) et toutes *les combinaisons de tons possibles* (29) (en empruntant cette expression à l'acoustique). Mais à chaque changement du système correspond seulement *une vibration émise*, dont la durée est exprimée par la formule générale (29).

La *théorie classique* dit qu'une quelconque des coordonnées généralisées q et aussi le déplacement x dans une direction quelconque sont déterminés par la s fois multiple série de Fourier,

$$(29.\ a)\quad x = \sum_{\tau_1}\sum_{\tau_2}...\sum_{\tau_s} C_{\tau_{1-s}} \cos\left\{ 2\pi(\omega_1 t_1 + \omega_2\tau_2 + ... + \omega_s\tau_s) + \beta_{\tau_{1-s}}.\right.$$

Ici chaque somme est étendue aux valeurs $\tau = 0$, 1, 2, 3,... ; les amplitudes C et les constantes de phases β dépendent de tous les multiplicateurs τ_1, τ_2.... τ_s.

Un tel système émet, selon la théorie classique, *toutes les vibrations simultanément*, dont la fréquence est déterminée par la formule générale

$$(30)\qquad \begin{cases} \nu\ (\text{cl.}) = \omega_1\tau_1 + \omega_2\tau_2 + \omega_3\tau_3 + ... + \omega_s\tau_s \\ \qquad \tau_i = 0,\ 1,\ 2,\ 3,... \end{cases}$$

L'énergie $E_{\tau_{1-s}}$ est proportionnelle au carré de l'amplitude $C_{\tau_{1-s}}$. Comparant (29) et (30), nous voyons que pour des *nombres quantiques élevés*

$$(31)\qquad\qquad\qquad \nu\ (\text{quant.}) = \nu\ (\text{cl.}).$$

Mais, selon la théorie classique, tous les « tons » « harmoniques », et « combinaisons de tons », que tous ensemble on peut appeler des vibrations *partielles*, sont émis par un système simultanément et d'une façon continue. Selon la théorie quantique ces vibrations peuvent être émises chacune par un système quand les changements de celui-ci ont lieu dans la région des nombres quantiques élevés ($n_i \gg \Delta n_i$) ; mais ces émissions se produisent par événements *différents par le temps et par la source*, par exemple, quand on a un grand nombre de systèmes semblables.

Tout ce qui a été exposé jusqu'ici conduit au résultat suivant : *la théorie quantique donne dans le domaine des nombres quantiques élevés les mêmes fréquences de vibration pour les rayons émis par un système que la théorie classique.*

Si des nombres quantiques élevés on passe aux nombres inférieurs, l'égalité formelle cesse d'exister. On le voit par le tableau suivant, dans lequel sont donnés, pour le cas d'un *rotateur* simple (atome d'hydrogène) et pour divers nombres quantiques n, les rapports $\dfrac{\nu(\mathrm{cl.})}{\nu\,(\mathrm{quant.})}$ relatifs au cas du passage d'un électron de l'orbite n à l'orbite $n-1$, c'est-à-dire quand $\nu(\mathrm{cl.}) = \omega_n$ est déterminé par la formule (23)

$$(31,\,a) \qquad\qquad \omega_n = \frac{2c\mathrm{R}Z^2}{n^3}\,.$$

Pour ν (quant.), nous obtenons son expression en écrivant dans $(23,\,\alpha)$ n au lieu de m et $n-1$ au lieu de n. On obtient

$$\frac{\nu\,(\mathrm{cl.})}{\nu\,(\mathrm{quant.})} = \frac{2(n-1)^2}{n(2n-1)}\,.$$

Cette formule donne

$$(32,\,a) \quad \left\{ \begin{array}{l} n \\[4pt] \dfrac{\nu\,(\mathrm{cl.})}{\nu\,(\mathrm{quant.})} \end{array} \right.$$

n	2	4	6	10	20	40	100
$\dfrac{\nu\,(\mathrm{cl.})}{\nu\,(\mathrm{quant.})} =$	0,33	30,643	0,758	0,853	0,926	0,963	0,985

L'inégalité des résultats des deux théories *pour de faibles nombres quantiques* se montre d'une façon particulièrement nette si l'on considère la série de Balmer, par exemple, dans laquelle nous comparons, comme précédemment, les chutes de l'électron de $m-n=2,\ 3,\ 4\ldots$ avec les harmoniques de la vibration que donne la théorie classique. Dans la série de Balmer nous n'avons pas la chute de l'électron d'une orbite à la série des autres orbites successives, mais, au contraire, la chute d'une série d'orbites $(m=3,4,5,\ldots)$ à une seule et même orbite $(n=2)$. Mais il est facile de comprendre que les résultats doivent être les mêmes. Suivant la théorie *classique* (électron sur la seconde orbite) nous devons obtenir un rayon pour lequel $\nu = \omega$; on peut ajouter les harmoniques $\nu = 2\omega,\ 3\omega,\ 4\omega,\ldots$, qu'on obtiendrait en modifiant légèrement les conditions. Ainsi nous obtenons un spectre de lignes dont les fréquences forment une *progression arithmétique*. La théorie quantique donne la série de Balmer, d'un caractère tout différent, car la fréquence est déterminée par une formule de la forme

$$(33) \qquad\qquad \nu = \mathrm{A} - \frac{\mathrm{B}}{m^2} \qquad (m = 3,\ 4,\ 5,\ldots),$$

avec une limite $\nu = \mathrm{A}$ pour $m = \infty$. La différence des fréquences de deux lignes voisines diminue rapidement, et un nombre infini de lignes est concentré dans une petite portion du spectre. On voit par là qu'il n'y a aucune analogie, même lointaine, entre les déductions des deux théories.

8. Principe de correspondance. — Dans le paragraphe précédent nous avons examiné avec assez de détails les faits qui ont servi de base à BOHR pour formuler son principe de correspondance. Rappelons encore une fois deux de ces faits. Pour un *rotateur* simple nous avons trouvé (voir (24)) que pour de grandes valeurs de n

$$(34) \qquad \nu_1 \text{ (quant.)} = \omega = \nu \text{ (cl.)}.$$

Pour le cas général d'*un système multipériodique nous avons* déduit la formule (31), qui se rapporte aussi aux *grands nombres quantiques* n_1 ; nous la reprenons avec addition (voir (29) et (30)),

$$(34,\,a) \qquad \left\{ \begin{array}{l} \nu \text{ (quant.)} = \nu \text{ (cl.)} \\ \qquad \Delta n_i = \tau_i. \end{array} \right.$$

Rappelons l'énoncé : *la théorie quantique donne, dans le domaine des nombres quantiques élevés, pour les rayons émis par un système, les mêmes fréquences de vibrations que la théorie classique.* Dans ces derniers temps (1923) BOHR considère comme la plus importante la première des équations (34), c'est-à-dire ν_1 (quant.) $= \omega$, comme établissant un lien entre l'émission quantique et le mécanisme atomique quantique.

Partant du fait qui vient d'être formulé, BOHR édifie son principe de correspondance, que nous avons dit être aussi *hardi*, aussi *incompréhensible* et aussi *fécond pour la science* que les trois postulats sur lesquels est construite toute la théorie quantique de la structure de l'atome. Le principe de correspondance comprend deux parties :

I. *Pour de grands nombres quantiques, non seulement la fréquence des vibrations mais encore toutes les autres propriétés des rayons émis par un système deviennent identiques aux propriétés qui sont établies par la théorie classique.*

II. *Pour de faibles nombres quantiques les propriétés du rayonnement se trouvent en correspondance avec les propriétés du rayonnement classique ; cela veut dire que les secondes de ces propriétés peuvent donner des indications qui serviront de guide pour la détermination approximative des premières.* Un signe de correspondance paraît être l'équation fondamentale

$$(35) \qquad \Delta n_i \text{ (quant.)} = \tau_i \text{ (cl.)}.$$

Parmi les propriétés du rayonnement dont nous parlons ici se trouvent au premier plan l'*intensité* (énergie) et la *polarisation*, puis, comme nous le verrons, l'*existence* même du rayonnement, c'est-à-dire la possibilité de sa production.

La 1ʳᵉ partie du principe de correspondance représente une généralisation hardie du résultat trouvé pour une propriété partielle du rayonnement (fréquence des vibrations). La seconde partie est une *extrapolation* encore plus hardie d'un domaine de phénomènes (grandes valeurs de n) à un autre (petites valeurs de n). Sous une forme simple BOHR exprime d'abord ce principe en ces termes : *toutes les lois de la théorie quantique, pour des valeurs croissantes de n, passent asymptotiquement aux lois de la théorie classique.*

L'équation (35) indique ce qui se correspond dans les deux théories ; elle exprime symboliquement l'énoncé suivant plus précis et plus complet (Sommerfeld, A. u. S. ; 3ᵉ éd., p. 703) :

A chaque variation de l'état d'un système possible selon la théorie quantique correspond un rayonnement partiel défini par la théorie classique, celui dont le numéro d'ordre τ_i est égal à la variation $\Delta n_i = m_i - n_i$ du nombre quantique et qui caractérise la variation qui s'est produite dans le système. Pour calculer l'amplitude et déterminer le caractère de la polarisation de ce rayon partiel, on utilisera les méthodes de la théorie classique et ensuite on reportera les résultats au rayonnement (ou à la ligne spectrale) qui est défini par la variation quantique correspondante de l'état du système. Le principe de correspondance affirme que par ce procédé on obtient très exactement l'intensité et la polarisation de la ligne spectrale pour des nombres quantiques infiniment grands, et ceci est approximativement vrai pour des nombres quantiques peu considérables (mais non très petits).

Bohr souligne que le principe de correspondance ne peut nullement être considéré comme un pont unissant les deux théories et ne peut venir à bout de la différence de leurs bases. Ces bases sont inconciliables, elles sont essentiellement différentes. Le principe de correspondance présente exclusivement une indication sur l'égalité qui peut être atteinte asymptotiquement entre les *résultats* des deux théories.

Dans l'énoncé détaillé ci-dessus sont mentionnées l'intensité et la polarisation des lignes spectrales émises. Examinons d'abord la question de l'*intensité*, c'est-à-dire de l'*énergie* du rayonnement. Les points 3 et 14, au commencement du paragraphe précédent, en parlent ; leur comparaison montre avec une clarté particulière combien sont inconciliables les propositions fondamentales des deux théories. Dans l'une d'elles on indique le *carré de l'amplitude*, et ceci se rapporte aussi au cas dont parlent les formules (29, a) et (30). Dans l'autre théorie l'intensité est déterminée par la *probabilité* d'un état ou d'un événement donné, et principalement du passage du système d'un état déterminé à un autre. Le principe de correspondance postule que pour de grandes valeurs de n cette probabilité est mesurée exactement, et pour de petites valeurs de n, approximativement par le carré de l'amplitude correspondant selon la théorie classique à un événement donné.

Sommerfeld (A. u. S., 4ᵉ éd., 1924, p. 332) dit quelque chose d'extrêmement intéressant et caractéristique : « La statistique, à nous inconnue, des événements particuliers (Einzelvorgänge) de nature quantique, est déterminée en fait par la théorie classique ; calculant le rapport des amplitudes pour le spectre classique, nous obtenons le rapport vrai des intensités, c'est-à-dire la fréquence (Häufigkeit) relative des événements quantiques correspondants ». Et à la même page : « La théorie classique se trompe en admettant que le rapport des intensités est déterminé mécaniquement par le caractère du mouvement (durch den Bahnumlauf) de l'électron ; en réalité elle fournit (liefert) une statistique des événements individuels qui fait défaut à la théorie quantique, *pour ainsi dire sans le vouloir* (gewissermassen ohne es zu wollen !) et sans se rendre compte de ses bases (und ohne sich in ihren Grundlagen davon Rechenschaft zu geben !!)

Le même principe postule en outre que la *polarisation* des rayons émis
selon la théorie quantique (les conditions et l'explication sont les mêmes)
est égale à celle que déduit la théorie classique. Supposons, par exemple, que
nous ayons un simple rotateur, un atome H ou He⁺ (sur une orbite circulaire) pour lequel la théorie classique donne une polarisation indiquée dans
le point 5 (commencement du § 7). Le principe de correspondance dit que
dans la chute d'un électron d'une orbite éloignée à une orbite voisine
($\Delta n = 1$) on obtient un rayonnement qui, en général, est polarisé elliptiquement ; dans le plan de l'orbite nous avons une polarisation linéaire et, dans
la direction perpendiculaire à ce plan, une polarisation circulaire. Il faut
s'attendre à ce que la même chose ait lieu encore dans le cas de la chute
d'un électron sur une orbite non voisine, quand $\Delta n = 2, 3, 4,\ldots$ et aussi
dans le cas de faibles nombres quantiques n.

En plus des questions sur l'énergie et la polarisation du rayonnement, le
principe de correspondance répond aussi, comme nous l'avons dit, à la question de l'*existence* même du rayonnement, c'est-à-dire à *la question de la possibilité de tel ou tel changement d'état du système*. La réponse est très simple :
si la théorie classique montre qu'un des rayonnements manque, c'est-à-dire
que son énergie est égale à zéro, ou, autrement dit, si l'un des coefficients C
dans le développement (29, a) pour le cas particulier (21, c), est égal à zéro,
alors le changemement correspondant de l'état du système est impossible.
Plus exactement : si dans (29, a)

$$
(36) \quad \begin{cases} & C_{\tau_{1-s}} = C(\tau_1, \tau_2, \tau_3,\ldots, \tau_s) = 0 \\ (29) \text{ donne} & \nu \ (\text{quant.}) = 0 \\ \text{où, (voir (35))} & \Delta n_i = \tau_i. \end{cases}
$$

Ainsi le principe de correspondance devient le principe de sélection. Appliquons ce qui a été dit au rotateur simple ; nous savons qu'originairement
Bohr considéra comme tel l'atome d'hydrogène. La théorie classique montre
que le rotateur ne donne qu'un seul rayonnement, pour lequel $\nu = \omega$; *les
harmoniques manquent*. Le principe de correspondance dit que, selon la théorie
quantique, dans ce cas le passage de l'électron n'est possible que d'une orbite
à l'orbite voisine ($\Delta n = 1$). Mais nous savons que dans le spectre de l'hydrogène il y a des lignes qui sont produites par des chutes de l'électron
$\Delta n = 2, 3, 4$, etc. D'où il suit que *le principe de correspondance nous oblige à
rejeter le modèle de l'atome d'hydrogène (et* He⁺) *donné comme rotateur simple*
et à le remplacer par un système tel que la décomposition de son mouvement
ne fournisse pas seulement la vibration fondamentale, mais encore ses harmoniques. Malheureusement nous ne pouvons pas entrer dans l'explication
détaillée des divers cas d'application du principe de correspondance et nous
devons nous borner à l'indication de quelques résultats.

Un cas qui présente un intérêt particulier est celui où une des coordonnées $q_1, q_2, q_3, \ldots$ déterminant l'état d'un système est une coordonnée
cyclique. Cela signifie que l'énergie du système ne dépend pas de cette
coordonnée, que nous désignerons par φ, et que l'impulsion qui lui correspond est constante, c'est-à-dire est indépendante du temps. Nous avons un

tel cas lorsque dans l'atome existe un électron extérieur, dit de valence, dont les déplacements d'une orbite à une autre représentent des changements d'état possibles du système. Introduisons les coordonnées cylindriques r, z et φ, où r est la distance de l'électron à l'axe mené perpendiculairement à un plan invariable dont l'existence peut être démontrée ; nous prenons l'origine des coordonnées sur ce plan. Pour r et z on obtient des formules de la forme $(29, a)$ où $s = 2$, de sorte que dans le second membre, entre les parenthèses, se trouve l'expression $\omega_1\tau_1 + \omega_2\tau_2$, et la somme est prise pour les nombre entiers τ_1 et τ_2. Pour φ on obtient une expression semblable, avec addition d'un terme $2\pi\omega_3 t$, où t est le temps. Si l'on introduit les coordonnées $x = n\cos\varphi$ et $y = n\sin\varphi$, il se trouve que x et y sont aussi déterminées par des formules de la forme $(29, a)$ où dans les parenthèses se trouve la somme $\omega_1\tau_1 + \omega_2\tau_2 + \omega_3$, dont le dernier terme ne contient |pas le facteur τ_3. *Selon la théorie classique* un tel système doit rayonner : 1° des vibrations harmoniques *polarisées linéairement*, parallèles à l'axe z ; leurs fréquences sont déterminées par la formule

$$(36, a) \qquad \nu_2 \text{ (cl.)} = \omega_1\tau_1 + \omega_2\tau_2 ;$$

2° des mouvements polarisés circulairement, perpendiculaires à l'axe z dont les fréquences de rotation sont égales à

$$(36, b) \qquad \nu \text{ (cl.)} = \omega_1\tau_1 + \omega_2\tau_2 + \omega_3.$$

Appliquant le principe de correspondance, on peut démontrer rigoureusement ce qui suit : puisque ω_3 a comme multiplicateur l'unité, le nombre quantique *azimutal*, que nous avons désigné par la lettre k, ne peut varier que de $\Delta k = \pm 1$ ou 0. A la variation ± 1 correspondent des vibrations polarisées circulairement, parallèles au plan fixe du système ; la variation 0 donne des vibrations polarisées linéairement perpendiculaires à ce plan. Pour les atomes semblables à l'hydrogène le plan invariable coïncide avec celui de l'orbite de l'électron, $z = 0$; les vibrations rectilignes n'existent plus, et $\Delta k = 0$ devient impossible. De cette façon *la règle importante de sélection* (chapitre III, § 8) *est déduite du principe de correspondance.*

Tout ce qui vient d'être dit se rapporte à un atome non soumis à un champ extérieur, électrique ou magnétique. La théorie classique montre qu'en présence d'un tel champ doivent exister des vibrations parallèles à la direction z de ce champ ; mais le principe de correspondance montre que dans ce cas doit être possible un changement d'état de l'atome pour lequel $\Delta k = 0$. Nous avons déjà parlé de ce fait plus d'une fois confirmé par l'expérience.

Ce que l'on doit considérer comme le plus difficile à comprendre dans le principe de correspondance, c'est la détermination de l'intensité relative d'une ligne spectrale par un coefficient dans le développement du mouvement de l'électron suivant la série de FOURIER. Les expériences de mesure du potentiel d'ionisation, que nous examinerons plus loin, prouvent clairement que cette intensité est déterminée *statistiquement*. Et suivant la théorie quantique, aussi bien qu'en fait, la question de l'intensité est une question statistique.

n'ayant généralement de sens que s'il existe un nombre énorme de systèmes
semblables, c'est-à-dire d'atomes. On ne comprend pas comment une telle
question statistique puisse être résolue par voie d'analyse d'un mécanisme
atomique. Si même on part du rapprochement asymptotique des résultats
des deux théories, il est aussi difficile de comprendre comment on peut
obtenir une loi statistique d'un calcul basé sur la théorie classique et
n'ayant aucun rapport avec la statistique (voir plus haut une citation à peu
près textuelle du livre de SOMMERFELD).

Cependant il existe encore une question que nous n'avons pas touchée,
question qui couvre d'un épais brouillard le principe de correspondance, y
introduit un élément d'obscurité, d'indétermination et, avec cela, d'*arbitraire*. Voici de quoi il s'agit. Nous supposons que le système passe d'un
état A à un état B. La théorie quantique admet que les deux états sont
possibles, mais que sont impoosibles le nombre infini d'états *intermédiaires*,
sauf des exceptions unitaires (pour $\Delta n > 1$). Pour de grandes valeurs de n
ces deux états se distinguent peu l'un de l'autre. Mais le principe de correspondance se rapporte aussi aux faibles valeurs de n (point II au commencement de ce paragraphe) et en cela réside son importance principale. Il
soutient que l'analyse de l'état du système, c'est-à-dire du mouvement de
l'électron, conduisant à une formule de la forme $(29, a)$, donne, sur la base
de la théorie classique, les propriétés du rayonnement qui accompagne le
passage du système de l'état A à l'état B. Mais alors surgit une question de
principe : *lequel des deux états A et B, convient-il de soumettre à l'analyse
classique ?* Lorsque n est énorme, cette question ne se pose plus, mais pour
des valeurs de n qui ne sont pas très grandes, elle se dresse de toute sa taille
devant nous.

Cette question n'est pas résolue, et c'est elle qui crée le brouillard dont nous
venons de parler. L'analyse des deux états peut donner des résultats complètement différents, comme on le verra par l'exemple suivant. Admettons
que nous ayons un atome d'hydrogène avec des orbites elliptiques et circulaires
(chapitre III, § 6) et que l'électron passe d'une orbite elliptique (A) à une
orbite circulaire (B). Il est clair que l'analyse classique donne des résultats
tout différents pour A et pour B. L'état A donne une vibration fondamentale
et ses harmoniques ; l'état B ne donne que la vibration fondamentale,
d'ailleurs différente de celle de A, et pas du tout d'harmoniques. Comment
alors procéder pour déterminer *l'intensité* relative des lignes spectrales, c'est-à-
dire la *probabilité* du passage du système de A à B ? Diverses réponses sont
possibles, et c'est seulement la comparaison des résultats avec les données de
l'expérience qui peut nous conduire à la résolution de la question, qui peut
amener la dissipation du brouillard. On peut, par exemple, soumettre *les
deux états* à l'analyse classique, c'est-à-dire déterminer les coefficients du développement selon la série de FOURIER, et ensuite prendre une moyenne, mais
quelle moyenne — c'est ce qu'on ne sait pas. Si une des vibrations partielles (3o) existe dans l'un des deux états, mais non dans l'autre, nous
serons enclins à penser que la variation correspondante Δn_i des nombres
quantiques est possible, mais peu probable. Si la vibration partielle (3o)

manque dans les deux états, il semblerait que le passage quantique correspondant soit impossible. Mais l'expérience montre que, pour de faibles valeurs de n, une telle conclusion est inexacte. Il faudrait aussi soumettre à
l'analyse classique les états *intermédiaires*, impossibles d'après la théorie
quantique, et c'est seulement dans le cas où une des vibrations (3o) manque
non seulement dans les états extrêmes A et B, mais encore dans les états
intermédiaires, que le changement d'état correspondant (29), dans lequel
$\Delta n_i = \tau_i$, est impossible. On peut démontrer mathématiquement avec
rigueur le théorème suivant : la fréquence émise selon la théorie quantique
est égale à la moyenne prise d'une façon déterminée des fréquences de tous
les états intermédiaires calculées conformément à la théorie classique. Ce
théorème découle immédiatement des formules (27) et (28).

Presque toutes les questions que nous avons touchées dans ce paragraphe
et dans le précédent sont examinées dans le premier quart de l'excellent livre
que nous avons indiqué, de E. Buchwald (1923) : elles constituent une
sorte d'introduction à la théorie du principe de correspondance. Tout le
reste du livre est consacré à l'explication de la méthode mathématique
d'obtention des formules de la forme (29, a) et aux applications du principe
de correspondance au mouvement de l'électron sur les ellipses de Képler et
de Sommerfeld (chapitre III, §§ 6 et 7), à la question des satellites des lignes
spectrales, aux phénomènes de Zeeman et de Stark, aux atomes contenant
plus d'un électron, aux molécules, etc. Pour tout le reste nous devons renvoyer le lecteur à ce livre. Disons seulement quelque mots d'une question,
celle de la décomposition du mouvement de l'électron sur une ellipse de
Képler en vibrations harmoniques. Le noyau de l'atome se trouve en un des
foyers de l'ellipse. L'électron se meut sur l'ellipse d'un mouvement non
uniforme, restant plus longtemps sur la moitié de l'ellipse la plus éloignée
du noyau de l'atome. Prenons les coordonnées cartésiennes usuelles x et y
avec l'origine au *centre* de l'ellipse et admettons que le noyau trouve sur la
partie négative de l'axe des x. La valeur moyenne de la coordonnée x par
rapport au temps est égale à $\frac{1}{2}\varepsilon a$, où a est le demi-axe de l'ellipse et ε
l'excentricité. Cette valeur de x est la coordonnée du point qui se trouve
précisément au milieu de la distance au second foyer ; on l'appelle le *centre
électrique de l'ellipse*. Il se trouve que *le mouvement de l'électron sur l'ellipse
peut être décomposé en un nombre infini de mouvements uniformes sur des orbites
circulaires*, dont le centre commun est le centre électrique de l'ellipse. Les
fréquences des tours sur ces ellipses forment une progression arithmétique
ω, 2ω, ... $\tau\omega$. Les coefficients dans le développement de la forme (29, a)
pour x et y ont une forme complexe ; ils s'expriment par des fonctions de
Bessel de $\tau\varepsilon$.

Pour le mouvement de l'électron sur une ellipse de Sommerfeld (chapitre III, § 7), on obtient aussi un nombre infini de mouvements circulaires,
pour lesquels les fréquences des tours sont égales à $\tau\omega + \omega_0$, où ω_0 est la
fréquence des tours sur l'ellipse elle-même (voir fig. 9, chapitre III, § 7).
Nous devons nous borner à ces indications.

CONCLUSION. — Dans ce chapitre nous avons examiné une série de questions relatives à la théorie des lignes spectrales. Il faut cependant remarquer que nous n'avons nullement touché trois parties importantes et étendues de cette théorie, savoir ; 1° *les rayons* ROENTGEN *; 2° les phénomènes de* ZEEMAN *et de* STARK *; 3° l'ionisation des gaz par les chocs des électrons.* Ces parties nous fourniront un riche matériel pour compléter et élucider beaucoup des points que nous avons exposés. La première et la troisième question seront examinées plus loin (chapitres VI et IX).

BIBLIOGRAPHIE

1

F. PASCHEN et R. GÖTZE. — *Seriengesetze der Linienspektren,* Berlin, 1922.
A. FOWLER. — *Report on Series in line spectra,* London, 1922.
W.-M. HICKS. — *Treatise on the analysis of spectra,* Cambridge, 1922.
E. FUÈS. — *Annal. der Phys.* (4), **63**, p. 1, 1920.

2

W. RITZ. — *Œuvres,* p. 162 ; Paris, Gauthier-Villars, 1911.

3

W. KOSSEL et A. SOMMERFELD. — *Verh. d. deutsch. phys. Ges.,* 1919, p. 240.
F. PASCHEN. — *Annal. der Phys.* (4), **60**, p. 405, 1919 ; **63**, p. 201, 1920.
P. ZEEMAN et H. W. J. DIK. — *Annal. der Phys.* (4), **71**, p. 199, 1923.
H. REINHAMER. — *Annal. der Phys.* (4), **71**, p. 162, 1923.
L.-A. SOMMER. — *Annal. der Phys.* (4), **75**, p. 163, 1924.
EDER et VALENTA. — *Denkschr. Wiener Akad.,* **61**, p. 347, 1894.
LORENSEN. — *Diss.,* Tübingen, 1913.
D.-S. ROJDESTVENSKY. — *Travaux de l'Inst. d'Optique de Petrograd* (en russe), t. I, n° 6, 1920 ; t. II, n°ˢ 7, 8, 9, 13, 1921 ; t. III, n° 18, 1924 ; en allemand dans *Verhandl. des optischen Instituts,* Berlin, 1921 et 1922.
A. FOWLER. — *Phil. Trans. R. Soc.,* **214** A, p. 225, 1914.
A. SOMMERFELD. — A. et S., 3ᵉ éd., p. 721-726 ; *Münch. Akad. Ber.,* 1916.
J. WEINACHT. — *Diss.,* München (non imprimé).
E. FUÈS. — *Zeitschr. f. Phys.,* **11**, p. 364, 1922 ; **12**, p. 1, 1923.
W. THOMAS. — *Zeitschr. f. Phys.,* **24**, p. 161, 1924.
E. SCHRÖDINGER. — *Zeitschr. f. Phys.,* **4**, p. 347, 1921.

Van Urk. — *Zeitschr. f. Phys.*, **13**, p. 268, 1923.

G. Wentzel. — *Zeitschr. f. Phys.*, **19**, p. 53, 1923.

4

A. Sommerfeld. — *Annal. der Phys.* (4), **63**, p. 221, 1920 ; **70**, p. 32, 1923 ;
 Phys. Zeitschr., 1923, p. 360 ; *Zeitschr. f. Phys.*, **19**, p. 221, 1923.

F.-A. Saunders. — *Astrophys. J.*, **50**, p. 2, 1919 ; **51**, p. 23, 1920.

W. Meissner. — *Annal. der Phys.*, (4), **65**, p. 378, 1920.

S. Popow. — *Annal. der Phys.* (4), **45**, p. 147, 1914.

I.-A. Kroutkof. — Addition à la trad. allemande du chap. IV du mémoire de
 D. S. Rojdestvensky (Travaux de l'*Inst. d'Optique*, t. I, n° 6, 1920), édit.
 Kniga, Berlin, 1922.

M.-A. Catalán. — *Trans. R. Soc.*, **223**, p. 127, 1922.

A. Landé. — *Phys. Zeitschr.*, 1921, p. 417.

Fulcher. — *Phys. Zeitschr.*, 1912, p. 1140.

Croze. — *Ann. de phys.* (9), **1**, p. 37, 1914.

E. Gehrcke. — *Tätigkeitsber. d. Phys.-Techn. Reichsanstalt*, 1921.

J. Stark. — *Annal. der Phys.* (4), **52**, p. 255, 1917.

E. Goldstein. — *Verh. d. deutsch. phys. Ges.*, 1913, p. 402.

Curtis. — *Proc. R. Soc.*, **89**, p. 146, 1914.

A. Fowler. — *Proc. R. Soc.*, **91**, p. 210, 1915.

F. Paschen. — *Annal. der Phys.* (4), **71**, p. 142, 537, 1923.

A. Fowler. — *Proc. R. Soc.*, **103**, p. 413, 1923 ; **105**, p. 299, 1924.

Siméon. — *Proc. R. Soc.*, **102**, p. 484, 1922 ; **104**, p. 368, 1923.

Millikan. — *Astrophys. J.*, **53**, p. 159, 1921.

Hutchinson. — *Astrophys. J.*, **58**, p. 291, 1923.

5

R.-W. Wood. — *Phil. Mag.* (6), **18**, p. 530, 1909.

J. Holtsmark. — *Phys. Zeitschr.*, 1919, p. 88.

J. Hartmann. — *Phys. Zeitschr.*, 1917, p. 429.

W. Steubing. — *Annal. der Phys.*, **64**, p. 673, 1921.

J. Franck. — *Zeitschr. f. Phys.*, **5**, p. 428, 1921.

W. Kossel. — *Annal. der Phys.* (4), **49**, p. 229-362, 1916.

M. Born. — *Verh. d. deutsch. phys. Ges.*, 1919, p. 679 ; *Zeitschr. f. Phys.*, **5**,
 p. 428, 1921.

K. Fajans. — *Verh. d. deutsch. phys. Ges.*, 1919, p. 714, 723.

M. Born et W. Gerlach. — *Zeitschr. f. Phys.*, **5**, p. 428, 1921.

W. Gerlach. — *Phys. Zeitschr.*, 1923, p. 467.

W. Gerlach et F. Gromann. — *Zeitschr. f. Phys.*, **18**, p. 239, 1923.

P. Knipping. — *Zeitschr. f. Phys.*, **7**, p. 328, 1921.

H. Konen. — *Annal. der Phys.* (3), **65**, p. 257, 1898.

6

F. Paschen et R. Götze. Voir § 1.

R. Ladenburg. — *Die Naturwiss.*, 1920, p. 5.

K.-W. Meissner. — *Annal. der Phys.* (4), **71**, p. 135, 1923.

W. Thorsen. — *Naturwiss.*, 1923, p. 78 ; 1924, p. 705.

F.-M. Walters. — *Journ. Wash. Acad.*, **13**, p. 243, 1923 ; *Journ. Opt. Soc ,
Amer.*, **8**, p. 245, 1924.

Hagenbach et Schumaker. — *Annal. der Phys.* (4), **71**, p. 19, 1923.

O. Laporte. — *Zeitschr. f. Phys.*, **23**, p. 135, 1923 ; **26**, p. 1, 1924.

H. Gieseler et W. Grotrian. — *Zeitschr. f. Phys.*, **25**, p. 165, 1924.

L. Goudsmit. — *Amsterd. Akad. Wetensch.*, 1924, p. 107.

A.-S. King. — *Astroph. Journ.*, **37**, p. 239, 1913 ; **56**, p. 351, 1922.

E. v. Angerer et G. Joos. — *Naturwiss.*, 1924, p. 140 ; *Annal. der Phys.* (4), **74**,
p. 743, 1924.

A. Catalán. — *Anales de la Sociedad Espanola d. fis. y quimica*, **21**, p. 464, 1923.

W. Gerlach. — *Materie, Elektrizität, Energie*, Dresden-Leipzig, 1923, p. 103 .

W. Heisenberg. — *Zeitschr. f. Phys.*, **8**, p. 273, 1921.

H. Wien. — *Münch. Ber.*, 1922, p. 119 ; *Annal. der Phys.* (4), **69**, p. 325, 1922.

7

N. Bohr. — *Kgl. Danske Vidensk. Skrift. Afd.*, **8**, Raecke, IV, **1**. Kopenhagen, 1928.

H.-A. Kramers. — *Intensity of Spectral Lines, Kgl. Danske Vidensk. Skrift.
Afd.*, **8**, Raecke, III, **3**, Kopenhagen, 1929.

P.-S. Epstein. — *Annal. der Phys.* (4), **58**, p. 553, 1919.

H.-A. Kramers. — *Naturwiss.*, 1923, p. 550.

J.-A. Kroutkof. — *Progrès des sc. phys. et nat.*, II, **2**, p. 272 (en russe), Moscou,
1921.

E. Buchwald. — *Das Korrespondenzprinzip*, Samml. Vieweg, n° **67**, Braunschweig, 1923.

8

N. Bohr. — *Zeitschr. f. Phys.*, **13**, p. 117, 1923.

CHAPITRE VI

LES RAYONS X

---

1. Introduction. — On trouve dans les traités de Physique l'exposé de ce qu'on savait sur les rayons X au commencement de 1914. Nous rappellerons rapidement l'essentiel en faisant parfois quelques additions. Les rayons X prennent naissance à l'endroit où un flux d'électrons qui se meuvent *rapidement*, par exemple de rayons cathodiques, vient frapper l'anticathode. Soient V la différence de potentiel, exprimée en unités é. m., entre la cathode et l'anticathode, e et m la charge et la masse de l'électron, v la vitesse de l'électron au moment du choc à la surface de l'anticathode ; leur vitesse initiale au départ de la cathode peut être considérée comme nulle.

Dans ce cas le travail eV des forces électriques dans le mouvement de l'électron doit être égal à l'énergie cinétique $\frac{1}{2} mv^2$ de l'électron lors du choc sur l'anticathode ; de cette façon nous obtenons l'équation fondamentale

$$(1) \qquad e\mathrm{V} = \frac{1}{2} mv^2$$

qui relie la différence de potentiel V à la vitesse v. Ici e et V sont exprimés en unité é. m., m en grammes et v en centimètres par seconde. La formule (1) donne

$$(1, a) \qquad v = \sqrt{2 \frac{e}{m} \mathrm{V}} \frac{\text{cm.}}{\text{sec.}} .$$

Si V, selon l'habitude, est exprimé en *volts*, la valeur numérique de la différence de potentiel est 10^8 fois plus petite, et alors on obtient pour v

$$(1, b) \qquad v = 10^4 \sqrt{2 \frac{e}{m} \mathrm{V}} \frac{\text{cm.}}{\text{sec.}} .$$

Au lieu de $\frac{e}{m}$ (mettons le nombre $1{,}769.10^7$ (voir (28), chapitre I), nous obtenons

$$(2) \qquad v = 10^8 \sqrt{0{,}354\,\mathrm{V}} \frac{\text{cm.}}{\text{sec.}} = 10^3 \sqrt{0{,}354\,\mathrm{V}} \frac{\text{km.}}{\text{sec.}} ,$$

ou bien, si sous le radical on écrit 0,36 approximativement (c vitesse de la lumière, c'est-à-dire $3.10^5 \frac{km}{sec}$), on a

$$(3) \qquad v = 600 \sqrt{V} \frac{km.}{sec.} = \frac{1}{5} \sqrt{V} \frac{c}{100} \frac{km.}{sec.}$$

La dernière formule montre que la vitesse acquise par l'électron dans un champ électrique quelconque, par un parcours à travers une différence de potentiel de V volts, est $\frac{1}{5}\sqrt{V}$ pour 100 de la vitesse de la lumière. Cette formule nous donne la vitesse des électrons du rayon cathodique lors de leur choc sur l'anticathode si la différence de potentiel de la cathode et de l'anticathode est V volts. Ce qui surprend tout d'abord, ce sont les vitesses énormes que peut acquérir l'électron qui parcourt une différence de potentiel relativement faible, ainsi qu'on peut le voir par le tableau suivant, dans lequel V est donné en volts et v en kilomètres par secondes et en fractions de la vitesse de la lumière

$$(4) \quad \left\{ \begin{array}{l} V = \\ \\ v = \\ \\ \ \end{array} \right.$$

$V =$	1	25	100	10 000	volts
$v =$	600	3 000	6 000	60 000	$\frac{km.}{sec.}$
	$\frac{1}{500}$	$\frac{1}{100}$	$\frac{1}{50}$	$\frac{1}{5}c.$	

Nous voyons que la vitesse de l'électron est complètement déterminée par le nombre de volts qui mesure la chute de potentiel. En conséquence on est convenu, et cette convention est adoptée d'une façon générale, d'*exprimer la vitesse des électrons en volts*. Le passage des volts aux kilomètres par seconde où aux fractions de la vitesse de la lumière est donnée par la formule (3). Si l'on dit, par exemple, que la vitesse d'un électron est 100 volts, on comprendra qu'elle est 6.000 km. par seconde ou $\frac{1}{50}$ de la vitesse de la lumière. La commodité de la désignation de la vitesse en volts résulte de ce que l'on mesure précisément la différence de potentiel entre le commencement et la fin du parcours de l'électron (par exemple entre la cathode et l'anticathode), ce qui détermine complètement la vitesse v.

On sait que des rayons *secondaires* prennent naissance à la surface d'une substance que viennent frapper des rayons *primaires* émis par l'antithode. Nous connaissons aussi l'absorption des rayons X par les diverses substances, ce qui fournit la notion des rayons *mous* et des rayons *durs* et aussi celle de *la polarisation* des rayons X.

Les rayons X sont ou *dispersés* ou *caractéristiques* ; ces derniers furent découverts en 1907 par BARKLA et SADLER, qui remarquèrent l'existence de deux groupes de rayons K et L. Ajoutons que LE ROUX, ayant dès 1896 reconnu l'inhomogénéité des rayons X émis par l'anticathode et leur modification sous l'influence des écrans métalliques, était arrivé à cette conclusion que « les métaux semblent posséder une propriété de fluorescence d'espèce particulière ». Ensuite SAGNAC (1897) découvrit l'absorption sélective de rayons X par les métaux, c'est-à-dire de rayons caractéristiques pour un métal donné.

L'action photoélectrique des rayons X consiste, comme noue l'avons vu, en ce que la surface d'un corps sur laquelle tombent ces rayons émet des électrons ; cette action est tout à fait analogue par son caractère à l'action photo-électrique des rayons visibles ou ultra-violets. En relation étroite avec ce phénomène est l'ionisation des gaz par les rayons X. Rappelons que ces rayons agissent sur la plaque photographique et sur une surface fluorescente.

La grande découverte de LAUE (1912) de *la diffraction des rayons X par les cristaux*, l'avènement de *la spectroscopie* des rayons X et la théorie de la *structure des cristaux* étaient des questions encore nouvelles en 1914 et commençaient seulement à être étudiées par les savants. Des deux immortels travaux de MOSELEY, le premier seul (1913) commençait seulement à être connu.

Mais ce que l'on savait alors prouve surabondamment que les rayons X sont une forme particulière d'*énergie rayonnante*, qui se distingue de celles jusqu'ici connues parce que la longueur d'onde λ de ces rayons est beaucoup moindre et la fréquence de vibration beaucoup plus grande que celle des rayons ultra-violets extrêmes. Nous avons vu que cette longueur d'onde a toutes les valeurs possibles depuis $\lambda = 17{,}66\,\overset{\circ}{A}$ jusqu'à $\lambda = \dfrac{1}{14}\,\overset{\circ}{A}$ (en comptant aussi les rayons γ doux ; voir § 3) ; il suit de là que le spectre des rayons X est placé très loin au delà du spectre des rayons ultra-violets, dont la plus courte longueur d'onde mesurée jusqu'à ces derniers temps (1923) est à peu près égale à $500\,\overset{\circ}{A}$. Le spectre des rayons X comprend *environ* 7 *octaves* ; son milieu se trouve à une distance de 13 octaves du milieu du spectre des rayons visibles, et son extrémité à une distance de presque 16 octaves de la limite extrême des rayons violets. Si le spectre des rayons électriques est limité du côté des grandes longueurs d'onde par le rayon dont $\lambda = 4$ km., le spectre total de l'énergie rayonnante, de $\lambda = 4$ km. à $\lambda = \dfrac{1}{14}\,\overset{\circ}{A}$, comprend 50 octaves. Les longueurs d'onde λ et les nombres de vibrations ν pour les deux rayons extrêmes de ce spectre sont

$$(4,\ a)\qquad
\begin{cases}
\lambda & \nu \\[4pt]
4\ \text{km} & 75\,000 \\[6pt]
\dfrac{1}{14}\ A^{\circ} & 4 \times 10^{19}.
\end{cases}$$

Pour les rayons X extrêmes, le nombre des vibrations est absolument fantastique, 4.10^{19}. Pour caractériser ce nombre, imaginons qu'une particule quelconque exécute un million de vibrations par seconde ; il faudrait un million d'années à cette particule pour effectuer 4.10^{19}, c'est-à-dire le nombre de vibrations que le rayon X extrême exécute en une seconde. Le rapport des longueurs d'onde des deux rayons extrêmes $(4, a)$ est égal à $0,5.10^{15}$ c'est-à-dire à un demi-million de milliards.

La grandeur de l'atome peut être prise, par exemple, égale un à angstrom ; la différence des longueurs d'onde des lignes D_1 et D_2 du sodium est égale à 6 angstroms. Cela donne pour la longueur d'onde du rayon X extrême

$$(4,\ b)\qquad \lambda_{\min.} = \frac{1}{14}\,\overset{\circ}{A} = \frac{1}{140\ .\ 10^6}\,\text{mm.} = \frac{1}{90}(D_1 - D_2) = \frac{1}{14}\,\text{de l'atome.}$$

Ainsi *la longueur d'onde totale* de ce rayon est 90 fois moindre que la différence des longueurs d'onde des rayons très voisins l'un de l'autre dont est formée la ligne jaune du sodium. Il convient d'ailleurs de remarquer qu'ici il est question de *la longueur d'onde du rayon* γ émis par les substances radioactives ; mais comme ces rayons sont par essence identiques aux rayons provenant de l'anticathode des tubes à rayons X, nous les examinons en même temps que les rayons de Roentgen.

Les rayons dispersés donnent un spectre *continu*, ou, comme on l'appelle quelquefois par analogie avec les rayons visibles, un spectre « blanc ». Notons une particularité importante, c'est que le spectre *continu* a toujours une *limite tranchée du côté des petites longueurs d'onde* λ. Cette limite correspond à des valeurs de λ d'autant plus petites que la vitesse v des rayons cathodiques qui provoquent cette radiation dispersée est plus grande.

Les rayons caractéristiques donnent un spectre de *lignes*, c'est-à-dire un spectre semblable à celui des gaz et vapeurs incandescents. Mais entre eux et les autres spectres subsiste une différence fondamentale. *Les spectres des gaz et des vapeurs dépendent de la substance qui rayonne* ; chaque substance a son spectre particulier, et c'est seulement par des recherches particulières, soignées et compliquées, qu'on peut découvrir tel ou tel trait de parenté entre les spectres de substances différentes, comme cela a été expliqué dans le chapitre précédent. C'est tout autre chose que nous voyons dans les spectres des rayons caractéristiques obtenus de divers éléments qui recouvrent la surface de l'anticathode. *Tous les éléments possèdent dans des limites connues, mais très larges, des spectres de rayons* X *parfaitement identiques* ; cela veut dire que le nombre, la position *relative* et l'intensité relative des lignes ne dépend pas de la substance rayonnante. C'est pourquoi on peut parler en général du *spectre de rayons* X, de sa structure, sans ajouter l'indication de la substance qui émet ce spectre. L'influence de cette substance se manifeste par la position qu'occupe l'ensemble des lignes spectrales dans l'échelle spectrale générale de l'énergie rayonnante ou, autrement dit, les longueurs d'onde des lignes spectrales dépendent de la nature de la substance. mais suivant une relation très simple : *plus grand est le nombre atomique* Z *d'un élément, plus son spectre de rayons* X *est reculé du côté des petites longueurs d'onde*, et plus durs (pénétrants) sont les rayons particuliers dont est formé le spectre entier de rayons X. Ainsi la relation du spectre et de la substance est exprimée par la position, mais non par la structure du spectre ; par le passage d'un élément à un autre le spectre en entier est déplacé d'un côté ou de l'autre, Comme le numéro d'ordre Z, à quatre exceptions près, varie parallèlement au poids atomique A, nous pouvons dire que les rayons X sont d'autant plus durs que les atomes qui les ont émis sont plus lourds.

Le spectre des rayons X est formé de *groupes de lignes*. Actuellement (1925) on connaît quatre de ces groupes ; on les désigne par les lettres K, L, M et N. Chaque groupe est constitué par un nombre déterminé de lignes dont les positions et les intensités relatives sont complètement déterminées. Le groupe K est le plus éloigné de la partie visible du spectre ; dans sa composition entrent les rayons les plus durs et de moindre longueur d'onde. Le groupe L est formé de rayons plus mous ; il est plus rapproché des rayons ultra-violets et il est séparé du groupe K par un intervalle qui atteint quelques octaves. Plus doux encore sont les rayons du groupe M, et enfin les plus mous de tous se trouvent être les rayons N découverts récemment (1923) ; leur longueur d'onde est la plus grande et va jusqu'à 17,66 Å. A titre d'exemple nous indiquerons la position du spectre du *tungstène* ($Z = 74$) : le groupe K est placé entre 178 X (0,178 Å) et 213 X ; le groupe L entre 1025 X et 1675 X ; le groupe M entre 6066 X et 6973 X (6,973 Å). Il ne faut cependant pas croire que l'on trouve chez tous les éléments toutes les lignes de tous ces quatre groupes. Il est loin d'en être ainsi. *En premier lieu*, chaque groupe ne peut être observé que pour une série déterminée d'éléments dont les numéros d'ordre Z sont compris entre certaines limites Z_1 et Z_2 où nous posons $Z_1 < Z_2$. Ainsi le groupe K a été étudié pour tous les éléments depuis Na ($Z_1 = 11$) jusqu'à Pt ($Z_2 = 78$) ; le groupe L pour les éléments de Fe ($Z_1 = 26$) à U ($Z_2 = 92$) ; le groupe M, de Dy ($Z_1 = 66$) à U ($Z_2 = 9,2$) ; le groupe N est connu seulement pour Bi ($Z = 83$), Th ($Z = 90$) et U ($Z = 92$). Pour les éléments de Na (11) à Mn (25), on ne connaît que le seul groupe K ; trois groupes K, L et M ont été trouvés pour peu d'éléments, de Dy (66) à Pt (78), par exemple pour Tu (74), pour lequel nous avons indiqué la position de ces groupes. Il est indubitable que les groupes K, L, M, N se trouvent dans les spectres de beaucoup d'éléments qui sont en dehors des limites indiquées, c'est-à-dire K pour $Z < 11$ et $Z > 78$ (voir p. 197), L pour $Z < 29$, M pour $Z < 66$ et N pour $Z < 83$. Mais ces groupes n'ont pu être étudiés, car la longueur d'onde des rayons correspondants est trop grande ($\lambda > 18$ Å), et la méthode de LAUE ne leur est pas applicable. Plus le groupe est mou, plus grand doit être le numéro d'ordre de l'élément dans le spectre duquel on veut observer ce groupe commodément. *En second lieu*, un seul et même groupe contient un nombre inégal de lignes dans les spectres des divers éléments. Cela signifie que des lignes qui entrent dans un groupe donné, toutes ne peuvent être observées que dans les spectres d'un petit nombre d'éléments. Pour les autres éléments, l'observation de telles ou telles lignes est impossible, et il peut y avoir pour cela diverses raisons : la longueur d'onde est trop grande, ou bien elle est trop faible pour qu'on puisse mettre ces lignes en évidence, ou bien certaines lignes ne peuvent se produire, pour une cause dont il sera parlé plus loin.

Ajoutons encore une remarque importante se rapportant aux conditions de formation d'un quelconque des rayons X ; soit λ la longueur d'onde de ce rayon, qui peut être *primaire*, produit par l'afflux des électrons (rayons cathodiques) qui viennent frapper l'anticathode, ou *secondaire*, produit par d'autres rayons X tombant sur la surface d'un corps quelconque. La dureté d'un rayon X est déterminée, comme nous l'avons vu, par la longueur d'onde. Convenons de considérer les rayons *cathodiques* comme d'autant plus durs que plus grande est leur vitesse, exprimée en volts (voir l'équation (3)). La condition d'excitation d'un rayon peut s'exprimer ainsi : *les rayons excitants doivent être plus durs que les rayons excités.* Il faut comprendre ceci de la façon suivante : si les rayons caractéristiques de longueur d'onde λ sont des rayons secondaires, c'est-à-dire sont excités par des rayons X, la longueur de ces derniers doit être *moindre* que λ. Si nous avons affaire à un rayon primaire, la dureté, c'est-à-dire la vitesse (en volts) des rayons cathodiques doit *dépasser* une certaine valeur minimum $V_{min.}$, en quelque sorte équivalente à la dureté du rayon qui prend naissance. La relation entre $V_{min.}$ et λ sera indiquée plus loin. Dans le premier de ces deux cas la condition indiquée correspond entièrement à la loi de STOKES relative à la fluorescence (T. II).

Il est très important de noter la circonstance suivante. *Supposons que λ' ou $V_{min.}$ aient atteint la valeur qui correspond à la condition de production de la ligne la plus dure (de moindre λ) de l'un des groupes K, L, M, N ; alors apparaissent à la fois toutes les lignes de ce groupe.* On pouvait espérer que les lignes les moins dures d'un groupe donné apparaissent les premières, c'est-à-dirre pour λ' plus grand (rayon moins dur, moins pénétrant) ou pour une vitesse des électrons qui est moindre que ce $V_{min.}$ qui est nécessaire pour l'apparition du plus dur des rayons de ce groupe.

L'intensité relative J des lignes d'un groupe donné ne dépend pas de la grandeur $V \gtreqless V_{min.}$. L'intensité générale croît en fonction de V selon la loi

$$(5) \qquad\qquad J = a(V - V_{min.})^{\frac{3}{2}}$$

qui fut trouvée par WEBSTER et CLARK (1917).

2. Travail de Moseley. — En Décembre 1913 et en Avril 1914 parurent deux immortels mémoires du jeune savant anglais H. G. J MOSELEY, tué aux Dardanelles en 1915. Les mémoires fondamentaux de BOHR, ceux où il expose sa théorie sur la structure de l'atome, avaient paru en Juin et Novembre 1913. MOSELEY accepte en tout la théorie de BOHR, et c'est sur elle qu'il base ses raisonnements. On comprend qu'il accepte la figure de l'atome de BOHR telle qu'elle a été donnée sous sa forme première, dans laquelle les *anneaux d'électrons* jouaient un rôle très important. Nous avons vu qu'on a dû par la suite abandonner l'idée de tels anneaux. C'est pourquoi il n'est pas étonnant que quelques-unes des représentations et des déductions de MOSELEY ne puissent plus être admises aujourd'hui et ne répondent pas à la réalité. Mais, vu l'importance historique énorme des deux mémoires de MOSELEY, nous expliquerons leur contenu en détail, mais en indiquant les raisonnements qui ont dû être modifiés par la suite.

W.-H. et W.-L BRAGG (le père et le fils) ont les premiers (1913) mesuré la longueur d'onde des rayons caractéristiques du platine. Ensuite H.-G.-J MOSELEY et C.-G DARWIN (Juillet 1913) étendirent ces observations en mesurant λ pour cinq lignes et étudiant aussi le spectre continu émis par le platine ; enfin W.-H. BRAGG mesura λ pour quelques lignes des spectres de Ni, Tu et Rh. De ces travaux il résultait déjà que dans les spectres de rayons X se trouvent deux groupes de lignes K et L. Dans un premier travail MOSELEY montra d'abord que dans chacun des deux groupes K et L se trouvent avant tout *deux lignes plus intenses* qu'il a désignées par α et β ; quelquefois on les représente par K_α, K_β, L_α, L_β. Les rayons α sont plus intenses que les rayons β et leur longueur d'onde est plus grande que celle des rayons β. Désignons les longueurs d'onde par λ_α et λ_β et les intensités par J_α et J_β ; nous avons

$$(6) \qquad \lambda_\alpha > \lambda_\beta \quad \text{et} \quad J_\alpha > J_\beta.$$

Sur la figure 16 sont représentés symboliquement les quatre rayons α et β des groupes K et L, les longueurs d'onde λ étant supposées diminuer de gauche à droite ; les lignes α, plus intenses, sont marquées en traits plus forts. Les rayons α et β appartenant à un même groupe (K ou L) sont très près l'un de l'autre ; leur distance n'est que de quelques dixièmes d'angstrom.

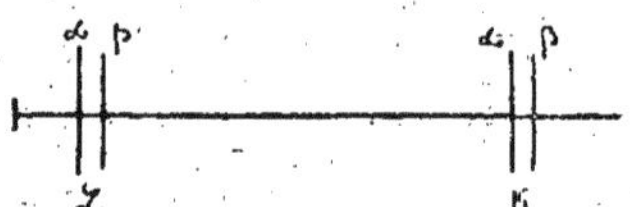

Fig. 16.

La distance des groupes K et L d'un élément donné, comme il a été dit, atteint quelques octaves. Donnons pour exemple les longueurs d'onde des rayons K_α et L_α en angstroms pour le zirconium (Z = 40) et pour l'argent (Z = 47).

	Zr (40)	Ag (47)
K_α	0,794	0,650
L_α	6,091	4,170.

MOSELEY a trouvé dans le groupe L, en plus des rayons α et β, trois autres rayons, qu'il désigna par γ, ε et φ. Il a étudié les rayons α de Al (20) à Ag (47) et les rayons L de Zr (40) à Au (79) Il découvrit que *les rayons K et L se déplacent régulièrement du côté des longueurs d'onde décroissantes, lorsque dans le système des éléments on va de l'un à l'autre dans l'ordre des numéros d'ordre croissants.* La figure 17 reproduit un dessin célèbre du premier mémoire de MOSELEY ; ici sont représentées pour la série des éléments les lignes K disposées de façon que les longueurs d'onde *augmentent de gauche à droite* (le spectre visible se trouve bien loin à droite). Il se confirme ici que dans le système périodique Co (27) est avant Ni (28), quoique les poids atomiques de ces métaux par ordre de grandeur se rangent en sens inverse. De plus, on voit que l'émission des rayons X est un *phénomène atomique* et, par conséquent, *additif* (T. I), car Co contenant des traces de Ni et de Fe donne aussi les lignes de ces deux derniers métaux. Le

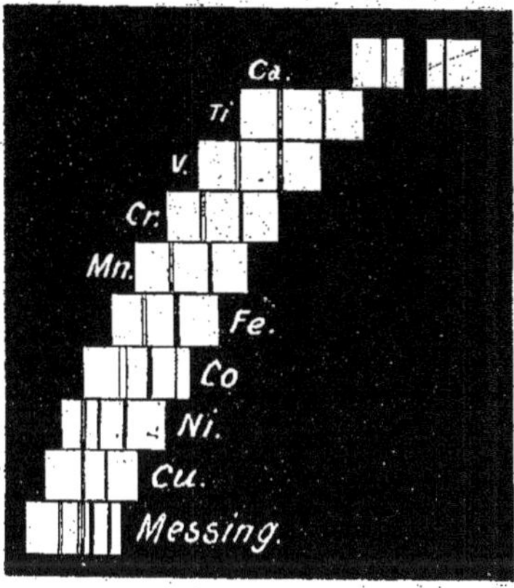

Fig. 17.

dernier spectre du bas, obtenu du laiton (Messing) contient les raies du zinc et du cuivre. Ainsi, *la position des spectres de rayons X est déterminée par le numéro d'ordre Z de l'élément. L'étude de ces spectres donne la possibilité de déterminer les numéros d'ordre de tous les éléments,* si à l'un des éléments on attribue une valeur déterminée Z. C'est de cette façon que procéda MOSELEY, prenant pour Al la valeur Z = 11. Ainsi il put le premier indiquer le nombre des éléments jusqu'à l'uranium (92) et les numéros d'ordre des *éléments non découverts jusqu'à ce jour.* La fig. 18 donne aussi les lignes K pour la série des éléments de As (33) à Rh (45), d'après SIEGBAHN ; le nombre des lignes est plus grand que sur la figure 17.—

Le mérite des deux travaux de MOSELEY ne consiste pas seulement en la découverte de la haute importance des numéros d'ordre Z des éléments. Il a trouvé aussi *la formule générale qui relie la fréquence de vibration ν d'un élément de spectre déterminé avec le numéro d'ordre Z de ce même élément.* Cette formule s'écrit

$$(7) \qquad \nu = A(Z - b)^2$$

où A et b sont des constantes, c'est-à-dire sont les mêmes pour tous les éléments, mais différents pour les différentes lignes spectrales. Pour les lignes K_α et L_α, MOSELEY trouve

$$(7, a) \qquad \begin{cases} K_\alpha & b = 1 \\ L_\alpha & b = 7,4. \end{cases}$$

Au lieu de (7), on peut écrire, en posant $\sqrt{A} = a$.

$$(8) \qquad\qquad \sqrt{v} = a(Z - b).$$

Cela signifie que *la racine carrée de la fréquence de vibration V est une fonction linéaire du numéro d'ordre Z*. Nous verrons plus loin que la formule (8) ne peut être considérée comme rigoureusement exacte.

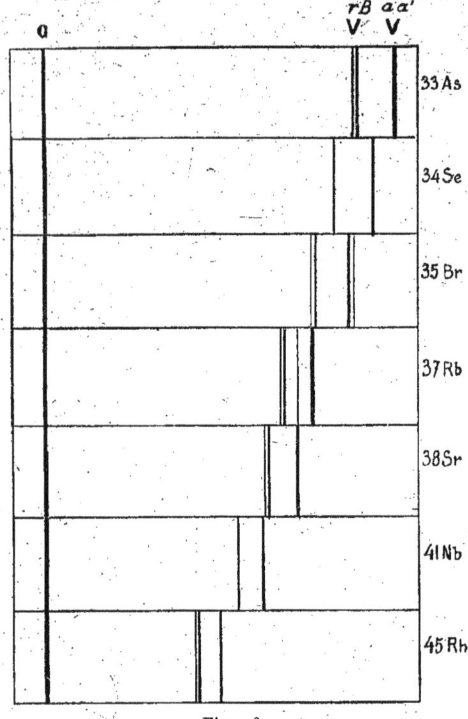

Fig. 18.

Passons maintenant aux *considérations théoriques* par lesquelles Moseley s'est efforcé de prouver la nécessité de la relation exprimée par la formule (8). Il part de de la forme première de la théorie de Bohr, supposant que le noyau de l'atome est entouré d'*anneaux* électroniques et utilise la formule (35,a) du chapitre III :

$$(9) \qquad\qquad v_{k,i} = cR(Z - s_p)^2 \left\{ \frac{1}{i^2} - \frac{1}{k^2} \right\}$$

où $v_{k,i}$ est la fréquence de vibration du rayon émis par l'atome quand l'électron passe de l'orbite k à l'orbite i ($k > i$) ; c est la vitesse de la lumière, R la constante de Rydberg (voir (32), chapitre III) ; s_p est une expression dépendant du nombre p d'électrons dans l'anneau ; pour p_4 nous avons $s_4 = 0{,}957$, ou approximativement

$$(9, a) \qquad\qquad s_4 = 1$$

(voir (35) et (35,b). chapitre III). MOSELEY supposa que le rayon K_α s'obtient par passage de l'électron du second anneau au premier ($i = 1$, $k = 2$), et L par passage du troisième anneau au second ($i = 2$, $k = 3$). Avant tout il est clair que les formules (7) et (9) deviennent identiques si l'on pose.

$$(9,\,b) \qquad \begin{cases} A = cR \left\{ \dfrac{1}{i^2} - \dfrac{1}{k^2} \right\} \\ b = s_p. \end{cases}$$

Introduisons au lieu de i et k les membres qui correspondent aux passages indiqués de l'électron, nous obtenons.

$$(10) \qquad \begin{cases} \text{pour } K_\alpha \qquad \nu = \dfrac{3}{4} cR(Z - b)^2 \\ \text{pour } L_\alpha \qquad \nu = \dfrac{5}{36} cR(Z - b')^2. \end{cases}$$

Dans la seconde formule nous écrivons b', car la constante a des valeurs différentes pour les rayons K_α et L_α. Si l'on représente les fréquences de ces rayons par $\nu(K)$ et $\nu(L)$ et qu'on introduise les dénominations abrégées Q (K) et Q (L), ou

$$(11) \qquad \begin{cases} \sqrt{\dfrac{\nu(K)}{\frac{3}{4}cR}} = Q(K) = Z - b \\ \sqrt{\dfrac{\nu(L)}{\frac{5}{36}cR}} = Q(L) = Z - b'. \end{cases}$$

MOSELEY a mesuré les longueurs d'onde des rayons K_α et L_α, est passé aux fréquences ν (K) et ν (L) et a calculé les grandeurs Q (K) et Q (L) ; il a obtenu

$$(11,\,a) \qquad Q(K) = Z - 1, \qquad Q(L) = Z - 7,4$$

(voir (7, a). Voici un tableau des valeurs de Q (K) et de Z pour une série d'éléments :

	Z	Q(K)			Z	Q(K)
Al	13	12,05	Fe		26	24,99
Si	14	13,04	Co		27	26,00
Cl	17	16,00	Ni		28	27,04
K	19	17,98	Cu		29	28,01
Ca	20	19,00	Zn		30	29,0
Ti	22	21,12	Yt		39	38,1
Vd	23	21,96	Zr		40	39,1
Cr	24	22,98	Nb		41	40,2
Mn	25	23,99	Mo		42	41,2

On voit qu'effectivement, avec une grande approximation.

$$(11, b) \qquad\qquad Q(K) = Z - 1.$$

De là Moseley conclut que pour le rayon K_α nous avons $b = 1$, et par conséquent $s_p = 1$. Comparant avec $(9, a)$, il obtient $s_p = s_4$, c'est-à-dire $p = 4$. Moseley conclut que sur l'anneau le plus voisin du noyau circulent quatre électrons. En outre, la constance des nombres b et b' dans (11) montre qu'en effet.

$$(11, c) \qquad\qquad \nu(K) = \nu_{2,1} \quad \text{et} \quad \nu(L) = \nu_{3,2}.$$

Moseley considère deux rayons α et β du groupe K et cinq rayons α, β, γ, δ, ε, du groupe L, et il montre qu'à tous ces sept rayons est applicable une formule telle que (8), c'est-à-dire que $\sqrt{\nu}$ est une fonction linéaire du nombre atomique. De cette façon et dans ses traits généraux se trouve justifiée l'application de la théorie de Bohr aux rayons X.

Au début de ce paragraphe nous avons mentionné qu'il a fallu par la suite rejeter quelques-unes des considérations et des déductions de Moseley, mais l'essentiel est toujours accepté. Ceci comprend le lien serré qui unit le spectre de rayons X et le numéro d'ordre de l'élément, ainsi que l'idée fondamentale de la *formation des rayons X dans les régions de l'atome les plus voisines du noyau*. Le plus considérable de ces résultats, c'est certainement l'explication de l'importance du numéro d'ordre Z, sa détermination pour tous les éléments connus, l'indication exacte du nombre des éléments (92) jusqu'à U et la détermination des numéros d'ordre des éléments non encore découverts. Mais il a fallu considérer la formule (7) comme inexacte, ainsi que nous le montrerons plus loin, et par suite abandonner l'idée que $b = 1$ pour le rayon K_α indique l'existence de quatre électrons sur l'anneau le plus voisin du noyau de l'atome ; l'idée même des anneaux électroniques a aussi été abandonnée.

3. Couches et niveaux d'énergie. — Dans ce paragraphe nous rappellerons (avec quelques additions) ce qui a déjà été dit sur les couches électroniques et les niveaux d'énergie et nous donnerons une vue d'ensemble des lignes spectrales K, L, M et N, laissant de côté pour l'instant la question théorique de l'origine des rayons X correspondant à ces lignes. Avant tout considérons la question de l'établissement d'une terminologie précise et de la représentation par des lettres des diverses grandeurs que nous rencontrerons. Le fait est qu'actuellement la terminologie et les modes de désignation forment un véritable chaos qu'il n'est pas facile de débrouiller. On peut, sans grande exagération, dire que chaque auteur invente lui même sa terminologie et ses symboles de représentation. Ainsi A. Sommerfeld, dans la 3ᵉ édition (1922) de son livre *Atombau und Spektrallinien* emploie une certaine terminologie et certaines désignations, mais dans la 4ᵉ édition (1924), il change radicalement.

Dans le chapitre III, § 5, nous avons dit qu'on avait dû abandonner la conception initiale de Bohr sur les anneaux électroniques et remplacer ces derniers par des *couches électroniques*, que l'on désigne par les lettres K, L, M, N, O, P, Q, parmi lesquelles la couche K est la plus voisine du noyau de l'atome, et chaque couche suivante est plus éloignée du noyau que la précédente. Ces couches correspondent aux périodes du système des éléments de MENDÉLÉIEF. Le nombre des orbites possibles dans chaque couche quand sa structure est complètement achevée est égal au nombre des éléments qui entrent dans la période correspondante. Les orbites électroniques d'une couche donnée peuvent pénétrer profondément dans la couche qui est plus près du noyau de l'atome. Introduisons la notion de « plus haut » et « plus bas », en comptant la direction à partir du noyau comme la direction vers le haut ; K est la couche la plus basse, Q est la plus haute.

Dans la théorie primitive de BOHR nous avions pour chaque orbite électronique possible un nombre *quantique* que nous avons désigné par i (chap. III, § 3). Quand nous sommes allés aux orbites elliptiques (chap. III, § 6) nous avons introduit pour chaque orbite deux nombres quantiques, l'azimutal i_1 et le radial i_2, et il s'est trouvé que dans les formules on ne rencontre que la somme $i_1 + i_2$ comme caractéristique principale de l'orbite et, ce qui est particulièrement important, de l'énergie de l'atome (voir (41) et (42), chap. III, § 6). C'est pourquoi nous avons choisi de nouvelles désignations, $n = i_1 + i_2$, le nombre quantique principal, et $k = i_1$, nombre quantique azimutal. Toutes les orbites d'une même couche ont un seul et unique n, égal à 1, 2, 3, 4, etc., dans l'ordre des couches K, L, M, N, etc. Toutes les orbites ayant mêmes n et k, où $k = 1, 2, 3 \ldots n$, constituent le *sous-groupe* d'orbites n_k ; le nombre des sous-groupes est égal à n et le nombre des orbites d'un seul et même sous-groupe peut atteindre (voir le tableau p. 103). Dans le chapitre IV, § 1, la formule (3, a) donne le tableau des couches et les nombres et la désignation des sous-groupes.

Ces dénominations (n, k et n_k) dont nous nous sommes servis ici furent introduits par BOHR ; SOMMERFELD ne les a pas employées avant la 4e édition de son livre (1924) ; il les introduit à contre-cœur et non sans quelque protestation et regret que le nombre quantique radial soit en quelque sorte relégué à l'arrière-plan (A. u. S. 4e éd. p. 546). Jusqu'à quel point il est impossible de considérer ces désignations comme établies, c'est ce qu'on voit, par exemple, en ce que LAUE (1922) donne aux lettres n et k précisément les significations inverses, et qu'il écrit k_n au lieu de n_k, où k est le nombre principal et n le nombre azimutal (Ergebnisse der exakten Naturwissenschaften, I, 1922, p. 263-264).

Mais le chaos le plus désordonné est celui que nous trouvons dans les désignations des *niveaux d'énergie*. Nous avons dans le chapitre III, § 5, rencontré pour la première fois la conception des niveaux d'énergie qui existent dans les couches électroniques dont la construction dans un atome donné est terminée (voir le tableau p. 103). Écrivons de nouveau l'ensemble (4), chap. IV, § 1 des couches, les nombres des sous-groupes et des niveaux d'énergie.

$$(12) \quad \begin{cases} \text{Couches} & K \quad L \quad M \quad N \quad O \quad P \quad Q \\ \text{N. quantique princ. } n \\ \text{et nombre des sous-groupes} & 1 \quad 2 \quad 3 \quad 4 \quad 5 \quad 6 \quad 7 \\ \text{N. des niveaux d'énergie} & 1 \quad 3 \quad 5 \quad 7 \quad 5 \quad 3 \quad (?). \end{cases}$$

A partir de la couche O, le nombre des niveaux d'énergie diminue, de telle façon que, même dans les atomes les plus lourds, la construction des couches O, P, Q, n'est pas encore complète, comme on le voit par le tableau de la p. 163. Nous disposons par la pensée tous les niveaux d'énergie en une série commençant le plus près du noyau, c'est-à-dire dans l'ordre de la *hauteur croissante.* Plus élevé est le niveau d'énergie où se trouve l'électron, *plus grand* est le contenu d'énergie de l'atome ; ce contenu diminue quand l'électron tombe d'un niveau plus élevé à un niveau plus bas, phénomène pendant lequel l'énergie perdue par l'atome est émise sous forme d'un quantum $h\nu$ d'énergie rayonnante. Nous prenons l'énergie potentielle de deux charges sous la forme négative (15) au lieu de (15,*a*) (voir le chap. III, § 2, IV); et c'est pourquoi nous avons obtenu pour l'énergie elle-même l'expression négative (26) du chap. III, § 3. C'est pour cette raison que les termes diminuent à mesure que le niveau d'énergie s'éloigne du noyau de l'atome. Ainsi : *plus élevé est le niveau d'énergie auquel se trouve l'électron, plus grande est la provision d'énergie de l'atome et moindre est le terme correspondant à ce niveau.*

Passons maintenant à la question embarrassante de savoir *comment désigner les divers niveaux d'énergie* dans l'atome ; le nombre maximum de tels niveaux dans les atomes les plus lourds est 24 (voir (12)). Dans la couche K il n'y a qu'un seul niveau d'énergie, qui est désigné par la lettre K. Mais dans la couche L il y a trois niveaux d'énergie, cinq dans la couche M, etc. On demande comment on doit les désigner. Primitivement on les désignait selon l'ordre d'éloignement du noyau, c'est-à-dire de bas en haut, par les symboles

$$(12,\,a) \qquad K \mid L_1 \; L_2 \; L_3 \mid M_1 \; M_2 \; M_3 \; M_4 \; M_5 \mid N_1 \; N_2 \; N_3 \; N_4 \mid$$

de sorte que N_1, M_1, L_1, etc , correspondent au niveau inférieur, à la moindre énergie et au terme le plus élevé correspondant à la couche. Mais plus tard cette désignation a été remplacée par la suivante

$$(13) \qquad K \mid L_3 \; L_2 \; L_1 \mid M_5 \; M_4 \; M_3 \; M_2 \; M_1 \mid N_7 \; N_6 \; ... \; N_1 \mid$$

de sorte que L_1, M_1, N_1, etc., sont les niveaux *les plus élevés* avec la *plus grande énergie* et le terme *le plus petit* (voir p. exemple, A. u. S. 3ᵉ éd, fig. 121, p. 625, ou bien Laue (*l. c*). fig. 1, p. 262). Dans ces ouvrages les auteurs ont disposé les niveaux d'énergie dans l'ordre (12, *a*), conservant en même temps les valeurs qui correspondent à la série (13), ce qui augmente la difficulté de bien comprendre l'ensemble (voir, par exemple, A. u. S. 3ᵉ éd, tableau 53, p, 630 et 631, ou la série de doublets p. 633, ou bien Laue (*l. c.*), tableau 1, p. 263). Les couches sont disposées, par exemple dans l'ordre des termes *décroissants,* mais pour chaque couche les niveaux sont inscrits dans l'ordre des termes croissants. Autrement dit, les couches sont disposées dans l'ordre de *bas en haut,* et les niveaux d'énergie dans chaque couche, *de haut en bas.* Il en était ainsi jusqu'en 1924. Dans la 4ᵉ édition de A. u. S. (1924), Sommerfeld introduisit des désignations tout à fait nouvelles, beaucoup plus rationnelles ; nous devons en prendre connaissance, bien que nous ne sachions pas si elles deviendront d'un usage général.

La nouvelle désignation des niveaux d'énergie se rencontre pour la première fois dans le tableau 10, p. 256 ; ensuite il l'emploie continuellement, mais il n'en donne l'explication que p. 311-312. Voyons d'abord cette nouvelle dénomination. Elle consiste en ce que les lettres, K, L, M, N, etc., sont accompagnées en bas, sous forme d'indices, non d'un seul chiffre, comme dans (12,a) et (13), mais de deux. Ces doubles indices vont dans toutes les couches suivant un seul et même ordre si l'on s'éloigne du noyau, ce qui rappelle plutôt (12,a) que (13). L'ordre de ces doubles indices est le suivant :

$$(14) \qquad 11 \quad 21 \quad 22 \quad 32 \quad 33 \quad 43 \quad 44\ldots$$

Les indices suivants du même ordre 54, 55, 65, 66, etc., ne se rencontrent pas, car le nombre général des indices est 7, c'est-à-dire égal au plus grand nombre de niveaux d'énergie que nous avons dans la couche N (voir (12). Mettons en présence les nouvelles désignations et les anciennes (13) :

$$(15) \quad \begin{cases} \text{Nouvelles} \quad K \mid L_{11}\ L_{21}\ L_{22} \mid M_{11}\ M_{21}\ M_{22}\ M_{32}\ M_{33} \mid N_{11}\ N_{21}\ N_{22}\ N_{32}\ N_{33}\ N_{43}\ N_{44} \\ \text{Anciennes} \quad K \mid L_{3}\ L_{2}\ L_{1} \mid M_{5}\ M_{4}\ M_{3}\ M_{2}\ M_{1} \mid N_{7}\ N_{6}\ N_{5}\ N_{4}\ N_{3}\ N_{2}\ N_{1}. \end{cases}$$

Siegbahn emploie les anciennes désignations. On comprend que maintenant Sommerfeld répartisse dans ses tableaux tous les niveaux d'énergie dans le même ordre que les couches, et les niveaux se trouvent distribués dans un seul et même ordre, c'est-à-dire de bas en haut, où l'énergie ne fait que croître et les termes que diminuer. Sous ce rapport il est très intéressant de comparer le tableau 53 des pages 630 et 631 de la 3ᵉ édition avec le tableau 28 des pages 304 et 305 de la 4ᵉ ; le tableau est le même, mais les colonnes sont complètement transposées. Il est encore plus intéressant de comparer les séries de doublets (voir plus loin) de la page 633 de la 3ᵉ édition avec la page 311 de la 4ᵉ, dans lesquelles les accolades sont placées dans un ordre inverse, ce qui ne peut qu'embarrasser le lecteur qui compare les deux éditions. Dans la couche O nous avons les niveaux O_{11}, O_{21}, O_{22}, O_{32}, O_{33}, et dans la couche P les niveaux P_{11}, P_{21}, P_{22}. Remarquons que *la différence des deux chiffres de l'indice est égale à l'unité ou bien est nulle et que le premier chiffre est égal ou supérieur au second.*

Arrivons maintenant à l'explication de ces indices. Nous avons eu affaire jusqu'ici aux nombres quantiques principal n et azimutal k. On peut ne pas introduire le nombre quantique radial, car il est égal à $n - k$ (voir, par exemple, les formules (60) et (61) du chapitre III, § 7) ; là, où nous l'avons employé, nous l'avons désigné par i_3 (voir au même chapitre les formules (60,a), (60,b) et (60,e)). Une étude détaillée des spectres de rayons X a montré qu'en plus de n et k il convient encore d'introduire un *troisième nombre quantique*, qui jusqu'en 1923 était appelé (Sommerfeld, Laue, Landé) le *nombre quantique fondamental* (Grundquantenzahl, pour le distinguer du Hauptquantenzahl, nombre quantique principal n). Mais dans la 4ᵉ édition de A. u. S. Sommerfeld introduit, sur la proposition de Bohr et Coster, au lieu d'un seul nombre quantique azimutal k, *deux* nombres quantiques azimutaux k_1 et k_2 ; k_1 correspond à l'ancien nombre quantique fondamental et en même temps au nombre quantique azimutal primitif k. Les nombres k_1 et k_2 satisfont aux deux conditions suivantes : les deux nombres ne peuvent être plus grands que le nombre principal n; les nombres k_1 et k_2 sont ou égaux, ou bien $k_1 = k_2 + 1$, de sorte que nous avons :

$$(16) \qquad \begin{cases} k_1 \leqq n, & k_2 \leqq n \\ k_1 = k_2 \quad \text{ou} \quad k_1 = k_2 + 1. \end{cases}$$

Chaque niveau d'énergie est caractérisé par deux nombres quantiques azimutaux k_1 et k_2; ces nombres sont les mêmes à tous les niveaux de toutes les couches ; ils sont les mêmes pour toutes les secondes, les mêmes pour toutes les troisièmes, etc. Ce sont précisément ces valeurs qui correspondent aux couples de chiffres qui sont inscrits dans la série (14). Ainsi dans toutes les couches nous avons aux niveaux.

$$(16, a) \quad \begin{cases} & \text{premiers} \quad \text{deuxièmes} \quad \text{troisièmes} \quad \text{quatrièmes etc.} \\ k_1 = & \quad 1 \qquad\qquad 2 \qquad\qquad 2 \qquad\qquad 3 \\ k_2 = & \quad 1 \qquad\qquad 1 \qquad\qquad 2 \qquad\qquad 2 \end{cases}$$

Les symboles généraux pour les niveaux d'énergie doivent être :

$$(16, b) \qquad\qquad K \qquad L_{k_1 k_2} \qquad M_{k_1 k_2} \qquad N_{k_1 k_2}, \text{ etc.}$$

Il est tout naturel, au lieu des nombres k_1 et k_2, d'écrire les valeurs numériques (16,a) ou, ce qui est la même chose, (14). *De cette façon sont obtenues les nouvelles désignations qui sont indiquées dans (15).*

Nous avons consacré beaucoup de place à la question de la désignation des niveaux d'énergie. Nous pensons que ce n'est pas en vain. En plus de ce que notre examen facilite le passage de la 3e à la 4e édition de A. u. S., il convient de remarquer que jusqu'à ces derniers temps beaucoup d'auteurs ont employé les anciennes désignations, et il est bien possible qu'ils continuent à les employer ; nous ne savons pas dans quelle mesure les nouvelles désignations deviendront d'un usage général. Ajoutons encore que certains auteurs ont distingué *deux sortes de niveaux d'énergie,* qu'ils ont désignés par a et b, tels que dans chaque couche, si l'on va de bas en haut, les niveaux a et b se succèdent dans l'ordre suivant :

$$(16, c) \qquad\qquad b \quad a \quad a \quad b \quad b \quad a \quad a.$$

Nous avons vu que dans chaque couche existent des *sous-groupes* caractérisés par le symbole n_k ; leur nombre est égal à n. Mais le nombre des niveaux est plus grand que n, et c'est pourquoi se pose la question suivante : *à quels sous-groupes n_k correspondent les divers niveaux d'énergie ?* On ne peut considérer cette question comme complètement résolue. SOMMERFELD (*A. u. S.,* 4e éd., p. 312, note) dit expressément que k dans le symbole n_k doit être remplacé par la lettre k_1, tandis que LAUE (*l. c.,* p. 262, fig. 1) met à la place de k le nombre k_2. De cette façon, on obtient, par exemple, dans la couche M ($n = 3$) les valeurs suivantes de n_k pour les cinq niveaux d'énergie de cette couche :

$$(17) \quad \begin{cases} \text{Niveaux} \begin{cases} \text{Sommerfeld} & M_{11} \ M_{21} \ M_{22} \ M_{32} \ M_{33} \\ \text{d'énergie} \begin{cases} \text{Laue} & M_5 \ \ M_4 \ \ M_3 \ \ M_2 \ \ M_1 \end{cases} \\ n_k. \quad \begin{cases} \text{Sommerfeld} & 3_1 \ \ 3_2 \ \ 3_2 \ \ 3_3 \ \ 3_3 \\ \text{Laue} & 3_1 \ \ 3_1 \ \ 3_2 \ \ 3_2 \ \ 3_3. \end{cases} \end{cases} \end{cases}$$

Pour conclure, comparons encore une fois les nouvelles et les anciennes dénominations : la valeur des grandeurs auxquelles se rapportent les nouvelles désignations est suffisamment claire d'après ce qui précède :

$$(17, a) \quad \begin{cases} \text{Nouvelle} & n \quad k \quad n-k \quad k_1 \quad k_2 \\ \text{Ancienne} & k \quad n \quad n^l \quad m \quad n. \end{cases}$$

Une telle comparaison s'obtient si l'on se rappelle ce que dit SOMMERFELD au commencement de la note citée (4e éd., p. 312) ; il découle de là que k_2 correspond au nombre azimutal primitif k ; mais dans cette note il dit plus loin que dans n_k il faut prendre $k = k_1$, comme cela a été montré dans (17), et dans l'examen des doublets de rayons X (voir plus loin) il convient de prendre $k = k_2$.

4. Rayons K, L, M, N et γ. — Passons à un *simple aperçu des rayons* X (K, L, M, N) et aussi des rayons γ. Ici encore nous rencontrons des désignations qui ne sont pas solidement établies.

1. *Rayons* K. — MOSELEY n'a observé que les deux rayons α et β. Aujourd'hui quatre rayons sont bien étudiés, que SIEGBAHN et SOMMERFIELD désignent par les lettres suivantes.

$$(18) \quad \begin{cases} \text{Siegbahn} & \alpha_2 \quad \alpha_1 \quad \beta_1 \quad \beta_2 \\ \text{Sommerfeld} & \alpha' \quad \alpha \quad \beta \quad \gamma. \end{cases}$$

Les désignations de SIEGBAHN sont, semble-t-il, généralement adoptées ; mais SOMMERFELD dans sa 4e éd., de A. u. S. a conservé les siennes. Les lignes sont données dans l'ordre de leurs longueurs d'onde *décroissantes*.

Fig. 19

Outre ces quatre lignes, huit lignes faibles furent trouvées par quelques observateurs dans les spectres de divers éléments, des plus légers, de Na (11) à V (23), et quelques lignes jusqu'à Zn (30). La figure 19 représente un dessin schématique de HJALMAR de toutes les lignes K dans l'ordre des longueurs d'onde *croissantes*.

Les rayons K ont été étudiés de Na (11) à Pt (78) et aussi pour U (92). Citons quelques longueurs d'ondes en unités X ($X = 10^{-3}$ Å $= 10^{-11}$ cm.). De Na (11) à P (15) les rayons α_2 et α_1 n'ont pu être séparés ; le rayon β_2 n'a pu être observé qu'à partir de Ti (21).

	α_2	α_1	β_1	β_2
11 Na	11 883,6		11 591	—
15 P	6 141,7		5 786,1	—
16 S	5 363,75	5 360,90	5 021,3	—
21 Sc	3 028,40	3 025,03	2 773,94	—
22 Fi	2 746,81	2 743,17	2 508,98	2 493,7
26 Fe	1 936,51	1 932,30	1 752,72	1 740,6
30 Zn	1 435,87	1 432,06	1 292,71	1 281,11
35 Br	1 041,72	1 037,68	930,73	918,22
42 Mo	711,87	707,59	630,75	619,27
50 Sn	493,88	489,41	434,25	424,72
74 Tu	213,52	208,85	184,36	179,40
78 Pt	190,10	185,28	163,4	158,2

DESSAUER et BACK (1919) ont trouvé pour U :

$$U(92) \qquad \underbrace{\alpha_3\ \alpha_1} \qquad \beta_1$$
$$.154 \qquad\qquad .104$$

$\lambda = 104\ X = 0,1$ Å *la plus petite* des longueurs d'onde observées jusqu'à ce jour pour les rayons X (en ne comptant pas les rayons γ).

Ici nous voyons pour la première fois jusqu'à quel degré de précision arrive aujourd'hui la mesure de la longueur d'onde des rayons X : la seconde décimale $0,01\ X = 10^{-5}$ Å $= 10^{-13}$ cm. ! De plus, cette liste montre que les rayons K des éléments de Na à Pt sont répartis dans presque toute la région où jusqu'ici ont été observés les rayons X et leurs longueurs d'onde mesurées.

Donnons encore quelques longueurs d'onde pour les lignes faibles de K, d'après le tableau de HJALMAR et les dénominations dont se sert ce savant.

	α'	α_3	α_n	α_5	α_6	β_3	β'	β''
11 Na	11 835	11 802	11 781	—	—	—	—	—
13 Al	8 285,6	8 264,6	8 253,6	8 205,8	8 189,2	8 025	—	—
14 Si	7 083	7 063,8	7 053,7	7 014	7 003	6 793,3	6 744,2	—
19 K	3 718,7	3 708,83		—	—	—	—	3 442,5

HJALMAR donne aussi les longueurs d'onde de la ligne β_2 pour S, K, Ca, Sc, qui ne sont pas données au tableau précédent.

Si dans le tube à rayons X on augmente peu à peu la tension, c'est-à-dire la différence de potentiel entre la cathode et l'anticathode, ce qui augmente la vitesse des électrons du rayon cathodique qui vient frapper l'anticathode, vitesse exprimée en volts (voir § 1), *tous les rayons du groupe K apparaissent en même temps.*

II. *Rayons L.* — Moseley a mesuré les longueurs d'onde de 4 rayons qu'il a désignés par les lettres α, β, φ, γ, dans l'ordre de dureté croissante. Ses mesures ont été étendues aux éléments de Zr (40) à Au (79). La plus grande longueur d'onde est égale à 6,091 Å pour Zr (α), et la plus petite, 1,078 Å pour Au (γ). Outre ces quatre rayons, Moseley a observé pour des éléments individuels toute une série d'autres lignes plus faibles.

Le groupe L a une structure beaucoup plus compliquée que le groupe K. On y a trouvé 23 lignes différentes, en particulier chez le tungstène. Jusqu'en 1924 les rayons L ont été étudiés pour les éléments depuis U (92) jusqu'à Cu (29), et pour Cu on ne connaissait que la seule ligne $\lambda = 13{,}309$ Å ; c'était *la plus grande longueur d'onde mesurée pour les rayons X.* Tout le spectre des rayons X occupait la région de $\lambda = 0{,}597$ Å (U) à $\gamma = 13{,}309$ Å (Cu). En 1924 parut le travail de Manne Siegbahn et R. Thoräus, qui réussirent à mesurer les longueurs d'onde des rayons L pour Ni (28), Co (27) et Fe (26), et aussi à donner des nombres plus exacts pour Cu (29) et Zn (30). Leurs résultats sont exprimés dans le tableau suivant (en Å) :

	α	β
Zn(30)	12,25	11,99
Cu(29)	13,39	13,10
Ni(28)	14,65	14,33
Co(27)	16,07	15,80
Fe(26)	17,66	17,33.

Ainsi le spectre des rayons X a été étendu du côté des grandes longueurs d'onde jusqu'à $\lambda = 17{,}66$ Å. Comme cette dernière ligne est très nette, les auteurs espèrent qu'ils réussiront à pénétrer plus loin dans le domaine des rayons mous.

Dans la figure (20) sont marquées les lignes L pour Au (79), Tl (81), Pb (82) et Bi (83), d'après les dessins de Siegbahn et Friman. Quant à la désignation des lignes L, il subsiste malheureusement deux systèmes, dont l'un appartient à Sommerfeld, qui s'est efforcé de développer les désignations de Moseley, tandis que l'autre a été introduit par Siegbahn. Ce dernier emploie principalement des trois lettres , α, β, λ en leur ajoutant des chiffres sous forme d'indices : on a des lignes de α_1 à α_3, puis des lignes de β_1 à β_{14} et de γ_1 à γ_{10} : en outre deux lignes sont désignées par n et l (la plus molle). Comparons les désignations adoptées par ces deux savants :

$$(18,\,a)\quad \begin{cases} \text{Siegbahn} & \alpha_2\ \alpha_1\ \beta_1\ \beta_2\ \beta_3\ \beta_4\ \beta_5\ \beta_6\ \gamma_1\ \gamma_2\ \gamma_3\ \gamma_4\ \gamma_5\ l\ n \\ \text{Sommerfeld} & \alpha'\ \alpha\ \beta\ \gamma\ \varphi\ \varphi'\ \zeta\ \iota\ \delta\ \vartheta\ \chi\ \psi\ \varkappa\ \varepsilon\ n. \end{cases}$$

Heureusement il existe encore un autre mode rationnel de désignation et que nous verrons plus loin. Toutes les lignes L peuvent être partagées en trois groupes ; toutes les lignes d'un groupe apparaissent à la fois pour une vitesse déterminée des électrons qui les provoquent, mais différente pour ces trois groupes. WEBSTER et CLARK, et aussi HOYT ont montré que pour le *platine* ces trois groupes contiennent les lignes suivantes :

Groupe I l, α_2, α_1, β_2, β_5, β_7 ; groupe II, η, β_1, γ_1 ; groupe III, β_3, β_4, γ_7. Pour une vitesse croissante des électrons ces groupes apparaissent dans l'ordre indiqué.

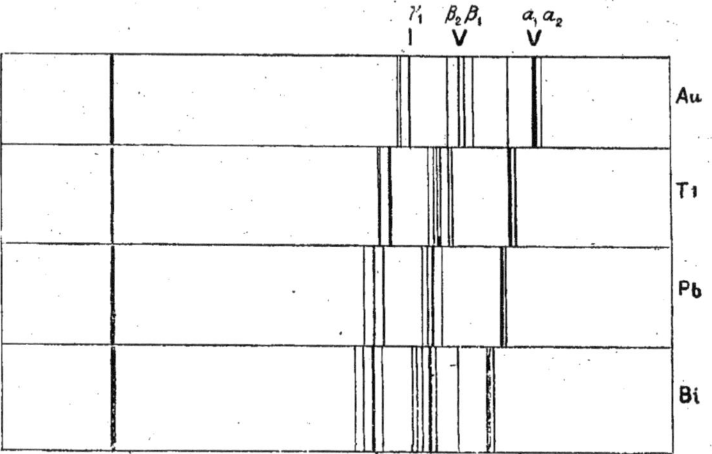

Fig. 20.

III. *Rayons* M. — Ces rayons ont été découverts par SIEGBAHN en 1916 ; ils ont été étudiés particulièrement par W. STENSTROM en 1918, puis par E. HJALMAR en 1923. W. STENSTROM trouva trois lignes α, β, γ pour les éléments de U (92) à Dy (66). Les longueurs d'onde se sont trouvées comprises entre $\lambda = 3,9014$ Å pour U et $9,509$ Å pour Dy. E. HJALMAR étudia aussi les éléments de U à Dy, mais il réussit à troouver un plus grand nombre de lignes, par exemple jusqu'à 17 pour U. Les longueurs d'onde sont comprises entre $2,248$ Å (U) et $9,923$ pour Dy. En 1924 parut le travail déjà mentionné de M. SIEGBAHN et K. THORÄUS, qui trouvèrent 11 lignes chez le *tungstène* (de $\gamma = 4,433$ Å à $8,987$ Å).

IV. *Rayons* N. — Ces rayons ont été découverts par V. DELEJSEK (1922) et ils furent étudiés avec soin par E. HJALMAR pour U (5 lignes) et Th. (5 lignes). Les longueurs d'onde sont comprises entre $\lambda = 8,691$ Å et $\lambda = 13,805$ Å. En outre HJALMAR a encore observé une ligne du bismuth, pour laquelle $\lambda = 13,208$ Å.

V. *Rayons* γ. — Nous savons que les substances radioactives émettent des rayons γ, qui, par leur caractère général, sont ou identiques avec les rayons X connus, ou bien sont placés dans le spectre général de l'énergie rayonnante encore plus loin que ces derniers rayons. Les premiers, E. RUTHERFORD et N. ANDRADE, en 1914, publièrent deux travaux dans lesquels sont donnés les résultats de la mesure des longueurs d'onde des rayons γ « mous » (relativement). Dans le premier travail ils étudièrent RaB et RaC, dont le premier est un isotope du plomb (82), et le second, du bismuth (83). Ils trouvèrent 20 lignes, dont les longueurs d'onde oscillent entre $\lambda = 1.365$ Å et $\lambda = 0.793$ Å. On remarque qu'elles coïncident avec divers rayons du groupe L du plomb et du bismuth, de sorte qu'on peut les considérer comme des rayons L du radium B et du radium C. Dans le second travail E. RUTHERFORD et N. ANDRADE réussirent à déterminer les longueurs d'onde de rayons γ plus durs, disposés en partie au delà des limites des rayons X étudiés (0,1 Å). Ils trouvèrent pour les mêmes RaB et RaC 13 rayons dont les longueurs d'onde sont comprises entre 0,428 Å et 0,072 Å = 72 X. C'est ce dernier nombre $\left(\frac{1}{14}\text{ Å}\right)$ que nous avons pris comme limite du spectre de l'énergie rayonnante dans § 1, p. 170 (4,a). Mais en 1921 et 1922, C. D. ELLIS, par un procédé indirect, détermina les longueurs d'onde des rayons γ qui sont émis par les radium B, C' et D et par les thorium C et D. Pour le radium B il a trouvé six rayons γ, dont les longueurs d'onde sont comprises entre $\lambda = 0.0519$ Å et 0.0308 Å, et pour ThD (isotope du plomb), huit rayons de $\lambda = 0.0599$ Å à 0.0189 Å. Aujourd'hui on peut penser que ces rayons constituent simplement le commencement d'une série de rayons ultra-X et que les plus durs des rayons γ ont une longueur d'onde d'environ 0,005 Å = 5 X ! Leur distance aux rayons X les plus durs qu'on ait mesurés (0,1 Å) dépasse 4 octaves. Ces rayons γ extrêmes ne correspondent à aucun des rayons K connus. Plus d'une fois a été soulevée la question de *l'existence d'un groupe J de rayons X plus durs que les rayons K*. Mais leur existence n'a pas été démontrée par l'expérience, et théoriquement elle est peu probable, comme nous le verrons plus loin.

Ayant pris connaissance de la composition des divers groupes de rayons X, nous pouvons procéder à la vérification d'une formule donnnée par MOSELEY. Dans § 2 nous avons vu que ce savant a donné la formule (8)

$$(19) \qquad\qquad \sqrt{\nu} = a(Z - b),$$

dans laquelle ν est le nombre de vibrations correspondant à un rayon déterminé des groupes K ou L, Z le numéro d'ordre de l'élément, a et b deux constantes, et où pour le rayon K_χ il s'est trouvé $b = 1$, et pour le rayon L_α, $b = 7,4$ (voir (7,a). La formule dit que $\sqrt{\nu}$ est une fonction linéaire du nombre atomique Z de l'élément. Selon l'idée de MOSELEY, la grandeur $b = s_p$ de la théorie primitive de BOHR (voir (9)) ; nous avons vu qu'il fallait abandonner cette idée, car elle dérive de l'hypothèse des anneaux électroniques. Mais *les vues actuelles sur la structure de l'atome permettent aussi de conserver une formule de la forme* (19), qui, bien qu'approximative, peut être établie de la façon suivante. Le nombre Z est égal à la charge du noyau de l'atome, mais la force électrique agissant sur un point situé à une certaine distance du noyau est déterminée par la charge Z et par les charges des électrons qui se meuvent entre le noyau et le point considéré. Ces électrons *diminuent* l'action du noyau, ils *forment écran* ou masquent le noyau, comme s'ils diminuaient sa charge. Cette diminution s'exprime en ce que dans les formules pour les nombres de vibrations ν apparaît le facteur $Z - b$ au lieu de Z.

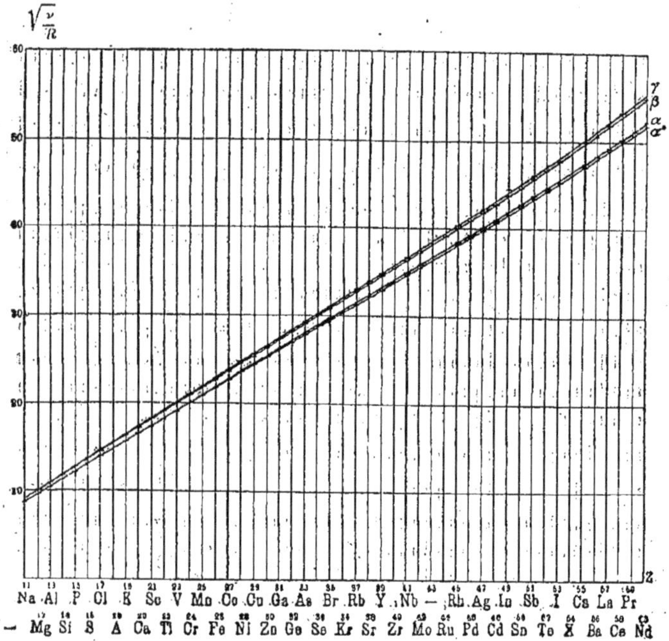

Fig. 21.

Une telle explication de la formule (19) montre qu'il est douteux qu'elle puisse être rigoureuse. Connaissant maintenant les nombres de vibrations pour diverses lignes des groupes K et L, nous pouvons vérifier la formule (19), ce qui est fait dans les fig. 21 et 22, dans lesquelles les abscisses représentent les numéros d'ordre des éléments, et les ordonnées, les grandeurs $\sqrt{\dfrac{\nu}{R}}$ (R nombre de Rydberg) pour les diverses lignes des groupes K (fig. 21) et L (fig. 22). Nous voyons que même la fig. 21 ne vérifie pas la relation linéaire exprimée par la formule (19) ; les lignes du diagramme sont un peu courbes et la convexité est du côté des abscisses. Sur la fig. 22, cette courbure est plus marquée, ce qui se voit en ce que les lignes se coupent mutuellement. Ainsi il est démontré que la formule (19) de MOSELEY n'est qu'approximative Ces deux figures sont empruntées au livre de SOMMERFELD.

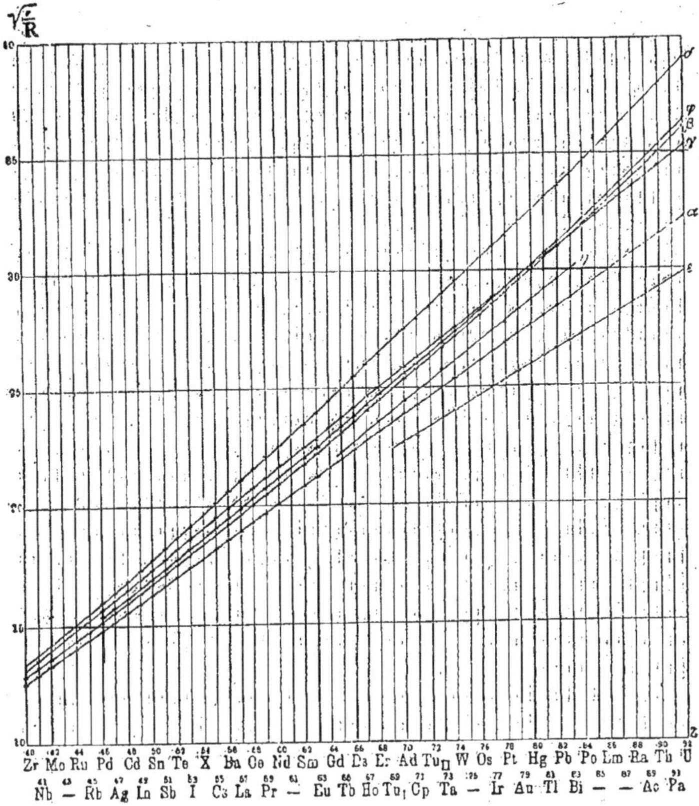

Fig. 22.

§ 5. **Formation des rayons X et leur systématique. Quelques questions générales.** — Le chapitre de la théorie des rayons X consacré à la formation de ces rayons, et en particulier à leur systématique, a pris aujourd'hui de telles dimensions que, pour un exposé un peu détaillé, il faudrait plusieurs dizaines de pages. Il me semble que dans le cas actuel nous pouvons, sans causer aucun préjudice à nos lecteurs, ne pas chercher à donner un exposé absolument complet et nous borner à formuler aussi exrctement que possible *les principes fondamentaux* sur lesquels repose la théorie actuelle de l'origine des rayons X. Nous laisserons de côté de nombreux détails très variés et aussi en partie très compliqués.

La question de l'origine des diverses lignes du spectre des rayons X apparaît aujourd'hui beaucoup plus clairement et plus complètement résolue que la même question concernant les rayons visibles et les rayons ultra-violets. La raison en est la suivante. Dans ce qui précède, nous avons montré que les rayons visibles et ultra-violets ont leur origine dans des changements de diverses sortes qui se produisent dans la couche électronique extérieure de l'atome non encore complète et différemment constituée chez les divers éléments. Les rayons X, au contraire, prennent naissance par suite de changements qui surviennent dans les couches voisines du noyau de l'atome. Ces couches, dans tous les éléments où elles existent, c'est-à-dire dans tous ceux qui n'ont pas un numéro d'ordre trop faible, ont la même constitution, *et là est la raison pour laquelle le spectre de rayons X est le même pour tous les éléments* où il apparaît

Les rayons X prennent naissance quand un électron est arraché à une des couches électroniques intérieures de l'atome. Un tel électron est rejeté à *la périphérie de l'atome* puisque toutes les couches intermédiaires sont remplies et n'ont aucune place pour cet électron. Laissons de côté la question de l'arrêt possible de l'électron dans une couche qui n'est pas encore complète (voir chap IV, § 1). L'expulsion de l'électron peut être provoquée par *le choc d'un électron qui arrive de l'extérieur*, comme par exemple, dans les tubes à rayons X, par le choc des rayons cathodiques sur la surface de l'anticathode, ou sous l'action d'un afflux d'énergie rayonnante, qui est dépensée pour élever l'électron à la périphérie de l'atome. Nous savons que chacun des électrons qui entourent le noyau de l'atome appartient à un des niveaux d'énergie examinés en détail dans § 3. Le travail de déplacement de l'électron est déterminé par la différence de l'énergie du niveau où il se trouvait et de l'énergie à la périphérie de l'atome ; rappelons-nous que nous avons considéré la première comme une valeur négative et la seconde comme nulle, lorsque l'électron est rejeté en dehors de l'atome.

L'endroit du départ de l'électron ne reste pas vide ; un électron y arrive d'un des niveaux d'énergie de quelque couche plus « élevée ». Dans ce déplacement l'énergie de l'atome *diminue* d'une certaine quantité que nous désignerons par $J_1 — J_2$; alors la formule

$$(20) \qquad h\nu = J_1 — J_2,$$

dans laquelle h est la constante de PLANCK, nous donne la fréquence ν du rayon X qui prend naissance. Les couches électroniques qui entourent les noyaux ont été désignées par les lettres K, L, M, N, O, P, Q, et par les mêmes lettres les groupes de rayons X : K, L, M, N. La raison en est simple : quand, sous l'influence d'une action extérieure, un électron est arraché à la couche K, et cela dans un nombre énorme d'atomes, de sorte que les électrons commencent à passer des niveaux d'énergie plus élevés à l'endroit de la couche K rendu libre, alors se produit précisément le groupe de rayons X que nous avons désigné par la lettre K. Quand l'électron est enlevé à la couche L, les passages des électrons des niveaux d'énergie plus élevés à la couche L donnent les rayons X du groupe L. La même chose se rapporte aux couches M et N et aux rayons X correspondants M et N. En général, nous pouvons dire que *tous les rayons d'un même groupe se forment par la chute d'électrons sur une seule et même couche à partir des diverses couches de niveaux d'énergie plus élevés.* Il est important d'appeler l'attention sur la circonstance suivante. Dans la couche K il n'y a qu'un seul niveau d'énergie. Dans la couche L il y a trois de ces niveaux, et il n'est pas indifférent de distinguer le niveau auquel appartenait l'électron arraché de l'atome, car la chute d'électrons des niveaux plus élevés des couches M, N, O, P, etc., a lieu évidemment au même niveau de la couche L qui a perdu l'électron. Il est clair que la différence $J_1 - J_2$ dans la formule (20) dépendra de celui des trois niveaux de la couche L auquel arrivera un électron provenant d'un même niveau d'énergie plus élevé. Dans la couche M nous avons cinq, dans la couche N, sept niveaux ; les longueurs d'onde des rayons des groupes M et N doivent dépendre du niveau auquel appartenait l'électron arraché, car c'est à ce niveau que tombent les électrons qui viennent de couches supérieures pour le remplacer.

Il ressort de ce qui vient d'être dit que chaque rayon X est caractérisé par les deux niveaux d'énergie entre lesquels se fait le passage de l'électron qui remplace celui qui a été enlevé à l'atome par la force extérieure. Ce que l'on nomme *la systématique des rayons X* consiste dans l'indication exacte des deux niveaux d'énergie caractérisant chacun de ces rayons ; la systématique sera complètement terminée lorsque ces deux niveaux auront été déterminés pour tous les rayons X. Il convient de dire qu'on peut aujourd'hui considérer cette tâche comme presque terminée, ainsi qu'on le verra par la suite. En relation avec ce que nous venons de dire se trouve *cette méthode rationnelle de désignation des lignes individuelles* du spectre des rayons X dont nous avons fait mention dans § 4. Dans (18) et (18,a) furent comparées les désignations de SOMMERFELD et de SIEGBAHN qu'on ne retient que difficilement et qui contiennent passablement d'arbitraire. *Une désignation rationnelle des rayons X consiste dans la simple juxtaposition des deux niveaux d'énergie qui, conformément à ce qui a été expliqué, caractérisent un rayon donné.* On conçoit qu'un tel mode de désignation ne remplace la désignation des rayons par des lettres plus ou moins arbitraires que lorsque la systématique des rayons X sera complètement terminée, c'est-à-dire lorsque pour tous les rayons les deux niveaux d'énergie correspondants seront connus. Mais déjà maintenant, pour l'énorme majorité des lignes des spectres de rayons X, les deux niveaux d'énergie correspondants sont établis avec précision, de sorte qu'il y a une parfaite possibilité d'user largement de la désignation rationnelle des rayons X. Ici encore la méthode de désignation n'est pas la même chez tous les auteurs ; mais dans le cas présent cela n'a pas d'inconvénient. A la vérité la différence provient avant tout de ce que la désignation des niveaux n'est pas uniforme chez les divers auteurs (voir (15)). SOMMERFELD met une flèche entre les symboles des deux niveaux, par exemple.

$L_{21} \rightarrow K, \ M_{32} \rightarrow L_{22}, \ O_{21} \rightarrow L_{11}, \ N_{43} \rightarrow M_{33}, \ O_{21} \rightarrow M_{32}, \ O_{32} \rightarrow N_{22},$ etc.

Siegbahn, employant son mode de désignation des niveaux, met les symboles à la suite (sans flèche) l'un de l'autre, le premier étant le niveau auquel arrive l'électron, de sorte que, par exemple, les désignations de tous les rayons du groupe L commencent par la lettre L avec l'indice correspondant au niveau de la couche L auquel arrive l'électron. Les exemples que nous venons de citer se représentent selon Siegbahn de la façon suivante :

$$KL_2, \quad L_1M_2, \quad L_3O_4, \quad M_1N_2, \quad M_2O_4, \quad N_5O_2, \text{ etc.}$$

D'ailleurs, l'ordre dans lequel on écrit les niveaux est indifférent, puisque l'électron va toujours du niveau plus élevé au plus bas ; au lieu de $L_1 M_2$ on pourrait écrire M_2L_1 puisqu'il est clair que l'électron va de M_2 à L_1. Désignant les rayons par des lettres grecques (voir (18) et (18, a)), il arrive souvent qu'on ajoute encore une lettre indiquant le groupe auquel le rayon appartient, par exemple (d'après Sommerfeld) les rayons $K\beta$, $L\beta$, $L\varphi$, etc.

Ayant examiné les conditions de production des rayons X, nous pouvons dès maintenant expliquer ce qui a été dit dans § 4 sur l'apparition simultanée de toutes les lignes du groupe K et de l'apparition des lignes du groupe L en trois fois. Supposons les rayons X produits par les chocs des électrons du rayon cathodique contre l'anticathode. Tant que la vitesse de ces électrons exprimée en volts (§ 1) n'est pas suffisamment grande, leur choc est incapable d'enlever un électron de la couche K. Par augmentation progressive de la vitesse des électrons, leur énergie s'accroît de façon à pouvoir lancer un des électrons de la couche K jusqu'à la périphérie de l'atome. Dès que ceci a lieu, commencent les chutes sur la couche K d'électrons de divers niveaux d'énergie plus élevés ; nous supposons, bien entendu, que l'expulsion de l'électron se fait dans un nombre d'atomes énorme. Ces chutes, que l'on peut représenter symboliquement par KA_i, où A est l'une des couches L, M, N, etc., et i un indice déterminant le niveau d'énergie de la couche A, ce sont elles *qui provoquent l'émission simultanée de tous les rayons X du groupe* K. Pour la couche L et l'émission des rayons du groupe L, la chose est plus complexe, puisque dans cette couche il y a trois niveaux d'énergie (employant les désignations de Sommerfeld, nous mettrons quelquefois entre parenthèses celles de Siegbahn, voir (15)) $L_{11}(L_3)$, $L_{21}(L_2)$, $L_{22}(L_1)$. Parmi ces niveaux, le plus élevé est celui qui demande le moins de travail pour l'enlèvement d'un électron : ce travail est plus grand pour la couche L_{21} et encore plus grand pour la couche L_{11}. Il suit de là que par accroissement progressif de la vitesse des électrons d'un rayon cathodique, on a d'abord l'expulsion d'électrons des niveaux $L_{22}(L_1)$ des atomes de l'anticathode ; ensuite apparaissent les rayons du groupe L dont la désignation générale est $L_{22}A_i$, où A est une des lettres M, N, O, P, etc., et i un des indices caractérisant les niveaux d'énergie de la couche A. Pour une augmentation ultérieure de la vitesse des électrons du rayon cathodique, il arrive un moment où un électron sera arraché du niveau $L_{21}(L_2)$, et alors apparaissent simultanément tous les rayons du groupe L qui sont désignés par $L_{21}A_i$. Enfin pour une vitesse encore plus grande des électrons agissants l'arrachement se fait dans la couche $L_{11}(L_3)$ et apparaissent les lignes $L_{11}A_i$.

Examinons encore un fait intéressant qui se manifeste par l'observation minutieuse des spectres de rayons X ; c'est la présence en eux de *doublets*, c'est-à-dire de *quelques paires de lignes dont la différence* $\Delta\nu$ *des nombres de vibrations est la même pour toutes*. Il se trouve qu'il faut distinguer deux sortes de doublets ; les uns n'apparaissent que dans les groupes de rayons X qui correspondent à des couches contenant plus d'un niveau d'énergie. Ils ne peuvent se trouver que dans les groupes L, M et N ; les rayons K, rigoureusement parlant, ne contiennent pas de doublets. Il est facile d'expliquer la provenance de ces doublets ; ils ont été étudiés en détail pour les rayons L, auxquels s'applique notre explication. Dans la couche L se trouvent les niveaux d'énergie $L_{22}(L_1)$ et $L_{21}(L_2)$; soit A_i un des niveaux d'énergie des couches plus élevées M, N, O, etc. La formule (20) montre comment la fréquence ν des vibrations du rayon produit dépend des énergies de l'atome correspondant aux deux niveaux entre lesquels se fait le passage de l'électron. Examinons ces deux rayons qui prennent naissance par les passages de l'électron d'un seul et même niveau A_i avec deux niveaux L_{22} et L_{21}, et soient ν_1 et ν_2 leurs nombres d'oscillations, où évidemment $\nu_2 > \nu_1$, car le niveau L_{21} est au-dessous du niveau L_{22}. La formule (20) fait comprendre l'expression

$$h\nu_2 = J(A_i) - J(L_{21}) \quad \text{et} \quad h\nu_1 = J(A_i) - J(L_{22})$$

d'où

$$(21) \qquad h(\nu_2 - \nu_1) = h\Delta\nu = -\left\{ J(L_{21}) - J(L_{22}) \right\}.$$

Le signe *moins* s'explique parce qu'on est convenu de compter les énergies comme des grandeurs négatives. Dans l'expression (21) pour $\Delta\nu$ il n'y a plus la grandeur $J(A_i)$. Cela signifie que $\Delta\nu$ ne dépend pas du niveau des couches M, N, O, etc., d'où les électrons sont descendus aux niveaux L_{22} et L_{21}. Quel que soit le niveau A_i, la différence $\Delta\nu$ des nombres de vibrations des deux rayons formés est la même. Ainsi on obtient des doublets qu'on peut appeler des *doublets* L.

La seconde sorte de doublets s'obtient *quand de deux niveaux différents* A_i *et* A_k *d'une des couches* M, N, O, *etc., les électrons passent à un seul et même niveau de la couche* L. Sans répéter le raisonnement qui nous a conduit à la formule (21), nous voyons que la différence $\Delta\nu$ des nombres de vibrations des deux rayons X qui prennent naissance dans ces deux passages ne dépend pas du niveau de la couche à laquelle arrivent les électrons venant des niveaux A_i et A_k. Ainsi on obtient des doublets de la seconde espèce dans le spectre du groupe L. Ces doublets peuvent être appelés *doublets* A, et dans les cas particuliers *doublets* M, *doublets* N, *etc., de la couche* L *ou du groupe de rayons* L.

Il est évident que dans les rayons K il ne peut y avoir de doublets de la première espèce, puisque la couche K ne contient qu'un niveau d'énergie ; il n'existe pas de doublets K. Mais, *en forçant un peu le sens du mot*, on peut parler de doublets de seconde espèce, par exemple, de doublets L, M, etc., de la couche K, si l'on a en vue deux rayons qui se forment par le passage des électrons de deux niveaux différents d'une seule et même couche L, M, N, etc., à la couche K. On peut s'imaginer facilement qu'entre les nombres $\Delta\nu$ de diverses espèces relatifs aux doublets énumérés ci-dessus, il doit exister des rapports simples. Bornons-nous à un exemple. La différence $\Delta\nu$ pour ce doublet L de la couche K qui est formé par les rayons KL_{22} et KL_{21} doit être égal à la différence $\Delta\nu$ d'un quelconque des doublets L des rayons $L_{22}A_i$ et $L_{21}A_i$, où A_i est le symbole d'un des niveaux des couches M, N, O, etc , car pour les deux doublets la différence $\Delta\nu$ est déterminée par la différence des énergies des niveaux $L_{22}(L_1)$ et $L_{21}(L_2)$.

Parmi les questions d'un caractère général, il nous en reste encore deux à examiner. Le rayon X prend naissance par la chute de l'électron d'un certain niveau d'énergie initial à un niveau final. Toutes les lignes qui correspondent *à un seul et même niveau final* peuvent être disposées en série par ordre de dureté croissante, c'est-à-dire de fréquence de vibrations ν croissante ou de longueur d'onde λ décroissante. Cette série correspond à l'accroissement progressif de la distance entre deux niveaux, c'est-à-dire au rapprochement du niveau *initial* et de la périphérie de l'atome. Appelons la dernière ligne de cette série la *ligne limite*. Elle prend naissance au départ de l'électron du dernier niveau d'énergie périphérique existant dans l'atome, le plus éloigné du noyau de l'atome. Admettons que dans l'atome existent au moins les couches K, L, M, N et O, et désignons symboliquement par A ce niveau *final* d'énergie qui est le même pour toutes les lignes de la série considérée. La ligne *limite* s'obtient quand l'électron tombe du niveau extrême B de la dernière couche au niveau A d'où l'action extérieure qui s'exerçait sur l'atome avait projeté l'électron ; $h\nu$ de cette ligne de tête est égale à la différence des énergies correspondant au niveau extrême B et au niveau A. La même différence est égale à l'énergie qu'il faut dépenser pour élever l'électron du niveau A au niveau B. Mais cette énergie diffère peu de celle qui est nécessaire pour projeter l'électron du niveau A au delà de la limite de l'atome. De là ce résultat : *La grandeur $\Delta\nu$ de la ligne limite est seulement un peu moindre que l'énergie qu'il faut dépenser pour arracher l'électron au niveau A et provoquer ainsi l'apparition de tout l'ensemble des lignes de la série donnée.*

Une autre question générale que nous allons examiner, c'est celle de *l'absence de spectres d'absorption des rayons X.* Supposons qu'une couche de substance quelconque émette une série déterminée de lignes de rayons X quand les électrons d'un rayon cathodique viennent frapper cette couche. Lorsque des rayons X « blancs » traversent une telle couche donnant un spectre ininterrompu, il se trouve qu'après passage à travers la couche le spectre n'est pas dépouillé des rayons que la couche est capable d'émettre. *Une substance n'absorbe pas les rayons X qu'elle émet.* Pour comprendre la cause de ce fait rappelons comment se forment les spectres d'absorption des rayons visibles (et ultra-violets). Nous savons que ces rayons prennent naissance dans l'enveloppe extérieure de l'atome, quand un des électrons tombe d'une des orbites « possibles » extérieures A sur une autre inférieure B ;

alors se produit un quantum $h\nu$ d'un rayon de longueur d'onde $\lambda = \frac{c}{\nu}$, où c est la vitesse de la lumière. Quand, à travers la substance, passent des rayons blancs parmi lesquels se trouve aussi le rayon λ, un quantum de ce rayon est dépensé dans chaque atome pour élever l'électron de l'orbite B à l'orbite A. Ainsi le rayon λ est *absorbé* par une substance donnée et dans le spectre de lumière blanche apparaît une ligne sombre à l'endroit où dans le spectre d'émission de cette substance se trouvait une ligne lumineuse (loi de KIRCHHOFF). Revenons aux rayons X. Ils prennent naissance quand, sous une influence extérieure un électron est projeté de la couche intérieure A à la périphérie de l'atome. Il ne peut s'arrêter dans les couches intermédiaires, puisque celles-ci ont leur nombre complet d'électrons. A sa place, dans la couche A, arrive un électron venant d'une des couches B situées au-dessus, et alors se libère un quantum $h\nu$ d'un rayon X de longueur d'onde λ. Si à travers la substance passent des rayons X « blancs », contenant le rayon λ, *lé quantum de ce rayon ne peut être dépensé à élever l'électron de la couche* A *à la couche* B, *car cette dernière couche est complète.* Ainsi les rayons X, qui ont l'origine indiquée, ne sont pas absorbés et *l'on n'obtient pas le spectre d'absorption correspondant. Ne peuvent être absorbés que les rayons dont les quanta sont assez grands pour pouvoir élever un électron d'un niveau d'énergie quelconque à la périphérie de l'atome.* Nous reviendrons à cette question.

Dans la théorie des spectres visibles et ultra-violets, nous avons pris connaissance du *principe de sélection,* qui exprime que les seuls passages des électrons d'une orbite à une autre qui soient possibles, c'est-à-dire se produisent réellement, sont ceux pour lesquels le nombre quantique azimutal k varie de $+1$ ou -1. *Il existe un principe de sélection analogue, mais un peu plus compliqué, pour la production des rayons X*; et ici tous les passages d'un niveau d'énergie à un autre ne sont pas possibles. Prenons, par exemple, les couches M et L ; dans la première se trouvent 5 niveaux d'énergie, dans la seconde, 3 niveaux. On peut montrer que grâce aux passages des électrons de la couche M à la couche L, 15 rayons différents du groupe L, doivent pouvoir prendre naissance. Mais cela n'est pas exact, car le principe de sélection diminue considérablement le nombre des passages « possibles », et, par conséquent, le nombre des rayons L qui peuvent se former. Nous avons vu que le nombre quantique azimutal doit être remplacé par les deux nombres quantiques k_1 et k_2, dont les valeurs numériques sont données dans (15), et les valeurs relatives, dans (16). Les passages possibles des électrons sont déterminés par les deux règles suivantes, par lesquelles s'exprime *le principe de sélection dans le domaine des rayons X* :

$$(22) \quad \begin{cases} \text{I. Le nombre } k_2 \text{ ne peut changer que de } +1, 0 \text{ et } -1 \\ \text{II. Le nombre } k_1 \text{ ne peut changer que de } +1 \text{ et } -1. \end{cases}$$

Les lignes les plus intenses s'obtiennent par les passages

$$(22, a) \qquad k_2 \rightarrow (k_2 + 1) \quad \text{et} \quad k_1 \rightarrow (k_1 + 1).$$

La comparaison de ce principe avec celui qui se rapporte aux rayons vi-

sibles montre que le nombre k_1 joue dans le domaine des rayons X le rôle
que joue dans le spectre visible le nombre quantique azimutal k. Mais, comme
le montre SOMMERFELD (A. u. S., 4ᵉ éd., p. 312), dans certains cas (théorie
des doublets) le nombre k_2 joue le rôle du nombre k.

Le nombre quantique principal n, qui définit le numéro d'ordre de la
couche à partir du noyau (voir (12)) n'est soumis à aucune condition analogue à (22). L'électron peut passer à une couche donnée d'une quelconque
des couches situées au-dessus. Il est clair que n ne peut que diminuer, de
sorte que dans le passage de la couche n à la couche n' on doit avoir $n' < n$.
Mais, semble-t-il, il existe néanmoins une règle limitative, qui est d'ailleurs
d'accord avec l'inégalité $n' < n$. Le fait est que *jamais on n'observe le passage*
$n \to n$, c'est-à-dire *le passage d'un niveau d'énergie à un autre dans la même
couche.* COSTER a cherché la raie qui pourrait correspondre au passage
$L_{22} \to L_{11}$ ($L_1 \to L_3$), mais il n'a pu la trouver.

6. Détermination des niveaux d'énergie. — Dans les pages précédentes il nous est arrivé continuellement de parler des niveaux d'énergie
dont les modes de désignation par SOMMERFELD et par SIEGBAHN ont été donnés
dans (15). A chaque niveau correspond une énergie déterminée J, que nous
considérons comme une grandeur négative, car nous avons pris égale à zéro
l'énergie en dehors de l'atome. La formule (20) détermine la fréquence de
vibration ν ou la longueur d'onde λ du rayon qui est produit par la chute de
l'électron d'un niveau à un autre. La détermination exacte de tous les 24 niveaux qui se trouvent dans les couches K, L, M, N, O et P, et cela pour
tous les éléments, constitue un problème important qu'on peut considérer
aujourd'hui comme résolu en grande partie. Nous allons examiner les méthodes qui servent à déterminer les niveaux d'énergie, mais nous pouvons
déjà remarquer que *les niveaux individuels peuvent être caractérisés de trois
façons : par un nombre déterminé* V *en volts, par une longueur d'onde déterminée* λ *et par un terme déterminé.* Entre ces trois grandeurs existent des rela-
tions simples qui seront indiquées plus loin. Il va de soi que la formule (20)
doit jouer un rôle important dans la détermination des divers niveaux
d'énergie. Comme les fréquences ν sont connues pour toutes les lignes des
rayons X, par là même sont connues un très grand nombre de *différences
d'énergie*, et cela peut évidemment servir de fil conducteur pour l'établissement définitif des grandeurs par lesquelles nous caractérisons les niveaux
particuliers de l'énergie, ou, autrement dit, qui nous servent de mesure
pour l'énergie de ces niveaux. Passons à l'examen des méthodes de détermination des niveaux d'énergie dans les atomes des divers éléments.

I. L'énergie J correspondant à un niveau quelconque est égale (voir (20))
à l'énergie qu'il faut dépenser pour projeter un électron de ce niveau au
dehors de l'atome. Quand les rayons X sont provoqués par les chocs des
électrons d'un rayon cathodique, la même énergie est égale à la force vive
$\frac{1}{2} mv^2$ de ces électrons lors de leur choc sur l'anticathode. Il suit de là que
l'énergie du niveau peut être caractérisée par la vitesse v ou par la diffé-

rence V des potentiels de l'anode et de l'anticathode, comme cela a été calculé dans § 1 et exprimé par les formules (1), (1,b), (2) et (3) et dans le tableau (4), dans lesquels V est censé exprimé en volts. La grandeur V représente la tension (Anregungsspannung) dans le tube à rayons X, dans lequel apparaissent à la fois tous les rayons X correspondant au niveau d'énergie considéré. Mesurant V, nous connaîtrons v, puis la grandeur $\frac{1}{2} mv^2$ égale au niveau d'énergie cherché. *Mais le procédé ici indiqué n'a qu'un intérêt théorique, car il n'est pas applicable en pratique.* La cause en est que la détermination exacte de la tension V présente de grandes difficultés. A cela il faut ajouter que pour les couches L, M, etc., les différences d'énergie des niveaux d'une couche ne sont pas grandes, et l'apparition nette des lignes correspondant aux divers niveaux d'une même couche n'a encore été observée que dans la couche L pour Pt (voir § 4, II, expériences de WEBSTER et CLARK et aussi de HOGT). Les grandeurs de V sont, à la vérité, aujourd'hui connues pour tous les niveaux pour lesquels les énergies ont été déterminées par d'autres procédés. Mais ces V sont obtenus par le calcul selon un procédé qui sera expliqué plus loin. Pour donner quelque idée des valeurs de V (en volts), empruntons quelques nombres à un tableau que donne SIEGBAHN (Spektroskopie der Röntgenstrahlen, 1924, p. 230) pour le niveau K et les niveaux plus élevés $L_{22}(L_1)$, $M_{33}(M_1)$ et $N_{44}(N_1)$ (voir (15)) des couches L, M et N. Les valeurs de V sont données en *kilovolts*.

	K	$L_{22}(L_1)$	$M_{33}(M_1)$	$N_{44}(N_1)$
92 U	115,0	21,7	5,54	1,44–
80 Hg	82,9	14,8	3,57	0,82
74 Tu	69,3	12,1	2,81	0,59
68 Er	57,5	9,73	2,22	0,45
56 Ba	37,4	5,99	1,29	0,25
50 Sn	29,1	4,49	0,88	0,13
46 Pd	24,4	3,64	0,67	0,08
40 Zr	18,0	2,51	0,43	0,05
35 Br	13,5	1,77	—	—
30 Zn	9,75	1,20	—	—
20 Ca	4,03	—	—	—
11 Na	1,07	—	—	—

Ces chiffres montrent combien rapidement diminue l'énergie d'un seul et même niveau quand on passe des atomes lourds aux plus légers, c'est-à-dire suivant les numéros d'ordre décroissants des éléments. On comprend la diminution rapide des nombres V quand dans un atome donné on va d'un niveau à un autre en marchant vers la périphérie de l'atome ; l'énergie de la couche la plus élevée doit différer peu de zéro, c'est-à-dire de l'énergie en un point situé en dehors de l'atome.

II. Soit A_i le symbole d'un des niveaux d'énergie auquel correspond une série de rayons formés par la chute d'électrons provenant de niveaux supérieurs au niveau A_i, et soient λ_m la longueur d'onde et $h\nu_m$ le quantum du plus dur (de moindre λ et de plus grand ν) de ces rayons correspondant à la chute de l'électron *du niveau le plus élevé* au niveau A_i. Cette grandeur $h\nu_m$ détermine le travail d'élévation de l'électron du niveau A_i au niveau le plus élevé. Ce travail est à peine un peu moindre que celui qui est nécessaire pour projeter l'électron du niveau A_i jusqu'en dehors de l'atome, c'est-à-dire le travail que nous voulons déterminer comme caractéristique du niveau d'énergie A_i. On peut présenter ce travail sous l'aspect d'un quantum $h\nu_i$ d'un rayon supposé de longueur d'onde λ_i, où ν_i *est un peu plus grand que* ν_m *et* λ_i, *un peu moindre que* λ_m. Ainsi l'on *voit que le niveau d'énergie peut être caractérisé par une certaine longueur d'onde* λ (nous supprimons l'indice). Mais nous venons de voir que le niveau d'énergie peut aussi être caractérisé par un certain nombre de volts V. Cherchons une relation entre les grandeurs V et λ ; admettons que λ est exprimé en unités de longueur $X = 10^{-11}$ cm. L'énergie de l'électron qui rencontre l'anticathode est égale à eV (voir (1) § 1), où e est la charge de l'électron. Cette énergie est aussi dépensée à rejeter l'électron du niveau d'énergie considéré, elle doit être égale à un quantum $h\nu$ du rayon imaginé. Ainsi nous avons :

$$eV = h\nu = h\frac{c}{\lambda}$$

où c est la vitesse de la lumière. D'où

$$(23) \qquad\qquad V\lambda = \frac{ch}{e}.$$

Ici V et e doivent être exprimées en unités é. m., λ et c en centimètres ; la constante de PLANCK h est égale à $6{,}547.10^{-27}$; $e = 1{,}592.10^{-20}$ (voir chap. 1 (18)) ; $c = 3.10^{10}$. Si l'on exprime V en volts, la valeur numérique se trouve 10^8 fois plus faible, de sorte qu'au lieu de V il faut mettre 10^8 V. Si, outre cela, on exprime λ en unités X, la valeur numérique de la longueur d'onde est multipliée par 10^{11} et au lieu de λ il faut mettre $10^{-11}\lambda$. Portant dans (23) les valeurs numériques de h, c et e, nous obtenons

$$10^8 V . 10^{-11}\lambda = \frac{6{,}547.10^{-27}.3.10^{10}}{1{,}592.10^{-20}},$$

d'où l'on obtient la formule facile à retenir.

$$(24) \qquad\qquad V\lambda = 1\,234.10^4,$$

où V est exprimé *volts* et λ en *unités* X.

Si l'on exprime V en volts et λ en angströms, on a

$$(24, a) \qquad\qquad V(\text{volts})\lambda(\mathring{A}) = 12\,340,$$

puisque $\mathring{A} = 1\,000$ X. La formule (24) peut servir à *calculer* V quand λ est connu. C'est de cette façon qu'on a obtenu les nombres du dernier tableau (p. 211), dans lequel V est exprimé en kilovolts.

Nous avons vu que la grandeur λ de (24), que nous avons précédemment désignée par λ_i, est seulement un peu moindre que la longur d'onde λ_m du *plus dur* des rayons X qui prennent naissance lorsque l'électron est lancé du niveau d'énergie A_i. D'où il suit qu'*avec une foible inexactitude nous pouvons prendre λ_m pour la caractéristique du niveau d'énergie*, et ensuite, par la formule (24), calculer V en volts. Ainsi, par exemple, furent trouvées les valeurs de V pour les niveaux L_{11} (L_3), L_{21} (L_2) et L_{22} (L_1) de la couche L. Nous avons vu (§ 4, II) que Horr a déterminé pour le platine lesquels des rayons L correspondent à ces trois niveaux. Par la longueur d'onde des plus durs de ces trois groupes de rayons furent calculés les V correspondants, et l'on a obtenu (pour le platine) en kilovolts (K. V.) :

$$(24, b) \quad L_{11}... 12,0 \, \text{K.V.} ; \quad L_{21}... 11,6 \, \text{K.V.} ; \quad L_{22}... 12,2 \, \text{K.V.}$$

III. Considérons maintenant un très intéressant procédé de détermination des niveaux d'énergie dans les diverses couches électroniques, c'est-à-dire des longueurs d'onde λ (ou λ_i, voir plus haut) qui leur correspondent. On peut dire que *ce procédé rend les niveaux immédiamment visibles*. Nous avons supposé jusqu'ici que les rayons X se produisent sous l'influence des chocs des électrons des rayons cathodiques. Mais nous savons que lorsque des rayons X tombent sur une substance donnée il se produit ce que l'on nomme des rayons X secondaires. Dans ce cas a lieu, avant tout, un phénomène que l'on peut appeler *photoélectrique*, c'est-à-dire l'expulsion des électrons de l'atome sous l'influence de l'*énergie rayonnante*, dont les rayons X primaires jouent le rôle ici. Si les électrons arrachés appartiennent à un des niveaux d'énergie intérieurs des atomes, alors commence le passage des électrons des niveaux situés au-dessus vers la place rendue libre, et par conséquent prennent naissance les rayons X (secondaires) qui correspondent au niveau qui a d'abord perdu un électron sous l'action des rayons X primaires. D'après la théorie des phénomènes photoélectriques donnée par Einstein nous pouvons affirmer qu'un quantum d'un rayon X qui tombe sur une substance donnée est dépensé pour fournir le travail nécessaire pour chasser un électron du niveau d'énergie que nous avons désigné par A_i. Nous avons représenté ce travail sous la forme $h\nu_i$, où la fréquence ν_i apparaît comme la caractéristique cherchée du niveau A_i ; cette fréquence peut d'ailleurs être remplacée par la longueur d'onde λ_i, puisque $\lambda_i = \dfrac{c}{\nu_i}$. Soient maintenant λ et ν la longueur d'onde et la fréquence d'un rayon X primaire tombant sur une une substance. De ce que nous avons dit il résulte que l'expulsion de l'électron de son niveau A_i n'est possible qu'à la condition que le quantum $h\nu$ du rayon primaire ne soit pas moindre que le quantum $h\nu_i$ du rayon supposé, caractérisant le niveau A_i ; plus simplement, ν ne doit pas être moindre que ν_i ou λ ne doit pas être plus grand que λ_i. Ainsi l'expulsion de l'électron a lieu lorsque

$$(25) \qquad \lambda \leqq \lambda_i.$$

Supposons que sur une lame mince de la substance essayée tombent des rayons X « blancs », c'est-à-dire leur spectre continu. Nous avons déjà parlé d'un tel cas dans § 5 et nous avons expliqué pourquoi les rayons X ne donnent pas le spectre d'absorption ordinaire. Maintenant examinons ce qui doit arriver quand sur la lame tombent des rayons X « blancs » dont les longueurs d'onde ne s'éloignent pas beaucoup de λ_i, de *chaque côté*. Tous les rayons pour lesquels $\lambda > \lambda_i$, et par conséquent dont le quantum $h\nu$ est moindre que le quantum $h\nu_i$, ne peuvent chasser l'électron du niveau A_i. Leur énergie n'est pas dépensée, et ils traversent librement la lame, si toutefois on néglige la dispersion partielle que les rayons éprouvent à l'intérieur de la lame. Au contraire, tous les rayons pour lesquels $\lambda \ll \lambda_i$ produisent l'expulsion des électrons des niveaux A_i des atomes de la lame. Ici leur énergie est dépensée pour le travail d'expulsion, c'est-à-dire qu'elle est absorbée. Donc *les rayons X blancs, en traversant la lame, doivent donner un spectre dans lequel il existe une bande d'absorption continue*

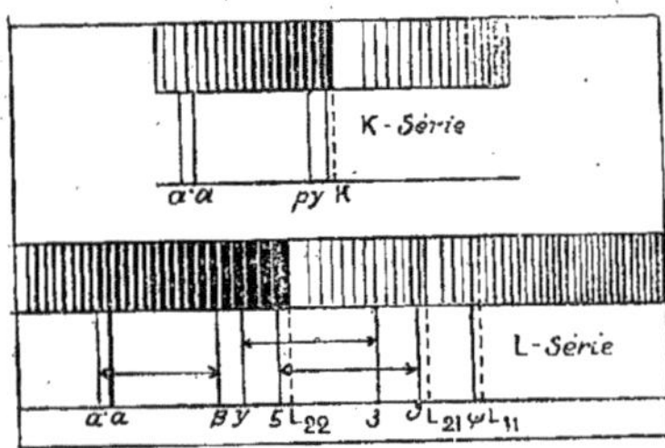

Fig. 23.

dont le bord, du côté des longueurs d'ondes croissantes, se trouve précisément à la longuear d'onde λ_i. Sur la photographie de ce spectré le bord de la bande d'absorption est quelquefois très nettement marqué, de sorte que la grandeur λ_i qui caractérise le niveau d'énergie A_i peut être déterminée avec assez de précision. La fig. 23 est une représentation *schématique* d'une telle photographie. La partie supérieure se rapporte au groupe K, et la partie inférieure, au groupe L. Les longueurs d'onde diminuent dans la direction de gauche à droite, de sorte qu'on doit se figurer la partie inférieure disposée du côté gauche de la partie supérieure. La photographie est représentée telle qu'elle a été obtenue directement. Cela veut dire que les parties sombres de la fig. 23 correspondent aux rayons qui ont traversé la lame, et les parties claires, aux bandes d'absorption, qui se trouvent *à droite* du bord qui détermine la longueur d'onde λ_i.

Sur la fig. 23 se voient en quelque sorte directement les niveaux d'énergie K, L_{11}, L_{21} et L_{22}. Comme la plaque photographique contient AgBr, on voit ordinairement sur les photographies les bandes d'absortion de l'argent et du brome. Le bord de la bande correspondant au niveau d'énergie de la couche K se trouve à $\lambda_i = 0{,}482$ (Ag) et $0{,}916$ Å (Br) ; les lignes les **plus** dures du groupe K ont les longueurs d'onde 0,485 et 0,918 Å ; nous voyons que λ_l n'est réellement qu'un peu moindre que λ_m. Faisons observer que le bord de la bande n'est pas toujours aussi nettement marqué. Il se trouve que, surtout pour les éléments légers, le bord a quelquefois une « structure » assez complexe ; on remarque auprès du bord des lignes distinctes sombres ou claires. KOSSEL (1920) explique leur origine par ce que l'électron, arraché, par exemple, à la couche K, peut s'arrêter sur l'une de ces orbites « possibles » qui sont en dehors de la périphérie de l'atome non perturbé.

Le niveau d'énergie A_i, comme nous l'avons vu, peut être caractérisé *par le nombre de volts* V ou *par la longueur d'onde* λ_i à laquelle correspond la fréquence ν_i. Très souvent les niveaux sont déterminés un peu autrement, savoir *par la grandeur du terme*

$$(26) \qquad \frac{\nu_i}{R} = \frac{c}{R\lambda_i},$$

où R est la constante de RYDBERG et c la vitesse de la lumière. Si ν est la fréquence d'un des rayons X, alors $\frac{\nu}{R}$ est égal à la différence des termes de ces deux niveaux d'énergie entre lesquels a lieu le passage de l'électron qui produit le rayon donné.

IV. Il existe encore d'autres possibilités de trouver les niveaux d'énergie mais nous ne nous y arrêterons pas. On les trouvera dans le livre de M. SIEGBAHN, *Spektroskopie der Röntgenstrahlen*, 1924, p. 214.

7. Systématique des rayons K, L, M et N. Rayons γ. - Aujourd'hui on peut considérer la systématique des rayons X comme presque entièrement terminée. Pour l'énorme majorité des rayons deux niveaux d'énergie peuvent être indiqués entre lesquels se fait le passage de l'électron et dont les désignationsécrites à la suite donnent une désignation rationnelle des rayons eux-mêmes.

Bornons-nous à une simple énumération.

I. *Rayons K.* — Répétons les représentations des lignes par des lettres suivant SOMMERFELD et suivant SIEGBAHN (voir (18)) ; nous écrirons aussi les désignations rationnelles suivant les deux procédés (voir (15)).

SOMMERFELD	α'	α	β	γ
SIEGBAHN	α_2	α_1	β_1	β_2
SOMMERFELD	$L_{21} \to K$	$L_{22} \to K$	$M_{22} \to K$	$N_{22} \to K$
SIEGBAHN	KL_2	KL_1	KM_3	KN_5.

Quant à l'origine de certaines lignes plus faibles, nous en dirons quelques mots lorsque nous examinerons ce qu'on nomme le spectre d'étincelle des rayons X.

II. *Rayons L.* — La systématique des rayons L est aussi complètement terminée, comme on le voit par le tableau suivant ; les désignations sont les mêmes que dans (18, *a*).

SOMMERFELD	SIEGBAHN	SOMMERFELD
α'	α_2	$M_{32} \rightarrow L_{22}$
α	α_1	$M_{33} \rightarrow L_{22}$
β	β_1	$M_{32} \rightarrow L_{21}$
γ'	—	$N_{32} \rightarrow L_{22}$
γ	β_2	$N_{33} \rightarrow L_{22}$
δ	γ'	$N_{32} \rightarrow L_{21}$
ζ'	—	$O_{32} \rightarrow L_{22}$
ζ	β_5	$O_{33} \rightarrow L_{22}$
ϑ	γ_6	$O_{32} \rightarrow L_{21}$
ε	l	$M_{11} \rightarrow L_{22}$
η'	η	$M^{11} \rightarrow L_{21}$
ι	—	$N_{11} \rightarrow L_{12}$
$\varkappa$	γ_5	$N_{11} \rightarrow L_{22}$
λ	β_7	$O_{11} \rightarrow L_{22}$
μ	γ_8	$O_{11} \rightarrow L_{21}$
φ'	β_4	$M_{21} \rightarrow L_{11}$
φ	β_3	$M_{22} \rightarrow L_{11}$
$\varkappa'$	γ_2	$N_{21} \rightarrow L_{11}$
$\varkappa$	γ_4	$N_{22} \rightarrow L_{11}$
ψ'	—	$O_{21} \rightarrow L_{11}$
ψ	γ_4	$O_{22} \rightarrow O_{11}$

Les désignations rationnelles correspondantes selon Siegbahn s'écrivent facilement sur la base de (15). Dans § 5 nous avons parlé de *doublets* de deux sortes. Dans la première colonne tous les doublets L sont réunis par des accolades rectangulaires (à droite) ; nous avons ici des passages des électrons *d'un seul et même niveau des couches* M, N ou O à deux niveaux différents de la couche L. Par des accolades courbes (à gauche) sont unis les doublets M, N ou O de la couche L ; ici les électrons passent de deux niveaux différents des couches M, N ou O à *un seul et même niveau* de la couche L. Ainsi $\alpha'\alpha$ et $\varphi'\varphi$ sont les doublets M, $\gamma'\gamma$ et $\chi'\chi$ des doublets N, $\xi'\xi$ et $\psi'\psi$ des doublets O de la couche L.

Nous ne parlerons que brièvement d'une autre question. Les doublets de premier genre, c'est-à-dire les doublets L, de leur côté sont de deux espèces. Sommerfeld les avait auparavant appelés doublets réguliers et irréguliers. Dans la 4ᵉ éd. de A. u. S., il les appelle *doublets relativistes et doublets écrans* (Abschirmungsdubletts). Leur origine est absolument différente. Les doublets L relativistes, auxquels appartiennent tous ceux qui viennent d'être cités $\alpha'\beta$, $\gamma'\delta$, $\zeta'\vartheta$, etc. (accolades à droite) s'obtiennent quand les électrons vont d'un des niveaux supérieurs aux niveaux L_{21} et L_{22}, de sorte que la différence des fréquences des deux rayons du doublet est déterminée par la différence des termes de ces deux niveaux. Ces doublets ont la même origine que les doublets du spectre visible de l'hydrogène que SOMMERFELD a expliqués dans sa théorie (chap. III, § 7) des satellites des lignes spectrales, en prenant en considération que dans le mouvement de l'électron sur une orbite elliptique sa vitesse varie, et aussi sa masse, comme le veut le principe de relativité (de là la dénomination du doublet). Dans le chapitre III nous avons amené la formule la plus générale (58), qui, après simplification, nous a donné la formule (60, d) pour la différence Δ_2 des nombres de vibration des deux rayons correspondant aux orbites circulaire et elliptique. Cette différence est proportionnelle à Z^4, Z étant le numéro d'ordre de l'élément. Pour l'uranium $Z = 92$, et par conséquent la différence Δ_2 doit être

$$92^4 = 7,2 . 10^7$$

fois plus grande pour l'uranium que pour l'hydrogène ; par contre la différence des longueurs d'onde dépend peu de Z. SOMMERFELD (A. u. S., 4ᵉ éd., p. 422) a donné une théorie complète de ce genre de doublets pour le domaine des rayons X et a montré que les doublets L_{22} — L_{21} satisfont réellement aux déductions de cette théorie et doivent être considérés comme analogues aux doublets du spectre de l'hydrogène.

L'origine des *doublets écrans* apparaît tout autre. A la fin du § 4 nous avons dit que la formule (19) de MOSELEY devait être conservée, malgré qu'on ait abandonné l'idée des anneaux électroniques. La grandeur b dans (19), remplaçant la grandeur s_p de (9), sert de mesure à *l'effet d'écran* (de là le nom de ces doublets) des électrons qui entourent le noyau de l'atome. Aux niveaux d'énergie L_{11} et L_{21} l'effet d'écran n'est pas le même, la valeur de b est différente et pour cela les termes de ces deux niveaux ne sont pas non plus les mêmes. La théorie complète des doublets écrans est donnée à la page 454 du livre indiqué de SOMMERFELD. Il se trouve que, non seulement dans la couche L, mais encore dans les couches M, N, O, etc., il existe des couples de niveaux d'énergie donnant des doublets relativistes et d'autres couples de niveaux donnant des doublets écrans. Ces couples alternent régulièrement, comme le montre la série suivante de ces niveaux :

$$K \mid L_{11} L_{21} L_{22} \mid M_{11} M_{21} M_{22} M_{32} M_{33} \mid N_{11} N_{21} N_{22} N_{32} N_{33} N_{43} N_{44} \mid O_{11} O_{21} O_{22} O_{32} O_{33}$$

Ici les accolades *supérieures* unissent les niveaux d'énergie qui donnent des *doublets relativistes* ; les accolades *inférieures* marquent les couples de niveaux des *doublets écrans*.

III. *Rayons M.* — Pour ces rayons aussi on peut aujourd'hui considérer comme établis les niveaux d'énergie entre lesquels a lieu le passage de l'électron pour la production de chacun des rayons, comme on le voit dans le tableau suivant où les lettres grecques correspondent aux désignations de SOMMERFELD

α'	α	β	γ'	γ	δ	ζ'
$N_{13}M_{33}$	$N_{44}M_{33}$	$N_{43}M_{32}$	$N_{32}M_{22}$	$N_{33}M_{22}$	$N_{32}M_{21}$	$O_{32}M_{22}$

ζ	ϑ	ε	η	χ'	χ
$O_{33}M_{22}$	$O_{32}M_{21}$	$N_{11}M_{22}$	$N_{11}M_{21}$	$N_{21}M_{11}$	$N_{22}M_{11}$

Nous supprimons les flèches ; il va de soi que l'électron passe du premier niveau indiqué au second, qui appartient à la couche M. SIEGBAHN, en employant ses désignations des niveaux (voir (15)), les met dans l'ordre inverse, de sorte que les quatre premiers rayons s'écrivent par lui M_1N_2, M_1N_4, M_2N_2, M_3N_4, et le dernier, M_5N_5. Il est facile de voir que les rayons $\alpha'\beta$, $\gamma'\delta$, $\zeta'\vartheta$, $\varepsilon\eta$ sont des doublets du *premier genre*, c'est-à-dire des doublets M (d'un niveau supérieur à deux niveaux différents de la couche M). De plus, nous avons des doublets du second genre : $\alpha'\alpha$, $\gamma'\gamma$ et $\chi'\chi$ sont des doublets N de la couche M, $\zeta'\vartheta$ est un doublet O de la couche M (de deux niveaux supérieurs des couches N ou O à un même niveau inférieur de la couche M).

IV. *Rayons N.* — Nous avons vu dans § 4 que pour U et Th on connaît 5 lignes et pour Li une seule ligne de ces rayons. Leur origine est la suivante :

SOMMERFELD	$P_{22}N_{11}$	$O_{22}N_{11}$	$O_{32}N_{21}$	$P_{11}N_{22}$	$O_{33}N_{22}$
SIEGBAHN	N_7P_1	N_7O_3	N_6O_2	N_5P_3	N_5O_1.

Dans le § 4 nous avons dit qu'il est peu probable, d'après des considérations théoriques, qu'il existe des rayons J encore plus durs que les rayons K. On comprend maintenant sur quoi sont basées ces considérations. Les rayons X prennent naissance quand l'électron est arraché à la couche K. S'il existait un groupe de rayons X plus durs que les rayons K, ils devraient se former dans une couche plus voisine du noyau de l'atome que la couche K. Mais toute la théorie de la structure des atomes et toute la théorie des spectres (chap. III et IV ; voir, par exemple, le tableau de la page 103) conduisent, en concordance, à ce résultat, que la couche K est la plus voisine du noyau, et que la couche J, qui devrait donner les rayons J, n'existe pas.

V. *Rayons γ.* — Nous avons examiné en détail la question de la formation des rayons X sous l'action de chocs électroniques ou de rayons X venant de l'extérieur. Dans § 4 nous avons déjà parlé des rayons γ, dont le spectre coïncide en partie avec celui des rayons X les plus durs, mais qui, pour la plus grande portion, est situé encore plus loin que ces derniers du côté des longueurs d'onde décroissantes. La question de l'origine des rayons γ présente un grand intérêt ; sa solution peut éclairer le problème de la constitution du noyau atomique. Les travaux les plus importants sur ce sujet ont été effectués par C.-D. ELLIS, C.-D ELLIS et H.-W. SKINNER, O. HAHN et L. MEITNER et tout particulièrement L. MEITNER, qui a publié (1924) une excellente revue de tous ces travaux. L'explication qui suit est empruntée à son mémoire.

Rappelons que les rayons γ sont émis principalement par les substances
radioactives dont la transformation en les substances qui les suivent dans les
séries radioactives s'accompagne de l'émission de rayons β, c'est-à-dire d'électrons. Il existe, toutefois, de ces substances radioactives qui dans leur décomposition émettent des rayons α et en même temps des rayons γ, quoique d'une
faible intensité; à ces corps appartient Ra.

Entre les rayons α et β on remarque, entre autres la différence suivante,
qui est importante : les premiers sont homogènes, les seconds ne le sont pas.
Voici ce que cela signifie. Toutes les particules α émises par une substance
radioactive donnée possèdent une *même vitesse*, mais cette vitesse est différente
pour les diverses substances. Les particules β d'une seule et même substance
sont projetées avec des vitesses différentes ; *un rayon β peut être décomposé en*

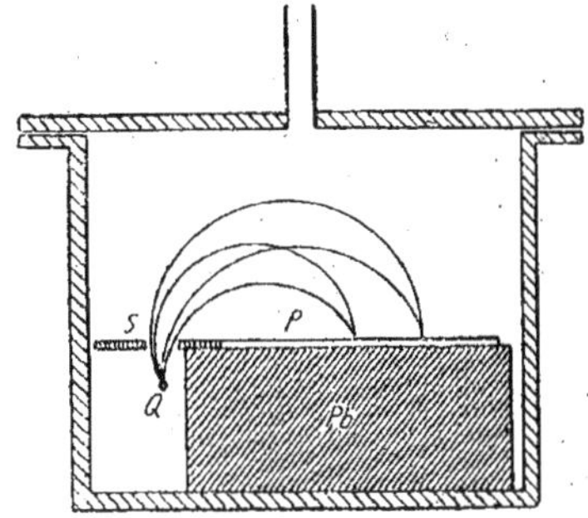

Fig. 24.

une série de rayons dont les vitesses sont différentes, de sorte que l'on peut
obtenir un *spectre de rayons β*. La méthode d'obtention d'un tel spectre a été
élaborée par Danysz (1911) ; elle est basée sur ce que, sous l'influence d'un
champ magnétique uniforme, les électrons décrivent des orbites circulaires
dont les plans sont perpendiculaires aux lignes de force magnétiques.
Le principe de cette méthode peut se comprendre d'après la fig. 24. La source
des rayons β se trouve en Q ; c'est une bande mince dont la longueur est
perpendiculaire au plan de la figure ; parallèlement à elle est disposée une
fente S ; P est une plaque photographique ; Pb est un bloc de plomb pro-
tégeant la plage P contre l'action des rayons γ et des rayons secondaires β ;
le tube supérieur est relié à une pompe. Perpendiculairement au plan de la
figure est disposé le champ d'un puissant électro-aimant. Sous l'influence
de ce champ les particules β se meuvent suivant des orbites circulaires ; les
rayons de ces orbites sont d'autant plus grands que la vitesse de ces particules
est plus grande. Sur la plaque photographique on obtient une *série de bandes
étroites* ou de lignes, dont chacune correspond à une vitesse déterminée des
particules β. Cette vitesse peut être calculée quand on connaît la tension du
champ magnétique et le rayon de l'orbite de l'électron ; elle peut être
exprimée en fraction de la vitesse de la lumière, ou en *volts* V, ou en ergs E

mesurant l'*énergie* du mouvement de l'électron. Les bandes obtenues sur la plaque photographique constituent ce que l'on nomme le *spectre magnétique* des rayons β.

Pour les divers éléments radioactifs ce spectre s'obtient différent, tant par le nombre des bandes que par les grandeurs de V ou de E, qui correspondent aux bandes individuelles. Ainsi le radium D, isotope du plomb, donne un spectre formé de trois lignes, pour lesquelles

$$V = 0,312 - 0,431 - 0,465 . 10^5 \text{ volts};$$

le spectre du thorium B est composé de cinq lignes. Mais, par exemple, RaB, RaC et ThC donnent des spectres contenant un grand nombre de lignes correspondant à des vitesses très différentes des électrons ; pour RaB ces vitesses oscillent entre 36 °/₀ et 80 °/₀ et pour RaC, entre à peu près 36 °/₀ et 98 °/₀ de la vitesse de la lumière. Ces spectres ont été étudiés avec soin par Ellis et Skinner. Sur la fig. 25 est représentée la partie du spectre de RaB qui correspond aux particules β les plus rapides. Ellis et Skinner ont trouvé dans le spectre de RaB en tout 31 lignes, avec des vitesses de 0,3725.10⁵ à 3,925.10⁵ volts.

Fig. 25.

Il est difficile de se représenter comment des *noyaux* d'une seule et même substance radioactive peuvent émettre des particules β avec des vitesses si nombreuses et en même temps parfaitement déterminées. Il se trouve que certains éléments qui émettent des particules α donnent aussi des rayons β ayant parfois des spectres magnétiques très complexes ; tels sont Ra, RaTh, RaAc et AcX, où le spectre de rayons β est formé de trois lignes pour le radium et d'un bien plus grand nombre pour RaAc et AcX. Il est très important que pour ces substances l'émission des particules β ne s'accompagne pas de la formation de ces nouvelles substances qu'on est en droit d'attendre d'après la règle connue (augmentation du numéro d'ordre Z d'une unité). Il s'est trouvé en outre que dans ce cas l'émission de particules β s'accompagne de rayons γ, qui apparaissent toujours en même temps que le rayonnement β pur.

Tous ces faits que nous venons d'exposer ont conduit C. D. Ellis et L. Meitner à la pensée que *les particules* β, c'est-à-dire *les électrons, sont arrachées aux couches* K, L, M, *etc*, *sous l'influence des rayons* γ *qui viennent du noyau de l'atome*. Cet *effet photoélectrique* d'un nouveau genre, serait excité non par des rayons tombant de l'extérieur sur l'enveloppe électronique qui entoure le noyau de l'atome, mais par des rayons qui agissent de l'intérieur, sortant du noyau. Si cela est exact, *les différences d'énergie des divers groupes de rayons* γ, c'est-à dire *des diverses lignes du spectre magnétique de ces rayons, doivent être égales aux différences d'énergie des divers niveaux d'énergie des couches* K, L, M, etc. Nous dirons plus simplement que les rayons β qui donnent des spectres magnétiques sont produits par l'absorption des rayons γ dans les couches électroniques de l'atome.

En cela l'énergie $E(\gamma)$ d'un rayon γ est dépensée pour produire l'énergie $E(\beta)$ d'un rayon β et pour le travail d'arrachement de l'électron.

On peut représenter cela *symboliquement* sous la forme :

$$(27) \qquad E(\gamma) = E(\beta_1) + K = E(\beta_2) + L = E(\beta_3) + M_1$$

où β_1, β_2, β_3 correspondent aux diverses raies du spectre magnétique des rayons β. Il est clair que pour ces substances radioactives dans lesquelles le rayonnement β s'accompagne d'une division de l'atome, c'est-à-dire de la formation d'une nouvelle espèce d'élément, nous devons admettre une double origine des particules β : les unes s'échappent du noyau de l'atome, tandis que les autres sont arrachées aux couches électroniques par les mêmes rayons γ qui se produisent dans le noyau quand s'en échappe une particule β. Si ces considérations sont vraies, il faut prévoir, par exemple, que les rayons γ de l'isotope du plomb ThB, tombant sur Pb, devront donner les mêmes vitesses des particules β (effet photoélectrique ordinaire) que celles qu'on observe dans le rayonnement β de la substance ThB. C'est ce qui a été vérifié par l'expérience. Si les mêmes rayons γ de ThB tombent sur Pt, on obtiendra des rayons β dont l'energie diffère de l'énergie des rayons β de ThB lui-même d'une quantité égale à la différence des travaux d'émission d'un électron à partir des mêmes niveaux d'énergie du plomb et du platine. De plus, on a reconnu que la différence des énergies des deux rayons β du thorium B est précisément égale à la différence d'énergie des niveaux K et L du plomb. Or, la formule (27) a donné la possibilité de calculer l'énergie $E(\gamma)$ de ThB, et comme $E(\gamma) = h\nu = \dfrac{hc}{\lambda}$, où h est la constante de Planck et c la vitesse de la lumière, *on a pu calculer la longueur d'onde λ des rayons γ du thorium* B, laquelle s'est trouvée égale à 52 X (0,052 Å) ; une telle longueur d'onde ne peut être mesurée par le procédé ordinaire de réflexion des rayons sur un cristal. Ellis effectua les mêmes observations sur les rayons γ du radium B. Jusqu'à ce jour, par ce procédé d'emploi des rayons secondaires β on a déterminé les longueurs d'onde des rayons γ de six éléments, où l'on a observé que *le spectre des rayons γ consiste quelquefois en toute une série de lignes individuelles.* Ces éléments sont les suivants : Ra (une ligne, $\lambda = 66$ X), RaB (5 lignes, λ de 230 à 35,2 X), RaC (4 lignes, λ de 45,3 à 20,4 X), RaD (une ligne, $\lambda = 270$ X), ThB (deux lignes, $\lambda = 52$ et 41,6 X), ThC″ (deux lignes $\lambda = 45,5$ et 24,3 X).

Après tout ce qui vient d'être dit, il est facile de comprendre que, en comparant les différences d'énergie des divers rayons β avec les différences connues des niveaux d'énergie des diverses couches électroniques, on peut établir *la systématique des rayons β.* Nous avons vu que RaD donne un spectre magnétique de rayons β composé de trois lignes dont les énergies (en volts) furent prévues. Il se trouve que ces lignes tirent leur origine de l'expulsion d'électrons des couches K, L et M ; les cinq lignes de ThB se produisent (dans l'ordre des énergies naissantes) dans les couches K, K, L, M et L. Des 31 lignes de RaB on a pu établir les niveaux d'énergie pour 27 lignes ; elles naissent dans les couches K, L, M, N et O.

L. Meitner a montré que l'éjection de la particule β a lieu dans l'atome même soumis à la désintégration, et non dans les atomes voisins où pourrait pénétrer le rayonnement γ de l'atome en voie de désintégration. Considérons l'importante question de l'*origine des rayons* γ. L'hypothèse qui se présente comme la plus naturelle et la plus vraisemblable, c'est que, *pour l'enveloppe électronique, comme pour le noyau, il existe une série d'états possibles à chacun desquels correspond une provision déterminée d'énergie,* c'est-à-dire quelque chose d'analogue à ces divers *niveaux d'énergie* dont nous avons pris une connaissance détaillée. Les divers états du noyau satisfont probablement à des *conditions quantiques* déterminées ; ils peuvent se distinguer l'un de l'autre par la disposition des parties constituantes, ou bien par le nombre de ces parties lorsque le passage d'un état à l'autre s'accompagne de l'émission de particules α ou β. Dans le passage du noyau d'un état à un autre avec la moindre variation d'énergie il se fait une émission de rayons γ. Concernant les autres particularités il existe deux hypothèses. Ellis et aussi Ellis et Skinner ne considèrent que le cas où la transformation radioactive s'accompagne de rayonnement β. Ils supposent que le passage du noyau d'un état à un autre, avec émission de rayons γ, *précède* la désintégration de l'atome, c'est-à-dire l'émission de la particule β du noyau de l'atome, qui n'a lieu qu'après qu'un ou plusieurs de ces passages ont amené le noyau à un état instable. Il suit de là que l'arrachement des électrons des couches K, L, M, etc., se fait dans un atome *non encore désintégré*. L. Meitner produit une série d'objections contre ce point de vue. Elle admet que le rayonnement γ a lieu *après* la désintégration de l'atome, c'est-à-dire après la séparation des particules α ou β du noyau, et que, par conséquent, l'émission des électrons des couches K, L, M, etc., a lieu dans *l'atome déjà transformé*. Suivant son opinion, la perte d'une particule α ou β par le noyau, provoque dans ce dernier un regroupement des particules restantes, c'est-à-dire le passage du noyau d'un état à un autre. Si en cela les conditions quantiques ne changent pas, la transformation n'est pas accompagnée de rayonnement ; dans le cas contraire il y a émission de rayons γ, qui peuvent servir d'indicateurs de la grandeur de la perturbation qui se produit dans le noyau. Nous trouvons le premier cas dans beaucoup d'atomes, dont la désintégration s'accompagne de l'émission de particules α (ionium, polonium, ThC' et autres) et aussi dans quelques émissions de particules β (UX_1, RaE, ThC). La supposition que les rayons γ sont émis *après* la désintégration conduit à l'idée vraisemblable que, grâce à cette émission, le noyau acquiert de nouveau un état stable. L. Meitner indique que les récentes mesures, très précises, de Ellis et Skinner conduisent à ce résultat, que l'émission des électrons des couches K, L, M, etc., se fait précisément dans l'atome qui vient de se transformer.

Au sujet des rayons β issus du noyau nos connaissances sont encore plus bornées qu'au sujet des rayons secondaires β provoqués par les rayons γ. Il n'y a aucun doute que les particules β, comme les particules α, s'échappent du noyau avec une vitesse déterminée dépendant de la substance radioactive qui émet ces rayons. Cependant il se trouve que celles de ces substances qui n'émettent pas de rayons γ, et par conséquent n'ont pas de rayons β secondaires, donnent un spectre de rayons β primaires formé non d'une ligne nette, mais d'une bande large et mal délimitée. S. Rosseland (1923) a montré que ce phénomène peut s'expliquer par une action entravante, à laquelle sont soumises les particules β dans le champ même du noyau et qui diminue dans une mesure différente la vitesse des différentes particules β. Nous n'entrerons pas dans des détails théoriques non encore suffisamment fondés.

8. Termes des rayons X. Spectre continu et spectre d'étincelle des rayons X.

I. *Termes des rayons X.* — Nous avons vu que comme mesure de l'énergie des divers niveaux des couches K, L, M, etc., on peut prendre un certain nombre V de volts, ou une certaine longueur d'onde λ, ou enfin le terme $\frac{\nu}{R}$ correspondant à cette longueur d'onde, où ν est la fréquence de vibration et R la constante de Rydberg, et nous avons vu les procédés qui peuvent servir à déterminer ces grandeurs. Maintenant nous pouvons résoudre la question de la relation de l'énergie d'un niveau défini au numéro d'ordre Z de l'élément; comme caractéristique du niveau prenons un *terme*, qui apparaît en même temps comme l'un des termes de ces rayons X dans les symboles rationnels desquels entre la désignation du niveau donné. Selon la théorie de Moseley (§ 2) la grandeur $\sqrt{\dfrac{\nu}{R}}$, où ν est la fréquence de vibration du rayon X, doit être une fonction linéaire du numéro d'ordre Z de l'élément. Les fig. 21 et 22 montrent qu'une telle relation n'est qu'approchée. Il est facile de comprendre que ce qui vient d'être dit doit aussi se rapporter aux termes des niveaux d'énergie, c'est-à-dire que les racines carrées de ces termes doivent être approximativement des fonctions linéaires de Z. Sur la fig. 26 les abscisses sont les numéros d'ordre des éléments; les ordonnées sont égales aux racines carrées des termes des niveaux d'énergie; ces derniers sont indiqués aux extrémités des lignes du diagramme de la même façon que Bohr les avait primitivement désignées dans le mémoire auquel ce dessin est emprunté. Dans chaque couche les indices *croissent* si l'on va dans la direction suivant laquelle les énergies des niveaux diminuent; dans les désignations de Siegbahn ils décroissent (voir (15)). On comprend que, par exemple, M_{11} sur la fig. 26 correspond à M_4 de Siegbahn et à M_{21} de Sommerfeld. Ce dessin est très intéressant. Avant tout nous voyons que le niveau de la couche K donne effectivement une ligne droite; c'est sur elle que se montre le moins l'influence de l'accroissement graduel des autres couches à mesure de l'élévation du numéro d'ordre des éléments.

Nous voyons de plus que les lignes de ces niveaux voisins qui donnent des *doublets d'écran* ($L_1\,L_{11}$, $M_1\,M_{11}$, $M_{111}\,M_{1V}$, etc.), sont à peu près *parallèles entre elles*, tandis que les lignes des couples de niveaux voisins qui donnent des *doublets relativistes* (L_{II} L_{III}, M_{II} M_{III}, M_{IV} M_V, etc.), s'écartent d'une façon visible à mesure que Z augmente. Il se trouve que la théorie des deux genres de doublets, que nous n'avons pas développée, exige précisément la même disposition relative des lignes qui se rapportent à des niveaux voisins.

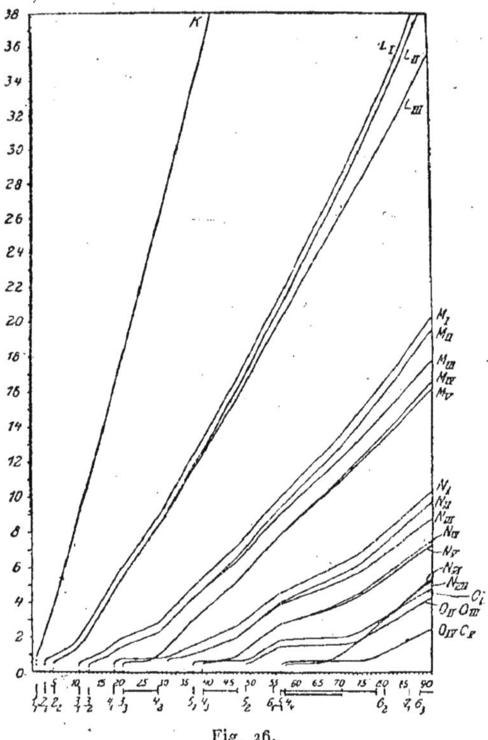

Fig. 26.

Mais le plus grand intérêt est celui que présentent ces *inflexions* de presque toutes les lignes qui se montrent sur la fig. 26. On voit que l'accroissement des ordonnées avec celui des abscisses s'arrête en certains points, les lignes deviennent presque parallèles à l'axe des abscisses ; cela veut dire que dans certaines régions des valeurs de Z, c'est-à-dire pour certains groupes d'éléments du système périodique, l'accroissement de l'énergie du niveau se ralentit ou même s'arrête presque. En-dessous du dessin sont marqués des traits horizontaux, par lesquels sont indiquées les séries d'éléments dans lesquels l'accroissement des couches électroniques extérieures ne continue pas mais où il y a augmentation en surnombre de l'une des couches intérieures (chap. IV, § 1 et tableau p. 103). On voit que, *précisément pour ces groupes d'éléments dans lesquels a lieu l'accroissement en surnombre d'une couche intérieure, l'accroissement de l'énergie de quelques niveaux se ralentit ou s'arrête presque complètement.* D. COSTER a donné une explication détaillée de ce fait intéressant.

Sur la même fig. 26 sont tracés en bas des petits traits verticaux aux endroits où l'électron apparaît pour la première fois sur une orbite d'un nouveau sous-groupe n_k (chap. IV, § 1). Il se trouve que la présence d'un tel électron est étroitement liée avec la formation d'un nouveau niveau d'énergie, dont le terme correspond au travail nécessaire pour expulser cet électron de l'atome. Une circonstance qui est aussi intéressante, c'est que pour certains éléments les termes des niveaux supérieurs N_{VI} et N_{VII} de la couche N ont une énergie moindre que ceux des niveaux inférieurs de la couche O, tandis qu'en général les termes sont d'autant moindres que la couche est plus élevée. SIEGBAHN explique ce fait parce que, selon le schéma de BOHR (tableau, p. 103), les orbites à nombres quantiques moindres apparaissent quelquefois après celles de nombres quantiques plus élevés.

II. *Spectre continu des rayons X.* — Nous avons déjà indiqué ce spectre dans le § 1 ; il se forme par les rayons que l'on appelle dispersés pour les distinguer des rayons caractéristiques. Ce spectre apparaît déjà pour des vitesses des électrons du rayon cathodique qui ne peuvent encore produire les rayons caractéristiques K, L, M et N. Quand, par suite de l'accroissement de vitesse des électrons, ces derniers rayons apparaissent, leur spectre linéaire se superpose au spectre continu. La propriété la plus importante du spectre continu consiste en ce qu'*il a une limite nette du côté des petites longueurs d'onde*, tandis qu'il s'affaiblit progressivement du côté des longueurs d'onde croissantes. Ainsi chaque spectre continu est caractérisé par une longueur d'onde λ minimum ou une fréquence ν maximum. La relation entre la position du bord net du spectre et la vitesse des électrons exprimée en volts a été étudiée en détail pour la première fois par W. DUANE et F. L. HUNT (1916), qui ont établi la règle simple qui porte leur nom : *le produit de la tension V par la longueur d'onde du bord du spectre est une quantité constante.*

Cette loi se comprend facilement si l'on suppose que *toute l'énergie eV de* l'électron qui vient frapper l'anticathode est dépensée pour la production d'un quantum $h\nu$ du rayon extrême du spectre continu, de sorte que nous avons l'équation

$$(28) \qquad eV = h\nu_{max}.$$

Elle donne

$$(28, a) \qquad V\lambda_{min} = \frac{hc}{e}.$$

Si l'on considère h comme connu, on obtient les formules (24) et (24, a). Exprimant V en *kilovolts* et λ en *angstroms*, nous obtenons, d'après (24, a).

$$(29) \qquad V\lambda_{min} = 12,345.$$

Les formules (28) et (28, a) expriment la loi de DUANE et HUNT. Maintenant il est facile de comprendre l'origine du spectre continu. Quand toute l'énergie eV de l'électron n'est pas dépensée pour produire un quantum d'énergie rayonnante, mais seulement une fraction α de cette énergie, il se produit un rayon dont la fréquence ν est déterminée par l'équation

$$(29, a) \qquad \alpha e V = h\nu.$$

Il est clair que $\nu < \nu_{max}$ et que, suivant la grandeur de la fraction α, on peut obtenir des rayons de toutes les fréquences possibles satisfaisant à cette équation, qui donne aussi $\lambda > \lambda_{min}$; ces rayons forment le spectre continu. La constance du produit $V\lambda_{min}$ a été vérifiée par divers savants. On peut donner à la formule (29) une forme un peu différente, si l'on comprend ce qui a été dit dans ce sens que, pour la formation d'un rayon de longueur d'onde donnée, il faut un certain *potentiel minimum* V_{min}. Quand le potentiel $V < V_{min}$ on n'obtient pas le rayon λ; pour $V = V_{min}$ ce rayon commence à apparaître, et quand V augmente davantage, l'intensité du rayon croît rapidement. Tout cela se voit d'un seul coup d'œil sur les *isochromatiques*, c'est-à-dire sur les lignes qui expriment la relation de l'intensité du rayon *donné* λ et du potentiel excitateur V. Ces isochromatiques ont été obtenues par Duane et Hunt. Elles sont représentées dans la figure 27 et se rapportent à six valeurs de λ, de 0,303 à 0,488 Å. Les abscisses expriment des kilovolts, et les ordonnées, l'énergie des rayons mesurée par l'ionisation qu'ils produisent dans un gaz. On voit sur le dessin combien nettement toutes ces isochromatiques se dressent sur l'axe des abscisses, qu'elles rencontrent au point V_{min}; l'énergie des rayons croît rapidement par l'augmentation de V; les isochromatiques s'élèvent en pente raide et sont presque droites. Si nos raisonnements sont justes, nous devons avoir

$$(30) \qquad V_{min}\lambda = \text{Const.}$$

Les expériences ont donné pour les grandeurs (29) et (30) des valeurs

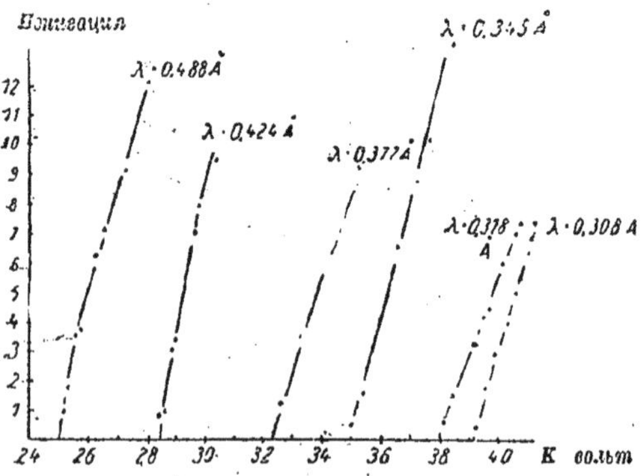

Fig. 27.

égales de la constante; la différence ne dépasse pas quelques millièmes, quoique les méthodes soient complètement différentes. Dans le premier cas on mesure V et λ_{min} (bord du spectre continu); dans le second on mesure les énergies du rayon λ pour diverses valeurs de V plus grandes que V_{min} dont la valeur s'obtient par une sorte d'extrapolation en prolongeant l'isochromatique jusqu'à son intersection avec l'axe des abscisses. D'autres vérifications de la loi de DUANE et HUNT ont été effectuées par H. BEHNKEN, A. MÜLLER, E. WAGNER, D. L. WEBSTER, A. W. HULL, A. W. HULL et M. RICE, F. DESSAUER et E. BACK et autres. Parmi eux BEHNKEN alla à 58 kilovolts, HULL à 110 kilovolts, et DESSAUER et BACK jusqu'à 300 kilovolts. Tous ces travaux ont pleinement confirmé la loi de DUANE et HUNT. C. D. MILLER a démontré indirectement l'exactitude de cette loi pour de faibles valeurs de V (2,5 kilovolts). *L'indépendance de la grandeur* V_{min} *et de la matière de l'anticathode* a été démontrée pour Pt, Tu, Rh, Ag, Cu, Ni et C, c'est-à-dire pour des éléments dont le poids atomique va de 195 à 12, et aussi pour quelques alliages. De telles recherches ont été effectuées par ULREY. De plus, on a montré l'indépendance de la grandeur V_{min} et de la nature et de la pression du gaz dans le tube et aussi de la présence des rayons caractéristiques K (E. WAGNER).

Le nombre 12,345 dans les formules (24), (24,a) et (29) a été calculé en portant dans (23) ou (28,a) les valeurs numériques de h, c et e. Les expériences donnent la valeur de cette constante C qui est égale au produit (29 ou (30).

$$(31) \qquad V\lambda_{min} = V_{min}\lambda = C$$

où

$$(31, a) \qquad C = \frac{hc}{e}.$$

De là

$$(32) \qquad h = \frac{e}{c}C.$$

Ayant déterminé C par l'expérience et prenant pour e (charge de l'électron) et c (vitesse de la lumière) les nombres connus, on peut par là *calculer* la valeur de la *constante de Planck*. Presque tous les savants que nous venons de citer ont déterminé de' cette façon la valeur de h, et il convient de dire que ce procédé est un des plus précis. Ainsi, par exemple, WAGNER a trouvé pour $h.10^{27}$ le nombre 6,52 ; A. MÜLLER 6,57 ; ULREY 6,54, etc. ; le nombre le plus probable est aujourd'hui 6,547.

Examinons la question des lois qui concernent le spectre continu lui-même des rayons X, en plus de la loi qui régit la limite nette de ce spectre. Avant tout se pose le problème de *la relation entre l'énergie intégrale J de tout le spectre et la tension V*. Les expériences de divers savants, et en particulier les mesures très précises de DUANE et SHIMIZU ont montré que *l'énergie totale J du spectre croît proportionnellement au carré de la tension V*, ou bien, puisque $eV = \frac{1}{2}mv^2$, *proportionnellement à la quatrième puissance de la vitesse v des électrons*.

Une autre question peut être soulevée, celle de *la relation de l'énergie totale J du spectre et du numéro d'ordre Z de l'élément servant d'anticathode*. Déjà

Rœntgen avait trouvé que des éléments plus lourds employés comme anti-cathode donnent des rayons plus intenses ; c'est pourquoi on emploie le plus souvent Pt et Tu. G. W. C. Kaye (1917) étudia soigneusement cette question sur 21 éléments, de Au $(Z = 79)$ à Ti $(Z = 22)$; il comparait l'énergie totale avec le poids atomique de l'élément. Siegbahn introduisit le numéro d'ordre, et il se trouva que, *pour une tension donnée V, l'énergie J croît proportionnellement au numéro d'ordre de l'élément.* E. Wagner et H. Kulenkampff (1922) effectuèrent de nouvelles recherches étendues. Ils trouvèrent que J est formé de deux parties, dont l'une, la principale, est proportionnelle à V^2 et à Z, et la seconde croît proportionnellement à V et à Z^2, de sorte qu'on obtient l'expression

$$(33) \qquad J = C(V^2 Z + b V Z^2)$$

où C et b ne dépendent ni de V, ni de Z.

Passons maintenant à la question de *la distribution de l'énergie dans le spectre.* Cette distribution peut être représentée graphiquement par les courbes *isopotentielles,* qui donnent l'énergie J_ν comme fonction de la fréquence ν, ou bien J_λ comme fonction de λ. La représentation *approchée* est

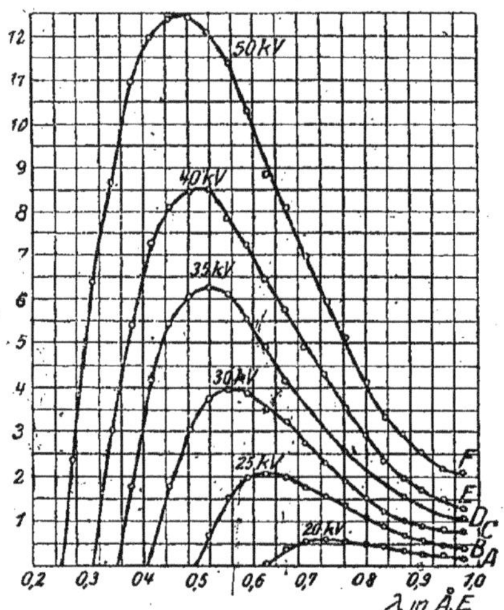

Fig. 28.

donnée par les courbes de la figure 28, établie d'après les observations non corrigées de C. T. Ulrey. Les six courbes se rapportent à diverses valeurs de V, depuis 20 kilovolts jusqu'à 50 kilovolts. Toutes les courbes commencent à $J_\lambda = 0$ pour $\lambda = \lambda_{\min}$; elles s'élèvent rapidement, atteignent un maximum et ensuite s'abaissent et se rapprochent asymptotiquement de l'une des abscisses. Le maximum se déplace du côté des faibles λ lorsque V augmente. Cela rappelle la distribution de l'énergie dans le spectre du corps absolument noir (T. II), qui, toutefois, *des deux côtés* s'approche asymptotiquement de l'axe des abscisses. En réalité les courbes ont un aspect un peu différent, particulièrement quand au spectre continu s'ajoutent les rayons caractéristiques. KULENKAMPFF (1922) donne pour J_ν la formule

$$(33, a) \qquad J_\nu = A \left\{ Z(\nu_0 - \nu) + aZ^2 \right\},$$

où A et a sont des constantes qui ne dépendent pas de Z ni de V ; ν_0 est égal à ν_{max}, c'est-à-dire à la fréquence correspondant au bord net du spectre. Si l'on désigne par λ_m la longueur d'onde pour laquelle J_λ est maximum, on a approximativement $\dfrac{\lambda_m}{\lambda_0} = \dfrac{3}{2}$. D'ailleurs il est douteux que la longueur d'onde λ_m ait une grande importance théorique.

Remarquons encore que toute l'énergie J ne constitue que quelques millièmes de l'énergie du rayon cathodique, qui est presque tout entière dépensée à échauffer l'anticathode.

III. *Spectre d'étincelle des rayons X.* — Dans le § 4 de ce chapitre nous avons donné une vue d'ensemble des rayons K, L, M et N, et dans le § 7, la systématique de ces rayons qui nous a conduits à une désignation rationnelle des lignes individuelles. Mais il se trouve que toutes les lignes du spectre de rayons X ne se laissent pas ranger dans le schéma de la systématique précitée. Il reste une série de lignes, particulièrement dans le groupe K, dont l'origine est restée quelque temps incomprise. Ces lignes apparaissent en quelque sorte comme des satellites des lignes fondamentales dont la systématique peut être considérée comme plus ou moins définitivement établie. Elles sont très faibles et disposées du côté des petites longueurs d'onde. Dans les groupes L et M on trouve aussi de tels satellites. La théorie de l'origine de ces lignes a été donnée par G. WENTZEL (1921). Elle est expliquée avec tous les détails dans le livre de SOMMERFELD (A. u. S., 4e éd., p. 319-327, 1924) et aussi dans le livre de M. SIEGBAHN, (« Spektroskopie der Rœntgenstrahlen », p. 180-183, 1924). Vu la complication de cette théorie, nous devrons nous borner à l'indication de l'hypothèse sur laquelle elle est construite.

Dans le chapitre V, § 3, I, nous avons pris connaissance de ce qu'on appelle les spectres d'arc et d'étincelle des divers éléments. Nous avons vu que les premiers s'obtiennent quand le passage des électrons d'une orbite possible à une autre se fait dans l'atome neutre, tandis que les spectres d'étincelle prennent naissance dans les mêmes conditions, mais *dans l'atome ionisé*, c'est-à-dire dans l'atome qui a perdu un ou plusieurs électrons.

G. WENTZEL part de l'hypothèse suivante. Quand, par une action extérieure un électron est expulsé, par exemple de la couche K, et qu'ensuite à l'endroit rendu libre passent des électrons venant de couches situées à des niveaux d'énergie supérieurs, alors se produisent les lignes fondamentales K pour lesquelles la systématique donne des désignations rationnelles. Mais il peut arriver que *de cet atome soient expulsés deux, trois, etc., électrons*. Deux cas sont possibles : l'expulsion de ces électrons peut se faire simultanément ou successivement. Il convient, semble t-il, de s'arrêter sur la première supposition, c'est-à-dire d'admettre que *les électrons sont expulsés de l'atome simultanément*. Dans la couche K il n'y a que deux électrons. Il est possible que les deux électrons de la couche K soient expulsés, ou bien l'un des deux et un d'une autre couche, par exemple de le couche L. Trois électrons pourraient être projetés en même temps : deux de la couche K et un de la couche L. On comprend qu'ici d'autres sortes de combinaisons soient possibles. En vue d'une certaine analogie, toutefois assez éloignée, avec les spectres d'étincelle dont nous avons parlé, Wentzel appelle les spectres de rayons X obtenus dans ce cas des spectres *d'étincelle*. Bohr et Coster proposent la dénomination de spectres du *premier, second*, etc. *genre*, suivant que sont expulsés de l'atome *un, deux*, etc., électrons. Siegbahn accepte aussi cette terminologie. Sommerfeld parle de spectres d'étincelle du *premier, second*, etc., *ordre*, quand sont expulsés *deux, trois*, etc., électrons. L'énergie des divers niveaux n'est pas la même dans les cas d'expulsion d'un, deux, etc., électrons. Les termes sont quelque peu différents, c'est pourquoi λ et ν ne sont pas les mêmes pour les rayons qui se forment, et ainsi s'explique la possibilité de lignes ne correspondant pas au schéma de *la* systématique des lignes du spectre de premier ordre. La théorie de Wentzel explique d'une façon satisfaisante l'origine du spectre de second ordre.

9. Passage des rayons X aux rayons ultra-violets. — Entre les rayons X extrêmes du côté des *grandes* longueurs d'onde ($\lambda = 17,66$ Å) que nous connaissons aujourd'hui (1924) et les rayons ultra-violets extrêmes qui étaient connus en 1914 (rayons de Schumann, T. II ; λ environ 1000 Å) se trouve un espace de presque six octaves. Dans le § 4 on a donné l'ensemble des rayons K, L, M, et N. Pour plus de commodité comparons encore les limites des longueurs d'onde de ces rayons (en angstroms) avec les indications des membres extrêmes de ces séries d'éléments pour lesquels ces rayons ont été trouvés

	Rayons	Eléments		Longueurs d'onde (Å)	
		de	à	de	à
(34)	K	Na(11)	Ur(92)	11,884	0,104
	L	Fe(26)	Ur(92)	17,66	0,597
	M	Dy(66)	Ur(92)	9,923	2,248
	N	Bi(83)	Ur(92)	13,208	8,691.

Les rayons K n'ont pas été observés directement pour $Z < 11$, et les rayons L pour $Z < 26$. *Actuellement on peut dire que les six octaves qui séparaient l'une de l'autre les deux régions de l'énergie rayonnante sont conquises par la science.* Cette conquête s'est faite de deux côtés : d'une part, on a pu étendre la région des rayons ultra-violets d'environ 2 1/2 octaves, et d'autre part démontrer l'existence de rayons X dans la partie restante de l'énergie rayonnante. En liaison avec ces travaux que nous examinons ici, se pose la question : *Que devons-nous entendre sous la dénomination de rayons X ?* Jusqu'à une époque toute récente cette question semblait se résoudre d'une façon simple. On nommait rayons X les rayons qui prennent naissance par le choc d'électrons animés d'une grande vitesse (rayons cathodiques) sur la surface d'un corps solide (anticathode), ou par la chute de rayons obtenus par ce procédé sur une surface analogue (rayons X secondaires) ; en outre, **une** caractéristique des rayons X était leur très petite longueur d'onde. Mais cette dernière caractéristique est tombée lorsqu'on a prouvé l'existence de rayons X dont la longueur d'onde est de même ordre que celle des rayons ultra-violets extrêmes, obtenus progressivement. La méthode d'obtention ne peut évidemment non plus servir de caractéristique du genre des rayons. Une telle caractéristique ne pourrait être que le *mécanisme immédiat* de leur formation. Nous avons vu que ces rayons que, jusqu'à ce jour, nous avons appelés des rayons X apparaissent quand une cause extérieure projette l'électron hors d'une des couches intérieures de l'atome et qu'à la place devenue libre arrive un électron venant d'un niveau d'énergie plus élevé. Ici il sera utile d'indiquer, sur la base du tableau p. 103 à quels éléments les couches de l'atome commencent à être complètes et à recevoir des électrons en surnombre.

I. Couche K.

Commencement de la formation.... H(1)	Fin de la formation .... He(2) ;	2 électrons.

II. Couche L.

Commencement de la formation.... Li(3)	Fin de la formation .... Ne(10) ;	8 électrons.

III. Couche M.

Commencement de la formation	Na(11).	
Fin de la formation normale	Ar(18) ;	8 électrons.
Commencement du surnombre	Sc(21).	
Fin du surnombre.....................	Ni(28) ;	18 électrons.

IV. Couche N.

Commencement de la formation	K(19).	
Fin de la formation normale	Kr(36) ;	8 électrons.
Commencement du 1er surnombre........	Y(39).	
Fin du 1er surnombre	Pd(46) ;	18 électrons.
Commencement du 2e surnombre.........	Ce(58).	
Fin du 2e surnombre	Lu(71) ;	32 électrons.

Ce tableau montre dans les atomes de quels éléments existent toutes formées les couches K, L, M et N et dans lesquelles peuvent se former les rayons K, L, M et N, si l'on considère le mécanisme précédemment indiqué de la formation des rayons X comme leur principale caractéristique. Si l'on admet que l'espace en dehors de l'atome agit comme un niveau supérieur d'énergie, il pourra déjà y avoir des rayons K fournis par l'hélium ; si on ne l'admet pas on aura ces rayons de Li ; on aura des rayons L de Ne ou de Na, des rayons M de Ar ou de K, des rayons N de Kr ou de Rb. Ainsi nous appelons rayons X tous ces rayons qui prennent naissance par suite de la projection d'un électron d'une couche quelconque, excepté de la plus extérieure dont la structure n'est pas encore complétée et qui paraît être le lieu de formation des rayons ordinaires et non des rayons X. Mais une telle distinction paraît un peu artificielle, et nous verrons que quelques savants parlent des rayons K, L, M de *l'hydrogène*.

Passons maintenant à ces travaux remarquables qui ont conduit à étendre le spectre des rayons X du côté des grandes longueurs d'onde, on peut dire sur cette région qui séparait les rayons X des rayons ultra-violets. Examinons avant tout les principes de la méthode dont se sont servis les savants pour ces travaux. Nous avons vu dans les §§ 5 et 6 que par accroissement progressif de la tension V dans le tube à rayon X il se produit à l'anticathode d'abord des rayons donnant un spectre blanc continu. L'intensité de ce spectre croît en même temps que V, et le bord net se déplace du côté des longueurs d'onde décroissantes. La tension V et la longueur d'onde λ correspondant au bord sont liées par l'équation (24, *a*), V et λ étant respectivement exprimés en volts et angstroms. Pour les valeurs déterminées V_i et λ_i apparaissent simultanément toutes les lignes du groupe A_i, où A_i désigne un des niveaux d'énergie des couches K, L, M, N, ainsi que l'a démontré d'une façon persuasive D. L. WEBSTER. Ces mêmes grandeurs servent de mesure de l'énergie de ce niveau ; elles déterminent le bord du spectre d'absorption. Si l'on désigne par λ_m et V_m les grandeurs relatives au plus dur (λ_{min}, v_{max}) des rayons du groupe qui se forme ; on a

$$(36) \qquad V_m < V_i, \qquad \lambda_m > \lambda_i.$$

Pour plus de commodité, répétons la formule (24, *a*) :

$$(37) \qquad V(\text{volts}) . \lambda(\text{Å}) = 12340.$$

Presque tous les travaux donnent pour les éléments qui sont en dehors des limites indiquées dans (34) des valeurs V_i et λ_i, c'est-à-dire une tension limite ou, ce qui est la même chose, une limite du spectre d'absorption, mais non V_m et λ_m se rapportant aux rayons X eux-mêmes. La méthode de déduction est la suivante. Les rayons cathodiques, dans le tube à vide, tombent sur l'anticathode, recouverte de la substance étudiée ou bien contenant l'élément étudié. Les rayons X qui se forment, ne traversant pas un corps solide quelconque (verre, quartz), tombent sur la lame métallique, qui émet des électrons secondaires. *On effectue la mesure de l'intensité du flux de ces électrons, c'est-à-dire du rayon cathodique secondaire,* par exemple, au moyen d'un électromètre sensible. A mesure que s'accroît la tension V, l'intensité des rayons X « blancs » augmente, et par conséquent aussi celle du flux d'électrons secondaires. Mais quand V atteint la valeur V_i les rayons caractéristiques apparaissent, l'accroissement de l'énergie des rayons X commence à devenir plus rapide et la même chose a lieu pour le courant i_2 des électrons secondaires. Si l'on trace une courbe exprimant la relation de l'intensité i_2 du courant et de la tension V dans le tube, alors *sur cette courbe pour V $= V_i$ doit exister un point d'inflexion.* En réalité, on procède un peu autrement, en employant un tube à vide dans lequel le gaz est raréfié jusqu'au degré possible aujourd'hui (de l'ordre de 10^{-6} mm. de Hg), de sorte que la tension V ne produit aucun courant sur la cathode froide. On emploiera comme cathode un fil chauffé, qui émet des électrons fil de tungstène, ordinairement ; l'intensité J_1 du courant primaire dans le tube dépend du degré de chauffage du fil. L'intensité du courant i_2 dans ce cas est évidemment rigoureusement proportionnelle à J_1. Pour exclure cette relation on trace la courbe de la relation du rapport $\frac{i_2}{J_1}$ avec la tension V ; les abscisses des points d'inflexion de cette courbe donnent les tensions V_i pour lesquels prennent naissance les groupes K, L, M, N de rayons X à la surface de l'anticathode et auxquels correspond la longueur d'onde λ_i (bord du spectre d'absorption). Sur la base de ce qui a été dit plus haut, nous pouvons, bien qu'en forçant un peu le sens, fondre en un seul tous les spectres ordinaires qui prennent naissance dans la couche extérieure de l'atome (considérés dans le chapitre V) et les rayons X. A ce cas nous pourrions rapporter les nombreux travaux qui furent exécutés selon la *méthode des chocs électroniques* dans les gaz et les vapeurs ; alors il y aurait lieu de considérer les séries spectrales comme les analogues ou même simplement comme des cas particuliers des groupes de rayons K, L, M, et N. Nous verrons plus loin (chap. IX) que, par exemple, MOHLER et FOOTE ont ont déterminé V_i pour divers gaz et vapeurs par la méthode ci-dessus décrite d'excitation d'électrons secondaires ; leur appareil, on le comprend, devait différer notablement de celui qui a été décrit plus haut.

Considérons rapidement une série de travaux exécutés par la méthode d'excitation des électrons secondaires. La première recherche par cette méthode est due à O. M. RICHARDSON et C. B. BAZZONI (1921). Quand l'anticathode était recouverte de *charbon*, le point d'inflexion de la courbe se trouvait vers $V_i = 286$ volts, ce qui correspond à la longueur d'onde $\lambda_i = 43,4$ Å ; les auteurs pensent qu'ils avaient affaire *au rayon K du carbone*. Une anticathode de Mo $(Z = 42)$ a donné $V_i = 356$ volts, c'est-à-dire $\lambda_i = 34,8$ Å, ce qui peut correspondre à une des lignes du groupe M des rayons X.

E. H. KURTH (1921) a étudié une série de substances et a trouvé les valeurs de λ_i en Å :

Rayons K. . C 42,6 ; O 23,8.
     L . . C 375 ; V 248 ; Al 100 ; Si 82,5 ; Ti 24,5 ; Fe 16,3 ; Cu 12,3
     M. . Al 326 ; Ti 85,3 ; Fe 54,3 ; Cu 41,6
     N. . Fe 247 ; Cu 116.

Ces nombres sont bien d'accord avec la loi de MOSELEY (voir (8)), si on les compare avec les longueurs d'onde de ce genre de rayons pour les rayons X des éléments à numéro d'ordre élevé. Dans le § 4 nous avons vu que M. SIEGBAHN et R. THORÄUS (1924) ont trouvé les longueurs p'onde des rayons L pour Cu 13,10 et 13,39 Å, et pour Fe 17,33 et

17,66 Å ; ces nombres ne sont pas éloignés de ceux qu'a trouvés Kurth. De plus, A. L. Hughes (1922) a aussi déterminé les longueurs d'onde des rayons K et L pour le carbone et le bore ; ses nombres s'écartent assez de ceux qu'a trouvés Kurth. Ensuite J. Holtsmark (1922, 1923) a déterminé pour C, B, Li et Gl les grandeurs V_i et les longueurs d'onde des rayons K. Il trouve pour C 43,0, pour B 84,0, pour Li 236, pour Gl 130 Å. J. C. Mc. Lennan et Miss M. L. Clark (1923) ont aussi étudié B, Li et Gl ; ils trouvent pour chaque élément des λ_i quelque peu différentes, qui doivent correspondre à des niveaux d'énergie différents. Leurs nombres sont : B 83,7, 442 et 527 Å ; Gl 133, 158, 608 et 772 Å ; Li 334, 388 et 1029 Å. O. Stuhlmann (1922) effectue des expériences sur Tu et Fe. Il trouve pour Tu huit points d'inflexion de la courbe qui correspondent à des valeurs V_i de 4,4 à 1750 volts, c'est-à-dire à λ_i de 2800 à 7,04 Å ; pour Fe, de 3,3 à 200 volts, c'est-à-dire à λ_i de 3763 à 61,9 Å. G. K. Rollefson (1924) étudia Fe, pour lequel il trouve 9 valeurs de V_i et λ_i assez voisines les unes des autres, et dont les valeurs extrêmes sont 46,8 et 160,1 volts, 264 et 740 Å.

Toutes les déterminations décrites des grandeurs V_i et λ_i se rapportent aux substances *solides* constituant l'anticathode ou disposées sur sa surface.

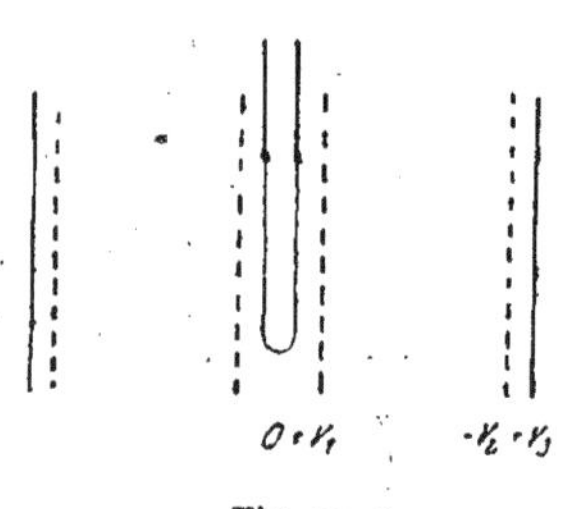

Fig. 29.

F.-L. Mohler et P.-D. Foote (1922) ont les premier déterminé les grandeurs en question pour des gaz et des vapeurs. La fig. 29 donne une représentation purement schématique de leur appareil.

La source des électrons primaires est ici un fil chauffé (dessin du milieu) ; elle est entourée d'un réseau cylindrique qui en est très rapproché. En outre il y a un second réseau qui est entouré d'un tube continu ; les réseaux et le tube sont métalliques. L'espace intérieur de l'appareil est rempli du gaz à étudier. Le premier réseau se trouve au potentiel $+ V_1$, qui joue ici le rôle de tension V ; la distance entre le fil et le réseau est prise très petite, afin que les électrons acquièrent leur pleine vitesse V (en volts) sans éprouver beaucoup de collisions avec les molécules du gaz. Dans l'espace entre les deux réseaux se produisent ces collisions, *qui provoquent l'émission de rayons X par les molécules du gaz.* Ces rayons tombent sur le réseau extérieur et y excitent l'émission d'électrons secondaires, dont l'intensité est mesurée par le courant qui s'établit entre le réseau qui est au potentiel $— V_2$ et le cylindre extérieur, dont le potentiel est $+ V_3$. Les électrons primaires qui ont traversé le premier réseau n'arrivent pas au second, car le champ électrique entre $+ V_1$ et $— V_2$ les renvoie en arrière. Et ici se marque la dépendance du rapport du premier courant au second et de la tension V_1, c'est-à-dire de la vitesse des électrons primaires. Mohler et Foote ont étudié K, Na,

Mg, P, Cl, N, O et C (sous la forme de CO, CCl^4, CO^2 et C^2H^2). Voici les valeurs obtenues pour λ_i (en angstroms) :

K	Na	Mg	P	S	Cl	N	O	C
650	725	374	130	101	78,6	35,1	25,8	165
537	353	268	112	81,2	62,3	33,0		52,7
			98					45,4
			77,1					

Ils considèrent quelques-uns de ces λ_i comme des limites d'excitation des rayons X K (par exemple C 45,4 ; N 33,0 ; O 25,8), et d'autres, comme des rayons L (par exemple les deux λ_i pour Na et Mg et $\lambda_i = 98$ pour P).

Tout les travaux que nous venons de citer comblent l'intervalle qui restait entre les rayons X et les rayons ultra-violets. Mais leur défaut consiste en ce qu'ils donnent les limites λ_i d'excitation des rayons K, L, M, N, mais *non les longueurs d'onde de ces rayons, pas même des plus durs* λ_m. Nous savons seulement que $\lambda_m > \lambda_i$ (voir (36)). Il serait très important de déterminer directement λ ou λ_m de ces rayons X très mous qui correspondent aux λ_i trouvés ci-dessus. Ces λ_i étaient déterminés par l'*intensité* du courant des électrons secondaires, c'est-à-dire par leur *quantité* émise pendant l'unité de temps et dont l'accroissement change subitement suivant la tension V. Il se trouve que *l'on peut déterminer la longueur d'onde des rayons X eux-mêmes si l'on mesure la vitesse des électrons secondaires.* Toutefois cette détermination ne peut être faite avec assez de précision pour qu'on puisse distinguer l'une de l'autre les lignes individuelles dans les groupes K, L, M. On est obligé de se contenter de la détermination d'une ligne de longueur d'onde λ caractérisant l'un de ces groupes; c'est pourquoi nous écrirons maintenant λ au lieu de λ_m. La méthode de détermination de la longueur d'onde λ ou de la fréquence ν du rayon X est basée sur la formule d'EINSTEIN

$$(38) \qquad h\nu = \frac{1}{2} mv^2 + p_1 + p_2.$$

Ici $h\nu$ est le quantum d'énergie rayonnante, dans le cas actuel, des rayons X qui prennent naissance sous l'action des chocs des électrons *primaires*. Tombant sur la substance à essayer, il passe en partie à l'état d'énergie $\frac{1}{2} mv^2$ de l'électron *secondaire*, dont il est nécessaire de mesurer la vitesse ; p_2 est la partie du quantum qui est dépensée pour que l'électron traverse la surface du corps (potentiel de contact) ; enfin p_1 est le travail qu'il faut pour arracher l'électron au niveau d'énergie où il se trouve. La grandeur p_2 n'est pas considérable, de l'ordre de 1 à 2 volts. La vitesse se détermine par la déviation des électrons secondaires dans un champ magnétique. C'est cette méthode qu'ont employée M. DE BROGLIE (1921), R. WHIDDINGTON (1922), H. ROBINSON (1923) et P.-I. LOUKIRSKY (1924).

Les trois premiers de ces savants s'occupèrent principalement de vérifier les conséquences diverses qui découlent de la formule (38). Ils eurent affaire à des rayons X relativement durs. P.-I. LOUKIRSKY provoquait les électrons à la surface intérieure de la sphère d'un *condensateur sphérique* (T. IV). Le champ électrique entre les deux surfaces du condensateur force tous les électrons secondaires, qui sortent dans toutes les directions possibles de la surface de la sphère intérieure, à retourner à cette sphère avant d'arriver à la surface de la sphère extérieure. Des rayons X passent par une ouverture de

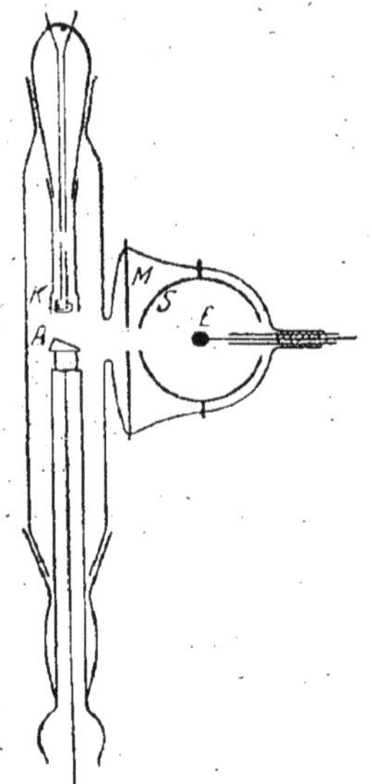

la sphère extérieure et tombent sur la surface de la sphère intérieure. La partie principale de l'appareil qu'a utilisé Loukinsky est représentée (fig. 3o) Du côté gauche est le tube à rayons X. En K se trouve un fil cathodique chauffé (en tungstène) émettant des électrons primaires ; entre K et l'anticathode A est établie la tension V et passe le courant J_1. Les rayons X produits à la surface de l'anticathode A passent à travers le diaphragme M, puis par l'ouverture de la sphère S et arrivent à la surface d'une petite sphère de zinc E ; S et E constituent le condensateur sphérique ; entre ces deux surfaces s'établit une différence de potentiel V_2. Dans ce cas -

$$(38,\,a)\qquad e V_2 = \frac{1}{2}\, mv^2,$$

comme l'indique la théorie. Sans entrer dans plus de détails, bornons-nous à indiquer les résultats obtenus par Loukinsky. Ils se rapportent au rayon K *du carbone*. au rayon L *de l'aluminium* et au rayon M *du zinc*. Pour ces

Fig. 3o

rayons on a trouvé les longueurs d'onde suivantes

$$\text{C,}\quad \text{rayon K,}\quad \lambda = 48{,}9\ \text{Å}$$
$$\text{Al,}\quad \text{» L,}\quad \lambda = 154\ \text{»}$$
$$\text{Zn,}\quad \text{» M,}\quad \lambda = 112\ \text{»}$$

Parmi les divers travaux relatifs au domaine des rayons X mous, citons les intéressantes recherches de M.-F. Holweck (1920-1923). Ce savant plaçait une lame mince de *celluloïde*, composée principalement de carbone, sur le chemin des rayons entre le tube producteur de rayons X et une chambre d'ionisation ou, dans certains cas, d'un électroscope ; pour les rayons cathodiques le celluloïde n'est pas transparent. L'auteur étudia l'absorption des rayons X par les *gaz* et, d'après la variation de la loi d'absorption, il put juger de la présence de rayons d'une longueur d'onde déterminée. Il trouva que sous une tension de 276 volts le celluloïde émet des rayons K, qu'il attribua au carbone. Il a aussi étudié N, O et H ; il a trouvé que jusqu'à $\lambda = 123$ Å l'absorption suit la loi d'absorption des rayons X. La limite d'absorption des rayons L de l'aluminium est $\lambda = 194$ Å. L'auteur put aller jusqu'aux rayons $\lambda = 493$ Å.

G. REBOUL a trouvé que les mauvais conducteurs, par exemple le papier, à travers lesquels passe un courant électrique émettent des rayons appartenant à la région du spectre comprise entre les rayons X et les rayons ultraviolets. Il détermina leur absorption par diverses substances. Comparant ses résultats avec ceux qu'a obtenus HOLWECK, il trouva pour la longueur d'onde $\lambda = 50$ Å. Les expériences sur le celluloïde démontrent la présence de rayons $\lambda = 350$ Å.

Les savants dont les travaux ont été examinés dans ce paragraphe se sont efforcés de combler l'intervalle de 6 octaves entre les rayons X et les rayons ultra-violets en partant du côté des premiers, c'est à-dire d'obtenir des rayons X de grande longueur d'onde. Mais la pénétration graduelle dans cet intervalle se fit aussi du côté des rayons ultra-violets, dont la limite se trouvait vers $\lambda = 1\,000$ Å (rayons de SHUHMANN T., II). Actuellement, grâce aux travaux de LYMAN et de MILLIKAN, elle est reculée à $\lambda = 136$ Å, c'est-à-dire de près de trois octaves, de sorte que les régions des rayons X et des rayons ultra-violets se recouvrent l'une l'autre sur une certaine étendue (voir chap. VIII). A ce riche matériel constitué par les résultats de tous ces travaux il convient d'ajouter tout ce qu'ont donné les mesures des potentiels d'ionisation des gaz et des vapeurs ; les recherches sur ce sujet seront examinées dans le chapitre IX. Aujourd'hui (1924), le problème qui s'impose aux savants, c'est de réaliser la synthèse générale de tout ce que nous savons sur les spectres émis par les éléments, de l'hydrogène à l'uranium, et dont nous avons parlé au commencement de ce paragraphe. C'est d'abord W. KOSSEL (1920), puis J. C. Mc LENNAN, qui ont les premiers tenté une telle synthèse. Ce dernier a prolongé les lignes qui expriment pour les rayons X la relation des grandeurs $\sqrt{\dfrac{\nu}{R}}$ et des numéros d'ordre Z des éléments (voir les fig. 21 et 22) dans le domaine des rayons visibles. SOMMERFELP (A. u. S., 4ᵉ éd., fig. 115, p. 572) a modifié quelque peu et complété le graphique de Mc. LENNAN.

Nous ne donnons pas ce graphique, car on ne peut le considérer comme terminé, et tous les détails n'en sont pas éclaircis. Sur la question de la synthèse mentionnée de toutes les parties du spectre il a paru dans ces derniers temps une série d'articles de R. A. MILLIKAN.

10. Les rayons X et les cristaux. — En 1912 par la découverte de la diffraction des rayons X dans les cristaux, M. LAUE a donné la possibilité d'expliquer la véritable nature des ces rayons, comme cas particulier de l'énergie rayonnante. Sur le terrain de cette découverte ont poussé deux sciences étendues, dont la première se rapporte aux rayons X ; nous lui avons consacré tout ce chapitre. Mais une seconde science prit aussi naissance, indiquant *une action réciproque inattendue entre les rayons X et les cristaux.* Les cristaux nous ont découvert la nature des rayons X, nous ont fourni la possibilité de mesurer leurs longueurs d'onde et de créer leur systématique. Mais les rayons X ne restent pas en dette : *ils nous ont découuert la structure interne des cristaux,* ils ont résolu complètement la question de la disposition des molécules et des atomes dans les cristaux, et grâce à eux nous sommes arrivés à des résultats absolument nouveaux et inattendus. Une nouvelle science est née, celle de la structure des substances cristallines ; elle a déjà une riche littérature, et on lui consacre des livres ayant le caractère de traités classiques. Mais dans ces dernières années le domaine de cette science s'est encore étendu, et l'on peut espérer que les rayons X projetteront aussi de la lumière sur la structure des liquides et d'autres substances amorphes. Cette seconde science a grandi sur la base d'une nouvelle représentation de la façon dont se produisent les *figures de* Laue, c'est-à-dire les systèmes symétrique de taches et de points que l'on obtient sur la plaque photographique quand sur elle tombent les rayons X qui ont été soumis à l'action du cristal. Cette nouvelle représentation a été exprimée par deux savants anglais, W. H. Bragg et W. L Bragg (le père et le fils) et par un russe, G. V. Voulf (à Moscou) ; à eux appartient le grand honneur d'avoir ouvert une voie nouvelle pour l'étude de la structure de la matière.

Nous sommes obligé de laisser toute cette seconde science de côté, car, par son caractère, elle ne rentre pas dans le cadre de ce livre. Il est indubitable que les principes de sa déduction ont une grande importance aussi pour la physique ; mais il convient que nous nous bornions à quelques indications. L'étude de cette science, qui constitue aujourd'hui une branche de la *cristallographie*, exige la connaissance fondamentale de cette dernière, de sa systématique, de sa nomenclature et de ses lois. Dans ce paragraphe nous examinerons la méthode de détermination de la longueur d'onde des rayons X qui est basée sur l'idée exprimée pour la première fois par les Bragg, père et fils, et par G. V. Voulf, et nous verrons aussi une série de modifications de cette méthode.

On sait que la cristallographie attribue depuis longtemps aux cristaux la structure d'un réseau dans l'espace, *aux angles duquel seraient disposées les molécules de la matière*. Un tel réseau résulte de trois systèmes de plans qui se coupent mutuellement, les plans de chaque système étant parallèles entre eux et à des distances égales l'un de l'autre, mais, dans le cas général, inégales dans les trois systèmes de plans. Les points où se coupent trois plans appartenant à trois systèmes différents sont les nœuds du réseau où, comme on le supposait, sont disposées les molécules. Le cas le plus simple est celui où les trois systèmes de plans sont perpendiculaires entre eux et où dans les trois systèmes les distances des plans l'un à l'autre sont les mêmes. Dans ce cas on a un *réseau cubique*, ce qui correspond au *système régulier* (cube, octaèdre, etc.). Dans ce qui suit nous supposerons que nous avons affaire à ce système cubique, c'est-à-dire à un cristal du système régulier.

Dans tout réseau dans l'espace on peut mener des plans spécialement riches en nœuds. Prenons un réseau cubique dans lequel tous les plans de tous les trois systèmes perpendiculaires entre eux jouent des rôles parfaitement identiques. Prenons l'un d'eux comme plan de la figure (fig. 31) ; nous marquerons les nœuds par des points. Ils divisent le plan en carrés qui sont les côtés de cubes aux sommets desquels se trouvent les nœuds du réseau dans l'espace. Deux plans X et Y et le plan de la figure appartenant aux trois systèmes de plans se rencontrent au nœud O. Ces trois plans sont ceux où les nœuds sont le plus rapprochés. De plus les plans $(1,1)$, $(2,1)$, $(3,1)$, $(4,1)$, qui sont visiblement diversement inclinés sur le plan de la figure, sont dans l'ordre décroissant pour la densité de la distribution des

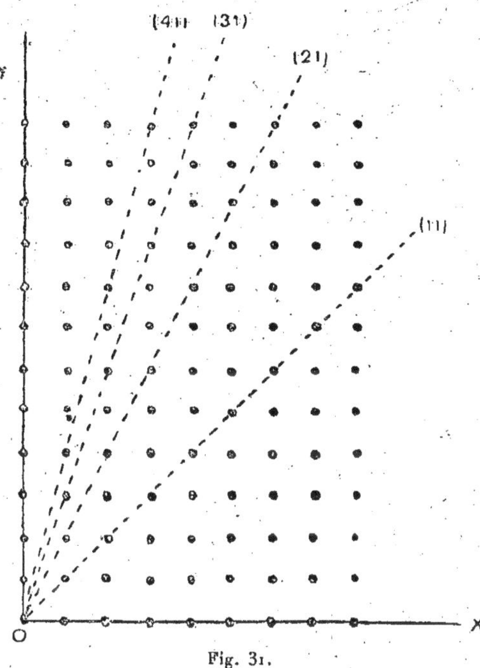

Fig. 31.

nœuds. Chacun des plans considérés peut être une limite naturelle du cristal. De plus, il est clair que *chacun d'eux apparaît comme le représentant d'un système de plans parallèles où les nœuds sont également répartis.* La signification des symboles $(1,1)$, $(2,1)$, etc., se comprend d'après le dessin ; X est le plan $(0,1)$ et γ, le plan $(1,0)$.

Maintenant nous pouvons expliquer la pensée fondamental de G. V. VOULF et des BRAGG ; d'ailleurs BRAGG père écrit que cette pensée appartient à son fils ; tout le travail ultérieur a été effectué en collaboration avec lui. LAUE et ses auxiliaires FRIEDRICH et KNIPPING plaçaient la lame cristalline perpendiculairement aux rayons X et obtenaient des images de diffraction ou des « diagrammes », comme on prend l'habitude de les désigner, sur la lame photographique disposée après le cristal. De plus, nous avons vu que la formation du diagramme s'explique par ce que les particules existant aux nœuds du réseau dans l'espace deviennent, sous l'action des rayons X qui les rencontrent, des centres d'émission de semblables rayons. Ces rayons interfèrent entre eux et donnent l'image de diffraction qui est représentée par le diagramme. Rappelons que chaque tache du diagramme est formée par des rayons d'une longueur d'onde déterminée. Ce qui est représenté dans un plan sur la fig. 31 peut facilement être généralisé pour un réseau dans l'espace. Les plans où les nœuds régulièrement disposés sont le plus rapprochés peuvent être appelés plans réticulaires.

Dans la fig. 32 les points indiquent les nœuds d'un réseau dans l'espace ; AOP est la direction du rayon incident, OQ la direction du rayon diffracté sortant du cristal et donnant un tache sur la plaque photographique. Il est facile de démontrer le théorème suivant, qui est très important. *Le plan MM, perpendiculaire au plan AOQ et divisant en deux parties égales l'angle compris entre OP et OQ est un plan réticulaire ;* il peut être une des faces naturelles du cristal. Il suit de là que *la formation du rayon diffracté OQ peut être considérée comme le résultat de la réflexion sur le plan réticulaire MM.* Mais nous n'avons affaire ici qu'à une simple analogie géométrique ; en réalité, la différence entre cette réflexion et la réflexion ordinaire est très grande.

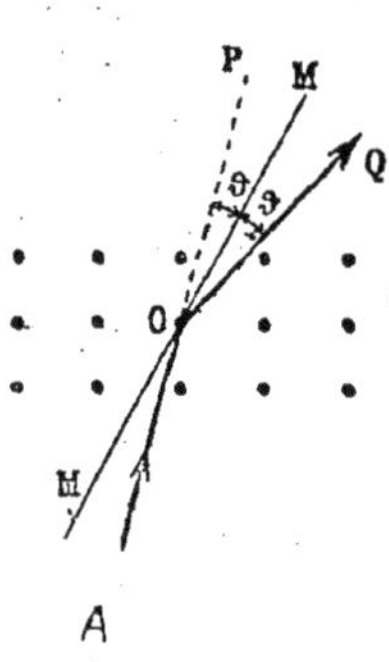

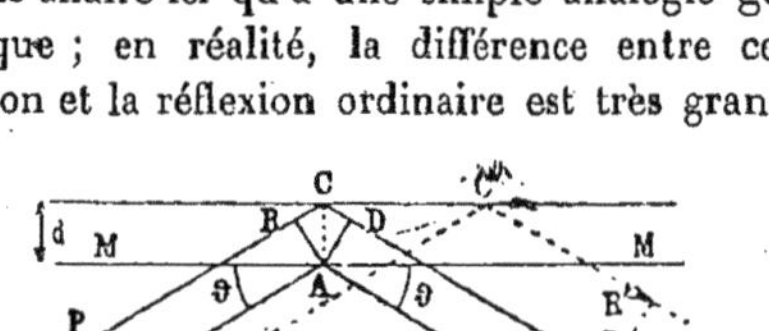

Fig. 32.   Fig. 33.

Premièrement, la réflexion se fait non sur un plan, mais sur un grand nombre de plans réticulaires semblables parallèles entre eux, auxquels arrivent les rayons X incidents. Secondement, pour une direction donnée des rayons incidents (AO) dans un système donné de plans réticulaires, ne peuvent se réfléchir que les rayons *d'une longueur d'onde λ complètement déterminée* λ. Si, suivant le procédé de LAUE, passent à travers le cristal des rayons X « blancs » donnant un spectre continu, quelques rayons seulement de divers λ se réfléchissent, et cela sur des systèmes de plans réticulaires différemment disposés et sûrement dans des directions différentes. Tous les autres rayons du spectre blanc traversent le cristal sans changer leur direction. Si à travers le cristal on fait passer les rayons caractéristiques, par exemple, de la matière de l'anticathode, la méthode de LAUE ne peut les mettre en évidence, si ce n'est exceptionnellement, grâce à la présence d'un plan réticulaire convenablement placé.

Etablissons la formule de la méthode de BRAGG et de VOULF que l'on emploie constamment dans la pratique de la spectroscopie des rayons X. Soit (fig. 33) MM le plan réticulaire du cristal sur lequel tombe le rayon OA ; *l'angle ϑ du rayon et du plan* MM (non du rayon et de la normale à ce plan) sera appelé par nous *l'angle d'incidence.* Le plan le plus proche de MM et appartenant au même système de plans réticulaires parallèles entre eux se trouve à une certaine distance de MM, distance que nous désignerons par d. Supposons que A et C soient des points nodaux, d'où partent des rayons AQ et CR faisant des angles de réflexion ϑ avec les deux plans considérés. Pour déterminer la différence de marche des deux rayons OAQ, PCR, abaissons de A deux perpendiculaire AB et AD sur les rayons PC et CR. La différence de marche cherchée est égale à $BC + CD = 2d \sin \vartheta$, car $BC = CD = d \sin \vartheta$.

On peut considérer les deux rayons AQ et CR comme se rencontrant sur la surface de la plaque photographique ou à l'intérieur de la chambre d'ionisation, très loin (comparativement à la distance d) du cristal. Pour que les deux rayons AQ et CR en interférant puissent donner le maximum d'énergie, il faut que leur différence de marche soit égale à un *nombre entier* N de longueurs d'onde λ des rayons incidents. Ainsi nous obtenons l'équation célèbre :

$$(39) \qquad 2d \sin \vartheta = n\lambda.$$

Ici d est une grandeur donnée dépendant du cristal employé et du système de plans réticulaires que nous utilisons, par exemple de la face du cristal sur laquelle nous envoyons les rayons sous l'angle d'incidence ϑ. Le point important, c'est que *dans le procédé de* Bragg *les rayons* X *étudiés ne traversent pas la lame cristalline comme dans le procédé de* Laue, *mais se réfléchissent à la surface de cette lame.* La formule (39) montre que pour les rayons de longueur d'onde λ il existe deux séries d'angles d'incidence ϑ pour lesquels le rayon OQ (fig. 33) subsiste, c'est-à-dire qu'il y a réflexion. Ces angles sont déterminés par la formule (39) si nous y faisons $n = 1, 2, 3$, etc. ; les désignant par $\vartheta_1, \vartheta_2, \vartheta_3$, nous avons :

$$(39,\, a) \qquad 2d \sin \vartheta_1 = \lambda ; \quad 2d \sin \vartheta_2 = 2\lambda, \quad 2d \sin \vartheta_3 = 3\lambda, \text{ etc.}$$

Ainsi un rayon de longueur d'onde donnée λ peut donner une série de *réflexions diffractionnelles* pour des angles d'incidence parfaitement déterminés ϑ_1, ϑ_2, etc. Dans ce cas on parle de *réflexion du premier ordre, du second ordre*, etc., ou *d'observation dans le premier ordre, le second ordre*, etc. ; plus l'ordre est élevé, plus grand est l'angle d'incidence ϑ. Nous parlons ici de « réflexion » des rayons, car les lois de la réflexion ordinaire s'appliquent ; mais, comme nous l'avons déjà dit, il existe au fond une énorme différence entre la réflexion diffractionnelle et la réflexion ordinaire. Avant tout, il est évident que pour un angle d'incidence donné ϑ ne peuvent se réfléchir que des rayons de longueurs d'onde déterminées, savoir, en faisant dans (39) successivement $n = 1, 2, 3$, etc., les rayons des longueurs d'onde

$$(39,\, b) \qquad \lambda = 2d \sin \varphi, \ \frac{\lambda}{2}, \ \frac{\lambda}{3}, \ \frac{\lambda}{4}, \ \cdots$$

De plus, la réflexion a lieu non sur un seul plan, mais sur *un système d'un grand nombre de plans réticulaires parallèles entre eux*. En réalité on n'a représenté sur la figure 33 que deux plans réticulaires ; mais il est clair que s'ils donnent des rayons dont la différence de marche est égale à un nombre entier de longueurs d'onde, la même chose aura lieu dans tout le système des plans réticulaires. Enfin, chose importante, *tous les nœuds d'un plan réticulaire donné jouent absolument le même rôle.* Dans la figure 33 nous avons pris les points A et C tels que AC soit perpendiculaire aux deux plans réticulaires ; mais le résultat serait le même si nous avions pris les points A et C', car entre les rayons PCR et P'C'R' il n'existe aucune différence de marche. Il n'est pas moins important de remarquer que *la distribution des nœuds dans les plans réticulaires,* par exemple *leur distance réciproque, ne joue aucun rôle.* Tous les nœuds de tout le système de plans réticulaires parallèles et équidistants participent également à la formation du rayon réfléchi. Dans la figure 33, les points A et C ou A et C' pourraient ne pas être dans un même plan d'incidence.

Pour employer la formule (39) il faut connaître d, c'est-à-dire la distance entre les plans voisins du système de plans réticulaires. Cette distance dépend du *cristal choisi* et aussi de celui des systèmes de plans réticulaires du cristal que nous avons utilisé. Sur la figure 31 sont indiquées les directions des plans de divers systèmes pour le cas d'un simple réseau cubique : les plans X (ou Y), $(1,1)$, $(2,1)$, $(3,1)$, $(4,1)$. *Pour un cas particulier quelconque d doit être trouvé par le calcul.* Comme tel prenons le cas du *sel gemme* (NaCl), dans lequel les plans réticulaires sont parallèles aux faces du cube (plans X et Y de la figure 31). Pour effectuer le calcul de d, nous devons nous rappeler un important et intéressant résultat de l'étude de la structure des cristaux au moyen des rayons X. Il fut découvert par MM. Bragg, et il consiste en ce qui suit. Nous avons dit que l'ancienne théorie de la structure des cristaux supposait qu'aux nœuds du réseau dans l'espace sont disposées les *molécules* de la matière dont est formé le cristal. Il s'est trouvé qu'*aux nœuds ne sont pas disposées les molécules entières mais bien leurs parties constituantes, c'est-à-dire les atomes individuels ou des groupes déterminés d'atomes.* Mais ceci n'a lieu que dans un petit nombre de cas les plus simples. Ordinairement les atomes seuls ou des groupes d'atomes sont disposés aux nœuds du réseau fondamental, et d'autres, en des points déterminés des faces, des arêtes ou à l'intérieur des cellules en lesquelles le réseau divise l'espace. Cette découverte inattendue montre que dans l'état cristallin il est impossible de parler de molécules individuelles. *Le cristal entier se présente comme une énorme molécule.* Pour le sel gemme on a observé qu'aux sommets du réseau cubique se trouvent non les molécules NaCl, mais les atomes séparés Na et Cl, alternant ensemble. Aux sommets du cube d^3 sont disposés 4 atomes de Na et 4 atomes de Cl, et aux deux extrémités de chacune des 12 arêtes sont des atomes de noms différents. La distance la plus petite (sur une même arête) de deux atomes de même nom est $a = 2d$. Dans la figure 34 nous avons une répétition de la figure 31 : on a représenté un plan réticulaire du sel gemme dans lequel les atomes Na et Cl sont indiqués respectivement par des cercles noirs et des cercles blancs. On voit déjà ici que les plans réticulaires ne sont pas identiques sous le rapport de la disposition des atomes qu'ils contiennent ; il faut distinguer des plans de deux espèces. Dans les séries X, $(2,1)$, $(4,1)$ les atomes Na et Cl alternent ; dans les séries $(1,1,)$ $(3,1)$ on ne trouve que des atomes de même nom.

Calculons d pour le sel gemme. Si on imagine chacun des atomes Na et Cl au centre du cube d^3, ces cubes remplissent tout l'espace. Il suit de là que dans le volume $2d^3$ il y a une masse $23,00 + 35,46$ (poids atomiques de Na et de Cl), c'est-à-dire $58,46$, en prenant comme unité de masse l'atome

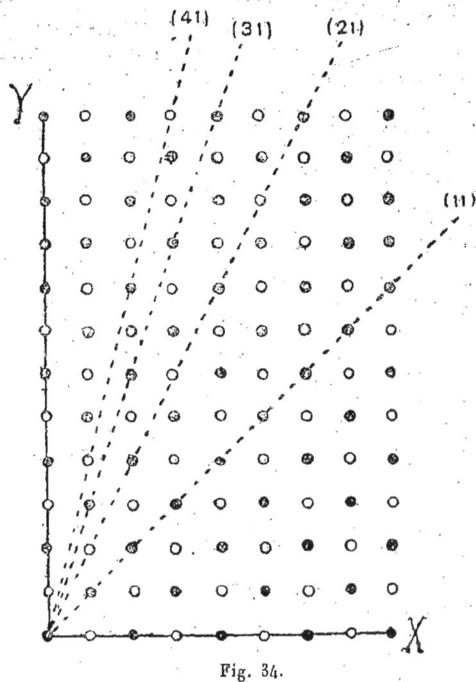

Fig. 34.

d'hydrogène. La molécule-gramme de sel, c'est-à-dire $58,46$ grammes, contient $L = 6,06.10^{23}$ (nombre d'AVOGADRO) molécules (Na + Cl), occupant un volume $2d^3L$; de là la densité du sel gemme

$$\delta = \frac{58,46}{2d^3L}.$$

Pour ce sel $\delta = 2,164$; remplaçant δ et L par leurs valeurs numériques nous trouvons *pour le sel gemme*

$$d = \sqrt[3]{\frac{58,46}{2 \times 2,164 \times 6,06 \times 10^{23}}} \text{ cm.}$$

ou

(40) $\qquad d = 2,814 . 10^{-8} \text{ cm.} = 2,814 \text{ Å.}$

C'est ce nombre qu'a employé MOSELEY. Aujourd'hui il est généraleme nt adopté ; SIEGBAHN et ses collaborateurs écrivent

(40, a) $\qquad d = 2,81400 . 10^{-8} \text{ cm.} = 2,81400 \text{ Å}$

voulant exprimer par là à quel nombre il convient de s'arrêter définitivement, ne le soumettant désormais à aucun changement, comme l'avait le
premier proposé E. Wagner (1916) dans un mémoire consacré à la précision
des mesures des longueurs d'onde λ des rayons X Une précision absolue de
la grandeur d n'est pas particulièrement importante ; ce qui l'est plus, c'est
que les nombreuses mesures déjà effectuées pour ces longueurs d'onde λ et
celles que l'on effectuera dans l'avenir soient comparables entre elles, c'est-
à-dire que ces λ soient toujours exprimés en les mêmes unités de longueur.
Rigoureusement parlant, par la formule (40,a) est donnée la détermination
d'un *angstrom particulier pour rayon X*, qui peut différer de l'*angstrom spec-
troscopique ordinaire*, dont la longueur a été déterminée par *la longueur
d'onde de la raie rouge du cadmium* (T. II). Sur la relation des deux angstroms, « d'après Cd » et « d'après NaCl » il est difficile de se prononcer.
Sommerfeld (A. u. S., 4ᵉ éd., p. 243) pense que le nombre d'Avogadro est
connu avec une précision de $1\,{}^0/_0$, et cela conduit à ce résultat, que les deux
angstroms peuvent différer de $\frac{1}{3}\,{}^0/_0$. Mais Millikan donne le nombre
$6,062 \pm 0,006$, ce qui signifie une oscillation de $0,1\,{}^0/_0$ et donne pour les
deux angstroms une différence possible de $\frac{1}{30}\,{}^0/_0$.

Ayant admis le nombre (40,a), on peut déterminer d pour *un autre cristal*,
en mesurant la longueur d'onde λ d'un rayon X quelconque, déterminée à
l'aide du sel gemme, au moyen d'un autre cristal choisi. Alors la formule (39), dans laquelle λ est maintenant connu, nous donne la valeur
cherchée de d. Vu l'importance de la formule (39), il convient de déterminer
son degré de précision. On peut l'écrire sous la forme

$$(41) \qquad\qquad \frac{\lambda}{2d} = \frac{\sin \varphi_n}{n},$$

où φ_n est l'angle de réflexion diffractionnelle du n^e ordre ; il est clair que le
second membre doit être constant, c'est-à-dire ne dépend pas de n.
C. G. Darwin (1914) a montré le premier que la formule (41) ne peut être
parfaitement exacte. Les premières recherches expérimentales de W. Stenström
(1919) ont indiqué de petits écarts de la formule qui ont ensuite été étudiés
avec précision par E. Hjalmar (1920), qui réussit (pour un des rayons L du
tungstène) à aller jusqu'à $n = 10$. Il s'est trouvé que pour les rayons des
métaux Tu, Cu, Fe, Va, Sc, Sn et K, le premier membre de l'équation (41)
diminue à mesure que l'ordre n augmente. Cette diminution est d'abord
rapide, puis elle se ralentit. Mais elle n'est pas grande en général ; ainsi,
pour le tungstène le logarithme du second membre de (41) est égal à
$\bar{8}\,9269523$ pour $n = 1$, ensuite $\bar{8},9262986$ pour $n = 2$, et $\bar{8},9259594$ pour
$n = 10$. P.P. Ewald (1920) a développé la théorie de la réflexion diffractionnelle en partant de la représentation classique des points vibrants ou
des dipôles qui émettent des rayons ; en cela il prit en considération l'action
réciproque des dipôles. Il a obtenu la formule

$$(41, a) \qquad\qquad \log \frac{\lambda}{2d} = \log \frac{\sin \varphi_n}{n} - \frac{A}{n^2}.$$

Pour $A = 0$ on obtient l'équation (41) ; la théorie montre que A est une très faible grandeur, et la correction n'est sensible que pour des mesures très précises.

La formule (39) montre *entre quelles limites de longueurs d'onde* λ *on peut employer la méthode de la réflexion sur des cristaux* Pour des λ *très petits* on obtient pour $n = 1$ un angle φ très petit qu'il est difficile de mesurer exactement. Le remplacement d'un cristal par un autre ne joue aucun rôle essentiel, car les grandeurs de d pour les divers cristaux ne diffèrent pas beaucoup les unes des autres. Le plus petit $\alpha = 2d$ à été trouvé chez le diamant, où il est $a = 3,55 . 10^{-8}$, tandis que pour le sel gemme il est $a = 5,63 . 10^{-8}$. On peut passer aux réflexions d'un ordre plus élevé ($n = 2,3$ etc), mais alors l'intensité des rayons diminue considérablement. Bragg trouve que les intensités des rayons réfléchis des cinq premiers ordres ($n = 1, 2, 3, 4, 5$) sont entre elles comme $100 : 20 : 7 : 3 : 1$. La même chose a lieu quand on passe à d'autres systèmes de plans réticulaires (voir les fig. 31 et 34). Pour de *grandes* valeurs de λ l'équation (39) exige pour $n = 1$ que nous ayons $2d > \lambda$. Pour le sel gemme $2d = 5,63$ Å, c'est pourquoi on ne peut l'employer que jusqu'à $\lambda = 5$ Å. Pour $\lambda > 5$ Å on peut utiliser le *gypse*, pour lequel $d = 7,621$ Å, de sorte qu'on peut aller jusqu'à $\lambda = 15$ Å. En général on peut dire que par le procédé de la réfraction diffractionnelle sur des cristaux on peut mesurer des longueurs d'onde depuis $0,1$ Å jusqu'à 15 Å. Siegbahn donne le tableau suivant des grandeurs de d pour divers cristaux qu'il arrive d'employer le plus souvent dans ce procédé (en angstroms),

	NaCl	Feldspath	Quartz	Gypse	Sucre	Mica	Carborundum
$d =$	2,81400	3,02904	4,247	7,578	10,57	10,1	2,49.

Quelquefois on a employé aussi le ferrocyanure de potassium $K^4Fe\,(CN)^6$, pour lequel Moseley a trouvé $d = 8,454$ Å, et Siegbahn $d = 8,408$ Å.

11. Mesure des longueurs d'onde des rayons X. — Le principe des méthodes aujourd'hui employées pour mesurer les longueurs d'onde se comprend d'après le paragraphe précédent ; il se résume dans l'emploi de la formule (39).

$$(42) \qquad\qquad 2d \sin \vartheta = n\lambda.$$

Nous avons indiqué la raison pour laquelle on emploie, autant que possible, la réflexion diffractionnelle du premier ordre ($n = 1$). Il existe quelques méthodes d'utilisation pratique de la formule (42), mais leur principe est le même. Les rayons X étudiés, ordinairement horizontaux, tombent sur une lamelle disposée verticalement ; les rayons « réfléchis » pénétrent dans une chambre d'ionisation ou bien viennent frapper une lame photographique, que nous appellerons « film ». Les Bragg ont employé la chambre d'ionisation ; aujourd'hui on emploie presque exclusivement la méthode photographique. Comme d est connu, la chose se ramène à la détermination de l'angle ϑ de réflexion diffractionnelle ; il est clair qu'il faut faire usage d'appareils goniométriques. S'il y a lieu de *tourner le cristal*, il est nécessaire que l'axe de rotation soit dans le plan de réflexion du cristal. Pour des rayons très durs, c'est-à-dire de faible longueur d'onde λ, on éprouve quelques difficultés à déterminer le plan qu'il faut prendre comme plan de réflexion. Nous avons vu que les rayons réfléchis diffractionnellement arrivent à tous les nœuds du système de plans réticulaires parallèles, c'est-à-dire à une certaine couche du cristal. Il est indubitable que cette couche est très mince, mais pour de très faibles λ cette circonstance peut jouer un rôle marqué. Le plan superficiel du cristal ne joue pas le rôle essentiel, et la réflexion diffractionnelle peut se faire très régulièrement même quand la surface du cristal n'est pas unie. Examinons les différentes variétés de la méthode indiquée de mesure des longueurs d'onde.

I. *Méthode de* Bragg (W. H. Bragg *et* W. L. Bragg). — La source des rayons X est immobile. Le cristal est placé sur une tablette tournante ; la

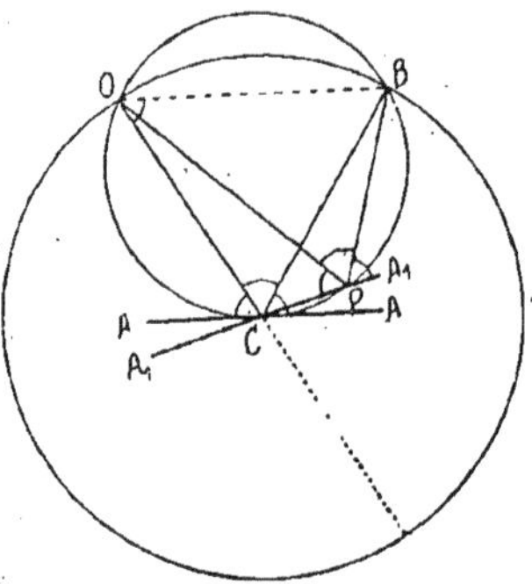

Fig. 35.

chambre d'ionisation contient ordinairement SO^2, ou, pour des rayons très durs, du bromure de méthyle. La chambre tourne autour du même axe que le cristal. Un procédé intéressant est celui de la « focusation » des rayons, introduit par Bragg et que l'on comprend facilement d'après la fig. 35, empruntée à Siegbahn. Soit O la fente d'où partent quelques rayons divergents ; AA le cristal qui tourne autour d'un axe passant par le point C. Si l'on décrit une circonférence de rayon CO, un point quelconque B de cette circonférence peut être en quelque sorte le foyer où se concentrent tous les rayons issus de O, indépendamment de la position du cristal. Effectivement, admettons que dans la position AA le cristal donne le rayon réfléchi CB. Si l'on tourne le cristal et qu'on lui donne la position $A_1 A_{1'}$, il se trouve un rayon OP qui se réfléchit aussi vers le point B. Pour le prouver on peut mener une circonférence par les points O, C et B ; alors le point P sera le point d'intersection de cette circonférence et de la face réfléchissante du cristal.

II. *Méthode du cristal tournant.* — Moseley (1913) avait déjà remplacé la chambre d'ionisation par un film. Pour le dispositif dont la fig. 35 peut être le schéma, nous devons nous représenter le film comme placé sur la surface d'un cylindre dont la section transversale est un cercle de rayon CO. Il ne faut pas perdre de vue que, dans la fig. 35, l'angle COP est en réalité très petit, et les distances CO et CB sont très grandes par rapport aux dimensions du cristal, par exemple, avec la distance CP. BRAGG a employé la méthode du cristal tournant, et de BROGLIE a appliqué la méthode photographique. La fig. 36 montre le dispositif pour cette méthode, En K est la cathode et en A l'anticathode du tube à rayons X ; les rayons passent par les fentes S_1 et S_2 de la boite de plomb et tombent sur le cristal Kr disposé sur la tablette T, qui tourne lentement d'un certain angle, alternavement dans un sens et dans l'autre. Les rayons vont former foyer (fig. 36) sur le film FF, ou bien, dans le cas d'angles de rotation très petits, sur le film plan P'P'. Au point P_1 se rassemblent tous les rayons qui ont traversé le cristal. On comprend que *par ce proeédé on puisse obtenir la photographie du spectre entier avec toutes ses lignes.*

III. *La Méthode du cristal courbé* représente une modification de la précédente ; les premiers qui l'ont employée sont de BROGLIE, LINDEMANN et ROHMANN. Elle consiste en ce que l'on prend une lame mince de mica recourbée en cylindre. La figure 37 explique la chose schématiquement : A anticathode ; G, lame de mica recourbée ; P, plaque photographique. En chaque point de la surface de la lame G tombent des rayons de toutes les longueurs d'onde partant de l'anticathode ; mais, dans tous les cas, il ne se réfléchit que le rayon dont la longueur d'onde satisfait à l'équation (42) ; λ_1 et λ_2 sur la fig. 37 sont des points sur lesquels tombent des rayons de longueurs λ_1 et λ_2, où évidemment $\lambda_2 > \lambda_1$. De cette façon on obtient sur P une représentation de tout le spectre.

Nous ne nous arrêterons pas à la méthode de H. SEEMANN (méthode du coin) ni sur d'autres méthodes dans lesquelles une fente est placée sur le trajet des rayons apprès leur réflexion sur le cristal. Cette dernière méthode a été employée par E. RUTHERFORD et N. ANDRADE (1914) pour la détermination de la longueur d'onde des rayons γ (§ 4).

IV. *Méthode de* P. DEBYE *et* P. SCHERRER *et de* A. W. HULL. — Cette méthode importante est devenue d'un emploi étendu en raison des avantages prééminents qu'elle présente ; elle a déjà donné de très intéressants résultats. Elle a été proposée en même temps (1916) par P. DEBYE et P. SCHERRER en Allemagne, et par A. W. HULL en Amérique. Elle consiste en ce que la substance à étudier est prise sous forme de poudre très fine dont on fait par pression une mince tige cylindrique. Les cristaux y sont disposés sans aucun ordre, et les rayons qui traversent cette tige se réfléchissent sur tous les plans réticulaires dirigés par hasard sous l'angle convenable pour réfléchir un rayon donné. Le cylindre est entouré d'une pellicule photographique recourbée en cylindre.

La fig. 38 donne la représentation qu'on a obtenue sur la pellicule
photographique avec un cylindre formé d'une poudre très fine de LiF ;
comme anticathode on a employé le cuivre, qui émet principalement les
rayons α et β (suivant la désignation de Sommerfeld) du groupe K. La

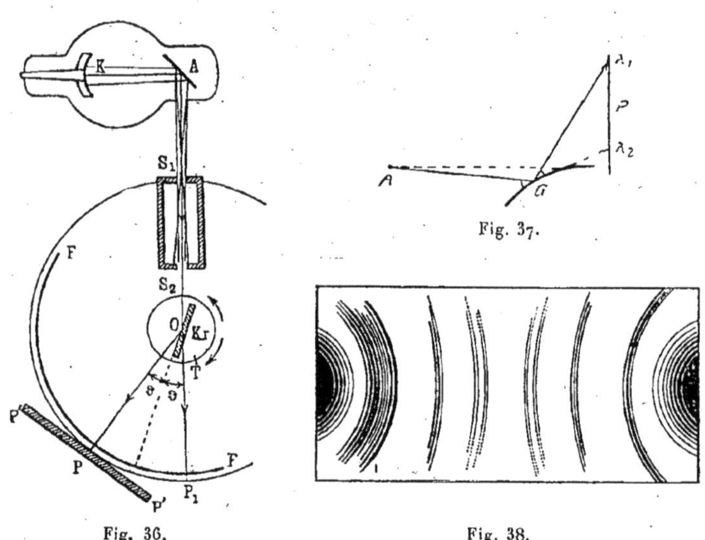

Fig. 37.

Fig. 36.

Fig. 38.

fig. 38 reproduit l'image photographique obtenue. Les taches noires
sont produites par des rayons qui ont traversé le cylindre sans réflexion, ou
bien ont été réfléchis suivant la normale ($\vartheta = 90^\circ$). Tous les rayons d'une
même longueur d'onde sont réfléchis par des plans réticulaires formant le
même angle avec la direction des rayons primaires. Les rayons réfléchis
forment un cône divergent, par suite de quoi on obtient sur la photographie
des lignes de courbure uniforme. Dans la partie moyenne de la figure on a
des lignes droites données par les rayons déviés de 90° : pour eux le cône
est transformé en un plan. Les lignes sombres correspondent au rayon Kα ;
les lignes plus faibles, au rayon Kβ. Chacun des deux rayons fournit quelques
lignes, car la réflexion diffractionnelle peut se faire sur les divers systèmes
de plans réticulaires qui se trouvent dans les cristaux de LiF (plans du
cube, de l'octoèdre, du dodécaèdre) et aussi suivant les divers ordres de
réflexion, du premier au quatrième.

Ce procédé, qui a été perfectionné par H. Bohlin (1920), est peu
approprié à l'étude des rayons X, à la mesure de leurs longueurs d'onde ; il
sert exclusivement à l'étude de la structure des substances cristallines. Il a
donné aussi d'intéressants résultats pour les substances amorphes et même
pour les liquides. Nous n'entrerons pas dans plus de détails sur cette question,
qui ne correspond pas au contenu général de ce chapitre. C'est à cette question
qu'est consacré le livre de P. P. Ewald (voir la bibliographie, à § 1).

Nous laissons aussi de côté la description des *appareils actuels* servant à l'étude des spectres de rayons X à l'aide de cristaux ou à l'étude de la structure interne de substances cristallines et autres au moyen des rayons X. On trouvera la description de tous ces appareils dans le livre de M. Siegbahn, « Spektroskopie der Röntgenstrahlen », Berlin, 1924, p. 49-75. Sont particulièrement importants les *spectrographes sous vide*, dans lesquels les rayons, de l'anticathode à la lamelle photographique, ne traversent aucun verre ni aucun gaz. La raison en est que déjà pour $\lambda > 1$ Å l'absorption par le verre devient très sensible, et pour $\lambda > 3$ Å il y a aussi absorption par l'air. Les rayons K d'une partie des éléments, les rayons L de la plus grande partie des éléments, et tous les rayons M et N ont des longueurs d'onde qui sortent des limites que nous venons d'indiquer. Déjà Moseley (1913) avait utilisé un spectrographe dans le vide. Ensuite Siegbahn tout particulièrement construisit toute une série de ces appareils, et de même quelques autres savants, par exemple Karcher, Compton, de Broglie, etc.

Conclusion. Dans ce chapitre VI nous nous sommes borné à exposer surtout ces récentes conquêtes dans la théorie des rayons X qui se relient plus ou moins à la question de la structure de l'atome et qui ne se présentent pas comme le simple développement des parties de cette théorie qui existaient déjà avant 1914. Nous avons négligé beaucoup de questions très intéressantes, mais qui ne présentent pas le caractère de *pleine nouveauté* comme celles qui forment l'objet de ce chapitre. Ainsi nous avons remis à une nouvelle édition du T. V, entre autres, les questions suivantes : nouveaux tubes à rayons X, absorption et diffusion des rayons X, réfraction et réflexion totale intérieure de ces rayons, et, avant tout, l'emploi des rayons X pour l'étude de la structure de la matière. La question très importante et tout à fait nouvelle de l'ionisation des gaz par les chocs électriques et sa relation avec la question des spectres de rayons X des éléments légers seront examinées plus loin.

BIBLIOGRAPHIE

1

R. Pohl. — *Die Physik der Röntgenstrahlen*, Braunschweig, 1922.

W-H. Bragg et W-L. Bragg. — *Les rayons X et la structure de la matière* (L'auteur cite cet ouvrage d'après la traduction russe de G.-V. Voulf, Moscou, 1916)

M. Siegbahn. — *Spektroskopie der Röntgenstrahlen*, Berlin, 1924.

R. Ledoux-Lebard et A. Dauvilliers. — *La physique des rayons X*, Paris, 1921.

E. Marx. — *Handbuch der Radiologie*, V, p. 151-688, 1919.

W. Duane. — *Data relating to X-ray spectra. Publ. Nat. Res. Council*, n° 6, 1920.
B. Davis et D-L. Webster. — *Problems of X-ray emission. Publ. Nat. Res. Council*, n° 7, 1920.
A. Sommerfeld. — *Atombau und Spektrallinien*, 4ᵉ éd. ; Braunschweig, 1924, p. 218-328, 442-454, 546-551, 570-575.
P.-P. Ewald. — *Krystalle und Röntgenspektren*, Berlin, 1923.
M. de Broglie. — *Les Rayons X*, Paris, 1922.
G-W-C. Kaye. — *X-Rays*, 4° éd., London, 1923.
Le Roux. — *C. R.*, **122**, p. 924, 1896.
Sagnac. — *C. R.*, **125**, p. 230, 1897.
D-L. Webster et H. Clark. — *Phys. Rev.*, **9**, p. 571, 1917.

2

H-G-J. Moseley. — *Phil. Mag.* (6), **26**, p. 1024, 1913 ; **27**, p. 703, 1914.
W-H. et W.-L. Bragg. — *Proc. R. Soc.*, **88**, p. 428, 1913.
W-H. Bragg. — *Proc. R. Soc.*, **89**, p. 246, 1913.
H-G.-J. Moseley et C.-G. Darwin. — *Phil. Mag.* (6), **26**, p. 210, 1913.

3

A. Landé. — *Zeitschr. f. Phys.*, **16**, p. 392, 1923.

4

M. Siegbahn et R. Thoräus. — *Arkiv. för Mat., Astron. och Fysik*, **18**, n° 24, 1924.
M. Siegbahn (rayons M). — *Verh. d. D. Phys. Ges.*, 1916, p. 278.
W. Stenström. — *Ann. der Phys.* (4), **57**, p. 347, 1918 ; *Diss.*, Lund, 1918.
E. Hjalmar. — *Zeitschr. f. Phys.*, **15**, p. 65, 1923.
E. Rutherford et N. da Andrade. — *Phil. Mag* (6), **27**, p. 834, 1914 ; **28**, p. 263, 1914.
C-D. Ellis. — *Proc. R. Soc.*, **99**, p. 261, 1921 ; **101**, p. 1, 1922.

7

C-D. Ellis. — *Proc. R. Soc.*, **99**, p. 261, 1921 ; **104**, p. 1, 1922.
C-D. Ellis et H.-W.-B. Skinner. — *Proc. R. Soc. London*, p. 60, 165, 185, 1924.
O. Hahn et L. Meitner. — *Zeitschr. f. Phys.*, **2**, p. 260, 1920 ; **26**, p. 161, 1924 , *Phys. Zeitschr.*, 1908, p. 697.
Lise Meitner. — *Zeitschr. f. Physik.*, **9**, p. 131, 145, 1922 ; **11**, p. 35, 1922 ; **17**, p. 54, 1923 ; **19**, p. 307, 1923 ; **26**, p. 169, 1924 ; *Ergebnisse der exakten Naturwissenschaften*, III, p. 160-181, 1924 (Aperçu).
J. Danysz. — *C. R.*, **153**, p. 339, 1911.
S. Rosseland. — *Zeitschr. f. Phys.*, **14**, p. 173, 1923.

8

D. Coster. — *Naturwissenschaften*, 1923, p. 567.
E. Wagner (Aperçu). — *Jahrb. d. Radioakt.*, **16**, p. 190-230, 1920.
W. Duane et F-L. Hunt. — *Phys. Rev.* (2) **6**, p. 155, 1916.
H. Behnken. — *Zeitschr. f. Phys.*, **6**, p. 48, 1920.

A. Müller. — *Arch. Sc. phys. et nat.* (5), **1**, p. 127, 250, 1919 ; *Physik. Zeitschr.*, 1918, p. 489.

E. Wagner. — *Ann. der Phys.*, **46**, p. 868, 1915 ; **49**, p. 625, 1916 ; **57**, p. 401, 1918.

D-L. Webster. — *Phys. Rev.* (2), **6**, p. 56, 1915 ; **7**, p. 599, 1916 ; **9**, p. 220, 571, 1917.

A-W. Hull. — *Physik. Rev.* (2), **7**, p. 156, 1916.

A-W. Hull et M. Rice. — *J. Franklin Inst.*, 182, p. 403, 1916 ; *Proc. Am. Nat. Acad.*, **2**, p. 263, 1916.

F. Dessauer et E. Back. — *Verh. d. D. phys. Ges.*, 1919, p. 168.

C-D. Miller. — *Phys. Rev.* (2), **8**, p. 329, 1916.

C-T. Ulrey. — *Phys. Rev.* (2), **11**, p. 401, 1918.

W. Duane et T. Shimizu. — *Phys. Rev.* (2), **11**, p. 488, 1918 ; **14**, p. 525, 1919.

G-W.-C. Kaye. — *Proc. R. Soc. London*, **93**, p. 427, 1917.

E. Wagner et H. Kuldenkampff. — *Ann. der Phys.* (4), **68**, p. 369, 1922.

H. Kuldenkampff. — *Ann. der Phys.* (4), **69**, p. 548, 1922.

G. Wentzel. — *Ann. der Phys.* (4), **66**, p. 437, 1921.

9

O-W. Richardson et C.-B. Bazzoni. — *Phil. Mag.* (6), **42**, p. 1015, 1921.

E-H. Kurth. — *Phys. Rev.* (2), **18**, p. 99, 461, 1921.

A-L. Hughes. — *Phil. Mag.* (6), **43**, p. 145, 1922 ; *Trans. R. Soc. Canada* (3), **15**, Sect. III, 1-6, 1921 ; *Phys. Rev.* (2), **19**, p. 429, 1922.

J. Holtsmark. — *Phys. Zeitschr.*, 1922, p. 252 ; 1923, p. 225.

Horton. — *Phil. Mag.* (6), **45**, p. 721, 1923.

J-C. Mc Lenan et Miss M.-L. Clark. — *Proc. R. Soc. London*, **102**, p. 389, 1923.

O. Stuhlmann jr. — *Science* (N. S.), **56**, p. 344, 1922.

G-K. Rollefson. — *Science* (N. S.), **57**, p. 562, 1923 ; *Phys. Rev.* (2), **23**, p. 35, 1924.

F-L. Mohler et P.-D. Foote. — *Phys. Rev.* (2), **18**, p. 94, 1921 ; **19**, p. 434, 1922 ; *Sc. Papers Bur. of Stand.*, **17**, p. 471, 1922 ; *Journ. opt. Soc. Amer.*, **5**, p. 328, 1921.

M. de Broglie. — *Journ. de Phys.* (6), **2**, p. 265, 1921.

R. Whiddington. — *Phil. Mag* (6), **43**, p. 1116, 1922.

H. Robinson. — *Proc. R. Soc.*, **104**, p. 455, 1923.

P-I. Loukirsky. — *Phil. Meag.* (6), **47**, p. 466, 1924 ; *Zeitschr. f. Phys.*, **22**, p. 351, 1924.

M-F. Holweck. — *Annales de Phys.* (9), **17**, p. 5, 1922 ; *C. R.*, **171**, p. 849, 1920 ; **172**, p. 439 ; 1921 ; **176**, p. 570, 1923 ; *Journ. de Phys.* (6), **4**, p. 211, 1923.

G. Reboul. — *Journ. de Phys.* (6), **3**, p. 20, 341, 1922 ; *C. R.*, **173**, p. 1162, 1921 ; **174**, p. 1451, 1922.

W. Kossel. — *Zeitschr. f. Phys.*, **2**, p. 470, 1920.

J-C. Lennan. — *British Association*, Liverpool, 1923 ; *Nature*, **113**, p. 217, 1924.

10

W-L. Bragg. — *Jahrb. d. Radioakt.*, **11**, p. 346, 1914 ; *Proc. Cambr. Soc.*, **27**, p. 43, 1913 ; *Phil. Mag.* (6), **28**, p. 355, 1914 ; **39**, p. 647 ; **40**, p. 169, 1920 ; *Proc. R. Soc. London*, **89**, p. 277, 468, 1913.

W-H. Bragg. — *Phil. Trans. London*, **215**, p. 253, 1915 ; *Phil. Mag.* (6), **27**, p. 881, 1914 ; **30**, p. 305, 1915 ; *Proc. R. Soc.*, **88**, p. 277, 428, 1913.

W-H. Bragg et W.-L. Bragg. — *Proc. R. Soc. London*, **89**, p. 468, 1913 ; *Nature*, **90**, p. 410, 1912.

G-V. Voulf. — *Phys. Zeitschr.*, 1913, p. 217 ; 1920, p. 718 ; *Zeitschr. f. Krystallogr.*, **54**, p. 59, 1914.

G-V. Voulf et N. Ouspensky. — *Phys. Zeitschr.*, 1913, p. 783, 785.

W-L. Bragg, James et Bosanquet. — *Phil. Mag.* (6), **41**, p. 309, 1921 ; *Zeitschr. f. Phys.*, **8**, p. 27, 1921.

E. Wagner. — *Ann. der Phys.* (4), **49**, 625, 1916.

C-G. Darwin. — *Phil. Mag.* (6), **27**, p. 318, 1914.

W. Stenström. — *Exper.-Untersuch. d. Röntgenspektra*, Diss. Lund, 1919.

E. Hjalmar. — *Zeitschr. f. Phys.*, **1**, p. 439, 1920 ; 3, p. 262, 1920.

P-P. Ewald. — *Zeitschr. f. Phys.*, **2**, p. 332, 1920 ; *Phys. Zeitschr.*, 1920, p. 617.

11

H. Seemann. — *Ann. der Phys.* (4), **42**, p. 470, 1916 ; *Phys. Zeitschr.*, 1917, p. 242.

H. Seemann et W. Friedrich. — *Phys. Zeitschr.*, 1919, p. 55.

P. Debye et P. Scherrer. — *Gött. Nachr.*, 1916, p. 1, 16 ; 1917, p. 180 ; 1918, p. 101 ; *Phys. Zeitschr.*, 1917, p. 473.

H. Bohlin. — *Ann. der Phys.* (4), **61**, p. 421, 1920.

CHAPITRE VII

SPECTRES DE BANDES

---

1. Conditions générales de formation des spectres de bandes. —
Les chapitres V et VI ont été consacrés presque exclusivement aux spectres de
lignes, et c'est seulement dans le § 5, I du chapitre V et dans le § 3, II du
chapitre VI que nous avons considéré des spectres continus qui prennent
naissance dans des conditions déterminées en même temps que des spectres
de lignes ou bien indépendamment de ceux-ci. Les spectres des deux espèces
ont leurs sources dans des phénomènes déterminés qui se produisent dans
les atomes. La théorie de Bohr sur la structure de l'atome nous a donné la
possibilité d'indiquer avec précision le caractère et les détails de ces phénomènes dans lesquels les rayons prennent naissance, en donnant l'un ou
l'autre spectre dans les diverses régions de l'énergie rayonnante, de l'infra-
rouge aux rayons X inclusivement. Il se trouve que tous les rayons que
nous avons considérés prennent naissance dans le passage d'un électron d'une
de ses positions possibles à une autre avec diminution de la quantité
d'énergie que contient l'atome. L'énergie disparue apparaît sous forme d'un
quantum d'énergie rayonnante. Pour les rayons γ, qui prennent naissance
dans le noyau de l'atome, le phénomène de la diminution de l'énergie de
l'atome n'a pu être démontré. Pour les spectres *d'absorption* nous avons un
déplacement inverse de l'électron, dans lequel l'énergie rayonnante venant
de l'extérieur est absorbée et l'énergie de l'atome est augmentée. Dans le cas
des rayons X, les niveaux d'énergie entre lesquels se fait le passage de
l'électron sont compris entre les couches électroniques qui entourent le
noyau de l'atome ; pour les rayons de grande longueur d'onde, ce sont les
orbites électroniques possibles situées en dehors de l'atome non perturbé qui
jouent le rôle de ces niveaux d'origine.

Passons maintenant aux spectres de bandes, dont il a déjà été question
dans le T. II. Rappelons que chaque bande a d'un côté un *bord net* ; l'intensité, qui est maximum à ce bord, diminue progressivement jusqu'à l'autre
extrémité de la bande. Dans de très nombreux cas on n'observe pas de bandes
dans les spectres d'émission, mais bien dans *les spectres d'absorption*, dans
lesquels l'endroit le plus sombre est le bord de la bande. La structure des

bandes, on le comprend, est la même dans les deux cas, et ceci est également vrai pour les processus de leur formation, qu'il faut évidemment prendre dans des sens opposés. Pour une faible dispersion les bandes paraissent continues, mais avec une dispersion assez forte *elles se montrent toujours formées d'un grand nombre de lignes individuelles.* Dans beaucoup de spectres on trouve une série, où, comme nous l'appellerons, *un groupe de bandes,* visiblement reliées entre elles. Parfois il y a *quelques-uns de ces groupes* qui, comme nous le verrons, sont aussi reliés entre eux d'une façon régulière et constituent une sorte d'ensemble d'un ordre plus élevé, que nous pouvons appeler *un système de bandes.* Sur la figure 39 est représenté l'un de ces *groupes* dits *de bandes cyaniques,* que l'on observe dans l'arc voltaïque jaillissant entre deux électrodes de charbon. Cette désignation a vieilli ; la véritable source de ces bandes est inconnue. Ici nous voyons un groupe de 5 bandes ; les longueurs d'onde de leurs bords sont indiquées en angströms. Tout le groupe se trouve dans l'ultra-violet ; les bords sont tournés du côté des longueurs d'onde croissantes.

Dans le **T. II** ont été indiquées les régularités qu'a trouvées H. Deslandres et auxquelles satisfont les lignes qui entrent dans la constitution d'une bande, et aussi les bandes qui composent une série. Avant tout, ce savant a constaté que les lignes qui entrent dans la composition d'une bande donnée se répartissent en quelques séries qui commencent toutes vers le bord de la bande.

Fig 39.

Dans les ouvrages allemands ces séries sont appelées des branches (Zweige). De plus, Deslandres a trouvé les lois ou règles suivantes :

I. *Dans chaque série de lignes d'une bande donnée, les différences $\Delta\nu$ des nombres d'oscillations des lignes voisines forment une progression arithmétique croissante,* si l'on part du bord de la bande. Cette loi montre que les valeurs de ν pour les lignes d'une série peuvent être représentées par une formule de la forme

$$(1) \qquad\qquad \nu = a + bm^2$$

où b est une constante et m, l'un des termes de la série des nombres entiers 1, 2, 3,… ; a est la valeur de ν pour le bord de la bande.

II. *Les séries de lignes qui appartiennent à une bande possèdent des différences $\Delta\nu$ des nombres de vibrations égales ou presque égales.* Cela signifie que pour ces lignes b est exactement ou sensiblement le même.

III. *Les bords des bandes dans chaque groupe satisfont à la règle I. Cela si-*
gnifie que *pour les bords* ν est déterminé par une formule de la forme

$$(\text{I}, a) \qquad \nu = c + hp^2,$$

où h est une constante, $p = 1,2,3,\ldots$, et c se rapporte au bord principal du
groupe de bandes. A mesure qu'on s'éloigne du bord principal, les bords particuliers *se rapprochent*, tandis que dans les séries de lignes, les distances des
lignes voisines augmentent à mesure qu'on s'éloigne du bord de la bande.
La grandeur ν dans (I,a) peut être considérée comme identique à a de (I) ;
le remplacement donné *pour les lignes d'un groupe de bandes*

$$(\text{I}, b) \qquad \nu = c + bm^2 + hp^2.$$

Ici h est le même pour tout le *système* de bandes, c'est-à-dire pour tout le
spectre ; c chauge d'un groupe de bandes à un autre. A chaque c et p peut
correspondre une valeur particulière de b. Il semble que les bords principaux
des groupes successifs de bandes, c'est-à-dire les grandeurs c s'expriment
aussi sous forme d'une certaine fonction de la succession des nombres entiers $q = 1, 2, 3,\ldots$, de sorte qu'on peut poser $c = \varphi(q^2)$. Comme b dépend de p et c, et c de q, on peut finalement écrire la formule pour un spectre
de bandes sous la forme :

$$(\text{I}, c) \qquad \nu = f(p^2, q^2) \cdot m^2 + hp^2 + \varphi(q^2),$$

où m, p et q sont des nombres entiers. DESLANDRES suppose que $\varphi(q^2)$ est de
la forme

$$(\text{I}, d) \qquad \varphi(q^2) = -\sqrt{Cq^2 + \alpha}.$$

Nous avons répété les résultats obtenus par DESLANDRES ; on verra plus loin
quels changements ces résultats ont subis avec le temps. Ils n'avaient qu'un
caractère purement *empirique* ; il ne pouvait être question d'aucune théorie
sur l'origine des spectres de bandes lorsque parurent les travaux de DES-
LANDRES. La théorie actuelle des spectres de bandes, sur laquelle ont travaillé beaucoup de savants, est avant tout liée aux noms de N. BJERRUM
(1912) et K. SCHWARZSCHILD (1916) et ensuite à ceux de W. LENZ et T. HEUR-
LINGER (1920).
Nous devons exprimer comme fondamentale la proposition suivante. *Les*
spectres de bandes prennent leur origine dans les molécules et non dans les
atomes, qui donnent des spectres de lignes. Ce fait, que nous avons affaire
aux molécules, détermine immédiatement le caractère de la théorie des
spectres de bandes. Rappelons que *nous ne connaissons la structure d'aucune*
molécule, même de la plus simple, la molécule H^2 d'hydrogène. Nous avons
vu qu'il fallait abandonner le modèle de cette molécule qui avait été proposé par BOHR. Il est clair que dans la théorie des spectres de bandes il doit
y avoir quelque chose de plus énigmatique que dans la théorie des spectres
de lignes. Heureusement nous avons une idée directrice dans l'hypothèse
fondamentale de BOHR, selon laquelle l'énergie rayonnante prend naissance

comme l'équivalent de l'énergie qui disparaît dans la source rayonnante lorsqu'il s'y produit quelque changement de constitution. Et toute la théorie édifiée jusqu'à ce jour se rapporte presque exclusivement au cas le plus simple des *molécules diatomiques*. De telles molécules peuvent être *homopolaires* (H^2, N^2, O^2, Cl^2, I^2) ou *hétéropolaires* (HCl, HBr, CO, NO). Si les molécules diatomiques sont soumises à la dissociation, par exemple par l'élévation de la température (I^2), le spectre de bandes disparaît graduellement et en même temps apparaît le spectre de lignes émis par les atomes.

L'idée fondamentale des spectres de bandes consiste en ce qui suit. Pour une molécule donnée *trois sortes de mouvements sont possibles dont chacun doit être soumis à la loi des quanta*. Cela signifie que ces mouvements ne peuvent avoir une intensité arbitraire prise dans une série continue d'intensités, mais seulement des intensités particulières parfaitement définies satisfaisant à des conditions quantiques. Les trois mouvements qu'il faut avoir en vue, en plus du *mouvement de progression* de toute la molécule, sont les suivants :

I. *Mouvement de rotation.* — C'est N. Bjerrum (1912) qui le premier considéra ce mouvement. Pour le cas d'une molécule *diatomique*, la rotation autour d'un axe passant par les noyaux des deux atomes n'intervient pas, car le *moment d'inertie* de la molécule par rapport à cette droite, que nous appellerons l'*axe* principal de la molécule diatomique, est infiniment petit, et il en est de même de l'*énergie* de rotation. Il reste l'énergie de rotation autour de deux droites perpendiculaires entre elles et perpendiculaires à l'axe principal de la molécule, passant par le centre d'inertie des deux atomes. N. Bjerrum considérait la rotation simple. K. Schwarzschild (son travail parut le jour de sa mort) envisage la molécule diatomique comme une toupie d'Allemagne symétrique, et la molécule polyatomique, comme une toupie non symétrique. Outre le mouvement de rotation il convient de considérer la précession qui l'accompagne. W. Lenz et T. Heurlinger ont complété la théorie de Schwarzschild en y introduisant *le principe de sélection*, qui n'était pas encore connu lorsque Schwarzschild écrivait son travail (1916).

On sait le rôle que joue le mouvement rotatoire des molécules dans la théorie de la chaleur spécifique des gaz. Cette question se montre ainsi liée à celle qui nous occupe en ce moment. Les travaux théoriques qui se rapportent à ces deux questions sont en partie entremêlés. Nous avons ici un exemple intéressant de ces liaisons profondes entre les groupes les plus divers des phénomènes qui nous sont de mieux en mieux dévoilés par la physique contemporaine. Il semblerait qu'entre la capacité thermique des gaz et les spectres de bandes qu'ils donnent par émission ou par absorption de l'énergie rayonnante il ne puisse y avoir aucun lien. Cependant ce lien existe et il consiste dans le rôle que le mouvement rotatoire quantique joue dans les deux sortes de phénomènes.

II. *Mouvement vibratoire des atomes* dont la molécule est formée. Dans le cas d'un gaz diatomique les vibrations se font suivant la direction de l'axe principal de la molécule. Ici il faut distinguer les cas où les amplitudes sont faibles et les vibrations peuvent être considérées comme *harmoniques*, et ceux où les amplitudes ne sont pas très petites et les vibrations *ne sont pas harmo-*

niques. Le mouvement vibratoire doit satisfaire à des *conditions quantiques*, qui, de leur côté, *dépendent du mouvement rotatoire existant à un moment donné*. A des vibrations différentes satisfaisant à des conditions quantiques correspondent des valeurs différentes de l'énergie des molécules.

III. *Mouvement des électrons* qui sont en dehors du noyau de l'atome. Nous ne connaissons rien de la distribution des orbites dans les molécules (même dans H^2 !) ni des mouvements possibles des électrons. Mais nous sommes convaincus que ces mouvements doivent satisfaire à des conditions quantiques déterminées, auxquelles correspond la série des mouvements possibles, c'est-à-dire des orbites et des vitesses des électrons. Ces mouvements possibles dépendent vraisemblablement des mouvements de rotation et de vibration qui existent à un moment donné. L'énergie de la molécule change quand les électrons passent d'un des mouvements possibles à un autre.

L'énergie totale J de la molécule, qui change par la variation des trois mouvements considérés, se compose de trois parties :

$$(2) \qquad J = J_r + J_v + J_e$$

J_r est l'énergie de rotation, J_v l'énergie du mouvement vibratoire, et J_e est l'énergie qui dépend de la position des orbites et des vitesses des électrons. Quand J varie de la quantité ΔJ, il est émis un quantum d'énergie rayonnante dont la fréquence est déterminée, selon Bohr, par la formule

$$(2, a) \qquad \nu = \frac{\Delta J}{h}$$

où h est la constante de Planck. La grandeur ΔJ est formée de trois parties, et, en conséquence, nous pouvons partager ν en trois parties :

$$(2, b) \qquad \nu = \frac{\Delta J_r}{h} + \frac{\Delta J_v}{h} + \frac{\Delta J_e}{h} = \nu_r + \nu_v + \nu_e.$$

Si $\Delta J_v = 0$ et $\Delta J_e = 0$, c'est-à-dire si

$$(2, c) \qquad \nu_v = 0 \quad \text{et} \quad \nu_e = 0,$$

de sorte qu'il ne reste que les grandeurs ΔJ_r, satisfaisant aux conditions quantiques, on obtient le spectre dit *de rotation*. Si seulement $\Delta J_e = 0$, c'est-à-dire

$$(2, d) \qquad \nu_e = 0,$$

et, par conséquent,

$$(2, e) \qquad \nu = \frac{\Delta J_r}{h} + \frac{\Delta J_v}{h} = \nu_r + \nu_v,$$

on a le spectre *de rotation et de vibration* (nous écrirons pour abréger *rot.-vibr.*). Nous verrons que ν_v est une quantité relativement faible, et ν_r est plu-petit encore. C'est pourquoi *les spectres de rotation* sont disposés loin dans la partie infra-rouge (ordre $\lambda = 100\ \mu$) et les spectres rot.-vibr., dans le proche infra-rouge (ordre $\lambda = 10\ \mu$). La présence des grandeurs ΔJ_e et ν_e déplace le spectre vers la partie visible.

Au sujet des grandeurs J_e, ΔJ_e et ν_e il n'existe aucune théorie, ce qui, d'après ce qui a été dit, n'a rien d'étonnant. *Nous admettons simplement que ces grandeurs existent* et que les différences ΔJ_e ne peuvent avoir des valeurs arbitraires autres que celles qui satisfont à des conditions quantiques déterminées, c'est-à-dire qu'elles constituent une série de grandeurs distinctes.

Nous n'avons parlé jusqu'ici que des molécules diatomiques. Si le nombre des atomes est supérieur à deux, s'il est seulement égal à trois, les considérations générales et les formules de (2) à (2,e) conservent leur valeur. Mais il est facile de voir que l'examen théorique approfondi est beaucoup plus compliqué que dans le cas de la molécule diatomique. Voyons d'abord le mouvement rotatoire, qui dans le cas de deux atomes ne se produit qu'autour d'axes par rapport auxquels le *moment d'inertie* a une seule et même valeur, de sorte qu'il n'existe qu'une sorte de rotation. Pour trois atomes qui ne sont pas disposés sur une même droite, et aussi pour les molécules polyatomiques, nous avons trois axes principaux de rotation et trois valeurs différentes du moment d'inertie. Il est évident que les mouvements vibratoires doivent être aussi beaucoup plus complexes dans les molécules triatomiques et polyatomiques que dans les molécules diatomiques. Nous verrons que c'est seulement pour la molécule H_2O de la vapeur d'eau que nous avons une théorie plus ou moins élaborée.

2. Théorie des spectres de bandes. — Revenons à la molécule *diatomique*, qui peut être homopolaire (H_2, O_2, —) ou hétéropolaire (HCl, CO,...). Du point de vue de l'électrodynamique classique il doit y avoir une grande différence entre les deux cas, car dans les gaz diatomiques homopolaire les deux atomes se trouvent à l'état neutre, et dans les composés hétéropolaires les deux atomes ont des charges opposées.

Considérons le mouvement de rotation de la molécule, que BJERRUM le premier a soumis à la quantification. Nous expliquerons d'abord un procédé différent de celui dont s'est servi BJERRUM. Soit ω la vitesse angulaire de rotation ; alors *l'énergie* J_r du mouvement de rotation s'exprime par la formule (T. I) :

$$(3) \qquad J_r = \frac{1}{2} K\omega^2$$

où K est le *moment d'inertie* de la molécule relativement à l'axe de rotation. Etablissons la formule pour le moment d'inertie d'une molécule diatomique. Soient A et B les deux atomes (fig. 40), m_1 et m_2 leurs masses, r leur distance, C leur centre d'inertie, par lequel passe l'axe de rotation PQ ; $AC = a$, $CB = b$. Alors

$$a = \frac{rm_2}{m_1 + m_2}, \qquad b = \frac{rm_1}{m_1 + m_2}, \qquad a + b = r.$$

De plus

$$K = m_1 a^2 + m_2 b^2.$$

Remplaçons a et b par leurs valeurs, nous obtenons pour *le moment d'inertie de la molécule biatomique*

$$(3, a) \qquad\qquad K = \frac{m_1 m_2}{m_1 + m_2}\, r^2.$$

Pour la molécule *homopolaire* $m_1 = m_2 = r$, et

$$(3, a) \qquad\qquad K = \frac{1}{2}\, mr^2 = 2m\left(\frac{r}{2}\right)^2.$$

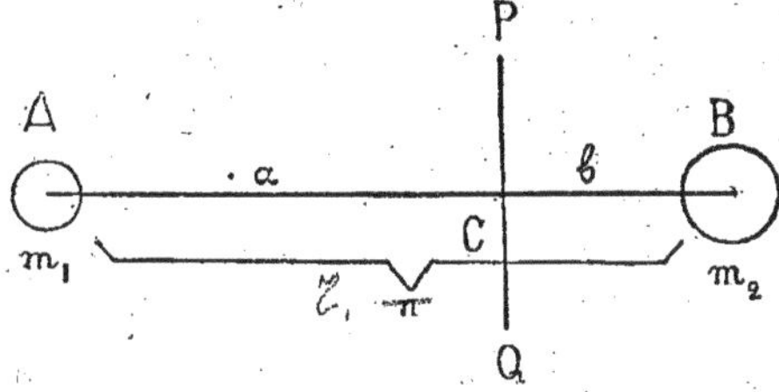

Fig. 40.

Remarquons que la grandeur K exprimée en unités C.G.S. est de l'ordre 10^{-30}. Le *moment de la quantité de mouvement* Q d'un corps tournant est

$$(4) \qquad\qquad Q = K\omega.$$

En effet, soit m la masse d'une des particules en lesquelles par la pensée nous décomposons le corps, ρ sa distance à l'axe de rotation et v sa vitesse linéaire. Le moment de la quantité de mouvement est $mv\rho = m\rho^2\omega$, puisque $v = \rho\,\omega$. De là,

$$Q = \Sigma m\rho^2\omega = \omega\Sigma m\rho^2 = K\omega.$$

Appliquant les propositions fondamentales de la théorie de BOHR, nous admettrons que les seules rotations possibles sont celles dont les vitesses angulaires satisfont aux conditions quantiques. Au lieu de la vitesse angulaire ω on peut introduire la *fréquence* N, c'est-à-dire le nombre de rotations par unité de temps.

$$(4, a) \qquad\qquad N = \frac{\omega}{2\pi},$$

Selon la théorie de BOHR le moment de la quantité de mouvement doit être égal à un multiple entier de $\dfrac{h}{2\pi}$, où h est la constante de PLANCK. (4) donne (m étant un nombre entier *positif*)

$$(4, b) \qquad\qquad K\omega = \frac{mh}{2\pi},$$

d'où

(4, c)
$$\omega = \frac{mh}{2\pi K}, \qquad N = \frac{mh}{4\pi^2 K}.$$

Portant cette valeur de ω dans la formule (3), nous trouvons *l'expression pour les valeurs possibles, c'est-à-dire quantifiées, de l'énergie du mouvement de rotation de la molécule*

(5)
$$J_r = \frac{h^2}{8\pi^2 K}\, m^2,$$

où $m = 1, 2, 3, 4, —$. Admettons que nous ayons d'abord $m = m_1$ et ensuite $m = m_2$, où $m_2 < m_1$; dans ce cas l'énergie *perdue* est égale à

(5, a)
$$\Delta J_r = \frac{8\pi^2 K^2}{h^2}(m_1^2 - m_2^2)$$

ou plus exactement

(5, b)
$$\Delta J_r = \frac{h^2}{8\pi^2}\left(\frac{m_1^2}{K_1} - \frac{m_2^2}{K_2}\right),$$

si l'on prend en considération que le changement de la vitesse angulaire de rotation peut s'accompagner d'une variation du moment d'inertie K par suite de la variation de configuration de la molécule. Sur la base de la formule (2, b) nous obtenons pour *la fréquence ν_r du rayon émis*

(6)
$$\nu_r = \frac{8\pi^2}{h}\left(\frac{m_1^2}{K_1} - \frac{m_2^2}{K_2}\right).$$

Nous voyons qu'ici encore, comme dans le rayonnement de l'atome, la fréquence s'exprime sous forme d'une différence de deux grandeurs qu'ici encore nous appellerons des *termes*. Désignant les termes par B, nous avons

(6, a)
$$\nu_r = B_1 - B_2.$$

La forme générale du terme est

(6, b)
$$B = \frac{h}{8\pi^2 K}\, m^2.$$

Il est directement proportionnel à m^2 ; introduisant la désignation

(6, c)
$$b = \frac{h}{8\pi^2 K},$$

nous obtenons pour le *terme*

(6, d)
$$B = bm^2.$$

Admettons en attendant (nous verrons que cela n'est pas exact) qu'il existe tous les passages possibles des diverses vitesses initiales de rotation (m_1) à une seule et même vitesse (m_2), et écrivons m au lieu de m_1 ; alors (6) donne une expression de la forme

(7)
$$\nu_r = - g + bm^2,$$

très semblable à la formule (1) trouvée empiriquement par DESLANDRES. Nous pouvons cependant aller plus loin encore : admettons que l'énergie électronique J_e varie aussi, passant de $J_e{}'$ à $J_e{}''$; alors (2,b) donne

$$(7, a) \qquad \nu_e = \frac{J_e{}' - J_e{}''}{h},$$

et nous obtenons pour la fréquence ν du rayon émis (voir (6)) :

$$(8) \qquad \nu = \nu_e + \nu_r = \frac{J_e{}' - J_e{}''}{h} + \frac{h}{8\pi^2}\left(\frac{m_1^2}{K_1} - \frac{m_2^2}{K_2}\right).$$

Si l'on suppose que tous les passages des divers $m_1 = m$ à un seul et même m_2 s'accompagne d'une seule et même variation $J_e{}' - J_e{}''$ de l'énergie électronique, (8) prend l'aspect

$$(8, a) \qquad \nu = a + bm^2$$

qui est tout à fait conforme à la formule de DESLANDRES. Il est curieux de comparer les formules ici obtenues et relatives au rayonnement de la molécule avec celles que BOHR a déduites pour l'atome. Nous avons vu (chapitre V) que dans la théorie de BOHR la grandeur ν s'exprime sous forme d'une différence de deux termes, mais, au lieu de (6,d) nous avons pour le terme une expression de la forme

$$(8, b) \qquad B = \frac{b}{m^2},$$

c'est-à-dire que le terme est *inversement* proportionnel à m^2 ; au lieu de (8,a) nous avons eu une expression de la forme

$$(8, c) \qquad \nu = a + \frac{b}{m^2}.$$

Au commencement de ce paragraphe nous avons dit que BJERRUM le premier avait soumis le mouvement de rotation de la molécule à la quantification, mais que nous ne suivions pas la même voie qu'avait choisie ce savant. Prenons ω, K et N (4,a) avec leurs significations précédentes. BJERRUM part de cette idée que l'énergie J_r du mouvement de rotation de la molécule doit contenir un nombre entier m de quanta ε d'énergie, c'est-à-dire qu'il suppose que

$$(9) \qquad J_r = \frac{1}{2} K\omega^2 = \frac{K}{2}(2\pi N)^2 = m\varepsilon.$$

Plus loin il admet que

$$(9, a) \qquad \varepsilon = hN.$$

Portant cette valeur dans (9), nous obtenons, si m est un nombre entier positif,

$$(9, b) \qquad N = \frac{h}{2\pi^2 K} m.$$

Se basant sur le point de vue de l'électrodynamique classique, BJERRUM suppose que la molécule tournante doit émettre des rayons dont la fréquence ν_r est égale à N, de sorte que

$$(10) \qquad \nu_r = \frac{h}{2\pi^2 K}\, m.$$

Cette formule est essentiellement différente de (7) : la principale différence, c'est qu'ici m est mis à la place de m^2. Remarquons que la formule de DESLANDRES, contenant m^2, ne concorde pas avec les mesures précises effectuées récemment. Pour certaines bandes les nombres de vibrations s'expriment par une formule telle que

$$(10, a) \qquad \nu_r = a + bm$$

au lieu de (8,a). Il se trouve cependant que *la formule* (6) *conduit aussi à une expression de la forme* (10,a). Nous avons supposé que dans (6) les nombres m_1 et m_2 peuvent prendre des valeurs arbitraires sous la seule condition $m_1 > m_2$. La chose au fond, c'est que *le principe de correspondance* (chapitre V, § 7 et 8) donne la possibilité de déduire, pour le cas ici considéré de la rotation de la molécule, la *règle de sélection*. On trouvera cette déduction dans le livre de SOMMERFELD, A, u. S., 4ᵉ éd., 1924, p. 816, addition 9, g. Elle conduit au résultat que la différence $m_2 - m_1$ ne peut avoir que la valeur

$$(10, b) \qquad m_2 - m_1 = \pm 1,$$

où $+ 1$ se rapporte au cas de l'émission et $- 1$ au cas de l'absorption des rayons. Nous verrons plus loin le cas où $m_2 - m_1 = 0$. La condition (10, b) montre que chacune des rotations possibles (quantifiées) de la molécule ne peut passer qu'à la valeur voisine, et que, par conséquent, les raisonnements que nous avons introduits après les formules (6,d) et (8) ne peuvent être considérés comme justifiés, ce que nous avions dit. Portant maintenant dans (6)

$$(10\,c) \qquad m_2 = m, \qquad m_1 = m + 1,$$

nous obtenons pour ν_r (en faisant $K_1 = K_2 = K$) une expression de la forme

$$(11) \qquad \begin{cases} \text{où} & \nu_r = A(2m + 1) \\[2mm] & A = \dfrac{h}{8\pi^2 K}. \end{cases}$$

Ainsi nous avons effectivement obtenu une expression de la forme (10, a) qui ne se distingue déjà plus de la formule (10) de BJERRUM. La formule (11) que nous avons déduite montre *qu'une série de lignes spectrales s'obtient*, non par le passage d'un état de la molécule à une série entière d'autres états ou inversement, mais *par une série de divers passages entre des états voisins*, c'est-à-dire, par exemple, du second au premier ($m = 1$) ou du troisième au second ($m = 2$), du quatrième au troisième ($m = 3$), etc. Pour la différence $\Delta \nu_r$ des fréquences des lignes voisines, nous obtenons de (11)

$$(11,\,a) \qquad \Delta \nu_r = 2A = \frac{h}{4\pi^2 K},$$

tandis que la formule ($9,b$) de Bjerrum donne

$$(11,\,b) \qquad \Delta \nu_r = \frac{h}{2\pi^2 K}.$$

P. Ehrenfest (1913) et A. Eucken (1913) admettent au lieu de ($9,\,a$) la formule

$$(11,\,c) \qquad \varepsilon = \frac{hN}{2},$$

c'est-à-dire que l'énergie J_r est un nombre entier de *demi-valeurs de* hN, et ainsi on obtient (11, a) au lieu de (11, b). Mais Bjerrum (1913) trouve que la raison d'un tel changement n'est pas convaincante. D'ailleurs les deux expressions (11, a) et (11, b) ne se distinguent pratiquement l'une de l'autre que parce qu'elles donnent *des valeurs différentes pour le moment d'inertie* K *de la molécule*, tandis que la différence $\Delta \nu_r$ des nombre d'oscillations de deux lignes voisines d'une même série est donnée par l'expérience. Remarquons que les deux formules (11, a) et (11, b) ont été obtenues en admettant *que le moment d'inertie* K *de la molécule ne change pas lors du passage d'une vitesse angulaire à une autre*. Si l'on part de la formule (6) et qu'on y fasse $m_2 = m$, $m_1 = m + 1$, $K_2 = K$ et $K_1 = K + \Delta K$, on obtient, au lieu de (11),

$$(12) \qquad \nu_r = \frac{h}{8\pi^2 K} \left\{ 2m + 1 - (m+1)^2 \frac{\Delta K}{K} \right\}$$

De là

$$(12,\,a) \qquad \Delta \nu_r = \frac{h}{4\pi^2 K} \left\{ 1 - (2m + 3) \frac{\Delta K}{2K} \right\}.$$

Quand on change seulement la rotation de la molécule, mais non le mouvement moléculaire intérieur et l'énergie électronique, alors on obtient le spectre que nous avons appelé *de rotation*.

Passons maintenant aux *vibrations* intramoléculaires en nous bornant pour l'instant à la *molécule diatomique* et supposant d'abord que les vibrations sont harmoniques, de sorte qu'il n'y a en elles aucun *harmonique supérieur*. Dans le chapitre II, § 3, nous avons déjà appris à connaître la quantification du vibrateur (oscillateur), et nous avons vu que l'énergie J_v devait consister en un nombre entier n de quanta d'énergie ε. Admettons que

$$(13) \qquad \varepsilon = h\nu_0,$$

où ν_0 est un nombre qui nous est inconnu, caractéristique de la molécule donnée. De là

$$(13,\,a) \qquad J_v = nh\nu_0.$$

Quand, *par variation de l'amplitude*, les vibrations passent d'un état possible $(n = n_1)$ à un autre $(n = n_2)$ où dans le cas de *rayonnement* $n_1 > n_2$, alors l'énergie J_v varie de la quantité

$$(13, b) \qquad \Delta J_v = (n_1 - n_2)h\nu_v,$$

Cela donne pour la fréquence ν_v (voir 2, *b*)

$$(13, c) \qquad \nu_v = (n_1 - n_2)\nu_0.$$

Quand en même temps J_r et J_v varient, un rayon est émis dont nous trouvons la fréquence de vibration ν en combinant (6) et (13, *c*). Supposant $K_1 = K_2 = K$, et introduisant la grandeur A (voir (11)), nous obtenons

$$(13, d) \qquad \nu = \nu_v + \nu_r = (n_1 - n_2)\nu_0 + A(m_1^2 - m_2^2).$$

Adressons-nous maintenant au *principe de sélection* qui nous a donné la formule (10, *b*) ; pour les mouvements vibratoires harmoniques il conduit à une limitation analogue (livre de Sommerfeld a l'endroit indiqué) :

$$(13, e) \qquad n_1 - n_2 = \pm 1.$$

Il se trouve que ν_0 est beaucoup plus grand que A, et pour cette raison la supposition $n_1 - n_2 = -1$ nous conduirait, pour de faibles valeurs de m, à des valeurs négatives du nombre ν. C'est pourquoi nous devons prendre

$$(13, f) \qquad n_1 - n_2 = +1.$$

Tant que nous n'avons considéré que le mouvement de rotation nous avons dû prendre $m_1 - m_2 = +1$ (voir (10, *c*), ce qui nous a conduit à la formule (11). Mais en présence de vibrations, c'est-à-dire du premier terme de (13, *d*), nous devons aussi prendre en considération le cas $m_1 - m_2 = -1$. Posant dans (13, *d*) $m_2 = m$ et $m_1 = m_2 \pm 1$ et introduisant (13, *f*) nous obtenons

$$(14) \qquad \begin{cases} \nu = \nu_0 + A(\pm 2m + 1) \\ A = \dfrac{h}{8\pi^2 K} \\ m = 0, 1, 2, 3, \ldots \end{cases}$$

On aurait pu écrire

$$(14, a) \qquad \nu = \nu_0 + A(2m + 1),$$

en prenant pour m une série continue de nombres entiers tant *positifs que négatifs*. Remarquons encore ce qui suit. Le nombre m dans (14, *a*) indique ce mouvement de rotation auquel la molécule est passée en partant d'un autre déterminé par le nombre $m + 1$ ou $m - 1$. Ainsi le nombre $m = 4$ signifie le passage $5 \rightarrow 4$; $m = -4$, le passage $3 \rightarrow 4$; $m = 1$, le passage $2 \rightarrow 1$; $m = -1$, le passage $0 \rightarrow 1$; $m = 0$ signifie seulement le passage $1 \rightarrow 0$. Les formules (14) et (14, *a*) montrent qu'il existe *deux suites de valeurs de* ν, et par conséquent, *deux suites de lignes spectrales* qui se rejoignent pour $m = 0$, c'est-à-dire à une certaine valeur ν qui est égale à

$$(14,\,b) \qquad \nu = \nu_0 + A = \nu_0 + \frac{h}{8\pi^2 K}.$$

Ces séries peuvent être figurées symboliquement sous la forme

$$\nu = \nu_0 + A(2m + 1); \quad A = \frac{h}{4\pi^2 K}$$

$$(15) \quad \begin{cases} 1 \to 0 \\ m = 0 \\ \nu = \nu_0 + A \end{cases} \begin{cases} \begin{array}{ccccc} & 2 \to 1 & 3 \to 2 & 4 \to 3\ldots & (m+1) \to m \\ m = & 1 & 2 & 3 & m \\ \nu = & \nu_0 + 3A & \nu_0 + 5A & \nu_0 + 7A\ldots & \nu_0 + (2m+1)A \end{array} \\ \begin{array}{ccccc} & 0 \to 1 & 1 \to 2 & 2 \to 3.\,. & (m-1) \to m \\ m = & -1 & -2 & -3\ldots & -m \\ \nu = & \nu_0 - A & \nu_0 - 3A & \nu_0 - 5A & \nu_1 - (2m-1)A \end{array} \end{cases}$$

Les spectres qui correspondent à ce schéma ont été appelés, voir (2, *c*), spectres *de rotation et de vibration* (rot.-vibr.)

Conformément à la formule (10, *b*) nous n'avons admis que deux valeurs $m_2 - m_1 = +1$ et -1, mais nous avons dit qu'un autre cas possible est celui où $m_2 - m_1 = 0$. Effectivement (13, *d*) montre que pour $m_1 = m_2$, la fréquence ne devient nullement négative. Ainsi dans la production des spectres rot.-vibr. nous devons admettre la possibilité des trois passages

$$(15,\,a) \qquad (m+1) \to m, \quad m \to (m+1), \quad m \to m.$$

Le troisième cas indique que l'énergie du mouvement de rotation n'a pas du tout changé. Dans ce cas on obtient la vibration ou la ligne spectrale

$$(15,\,b) \qquad \nu = \nu_0.$$

Maintenant nous pouvons donner *le schéma de la partie moyenne* d'un spectre rot.-vibr.

$$(15,\,c) \quad \begin{cases} \quad\big|\qquad\quad\big|\qquad\quad\big|\quad\big|\quad\big|\qquad\big|\qquad\quad\big| \\ \nu_0 - 5A \quad \nu_0 - 3A \quad \nu_0 - A \quad \nu_0 \quad \nu_0 + A \quad \nu_0 + 3A \quad \nu_0 + 5A \\ 2 \to 3 \qquad 1 \to 2 \qquad 0 \to 1 \quad - \quad 1 \to 0 \quad 2 \to 1 \qquad 3 \to 2 \end{cases}$$

Tout ce qui a été dit ici se rapportait au cas de *l'émission* : dans le cas de *l'absorption* toutes les flèches doivent avoir la direction opposée. La grandeur ν_0 est de l'ordre

$$(15,\,d) \quad \begin{cases} \qquad\qquad \nu_0 = 10^{13} \\ \text{d'où la longueur d'onde} \\ \qquad\qquad \lambda = 3\,\mu. \end{cases}$$

Ceci montre que *le spectre rot.-vibr. doit se trouver très près de la partie infra-rouge*, tandis que le spectre de rotation ($\nu_0 = 0$), comme nous l'avons déjà dit se trouve très loin dans la partie de l'infra-rouge, où γ est de l'ordre de 100 μ.

Les formule (11) ou (11,*a*) et (14,*a*) montrent que $\Delta\nu$ (spectre rot.-vibr). et ν_r (spectre de rotation) sont égaux entre eux. Cela signifie que *pour une molécule donnée, dans les spectres de rotation et rot.-vibr. la différence des nombres de vibrations des lignes voisines est la même.*

Nous avons supposé que les vibrations intramoléculaires sont rigoureusement harmoniques avec la fréquence ν_0, ce qui ne peut être vrai que pour de très petites amplitudes. Dans le cas de *vibrations non harmoniques*, outre la vibration fondamentale de fréquence ν_0, nous en avons encore une série d'autres qui sont des harmoniques supérieurs et ont des fréquences $2\nu_0$, $3\nu_0$, etc. Au lieu de (14,*a*) nous obtenons

$$(16) \quad \left\{ \text{où} \quad \begin{aligned} \nu &= p\nu_0 + \mathrm{A}(2m + 1) \\ p &= 1, 2, 3, \ldots; \quad m = \ldots -3, -2, -1, 0, 1, 2, 3, \ldots \end{aligned} \right.$$

Ceci montre que nous devons avoir un *groupe de bandes*, dont la première ($p = 1$) se trouve près de l'infra-rouge, et les autres de moindres longueurs d'onde, par exemple, *dans la partie visible du spectre*. Si l'on prend encore en considération le terme ν_e dans (2,*b*), qui dépend du changement de l'état du système des électrons, on obtient la formule

$$(16, a) \qquad \nu = \nu_e + p\nu_0 + \mathrm{A}(2m + 1),$$

où ν_e peut aussi prendre une série de valeurs différentes. Le terme A $(2m + 1)$ donne une série de lignes d'une même bande (pour plus de précision, voir à la fin de ce § 2) ; le terme $p\nu_0$ provoque un *groupe* de bandes ; enfin le premier terme donne une répétition, quoique déformée, de ce groupe, c'est-à-dire le *système* (§ 1) de bandes de tout le spectre de la molécule donnée.

Tout ce qui a été dit ici ne constitue rien de plus que *les principes de la théorie actuelle des spectres de bandes* et ne peut répondre à la réalité qu'en première approximation, car jusqu'ici nous n'avons pas porté notre attention sur une circonstance qui complique extraordinairement toute la question. Il s'agit de ce fait, que *la variation de chacun des trois mouvements influe sur les deux autres mouvements*. Dans (2,*b*) et (16,*a*) nous avons simplement additionné les résultats des trois actions différentes possibles qui changent l'état de la molécule ; en réalité ces trois actions agissent en quelque sorte les unes sur les autres, et chacune d'elles dépend des deux autres. Ainsi, par exemple, la variation de la vitesse angulaire de rotation doit modifier la distance des noyaux des deux atomes, et par conséquent la force de leur action mutuelle, par suite de quoi doit varier la fréquence de vibration de ces atomes quand les vibrations ne sont pas harmoniques. D'un autre côté, le moment d'inertie ne reste pas constant quand les noyaux sont en vibration et sa valeur moyenne n'est pas la même qu'en l'absence de vibrations. Ce dernier fait se rapporte aussi au cas des vibrations harmoniques. Il est facile de comprendre que les variations dans les mouvements de rotation et de vibration doivent influer sur l'état du groupe électronique et inversement, car les conditions de l'équilibre intramoléculaire sont changées. Les questions variées et complexes qui surgissent ici ont été résolues théoriquement par A. Kratzer, H. A. Kramers et W. Pauli, H. Spencer et autres. Nous ne pouvons entrer dans les détails et nous nous bornerons à l'indication de quelques résultats.

Nous avons vu que le spectre de rotation et le spectre rot.-vibr. doivent, dans une première approximation, consister en une série de lignes « équidistantes », pour lesquelles la différenée $\Delta\nu$ des fréquences de deux lignes voisines est partout la même, savoir $\Delta\nu = 2A$, où A est donné par (14). La théorie que nous indiquons montre que dans (16) le premier terme du second membre doit être remplacé par une expression de la forme $p\nu_0(1 - px)$, où x est une petite quantité dépendant de la loi des forces qui produisent les vibrations non harmoniques. En outre, il apparaît un terme additionnel $- (m + 1)^2 p\alpha$, où α est une petite quantité dépendant du moment d'inertie K et de la loi de l'action réciproque des noyaux des deux atomes et *ne disparaissant pas dans le cas de vibrations harmoniques.* Enfin le second terme du second membre de (16) doit aussi être quelque peu modifié. Ainsi, au lieu de (16), nous avons l'expression

$$(17) \qquad \nu = p\nu_0(1 - px) - (m + 1)^2 p\alpha + A(2m + 1 + \ldots)$$

De là on a pour la différence $\Delta\nu$ de deux lignes voisines (m et m-1).

$$(17, a) \qquad \Delta\nu = 2A(1 + \ldots) - (2m + 1)p\alpha.$$

Dans ces deux dernières formules, $1 + \ldots$ signifie qu'il y a encore des termes additionnels à inscrire. De ces formules découle ce qui suit :

1. La différence constante $\Delta\nu = 2A$ de deux lignes voisines obtenue comme première approximation change quelque peu par suite de la force centrifuge développée par la rotation de la molécule.

2. Les différences $\Delta\nu$ successives *diminuent* régulièrement à mesure de l'accroisssement du nombre m.

3. Outre la bande fondamentale $p = 1$, il y a encore une série de bandes correspondant à $p = 2,3$, etc.

4. Les fréquences correspondant aux milieux de ces bandes (voir (15,c) ne ne sont pas entre elles comme les nombres $1 : 2 : 3\ldots$ (harmoniques supérieurs); elles sont quelque peu désaccordées.

Dans § 1 nous avons déjà signalé les travaux de K. Schwarzchild, W. Lenz et T. Heurlinger, dont le premier considère la molécule comme une *toupie,* et les deux derniers ont étendu l'application de cette idée, en introduisant le principe de sélection. Nous ne ferons pas l'étude de ces recherches théoriques très complexes.

Pour terminer nous indiquerons encore une formule qui découle de la théorie simplifiée, si pour ν_r on prend la formule (6), qui donne, pour $m_2 = m$ et $m_1 = m \pm 1$,

$$\nu_r = \frac{h}{8\pi^2}\left(\frac{m_1^2}{K_1} - \frac{m_2^2}{K_2}\right) = \frac{hm^2}{8\pi^2}\left(\frac{1}{K_1} - \frac{1}{K_2}\right) \pm \frac{hm}{4\pi^2 K} + \frac{h}{8\pi^2 K},$$

tandis que $(2,b)$ donne

$$(18) \qquad \nu = \nu_e + \nu_v + \frac{hm^2}{8\pi^2}\left(\frac{1}{K_1} - \frac{1}{K_2}\right) \pm \frac{hm}{4\pi^2 K} + \frac{h}{8\pi^2 K}.$$

Cela peut s'écrire

$$(18,a) \qquad \nu = A_1 \pm A_2 m + A_3 m^2,$$

où $A_2 = 2A$ des formules précédentes. Par cette formule se déterminent les fréquences ν *de deux séries de lignes spectrales*, dont celle qui correspond au second terme $+ A_2 m$ peut être appelée *série positive*, et l'autre, *série négative*. Toutefois une troisième série de lignes dans la même bande est encore possible ; on l'obtient en faisant dans (6) $m_1 = m_2$, c'est-à-dire en admettant le cas $m \rightarrow m$ (voir $(15,a)$. Alors nous avons

$$(18\,b) \qquad \nu = \nu_e + \nu_r + \frac{hm^2}{8\pi^2}\left(\frac{1}{K_1} - \frac{1}{K_2}\right).$$

Nous appellerons cette série la *série nulle* (Nullzweig, dans les ouvrages allemands). Le second terme dans $(18,a)$ est ici égal à zéro.

3. Etude expérimentale des spectres de bandes. Moment d'inertie des molécules.

— Dans ce paragraphe nous étudierons certaines recherches expérimentales sur les spectres de bandes et nous comparerons leurs résultats avec les déductions du paragraphe précédent. Commençons par les *spectres de rotation*, qui, ainsi que nous l'avons vu, doivent être situés loin dans l'infra-rouge, leurs λ étant de l'ordre de 100 μ. De tels spectres n'existent pas dans les gaz constitués par des molécules *homopolaires* (H^2, N^2, O^2, Cl^2) ; ils s'observent dans les gaz *hétéropolaires* (H^2O, HCl, HBr, CO, etc.) et seulement sous forme de *spectres d'absorption*. Ils ont été étudiés par H. Rubens et par Eva v Bahr (1913), qui ont atteint la longueur d'onde $\lambda = 132\ \mu$. On a étudié principalement la vapeur d'eau et HCl, et en outre quelques autres gaz (SO^2, H^2S et autres). Mais la séparation des bandes d'absorption, dans cette partie lointaine du spectre infra-rouge, en lignes distinctes et la comparaison des résultats des observations avec les prévisions de la théorie ne purent être réalisées. Rubens découvrit dans le spectre d'absorption de la vapeur d'eau une grande série de bandes étroites, distinctes, entre $\lambda = 9,3\ \mu$ et $\lambda = 106\ \mu$, tandis qu'Eva v. Bahr réussit la première à décomposer une bande de la vapeur d'eau, vers $\lambda = 6,3\ \mu$, en une série de lignes (environ 20). Admettant que cette bande représentait un spectre rot.-vibr. elle peut calculer les $m e \nu_r$, qui correspondent à une rotation de la molécule, et de là calculer aussi les $m e \lambda_r$, qui doivent se rapporter au spectre de rotation. Ces λ_r se trouvèrent en concordance excellente avec ceux que Rubens a observés directement. Donnons quelques valeurs des longueurs d'onde λ_r du spectre de rotation de la vapeur d'eau

H. Rubens (observé) . .	106	79	66	58	50 μ
E. v. Bahr (calculé) . .	109	80	66,5	54	49 μ.

De plus E. v. Bahr a découvert dans la bande d'absorption de HCl, vers

$\lambda = 3,5\ \mu$, jusqu'à 12 lignes individuelles, et elle a calculé λ_r pour le spectre de rotation d'absorption de HCl de $\lambda_r = 74\mu$ jusqu'à $\lambda_r = 403\mu$. A. EUCKEN (1920) recalcula λ_r pour H^2O et HCl ; il trouva que ces λ_r concordent avec la théorie de BJERRUM.

Arrivons au *spectre de rotation et de vibration* (*rot.-vibr*). Il existe un grand nombre de recherches de bandes d'absorption des différents gaz et vapeurs dans la partie infra-rouge peu lointaine. A ceci se rapportent avant tout les travaux de H. RUBENS et de ses élèves G. HETTNER, W. BURMEISTER, EVA V. BAHR, H. WARTEMBERG, et autres, et aussi les travaux d'une série d'autres savants qui seront mentionnés plus loin. La structure des bandes a été déterminée pour la première fois, comme nous l'avons vu, par RUBENS pour la vapeur d'eau et par EVA V. BAHR pour HCl. Parmi les recherches récentes sont particulièrement importantes celles qui ont été effectuées par SLEATOR (1918) sur la vapeur d'eau, par IMES (1919) sur HF, HCl et HBr, et ensuite par COLBY et MEYER (1921), COLBY, MEYER et BRONK (1923), qui ont étudié l'influence de la température ; COOLEY (1923) a étudié CH^4 et SPENCE NH^3. Tous ces travaux ont confirmé partiellement les résultats des considérations théoriques, mais ils ont aussi exigé quelques changements dans les formules que nous avons données.

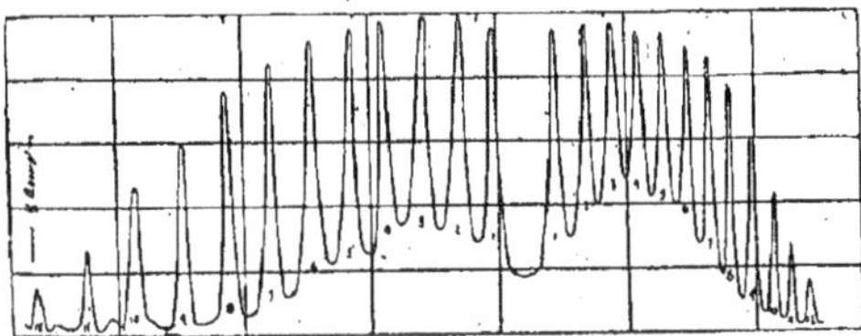

Fig. 41.

La figure 41 montre les résultats qu'a obtenus IMES pour une bande dans le spectre d'absorption de HCl ; sa partie moyenne correspond à $\lambda = 3,5\ \mu$. Il est très important que *dans cette partie moyenne il manque une ligne*. La comparaison avec (15,c) montre que la ligne ν_0 est absente, et cela signifie qu'*il n'y a pas, ou presque pas, de molécules qui ne possèdent pas de rotation*. Mais s'il en était ainsi les deux lignes voisines, correspondant aux passages $0 \rightarrow 1$ et $1 \rightarrow 0$ du nombre m, devraient aussi disparaître, et l'interruption au milieu devrait paraître deux fois plus large que sur la figure 41. A. KRATZER a écarté cette contradiction en introduisant pour m, au lieu des nombres 1,2,3, *les nombres fractionnaires* $\frac{1}{2}, \frac{3}{2}, \frac{5}{2}$, etc., de sorte que les deux lignes voisines de ν_0 se rapportent aux passages $\frac{1}{2} \rightarrow \frac{3}{2}$ et $\frac{3}{2} \rightarrow \frac{1}{2}$ du nombre m. IMES a étudié aussi une autre bande d'absorption de HCl dont le milieu se trouve vers $\lambda = 1,75\ \mu$, de sorte qu'elle correspond précisément au premier harmonique (octave) de la bande représentée par la figure 41. Dans la bande $\lambda = 1,75\ \mu$ IMES a trouvé une série de lignes faibles entre les lignes princi-

pales en lesquelles se résout la bande. F. W. Loomis (1920) et A. Kratzer
(1920) ont expliqué ces lignes *par l'isotopie* du chlore. Nous verrons dans le
chapitre sur les isotopes que les deux isotopes du chlore sont 35 et 37 et
que Cl_{35} est trois fois plus abondant que Cl_{37}. Les lignes principales sont produites par la substance HCl_{35}, et les plus faibles, par la substance HCl_{37}, et
les lignes faibles sont situées du côté des λ croissants par rapport aux lignes
principales. La distance d'un couple de lignes est égale à 14 Å; le calcul
donne 13,54 Å, de sorte que l'explication par l'isotopie du chlore est certainement justifiée. Colby, Meyer et Bronk ont de nouveau étudié la bande
de $\lambda = 3,5$ μ environ. Ils ont confirmé les résultats d'Imes, mais, en outre,
ils ont remarqué la formation de nouvelles lignes intermédiaires faibles
vers $\lambda = 4$ μ lorsque HCl était chauffé à quelques centaines de degrés. Ils
expliquent ce fait parce que, à haute température, il existe dans une partie
des molécules des mouvements vibratoires non provoqués par le passage de
l'énergie rayonnante. Colby a donné la théorie complète de ce phénomène.
E. F. Barker (1923), utilisant un excellent réseau de diffraction (2 800 traits
par pouce), put séparer 39 lignes dans la bande de HCl, entre $\lambda = 3,2$ et
$\lambda = 4,1$ μ.

Des bandes qui représentent des harmoniques supérieurs de la bande fondamentale ont été trouvées pour la première fois par Mandersloot (1914)
dans le spectre d'absorption de CO. Ensuite J. B. Brinsmade et E. C. Kemble
en ont trouvé dans HBr, et G. Hettner, dans la vapeur d'eau.

Cl. Schäfer et M. Thomas (1923) ont étudié les harmoniques supérieurs
pour les bandes d'absorption de CO, HCl, HF et HBr. Pour les deux premiers gaz ils ont trouvé non seulement l'octave, mais encore la douzième
(quinte de l'octave), pour laquelle le nombre de vibrations est trois fois
plus grand. Le tableau suivant donne les longueurs d'onde (angstroms) :

	Vibration fondamentale	Octave	Douzième
CO.	4,67	2,35	1,573
HCl.	3,46	1,76	1,190
HF.	2,52	1,27	
HBr	3,31	1,98	

Dans le § 2 nous avons dit que les harmoniques supérieurs doivent être
« désaccordés », de façon que les nombres de vibrations soient entre eux
(voir (17)) comme :

$$\nu_0(1 - x) : 2\nu_0(1 - 2x) : 3\nu_0(1 - 3x), \text{ etc.}$$

Cl. Schäfer et M. Thomas ont pu, sur la base de ces données expérimentales, déterminer la grandeur du « désaccord » provoqué, comme nous l'avons
vu, par l'action réciproque qui existe entre les mouvements de rotation et de
vibration de la molécule.

Sur la foi de la formule (17) nous avons conclu que les différences $\Delta\nu$

doivent diminuer à mesure de l'accroissement du nombre m. La figure 41 confirme complètement cette déduction théorique. A la fin du § 2 nous avons indiqué la possibilité de l'existence de trois séries de lignes dans le spectre rot.-vibr. que nous avons qualifié de *nul*. De telles séries ont effectivement été trouvées par F. HEURLINGER dans les résultats qu'ont obtenus GREBE et HOLTZ (1912) dans l'étude de la bande ultra-violette d'absorption de la vapeur d'eau, vers $\lambda = 3064$ Å. La série nulle a aussi été trouvée par COOLEY dans la bande du méthane (CH^4) pour $\lambda = 3,3$ μ et par SCHIRKOLK (1924) dans la bande de NH^3 entre $\lambda = 9$ μ et $\lambda = 14$ μ.

Les bandes dans les parties visibles et ultra-violettes des spectres d'absorption furent étudiées par de nombreux savants pour les divers gaz et vapeurs, mais nous ne nous arrêterons pas sur ces travaux.

Dans le chapitre V, § 4, on a parlé des *spectres multilinéaires* de l'hydrogène et de l'hélium. De tels spectres sont émis par les *molécules* de ces gaz, de sorte qu'il convient d'admettre la formation de *molécules d'hélium*. On peut se représenter leur formation de la façon suivante. Si dans deux atomes d'hélium un des électrons est rejeté sur une orbite lointaine, alors les deux atomes sont devenus semblables à deux atomes d'hydrogène et peuvent comme ces derniers constituer un tout He^2 entouré de deux électrons. Il n'y a aucun doute que les spectres multilinéaires se présentent comme des spectres de bandes dégénérés. Le point essentiel consiste en ce que nous avons eu pour les différences $\Delta\nu$ des fréquences de deux lignes voisines, d'une même bande, l'expression

$$(19) \qquad \Delta\nu = \frac{h}{4\pi^2 K} \text{,}$$

où h est la constante de PLANCK et K le moment d'inertie de la molécule. Cette dernière grandeur est particulièrement faible pour H^2 et aussi relativement faible pour He^2; c'est pourquoi $\Delta\nu$ est très grand, c'est-à-dire que *les lignes de chaque bande sont extraordinairement écartées*. Dans le spectre multilinéaire de la molécule d'hydrogène H^2 on a découvert des séries de lignes pour lesquelles $\Delta\lambda$ pour des lignes voisines est de l'ordre 100 Å. Mais les particularités caractéristiques des bandes, par exemple, l'existence de bords bien nets, ont ici complètement disparu. Le spectre multilinéaire de l'hélium présente quelque chose de moyen entre le spectre multilinéaire de l'hydrogène et les spectres de bandes des molécules plus lourdes. Il consiste en quelques groupes de bandes dans lesquels se trouvent des bords nettement tranchés. De tels groupes correspondent à divers ν_e, c'est-à-dire à des états de mouvement des électrons. Parmi les séries de lignes distinctes, il s'en trouve de positives, de négatives et de nulles, comme dans les spectres de bandes vrais.

Pour terminer ce chapitre concernant les spectres de bandes, nous examinerons la question de la détermination du *moment d'inertie* K de la molécule et de la *distance* r des atomes de la molécule diatomique. Ces déterminations sont basées sur les formules (19) et (3,a).

$$(20) \qquad K = \frac{m_1 m_2}{m_2 + m_2} r^2 \text{.}$$

Connaissant $\Delta\nu$, nous trouvons K d'après (19) et ensuite r d'après (20). Ainsi, par exemple, A. Kratzer a calculé K en unités C. G. S. et r en centimètres sur la base des expériences de Imes. Il a trouvé les nombres suivants :

	$K \cdot 10^{40}$ gr. cm^2	$r \cdot 10^8$ cm.
HF.	1,325	0,92
HCl	2,594	1,265
HBr.	3,258	1,407

A. Eucken donne des nombres un peu différents et, en outre, pour

CO.	14,7	1,14.

La molécule de vapeur d'eau H^2O doit avoir trois moments principaux d'inertie. A. Eucken a calculé deux d'entre eux sur la base des observations de Sleator ; il a trouvé

$$K_1 = 2,25 \cdot 10^{-40} \qquad et \qquad K_2 = 0,97 \cdot 10^{-40}$$

Pour le troisième il trouve probable un nombre voisin de $K_3 = 3,2, 10^{-40}$. De là il conclut que la molécule d'eau porte un angle d'environ 110^0 dont le sommet est sur l'atome d'oxygène ; pour la distance des atomes d'hydrogène à l'atome d'oyygène, il trouve 1.10^{-8} cm. Pour la molécule H^2, il se trouve que $K = 1,8. 10^{-41}$. Pour la molécule inconnue qui donne la bande cyanique (fig. 39), il a obtenu $K = 1,41, 10^{-39}$. R. Fortrat (1924) a donné le résumé de la question des spectres de bandes.

BIBLIOGRAPHIE

1

H. Deslandres. — *C. R.*, **103**, 1886 ; **104**, 1887 ; **115, p.** 222, 1892 ; **137,** p. 457, 1013, 1903 ; **138**, p. 317, 1904 ; *Journ. de Phys.* (2), **10**, p. 276, 1890.

N. Bjerrum. — *Nernst-Festschrift*, p. 90, Halle, 1912 ; *Zeitschr. f. Elektrochem.*, **17**, p. 733, 1911 ; *Verh. d. D. phys. Ges.*, 1914, p. 670, 737.

K. Schwarzschild. — *Berl. Akad. Ber.*, 1916, p. 548.

W. Lenz. — *Verh. d. D. phys. Ges.*, 1919, p. 632 ; *Phys. Zeitschr.*, 1920, p. 691.

T. Heürlinger. — *Diss.*, Lund, 1918 ; *Zeitschr. f. Phys.*, **1**, p. 82, 1920 ; *Phys. Zeitschr.*, 1919, p. 188.

2

P. Ehrenfest. — *Verh. d. D. phys. Ges.*, 1913, p. 451.

A. Eucken. — *Verh. d. D. phys. Ges.*, 1913, p. 1159 ; *Jahrb. d. Rad.*, **16**, p. 361, 1920.

N. Bjerrum. — *Verh. d. D. phys. Ges.*, 1914, p. 640.

A. Kratzer. — *Diss.*, München, 1920 ; *Zeitschr. f. Phys.*, **3**, p. 289, 1920 ; **16**, p. 353, 1923 ; **23**, p. 298, 1924 ; *Ber. Münch. Akad.*, 1922, p. 107; *Annal. der Phys.*, **67**, p. 127, 1922 ; **71**, p. 84, 1923 ; *Phys. Zeitschr.*, 1921, p. 552 ; *Naturwiss.*, **11**, p. 577, 1923 ; *Ergebn. der exakt. Naturwiss.*, **3**, p. 315, 1922.

H.-A. Kramers u. W. Pauli. — *Zeitschr. f. Phys.*, **13**, p. 343, 1923.

H. Sponer. — *Bandenspektren, Diss.*, Göttingen, 1921.

H.-A. Kramers. — *Zeitschr. f. Phys.*, **13**, p. 351, 1923.

A. Sommerfeld. — *Atombau u. Spektrallinien*, 4e éd., p. 883 (théorie de Kratzer).

3

H. Rubens. — *Berl. Akad. Ber.*, 1910, p. 26 ; 1913, p. 513 ; 1916, p. 167.

H. Rubens u. G. Hettner. — *Berl. Akad. Ber.*, 1916, p. 167.

G. Hettner. — *Annal. der Phys.* (4), **55**, p. 476, 1918 ; *Zeitschr. f. Phys.*, **1**, p. 351, 1920.

W. Burmeister. — *Verh. d. D. phys. Ges.*, 1913, p. 589.

Eva v. Bahr. — *Verh. d. D. phys. Ges.*, p. 673, 710, 731, 1150 ; *Annal. der Phys.* (4), **33**, p. 585, 1915 ; **38** p. 206, 1912 ; *Phil. Mag.* (6), **28**, p. 71, 1914.

H. Rubens et H. Wartenberg. — *Verh. d. D. phys. Ges.*, 1911, p. 796.

A. Eucken. — *Verh. d. D. phys. Ges.*, 1913, p. 1159 ; *Jahrb. d. Rad.*, **16**, p. 389, 1920.

Steator. — *Astrophys. J.*, **48**, p. 124, 1918.

Imes. — *Astrophys. J.*, **50**, p. 251, 1919.

W.-F. Colby et Meyer. — *Astrophys. J.*, **53**, p. 300, 1921.

W.-F. Colby, Meyer et Bronk. — *Astrophys. J.*, **57**, p. 7, 1923.

W.-F. Colby. — *Astrophys. J.*, **51**, p. 230, 1920 ; **53**, p. 300, 1921 ; **57**, p. 7, 1923 ; **58**, p. 303, 1923.

E.-F. Barker. — *Astrophys. J.*, **58**, p. 20, 1923.

Cooley. — *Phys. Rev.* (2), **21**, p. 376, 1923 ; **23**, p. 295, 1924.

Cl. Schäfer et M. Thomas. — *Zeitschr. f. Phys.*, **12**, p. 330, 1923.

F.-W. Loomis. — *Astrophys. J.*, **52**, p. 248, 1920.

A. Kratzer. — *Zeitschr. f. Phys.*, **3**, p. 460, 1920 ; **23**, p. 298, 1924 ; *Annal. der Phys.*, **71**, p. 41, 1923.

Manderslot. — *Diss.*, Amsterdam, 1914.

E.-C. Kemble. — *Phys. Rev.* (2), **8**, p. 701, 1916.

J.-B. Brinsmade et E.-C. Kemble. — *Proc. Nat. Ac. Wash.*, **3**, p. 420, 1917.

R. Fortrat. — *Journ. de Phys.*, 1924, p. 33.

CHAPITRE VIII

RAYONS ULTRA-VIOLETS ET INFRA-ROUGES

1. Spectres ultra-violets. — Dans le chapitre VI, § 9, nous avons pris connaissance des travaux qui ont été effectués pour combler l'intervalle de plus de 6 octaves qui existait entre les rayons ultra-violets extrêmes et les plus mous des rayons X. La conquête d'un nouveau domaine de l'énergie rayonnante s'est faite là du côté des rayons X. Les méthodes de recherche avaient un caractère électrique ; elles étaient basées sur les phénomènes photoélectriques, sur les propriétés des électrons, etc. Maintenant nous passons à l'examen de travaux, peu nombreux mais très importants, qui avaient pour but de pénétrer dans le même domaine *du côté des rayons ultra-violets* et qui employaient des méthodes purement optiques. Les résultats généraux de ces travaux ont déjà été indiqués dans le chapitre VI, § 9.

Dans le T. II on a parlé des travaux de V. Schuhmann (1901), qui le premier a considérablement étendu le domaine alors connu des rayons ultra-violets et notamment à peu près jusqu'à $\lambda = 0,1\mu = 1000$ Å. Après Schuhmann il n'y eut pendant assez longtemps aucune avance nouvelle, si l'on ne compte pas les travaux de Lénard et Ramsauer, qui pensent être allés jusqu'à $\lambda = 900$ Å, et dont il a déjà été parlé dans le T. II. Un pas important a été fait par T. Lymann (1915), qui a employé, non un prisme en fluorine comme Schuhmann, mais un réseau de diffraction courbe. Comme source il employait un tube à décharges en quartz avec électrodes de Mg, Al, Fe et Ca. Il alla jusqu'à $\lambda = 450$ Å. Dans ce nouveau domaine il mit en évidence la présence d'un grand nombre de lignes spectrales de H^2, He et Ar.

Dans le chapitre VI, § 9 furent considérés les travaux de O. W. Richardson et C. B. Bazzoni (1921) effectués par la *première* des méthodes photoélectriques qui y sont décrites et qui est basée sur la détermination des points d'inflexion de la courbe qui exprime la relation du rapport $i_2 : J_1$ à la tension V dans le tube. Toutefois les savants précités avaient effectué auparavant (1917) une recherche par la *seconde* méthode basée sur la *vitesse v* des électrons émis par les gaz sous l'influence des rayons ultra-violets extrêmes, et où *v* était déterminé par la déviation de ces électrons dans un champ magnétique. Bien qu'une telle méthode ne rentre pas parmi celles qui sont purement optiques, nous rapporterons ici ce premier travail de RICHARDSON et BAZZONI, car il est le premier, après celui de LYMAN, qui ait donné une certaine extension, faible il est vrai, à la partie ultra-violette du spectre. RICHARDSON et BAZZONI ont employé la formule (38) du chapitre VI un peu simplifiée.

$$(1) \qquad h\nu = \frac{1}{2} mv^2,$$

où h est la constante de PLANCK et m la masse de l'électron. Ils ont trouvé que le spectre de l'hélium s'étend à peu près jusqu'à $\lambda = 420$ Å, le spectre l'hydrogène jusqu'à 900 Å, et le spectre des vapeurs de mercure jusqu'à 1000 Å.

Passons aux très remarquables travaux de R. A. MILLIKAN (1919-1921), qui réussit à étendre considérablement le spectre ultra-violet en employant une méthode purement optique et découvrit un nombre énorme de raies spectrales dans cette nouvelle région de l'énergie rayonnante. Tout l'appareil se trouvait dans un vide élevé ; la pression du gaz restant était inférieure à 10^{-4} mm, de Hg. Comme source on prenait une forte étincelle de décharge d'une bobine d'induction et d'une batterie de bouteilles de Leyde ; la distance entre les électrodes variait de 0,1 à 2 mm. Le perfectionnement le plus important résultait de l'emploi de réseaux de diffraction courbes (T. II) dans lesquels le nombre des traits allait jusqu'à 1100 par millimètre. Les longueurs d'onde étaient déterminées à l'aide des raies de l'aluminium 1854,7 et 1862,7 Å ; la précision des mesures atteignait 0,2 Å. Les meilleurs résultats furent donnés par un réseau de 500 traits au millimètre et d'une distance focale égale à 83,5 cm. La plaque photographique ne contenait pas de gélatine, cette substance absorbant les rayons dont il est question ici. Les électrodes étaient de Zn, Fe, Ag, Ni et de charbon. Chose très importante, la décharge par étincelle était fournie par une source de grande capacité et de très haute tension, atteignant quelques centaines de kilovolts.

Arrivons aux *résultats* qu'a obtenus MILLIKAN et dont il a publié l'ensemble en 1924. Il a trouvé plus de 800 lignes entre $\lambda = 1862$ Å (région de SCHUMANN) et $\lambda = 136,6$ Å ; ce dernier nombre représente la longueur d'onde d'une ligne de l'aluminium, qui est l'extrême limite qu'il a pu atteindre. Si l'on compte qu'avant lui la plus petite longueur mesurée directement était égale à 510 Å, on voit que Millikan a allongé le spectre ultra-violet de près de deux octaves. L'intervalle entre les longueurs d'onde mesurées directement, $\lambda = 136,6$ Å et $\lambda = 17,66$ Å (SIEGBAHN, 1924) a diminué jusqu'à être *moindre que trois octaves*, tandis qu'avant les travaux de LYMAN et de SIEGBAHN (1000 Å et 13 Å) il était de *plus de six octaves* ; il a été réduit de moitié. MILLIKAN ne s'est pas borné à donner les longueurs d'onde des lignes qu'il a trouvées, mais il a encore indiqué à quels éléments ces lignes appartiennent. Dans beaucoup de cas s'exprime d'une façon déterminée l'identité de telles ou telles lignes d'éléments *légers* avec des lignes déterminées K, L et M des rayons X. Sur cette question nous avons exposé dans le chapitre VI, § 9 des considérations générales qu'il est inutile de répéter ici. L'origine de ces lignes est différente, et il n'y a pas de doute que beaucoup d'entre elles appartiennent aux « spectres d'étincelle » (chapitre V, § 3, I) qui prennent naissance quand on enlève à la couche atomique extérieure 1, 2, 3, etc., électrons. Ainsi MILLIKAN trouve 4 lignes Mg II, 5 lignes Al II, 9 — Al III, 11 — Si IV, et vraisemblablement quelques lignes P V (les désignations sont les mêmes que dans le chapitre V, § 3, 1).

Un point intéressant, c'est que MILLIKAN n'a trouvé pour *l'hydrogène* aucune ligne dont la longueur d'onde fût moindre que celle de la ligne extrême de la série

$$(2). \qquad \nu = R\left(\frac{1}{1^2} - \frac{1}{k^2}\right), \qquad k = 2, 3, 4, \ldots$$

(voir chap. III, form. (6,*a*)), c'est-à-dire moindre que $\lambda = 1215,7$ Å. Cette série représente le groupe K des rayons X pour l'hydrogène. La ligne extrême prend naissance lorsque l'électron passe de l'infini à la première orbite, la plus proche du noyau de l'atome. A ce passage correspond la plus grande perte d'énergie possible pour l'atome d'hydrogène et, par suite, la production du plus fort quantum $h\nu$ possible, c'est-à-dire du moindre λ. Il est évident, d'après la théorie de BOHR, que le spectre de l'hydrogène ne peut avoir de lignes de longueur d'onde moindre que celle-ci, ce qui est confirmé par les observations de MILLIKAN. Pour He et Li on n'a pas non plus trouvé de nouvelles lignes ultra-violettes. Pour Gl (Z = 4), on a trouvé une ligne faible, qui d'ailleurs reste douteuse. Na (11) donne une ligne intense $\lambda = 372,3$ et une douteuse $\lambda = 376,6$ Å ; pour les autres éléments B (5), C (6), N (7), O (8), F (9), Mg (12), Al (13), Si (14), P (15), S (16), Cl (17), K (19), Ca (20), Cr (24) et Cu (29), MILLIKAN donne un tableau de longueurs d'ondes, dans lequel le nombre de lignes pour divers éléments varie de 6 à 160. MILLIKAN considère les lignes les plus intenses comme formées par les rayons X du groupe L ; telles sont les lignes : Li $\lambda = 6708$; Gl $\lambda = 3131,19$; B $\lambda = 2066,2$; C $\lambda = 1335,0$; N $\lambda = 1085,2$; O $\lambda = 834,0$; F $\lambda = 656,4$; Na $\lambda = 372,3$; Mg $\lambda = 231,6$; Al $\lambda = 162,4$. Les quatre dernières lignes sont dans le domaine récemment découvert par MILLIKAN. Toutes ces lignes sont des doublets dont la différence de fréquence augmente lorsque s'élève le numéro d'ordre de l'élément. On a aussi trouvé des lignes qui, suivant l'opinion de MILLIKAN, appartiennent au groupe M des rayons X.

Donnons encore quelques exemples de très faibles longueurs d'onde : Fe $\lambda = 271$; Ni $\lambda = 200$; Zn $\lambda = 316$ Å. Un intérêt particulier s'attache aux éléments dont le numéro d'ordre est inférieur à 10, c'est-à-dire dont les atomes sont moindres que celui du néon ; tels sont B (5), C (6), N (7), O (8), F (9). Pour ces éléments MILLIKAN a découvert une régularité étonnante : les éléments dont le numéro d'ordre Z est impair (B, N, F) ont dans le nouveau domaine un *spectre très simple*, composé d'un petit nombre de lignes, et les éléments pour lesquels Z est pair (C,O) donnent un *spectre complexe* formé d'un grand nombre de lignes de même intensité et dont les plus éloignées ont des longueurs d'onde 678,8 et 760,0 Å. L'azote donne un spectre de 4 lignes entre 685,6 et 1085,3 Å. Le fluor a des lignes 607,2 et 657, 2Å et en plus quelques lignes de plus courtes longueurs d'onde. Par contre, le carbone a un spectre compliqué entre 1335 et 360,5 Å, et la même chose a lieu pour l'oxygène, dont le plus grand nombre des lignes se trouvent entre 834 et 230 Å.

La plus courte longueur d'onde mesurée est, comme nous l'avons dit, celle d'une ligne de l'aluminium, $\lambda = 136,6$ Å. Elle est 40 fois moindre que la longueur d'onde de la partie moyenne du spectre visible et 7,7 fois plus grande que la plus grande longueur d'onde (17,66 Å) des rayons X. Aujourd'hui, par une seule et même méthode, au moyen du *réseau de diffraction*, on a étudié la partie continue du spectre d'énergie rayonnante de $\lambda = 350 \mu = 3,5.10^{-2}$ cm. jusqu'à $\lambda = 136,6$ Å $= 1,36 . 10^{-6}$ cm ; *cette partie constitue environ 14 octaves et demie.*

Millikan a trouvé pour chacun des métaux Al, Mg et Na, une ligne dans la région des λ très petits, et ensuite un large intervalle absolument dépourvu de lignes. Pour Al cet intervalle vide s'étend de 136,6 à 1200 Å ; pour Mg, de 232,2 à 1700 Å ; pour Na, de 376,5 à 2413 Å. Millikan pense que ces lignes individuelles éloignées sont des lignes Lα *du spectre de rayons* X. Siegbahn (« Spektroskopie der Röntgenstrahlen », 1924, p. 328) pense que ce sont plutôt des lignes Lβ_3. En général Millikan considère beaucoup des lignes qu'il a découvertes comme des lignes déterminées des groupes L et M du spectre de rayons X ; mais ces questions ne peuvent pas encore être considérées comme résolues.

Remarquons que dans ces derniers temps il a paru toute une série d'études des spectres ultra-violets. Tels sont les travaux de J. C. Mc. Lennan. et de ses collaborateurs, qui ont étudié les spectres d'arc et d'étincelle de toute une série de métaux, dans le domaine des rayons de Schumann. Les mêmes buts ont été poursuivis par L. et E. Bloch, qui ont mesuré, par exemple, 84 lignes pour l'étain et 107 lignes pour le zinc dans l'intervalle de 1700 à 1300 Å. En outre, J. J. Hopfield (1922) a étudié les spectres de l'hydrogène, de l'azote et de l'oxygène dans l'ultra-violet extrême. Pour la ligne extrême de l'hydrogène (voir (2)) il put déterminer avec une grande précision la longueur d'onde ; celle-ci fut trouvée égale à $1215,68 \pm 0,02$ Å. Le spectre multilinéaire de *l'hydrogène* s'est montré allant jusqu'à $\lambda = 885,6$ Å. *L'azote* a donné au moyen d'un courant constant 19 bandes entre 1054 et 1384,7 Å. Dans la décharge par étincelles une série de lignes se sont montrées entre 834,9 et 1326,9 Å. *L'oxygène* donne dans la décharge par étincelles un spectre de lignes allant jusqu'à 507,7 Å.

2. Le spectre infra-rouge. — Dans le T. II nous avons considéré les travaux de H. Rubens et de ses élèves effectués en 1914. Ici nous exposerons les résultats des recherches ultérieures de ce même savant enlevé prématurément (1922). Avant tout nous parlerons des méthodes qui existent pour reçevoir les rayons infra-rouges et aussi pour obtenir les spectres de ces rayons. Pour $\lambda > 2\,\mu$ nous n'avons jusqu'à ce jour que le procédé *thermique* de mesure de l'énergie des rayons par le moyen de leur concentration sur des soudures thermoélectriques ou sur un microradiomètre. On peut obtenir le spectre par sa *photographie directe* sur des plaques sensibilisées par la dicyanine ; mais on ne peut utiliser ce procédé que jusqu'à $\lambda = 1\,\mu$. De plus, on peut profiter de la propriété que possèdent les rayons infra-rouges (et rouges) d'éteindre la phosphorescence ; ayant reçu l'image du spectre de ces rayons sur la surface lumineuse d'une couche phosphorescente, il ne reste plus qu'à photographier cette surface, sur laquelle la présence de rayons infra-rouges se manifeste par des bandes sombres. Mais ce procédé n'est pas utilisable pour $\lambda > 2\,\mu$. A. N. Térépine (1924) a élaboré un autre procédé : une plaque photographique convenablement préparée est soumise au faible éclairement d'une petite lampe électrique de 1 à 2 bougies à une distance d'un mètre, pendant 10 à 20 secondes, par suite de quoi un voile se forme sur la plaque. Les rayons infra-rouges détruisent ce voile, de telle sorte que leur spectre apparait nettement. Par ce procédé A. Térépine a pu aller jusqu'à $1,13\,\mu$.

Considérons maintenant le procédé de H. Rubens et R. W. Wood (ils travaillaient ensemble) pour séparer les rayons infra-rouges de longueur d'onde $\lambda > 70\,\mu$ des rayons de longueur d'onde relativement faible. *Ce procédé de la lentille de quartz* est basé sur ce que le quartz absorbe fortement tous les rayons entre $\lambda = 4,5\,\mu$ et $\lambda = 70\,\mu$. A une telle absorption se relie le phénomène de la *dispersion anormale* (T. II). Pour les rayons infra-rouges

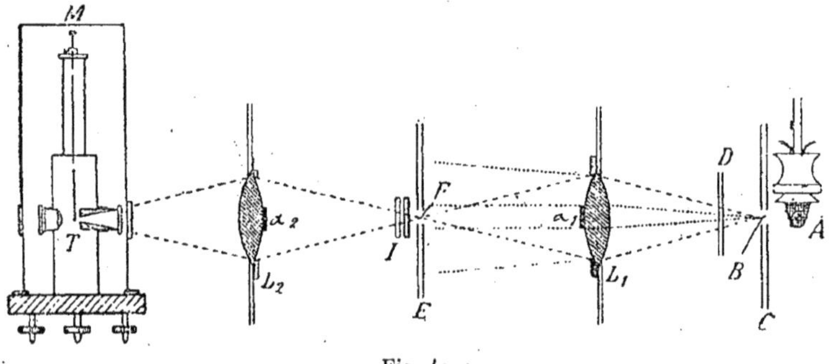

Fig. 42.

pour lesquels $\lambda < 4,5\,\mu$ et pour les rayons visibles, l'indice de réfraction n varie de $1,43$ à $1,55$. La constante diélectrique du quartz est égale à $4,6$, et c'est pourquoi n doit être égal à $\sqrt{4,6} = 2,14$ pour de très grandes longueurs d'onde. Effectivement, il se trouve, comme l'ont montré H. Rubens et E. F. Nichols (1897), que $n = 2,19$ pour $\lambda = 63\,\mu$, et que n tend vers $2,14$ pour un accroissement ultérieur de λ. Si un faisceau de rayons infra-rouges de tous les λ possibles traverse une lentille de quartz, tous les rayons pour lesquels $4,5\,\mu < \lambda < 70\,\mu$ sont absorbés et passent seulement les rayons $\lambda < 4,5\ \mu$ et $\lambda > 70\ \mu$, le second groupe étant bien plus fortement réfracté que le premier. C'est là-dessus qu'est basé le procédé employé par RUBENS et WOOD et le dispositif représenté par la figure 42. Comme source on employait un manchon Auer A devant lequel se trouve un écran C à double paroi en tôle percé d'une ouverture cirrulaire B. A une distance de 26 centimètres de cet écran est disposée une lentille de quartz L_1, derrière laquelle et à la même distance se trouve un écran E avec un diaphragme circulaire F, puis une seconde lentille de quartz L_2 et un microradiomètre T. Une lame de verre mobile D permettra aux rayons de grand λ d'arriver à T. Les lentilles L_1 et L_2 ont pour les rayons visibles une distance focale égale à 27,3 centimètres, c'est-à-dire plus grande que la distance $CL_1 = L_1E = EL_2 = L_2T = 26$ centimètres. Le diamètre des lentilles est 7,5 centimètres, leur épaisseur 8 millimètres. Les parties centrales des deux lentilles sont recouvertes de feuilles circulaires α_1 et α_2 de papier noir ; le diamètre de ces cercles est 25 millimètres. La distance de 26 centimètres des parties séparées de l'appareil a été choisie de façon que, par exemple, la lentille L_1 donne en F une image nette de l'ouverture B, image formée par les seuls rayons pour lesquels n est voisin de 2,14, c'est-à-dire $\lambda > 70\ \mu$. Les rayons infra-rouges de faible longueur d'onde ($\lambda < 4,5\ \mu$), pour lesquels $n = 1,5$ environ, forment après la sortie de la lentille L_1, un faisceau *divergent* (en ponctué sur la figure 42) dont la partie centrale est arrêtée par le papier noir α_1, et tout le reste par l'écran E. Mais par suite de la diffusion des rayons à la surface de la lentille L_1, une faible partie des rayons $\lambda < 4,5\ \mu$ peut néanmoins arriver à l'ouverture F ; pour éloigner complètement ces rayons on se sert de la seconde lentille L_2 avec le papier noir α_2.

Pour mesurer les longueurs d'onde on emploie un interféromètre I du type FABRY et PERROT (T. II), formé de deux lames de quartz parallèles, entre lesquelles il reste une couche d'air dont on peut augmenter l'épaisseur progressivement à partir de zéro ; pour cela l'une des lames est fixe et l'autre est portée par un petit support mobile. Si l'on déplace la lame peu à peu, la déviation vers T diminue et augmente alternativement, d'où l'on peut déterminer λ (T. II). Les rayons apparurent peu homogènes ; le maximum d'intensité se trouvait vers $\lambda = 100\ \mu$.

En 1921 RUBENS construisit trois réseaux de diffraction pour mesurer les longueurs d'onde des rayons de l'infra-rouge lointain. Ces réseaux étaient formés de fils de cuivre fins tendus parallèlement entre eux. Les épaisseurs des fils d et les distances g des axes des fils voisins furent les suivantes :

	d	g
I.	1,004 mm.	2,0007 mm.
II.	0,483 »	0,9991 »
III.	0,196 »	0,3997 »

La grandeur g est presque égale au double de d, c'est-à-dire que la largeur des intervalles est voisine de l'épaisseur des fils. De la sorte les spectres d'ordre pair disparaissent et ceux d'ordre impair sont particulièrement intenses. Au moyen de ces réseaux RUBENS a étudié le spectre infra-rouge du brûleur Auer et de l'arc au mercure, dont il sera question plus loin. Les savants américains, par exemple, E. G. IMES, W. F. COLBY, E. F. BARKER emploient des réseaux réfléchissants dont les traits ont une section déterminée ayant la forme d'un triangle scalène. Ce profil est choisi de telle façon que les rayons réfléchis par ces traits donnent un spectre intense d'un ordre déterminé d'un côté du milieu et en outre pour une région spectrale donnée.

Pour ce qui concerne *la séparation des rayons d'une longueur d'onde déterminée* λ du flux d'énergie rayonnante, il faut dire que *la méthode des rayons restants*, découverte par H. RUBENS en 1897 et exposée dans le T. II, a reçu de nouveaux développements. Rappelons qu'elle consiste en la réflexion successive des rayons sur une série de lames (4 — 5) d'une seule et même substance laissant passer tous les rayons, excepté ceux d'une longueur d'onde déterminée, que cette substance réfléchit sélectivement Voici un tableau de substances et des longueurs d'onde λ des rayons restants correspondants :

Substance	λ	Substance	λ
Gypse	8,68 μ	$PICl^2$	91,0
Quartz	8,5 ; 9,0 ; 20,75	TiCl	91,6
Mica	9,20 ; 18,40 ; 21,25	AgCN	(93)
CaF^2	24 ; 31,6	KI	94,1
NH^4Cl	51,5	$HgCl^2$	(95)
NaCl	52,0	$CaCO^2$	98,7
NH^4Br	59,3	Hg^2Cl^2	98,8
KCl	63,4	AgBr	112,7
AgCl	81,5	TlBr	117,0
KBr	82,6	TlI	151,8

Il est curieux que λ croisse à mesure qu'augmente le poids atomique de l'halogène (Cl — Br — I) pour un métal donné (K, Tl, Ag), et aussi avec l'augmentation du poids atomique du métal (Na — K — Ag — Hg, K — Ag — Tl, K — Tl) pour un même halogène (Cl. Br ou I). On a mis entre parenthèses les nombres moyens et moins certains.

M. CZERNY (1921) a perfectionné notablement la méthode d'obtention des rayons restants. Il considère que la réflexion des rayons non soumis à la réflexion sélective se fait selon les formules de FRESNEL (T. II) et que, par conséquent, les rayons polarisés perpendiculairement au plan d'incidence (le vecteur électrique est dans ce plan) ne se réfléchissent pas pour un angle de réflexion égal à l'angle de polarisation complète. Si donc tout le flux d'énergie rayonnante est polarisé par réflexion sur un miroir de sélénium, qui dans la partie infra-rouge ne montre aucune dispersion par la réflexion, par une nouvelle réflexion à la surface d'un cristal sous l'angle de polarisation pour les rayons de fréquence moyenne ne se réfléchissent que les rayons restants qui n'obéissent pas aux lois de Fresnel. M. Czerny a écarté les défauts de cette méthode par un perfectionnement ingénieux que nous n'exposerons pas. Ajoutons que M. Rusch (1923) a utilisé l'interféromètre de Michelson (T. II) pour mesurer la longueur d'onde des rayons restants du spath d'Islande (environ 6,7 μ) ; la partie optique de l'appareil était formée de spath fluor.

En 1911 H. Rubens et O. Baeyer ont découvert une nouvelle source de rayons infra-rouges de très grande longueur d'onde. Cette source, c'est la lampe à arc de mercure dans le quartz ; la longueur de l'arc est environ 80 millimètres pour 4 ampères et 100 volts. Les premières recherches ont montré que la lumière de cette lampe donne un spectre infra-rouge très étendu ; les maximums d'intensité ont lieu vers $\lambda = 218$ μ et $\lambda = 343$ μ. Cette dernière est la plus grande longueur d'onde qui ait été mesurée jusqu'à ce jour ; toutefois le spectre de la lampe à arc a été suivi jusque vers $\lambda = 400$ μ. La lampe à *amalgame*, contenant 60 % Hg, 20 % Bi, 20 % Pb et des traces de Cd et Zn, a donné le même rayonnement que la lampe au mercure pur. Dans un travail ultérieur (1913) Rubens et Baeyer ont montré que les rayons voisins de $\lambda = 218$ μ sont plus fortement absorbés par la vapeur d'eau que les rayons voisins de $\lambda = 343$ μ, mais que la faible intensité des rayons dans le domaine intermédiaire ne s'explique pas par l'absorption par la vapeur d'eau qui existe dans l'air.

En 1921 II. Rubens a étudié minutieusement tout le spectre de la lampe au mercure, se servant des mêmes réseaux de diffraction formés par des fils que nous avons déjà décrits. Les observations directes ont mis en évidence les maxima et minima suivants.

Maxima :	72,2	149,9	**209,9**	**324,8** μ
Minima :	120,7	174,5	267,1 μ	

Le premier maximum $\lambda = 72,2$ appartient indubitablement aux parois incandescentes de la lampe de quartz. La source du second maximum reste encore douteuse ; le troisième et le quatrième appartiennent aux *vapeurs de mercure*. Le premier minimum se décompose en deux, 105 et 132 μ ; il se produit grâce à l'absorption des rayons du quartz incandescent par les vapeurs de mercure. Il est possible que le minimum à 267,1 μ soit dû en partie à l'absorption par la vapeur d'eau, car Eva v. Bahr a trouvé vers 250 μ une bande dans le spectre d'absorption de ces vapeurs. La question des *centres* émetteurs de ces rayons infra-rouges extrêmes présente un grand intérêt. Nous avons vu (chapitre VII) que de tels rayons sont émis non par les atomes, mais par les *molécules*. Il convient d'admettre la possibilité de la formation de *molécules de mercure* dans l'arc voltaïque, bien que nous sachions que la vapeur de mercure est monoatomique. Mais des molécules de mercure peuvent prendre naissance par l'union des atomes de mercure diversement excités, de même que nous avons dû admettre l'existence de molécules d'hélium. H. Rubens a étudié de la même façon la distribution de l'énergie dans le spectre infra-rouge du manchon Auer.

Passant à quelques résultats des recherches expérimentales dans le domaine des rayons infra-rouges, nóus remarquons avant tout que le *papier noir* (carton) est à un degré sensible transparent pour les rayons infra-rouges lointains émis par le brûleur AUER et par la lampe à mercure. Cela a donné à RUBENS la possibilité dans ses diverses recherches de *filtrer* les rayons au moyen de papier noir. En 1915 et 1916 RUBENS a déterminé l'*indice de réfraction n* des rayons infra-rouges de grande longueur d'onde pour diverses substances solides, cristallines et amorphes, et aussi pour une série de liquides. La grandeur n était déterminée indirectement, par mesure du coefficient de réflexion puis calcul sur la base des formules de FRESNEL (T. II). Ces formules donnent, dans le cas de l'incidence normale, pour le coefficient r de réflexion, c'est-à-dire pour le rapport de l'énergie des rayons réfléchis à l'énergie des rayons incidents, l'expression :

$$(3) \qquad r = \frac{(n-1)^2}{(n+1)^2}.$$

D'après la théorie de MAXWELL nous avons (voir la condition plus loin)

$$(4) \qquad n^2 = D,$$

où D est la *constante diélectrique* (T. IV) de la substance à laquelle se rapportent les grandeurs n et r. Si l'on exprime la réflexion en la rapportant à 100, c'est-à-dire en introduisant la grandeur $R = 100\,r$, alors (3) et (4) donnent :

$$(5) \qquad R = 100 \left(\frac{\sqrt{D}-1}{\sqrt{D}+1} \right)^2.$$

Après avoir déterminé par l'expérience la grandeur R, nous pourrions de là *calculer* D et comparer le nombre obtenu avec la constante diélectrique mesurée directement. La formule (4) se rapporte à la valeur de n qui correspond à un λ très grand, après lequel il n'y a plus de bandes dans le spectre d'absorption d'une substance donnée. Si D calculé par la formule (5) se montre moindre que la valeur fournie par l'expérience, ceci indique la présence de bandes d'absorption dans la région où la longueur d'onde est plus grande que celle des rayons dont la réflexion a été étudiée. H. RUBENS a déterminé R pour 35 substances solides, parmi lesquelles 20 étaient cristallines et 15 étaient amorphes, en utilisant les rayons infra-ronges extrêmes de *la lampe à arc de mercure*. Il procéda de la façon suivante. Soit D la constante diélectrique *donnée par l'expérience* ; il lui correspond un R *théorique* que RUBENS désigne par R_∞, de sorte que

$$(6) \qquad R_\infty = 100 \left(\frac{\sqrt{D}-1}{\sqrt{D}+1} \right)^2.$$

Il comparait cet R_∞ avec le R qu'il obtenait par la détermination *expérimentale* de la réflexion d'une série de rayons restants, depuis $\lambda = 23\ \mu$ jusqu'à $\lambda = 117\ \mu$, et pour les rayons $\lambda = 300\ \mu$ de la lampe à mercure. Il se trouva que pour les *substances solides* R relatif à *la lampe à mercure* diffère peu de R_∞ calculé par la formule (6), et que, par conséquent, pour ces rayons la formule (4) est applicable. Pour ce qui concerne les *liquides* qu'on a étudiés, on a reconnu qu'on peut les diviser en deux groupes. Pour le premier groupe, dans lequel rentrent le benzène, le xylène, le sulfure de carbone, déjà pour des λ relativement peu considérables du spectre infra-rouge, on obtient une concordance presque parfaite avec la formule $R = R_\infty$, et, par conséquent, avec la formule (4). Avec ces liquides on ne peut espérer de bandes d'absorption dans la région des longueurs d'onde plus grandes encore. Au second groupe appartiennent l'eau, la glycérine et les alcools ; pour eux, même avec $\lambda = 300\ \mu$, la grandeur n est loin d'atteindre la valeur théorique $\sqrt{D}$. Ainsi, avec l'eau et $\lambda = 300\ \mu$, on a trouvé $R = 15,1$, tandis que la formule (6) donne, pour $D = 81$, la grandeur $R_\infty = 64$. Pour la glycérine $R = 9,4$ et $R_\infty = 58$; pour l'alcool éthylique $R = 5$ et $R_\infty = 45$. Chez toutes ces substances il doit exister des bandes d'absorption pour $\lambda > 300\ \mu$, par exemple dans le domaine des rayons hertziens, et effectivement une partie ces bandes ont pu être observées.

En 1904 parut une intéressante recherche de H. RUBENS et K. SCHWARZSCHILD sur la question de l'existence dans le *spectre solaire* de rayons de très grande longueur d'onde. Il n'y a aucun doute que tous les rayons de $\lambda = 11\ \mu$ à $\lambda = 113\ \mu$, s'ils se trouvent dans le spectre solaire, doivent être absorbés par la vapeur d'eau qui existe dans l'atmosphère. Cependant il restait possible qu'il y eût des rayons de bien plus grande longueur d'onde, d'autant plus que la vapeur d'eau n'absorbe pas les rayons hertziens pour lesquels $\lambda = 1,75$ cm., ainsi que l'a montré F. ECKERT (1913). H. RUBENS et K. SCHWARZSCHILD ont employé la méthode de la lentille avec l'appareil représenté dans la figure 42. Si l'on admet que le spectre solaire diffère peu du spectre du corps noir (T. II), les rayons pour lesquels λ est compris entre $400\ \mu$ et $600\ \mu$ doivent donner une déviation sensible du microradiomètre. Un tel fait a été observé, mais il provenait de rayons de λ beaucoup plus courts, car il disparaissait quand sur le trajet des rayons on disposait une petite feuille de papier noir. On trouva ainsi que *dans le spectre solaire il n'y a pas de rayons dont la longueur d'onde soit de 400 à 600* μ. Il est peu probable que dans cette région le spectre solaire diffère sensiblement du spectre du corps noir ; c'est pourquoi il faut admettre que ces rayons sont absorbés à un haut degré par la vapeur d'eau. Il est possible d'ailleurs que d'autres gaz qui existent aussi dans l'atmosphère, par exemple CO^2, absorbent ces rayons infra-rouges extrêmes non encore étudiés.

3. Passage des rayons infra-rouges aux rayons électriques. — Dans le chapitre VI, § 9, nous avons pris connaissance des travaux qui ont donné la possibilité de réaliser le passage des rayons ultra-violets aux rayons X et ainsi de combler une des deux régions « inexplorées », comme on dit, du spectre de l'énergie rayonnante. Il restait une seconde région entre les rayons infra-rouges et les rayons hertziens à travers laquelle il convenait d'établir un pont de liaison. Du côté des rayons infra-rouges, la science a pénétré, comme nous venons de le voir, jusqu'à $\lambda = 343\ \mu = 0,343$ millimètre. Du côté des rayons électriques, P. N. Lébédef (1895) le premier a pénétré jusqu'à $\lambda = 6$ millimètres. Ensuite A. Lampa (1896) a obtenu des rayons de longueur d'onde $\lambda = 4$ millimètres, qui jusqu'en 1910 sont demeurés les plus courtes ondes mesurées avec précision ; alors O. v. Baeyer semble avoir réussi à obtenir des rayons $\lambda = 2$ milli mètres. Rubens mentionne ce travail (Berl. Ber, 1917, p. 62), qui n'a jamais été imprimé. Toutes ces recherches furent effectuées au moyen d'un oscillateur de Hertz de très petites dimensions. Pour atteindre des lon- gueurs d'onde plus petites encore, *qu'on puisse mesurer avec précision*, il y a d'énormes difficultés. Il faut employer des oscillateurs dont les dimensions sont de l'ordre d'un millimètre ou moindres. Mais de tels oscillateurs donnent des rayons de très faible intensité, de sorte qu'on a de grandes dif- ficultés à les suivre et à les mesurer en longueurs d'onde. De plus, il se trouve qu'avec des oscillateurs d'aussi faibles dimensions les longueurs d'ondes émises dans la décharge par étincelle diminuent plus lentement que les dimensions des oscillateurs, comme cela découle du tableau donné par V. K. Arkadief (1919) et a été confirmé par les expériences de E. F. Nichols et J. D. Tear (voir plus loin). Enfin les oscillateurs d'aussi petites dimen- sions sont sujets à une détérioration rapide sous l'influence de la décharge par étincelle ; ils s'oxydent et se brûlent, de sorte qu'il ne peut être question d'une constance prolongée de leur action.

Remarquons que les vibrations fondamentales qui prennent naissance par la décharge électrique de l'oscillateur et produisent un rayon d'une longueur λ déterminée, s'accompagnent de vibrations plus rapides qui représentent des harmoniques supérieurs des vibrations fondamentales. [A ces harmo- niques correspondent des rayons dont les longueurs d'onde peuvent être un grand nombre de fois moindres que le λ fondamental. Mais ces rayons se produisent d'une façon très irrégulière et on ne peut les faire naître à volonté, ce qui est cependant indispensable pour une mesure exacte de la longueur d'onde et, ce qui est le plus important, *pour l'étude de leurs propriétés*. Il est possible qu'ils se forment quelquefois et d'une façon indépendante dans les oscillations électriques entre les fines particules arrachées au vibrateur par la décharge. De telles oscillations supérieures ou harmoniques ont été observées par W. Möbius (1920) quand il étudiait la dispersion dans l'eau et dans l'alcool éthylique de rayons de longueurs d'onde de 7 à 35 mm. Il a observé dans diverses oscillations fondamentales toute une série d'oscillations additionnelles dont les longueurs d'onde avaient des valeurs diverses, de $\lambda = 5{,}0$ mm. à $\lambda = 0{,}1$ mm $= 100\ \mu$; ces dernières correspondent déjà aux rayons infra-rouges de Rubens, qui, ainsi que nous l'avons vu, est arrivé jusqu'à $\lambda = 343\ \mu$. Mais on n'a pas réussi à séparer et à étudier individuellement ces rayons. Möbius propose d'employer un oscillateur dont les rayons seraient absorbés par l'eau, tandis que les rayons correspondant aux harmoniques supérieurs seraient transmis.

En 1923 parut un intéressant travail de E. F. Nichols et J. D. Tear, qui ont réussi à mesurer une longueur d'onde $\lambda = 1{,}8$ mm. et aussi un harmonique pour lequel $\lambda = 0{,}8$ mm. Ils ont construit un oscillateur au moyen de fils de tungstène d'une épaisseur de 0,5 à 0,2 mm. et d'une longueur de 5 mm. à 0,2 mm. soudés dans du verre. Pour augmenter l'énergie ils soufflaient un courant de kérosène à travers l'intervalle où passe l'étincelle. Quand la longueur l des fils de l'oscillateur diminuait de 10 à 0,4 mm., le rapport de la longueur d'onde λ à l s'accroissait de 2,7 à 4,8 ; cela confirme ce que nous avons dit plus haut sur les difficultés qu'on rencontre en essayant d'obtenir des λ très petits par la diminution des dimensions de l'oscillateur. Un système radiométrique pour déceler les rayons, suspendu par un fil de quartz, ne pesait que de 0,5 à 0,1 mgr. Des miroirs concaves et des lentilles de paraffine servaient à concentrer les rayons. Les longueurs d'onde étaient mesurées par la méthode interférentielle de L. BOLTZMANN (1890). Ce procédé consiste en l'emploi de deux lames métalliques planes disposées à la façon des miroirs de FRESNEL (T. II). L'une des lames est fixée invariablement ; l'autre peut être déplacée parallèlement à elle-même, ce qui donne la possibilité de mesurer la longueur d'onde des rayons dont l'action sur le microradiomètre change spontanément par déplacement du miroir mobile. Pour augmenter l'homogénéité des rayons on a construit un miroir à échelons, dans lequel la hauteur des degrés était

égale à $\frac{1}{2}\lambda$. Deux miroirs de cette sorte disposés d'une façon déterminée

donnent des rayons presque monochromatiques.

Mme A. LEVITSKAIA a imprimé en 1924 une communication préliminaire sur un travail effectué par elle pendant son séjour à Taschkent ; malheureusement les circonstances l'ont empêchée de continuer ce travail intéressant. La source d'émission était une sorte de réseau de granules, dont le diamètre était 0,8 à 0,85 mm. Ces granules étaient collés au moyen de baume de Canada sur la surface d'une lame de verre sur laquelle était tracé au diamant un réseau rectangulaire : aux angles de ce réseau étaient fixés les granules, dont la distance des centres des plus proches était de 2 mm. Entre chaque paire de granules des séries horizontales était encore fixé un fil de 0.3 mm., d'épaisseur et de 0,5 mm. de longueur. Chaque file contenait 25 granules et il y avait 15 de ces files. Deux bandes de laiton servaient à conduire le courant de décharge d'une bobine d'induction donnant une étincelle de 20 cm ; dans le circuit il y avait six bouteilles de Leyde et un transformateur de TESLA. La décharge passant le long d'une file de granules et de fils y produisait des oscillations électriques. Les longueurs d'onde des rayons ainsi obtenus, de l'oscillation fondamentale et des harmoniques, étaient calculées par les formules de J. J. Thomson :

$$\lambda_0 = \frac{4\pi a}{\sqrt{3}} ; \quad \lambda_1 = \frac{2\pi a}{1,8} = 0,48\,\lambda_0 ; \quad \lambda_2 = \frac{2\pi a}{2,76} = 0,31\,\lambda_0 ;$$

$$\lambda_3 = \frac{2\pi a}{2,98} = 0,217\,\lambda_0, \text{ etc.}$$

Ici a est le rayon des granules ; λ_0, la longueur d'onde du rayon fondamental ; λ_1, λ_2, λ_3, les longueurs d'onde des rayons additionnels. Pour les granules employés on a :

$$\lambda_0 = 2,9 \text{ mm} ; \quad \lambda_1 = 1,49 \text{ mm} ; \quad \lambda_2 = 0,89 \text{ mm} ; \quad \lambda_3 = 0,62 \text{ mm}.$$

Les longueurs d'onde des rayons fournis par les fils doivent être moindres que 2 mm. ; 0,9 mm. ; 0,6 mm. ; 0,41 mm. L'énergie E de tous les rayons additionnels pris ensemble était 0,66 de l'énergie E_0 du rayon fondamental ; l'énergie E était mesurée par son action thermique. Comme résonateur on employait du cuivre en poudre dans de la paraffine, les dimensions des grains étant telles qu'ils doivent absorber les rayons additionnels et produire ainsi l'échauffement de la paraffine. La température de cette dernière était mesurée par un couple thermoélectrique Bi-Te. Les expériences préliminaires, dont nous ne donnons pas le détail, ont rendu très probable la présence de rayons de longueurs d'onde de 1 mm. à 0,1 mm.

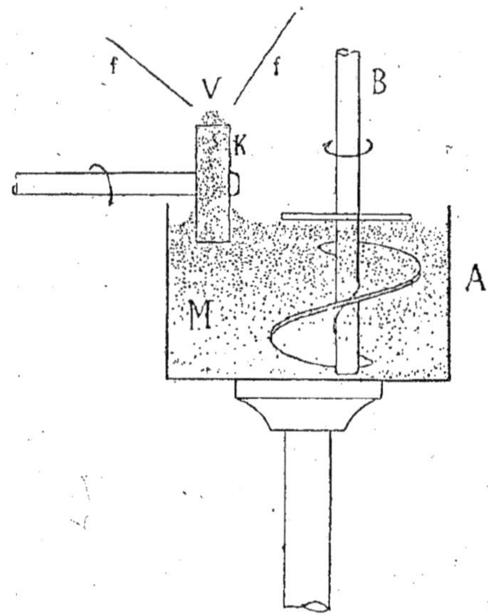

Fig. 43.

Mme A. A. Glagoleva-Arkadieva a publié en 1924 un très intéressant travail qui avait été précédemment présenté à la IIIe Session de l'Association des Physiciens Russes à Nijni-Novgorod, en Septembre 1922. L'idée fondamentale de sa méthode, qui appartient à V. K. Arkadief, découle de cette considération, que pour renforcer l'énergie des rayons émis par des oscillateurs de faibles dimensions, il est nécessaire de prendre non un seul, mais un très grand nombre d'oscillateurs semblables, et, pour éviter leur combustion et leur pulvérisation, il convient de changer continuellement ces vibrateurs. Dans ce but on a employé l' « oscillateur en masse » représenté par la fig. 43.

Dans un vase de verre A est placé un mélange uniforme de limaille métallique et d'huile de machines formant une masse visqueuse semblable à une « soupe de gruau », qui est continuellement agitée par le mélangeur B. Dans cette masse plonge en faible partie une petite roue en karbolithe K tournant par l'action d'un moteur. La roue est enveloppée par la masse vibrationnelle qui forme comme un bandage autour d'elle et dont la partie supérieure V change d'une façon continue par la rotation de la roue. Deux fils f, f conduisent à ce bandage la haute tension de l'inducteur, dont les décharges se font à travers la masse vibrationnelle V. Grâce aux décharges il se produit dans la limaille des oscillations électriques dont la période dépend principalement des dimensions des grains métalliques. On choisissait la limaille de laiton ou d'aluminium ; les meilleurs résultats ont été fournis par de la limaille dont la grandeur variait de 0,5 à 0,14 mm., avec un mélange important de parcelles plus petites, jusqu'à 0,04 mm.

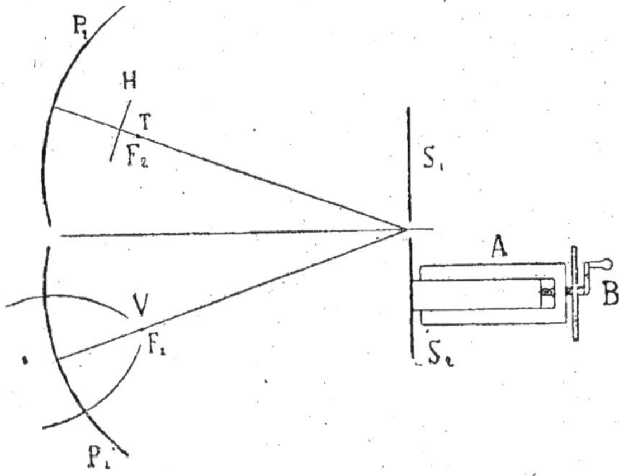

Fig 44.

Pour suivre et mesurer l'énergie relative des rayons on a fait usage de divers couples thermoélectriques réunis à un galvanomètre sensible. Les longueurs d'onde étaient mesurées à l'aide de l'interféromètre à miroir de L. Boltzmann (voir plus haut). La disposition générale des appareils est indiquée par la fig. 44. P_1 et P_2 sont des miroirs métalliques dont les surfaces sont des paraboloïdes de rotation ; S_1 et S_2 sont les miroirs plans de l'interféromètre. S_1 est le miroir immobile, et S_2 est fixé au support A et peut être déplacé au moyen d'une vis micrométrique B dont la tête a des divisions pour mesurer jusqu'à 0,25 mm. La source du rayonnement V est placée au foyer F_1 du miroir parabolique P_1. Le vase de verre contenant la masse vibrationnelle a une hauteur de 4,8 cm., et le diamètre de la section circulaire horizontale est 7,7 cm. Le diamètre de la petite roue K (fig. 43) est 3,2 cm. et son épaisseur 9,5 mm. Au foyer F_2 du second miroir s trouve le couple thermoélectrique T, qui est réuni à un galvanomètre à système magnétique léger ; la sensibilité du galvanomètre est de 3.10^{-9} amp. pour 1 mm. de division de l'échelle avec une période de 4,5 secondes. En H se trouve un écran métallique mobile qui protège le couple thermoélectrique contre l'action des rayons pour la détermination de la position zéro du galvanomètre et qui s'enlève pour la mesure de l'énergie du rayonnement.

Les observations consistaient en ce que, le miroir S_2 étant déplacé parallèlement à lui-même par degrés successifs, on notait les indications correspondantes du galvanomètre, qui mesuraient la somme des énergies de tous les rayons qui tombaient sur lui. Ces rayons avaient dans chaque observation des longueurs d'onde très différentes, car il y avait dans le vibrateur des particules métalliques d'une grandeur non uniforme, et chaque particule émettait, en plus de son rayon principal, une série d'harmoniques additionnels. Pour la représentation graphique des résultats des observations, on portait en abscisses les déplacements du miroir S_2 et en ordonnées les déviations du galvanomètre. On obtint des lignes du type de celles qui représentent le résultat de la combinaison d'une série de vibrations harmoniques de périodes et d'amplitudes (énergie) inégales. Plus petits sont les déplacements du miroir S_2, mieux ressortent les menus détails de ces courbes. Pour la détermination des parties constitutives de l'oscillation complexe on effectuait l'analyse *harmonique* au moyen des tables de L. ZIPPERER ; on a trouvé jusqu'à 11 de ces parties constitutives. Dans un cas particulier, lorsque les rayons de grande longueur d'onde étaient écartés, on a observé une série de 11 rayons, depuis $\lambda = 900\ \mu$ jusqu'à $\lambda = 81,8\ \mu$, où la plus grande énergie appartenait aux rayons $\lambda = 150\ \mu$. D'une façon générale l'oscillateur de masse émet des rayons de $\lambda = 50$ mm. à $\lambda = 81,8\ \mu$.

On a mesuré la transparence de quelques substances pour les rayons émis par l'oscillateur de masse. Il s'est trouvé que le papier et la toile sèche laissent passer 100 $^0/_0$ de ce rayonnement ; la toile caoutchoutée, 60 $^0/_0$; la toile humide, 24 $^0/_0$; le verre sous une épaisseur de 2 mm., 75 $^0/_0$; l'ébonite sous 3 mm., 60 $^0/_0$, et le bois sous 2 cm. 20 $^0/_0$.

On peut espérer que le perferctionnement de l'oscillateur de masse donnera la possibilité de résoudre le problème principal, c'est-à-dire la séparation des rayons monochromatiques et l'étude de leurs propriétés.

BIBLIOGRAPHIE

1

T. LYMAN. — *Astrophys. Journ.*, **43**, p. 89, 1916 ; *Proc. Nat. Ac. of Sc.*, **1**, p. 368, 1915 ; *Nature*, **95**, p. 343, 1915.

O.-W. Richardson et C.-B. Bazzoni. — *Phil. Mag.* (6), **34**, p. 285, 1917.
R.-A. Millikan. — *Astrophys. Journ.*, **52**, p. 47, 286, 1920 ; *Phys. Rev.* (2), **12**,
  p. 168, 1918 ; *Science*, **19**, p. 138, 1919 ; *Proc. Nat. Ac. of Sc.*, **7**, p. 289, 1921.
R.-A. Millikan, J.-S. Bowen et Sawyer. — *Astrophys. Journ.*, **53**, p. 150, 1921.
R.-A. Millikan et J.-L. Bowen. — *Phys. Rev.* (2), **23**, p. 1, 1924.
J. Mc. Lennan et R. Lang. — *Proc. R. Soc.*, **95**, p. 258, 1919.
J. Mc. Lennan, D. Ainslie et D. Fuller. — *Proc. R. Soc.*, **95**, p. 316, 1919.
J.-J. Hopfield. — *Phys. Rev.* (2), **20**, p. 273, 1922.
L. et E. Bloch. — *C. R.*, **170**, p. 226, 320, 1920 ; **171**, p. 709, 909, 1920 ; **172**,
  p. 803, 851, 962, 1921.

2

A.-N. Térénine. — *Zeitschr. f. Phys.*, **23**, p. 204, 1924.
H. Rubens et R.-W. Wood. — *Berl. Akad. Ber.*, 1910, p. 1122 ; *Phil. Mag.* (6),
  21, p. 249, 1911.
H. Rubens et E.-F. Nichols. — *Wied. Ann.*, **60**, p. 418, 1897.
H. Rubens. — *Berl. Acad. Ber.*, 1921, p. 8.
H. Rubens et H. v. Wartenberg. — *Berl. Acad. Ber.*, 1914, p. 169.
M. Czerny. — *Diss.*, Berlin, 1921 ; *Zeitschr. f. Phys.*, **16**, p. 321, 1923.
M. Rusch. — *Diss.*, Breslau, 1923 ; *Annal. der Phys.* (4), **70**, p. 373, 1923.
H. Rubens et O. v. Baeyer. — *Berl. Acad. Ber.*, 1911, p. 339, 666 ; 1913, p. 802 ;
  Phil. Mag. (6), **21**, p. 689, 1911.
H. Rubens. — *Berl. Acad. Ber.*, 1915, p. 4 ; 1916, p. 1280 ; 1917, p. 47.
H. Rubens et K. Schwarzschild. — *Berl. Acad. Ber.*, 1914, p. 702.
F. Eckert. — *Diss.*, Berlin, 1913.

3

A. Lampa. — *Wien. Akad. Ber.*, **104**, p. 1179, 1895 ; **105**, p. 587, 1049, 1896.
O. v. Baeyer. — *Vortrag in d. D. Phys. Ges.*, 18 mars 1910.
W. Möbius. — *Annal. der Phys.* (4), **62**, p. 293, 1920.
E.-F. Nichols et J.-D. Tear. — *Phys. Rev.* (2), **20**, p. 88, 1922 ; **21**, p. 587,
  1923.
J.-D. Tear. — *Phys. Rev.* (2), **21**, p. 611, 1923.
M.-A. Levitskaïa. — *Phys. Zeitschr.*, **25**, p. 107, 1924.
A.-A. Glagoleva-Arkadieva. — *Zeitschr. f. Phys.*, **24**, p. 153, 1924. *Travaux
  de l'Institut technique expérimental* (en russe), fasc. 2, Moscou, 1924 ; *Travaux
  de la IIIe Session de l'Association des physiciens russes* (en russe), à Nijni-
  Novgorod, p. 39, 1923.
V.-K. Arkadief. — *Annal. der Phys.* (4), **58**, p. 105, 1619.
L. Boltzmann. — *Wied. Ann.*, **40**, p. 399, 1890.
L. Zipperer. — *Tafeln zur harmonischen Analyse*, Berlin, 1922.

CHAPITRE IX

EXCITATION ET IONISATION DES GAZ
PAR LES CHOCS DES ÉLECTRONS

---

1. Introduction. — Nos connaissances concernant l'ionisation des gaz par les collisions, et avant tout, par le choc d'électrons libres étaient encore peu avancées en 1913 ; c'est alors que les premiers travaux de J. Franck et G. Hertz ont imposé à toute la question une nouvelle direction et lui ont donné le principe d'une extension surprenante. Dans cette même année parut la nouvelle théorie de Bohr sur la structure de l'atome et bientôt son influence se manifesta sur la théorie des phénomènes qui se produisent quand l'atome ou la molécule sont soumis à un choc de la part d'une particule en mouvement. Nous verrons qu'une telle particule peut ne pas être seulement un électron ; cependant nous n'avons dans le titre de ce chapitre, indiqué que les électrons, car c'est de leur côté que le phénomène se montre le plus intéressant et le plus complètement étudié. Nous parlerons aussi des cas d'ionisation par les collisions des atomes ou des molécules avec d'autres corpuscules que les électrons, mais nous consacrerons à ce sujet relativement moins d'étendue.

Nous nous placerons tout de suite au point de vue de la théorie de Bohr. Plus d'une fois il nous est arrivé de parler de ce que, *sous l'influence d'une action extérieure*, il peut se faire qu'un des électrons extérieurs, dits électrons de valence, soit projeté en dehors de son orbite normale sur une des orbites possibles située à un niveau « plus élevé », ce qui augmente la provision d'énergie de l'atome. Le passage inverse de l'électron vers son orbite normale ou vers vers une orbite intermédiaire s'accompagne d'une émission d'énergie rayonnante, conformément au postulat bien connu de Bohr. L'action extérieure peut provenir d'un afflux d'énergie rayonnante (phénomènes photoélectriques) ou d'électrons en mouvement. Un examen approfondi des recherches expérimentales et théoriques se rapportant au premier cas fera l'objet de ce chapitre. Nous avons vu le second cas dans le chapitre VI, sur les rayons X, qui représentent un phénomène secondaire, tandis que la projection d'un électron de l'atome de l'anticathode, sous l'action du choc des électrons du rayon cathodique, serait le phénomène primaire, qui consiste donc aussi en une sorte d'ionisation de l'atome, dont l'une des couches intérieures perd ainsi un électron. Là nous avons eu affaire à des corps *solides* (anticathode), dont les atomes ont été soumis à l'action d'électrons animés d'une grande vitesse. Maintenant noûs nous tournons vers le cas où des électrons qui se meuvent avec une vitesse beaucoup moindre viennent frapper les atomes ou les molécules de substances gazeuses.

Comme précédemment (voir chapitre VI, § 1) nous exprimerons en *volts* la vitesse des *électrons* qui se meuvent librement. *Le choc peut être élastique ou non élastique.* Nous appellerons élastique un choc qui se fait selon les lois du choc simple, purement *mécanique* entre des corps élastiques. Dans un tel choc l'atome n'est soumis à aucun changement intérieur ; l'électron change la direction de son mouvement, sa vitesse n'éprouve qu'une faible variation dépendant du rapport de sa masse à celle de l'atome. Si l'on peut négliger la première masse vis-à-vis de la seconde, on peut considérer la vitesse de l'électron comme ne changeant pas par le choc. Le choc est dit *non élastique* quand l'électron perd une fraction sensible de sa vitesse, et comme résultat du choc on a un changement de l'état de l'atome ou de la molécule. Pour l'atome le changement considéré dans ce chapitre consiste par-dessus tout en l'évolution d'un électron de valence à partir de son orbite normale jusqu'à une orbite supérieure possible, ou, dans le cas extrême, à la projection de cet électron jusqu'en dehors des limites de l'atome. Considérons ces divers cas de la vitesse des électrons, exprimée en volts V. Si V est une faible grandeur, on peut. dans des conditions déterminées (voir plus loin) obtenir un *choc élastique.* Quand V atteint une certaine valeur déterminée V_r. l'énergie de l'électron est suffisante pour élever l'un des électrons de valence de son orbite normale jusqu'à l'orbite possible *la plus voisine* ; l'atome passe à l'état d' « excitation » ou de « perturbation ». La grandeur V_r est appelée en général le *potentiel de résonance.* Dans ce cas l'électron en mouvement perd toute son énergie cinétique. Pour l'électron déplacé il n'y a qu'un retour inverse possible, le passage à l'orbite normale. C'est pourquoi il ne peut se produire qu'un rayon déterminé, pour lequel le nombre de vibrations v_r est défini par la formule

$$(1) \qquad\qquad c V_r = h v_r$$

où e est la charge de l'électron et h la constante de PLANCK. Ce rayon, ou la *ligne spectrale* qui lui correspond, sont aussi dits de *résonance.* Quand $V > V_r$, alors, d'une façon générale, une *partie* de l'énergie de l'électron est dépensée à élever l'électron de valence dans l'atome. L'électron percuteur conserve le reste de son énergie, et il continue à se mouvoir, mais avec une vitesse diminuée. Et dans ce cas l'atome, sous l'influence du choc, passe encore à *l'état perturbé.* Remarquons une différence profonde entre les deux cas de perturbation de l'atome par l'énergie rayonnante et par le choc électronique. Dans le premier cas l'énergie du quantum apporté doit être *exactement* égale au travail d'élévation de l'électron ; non seulement elle ne peut être moindre, mais elle ne peut être plus grande ; le quantum d'énergie ne peut être dépensé *partiellement* de façon qu'il en reste quelque portion. Mais l'énergie d'un électron qui s'abat sur un atome peut être dépensée en partie de telle sorte que cet électron conserve une fraction de son énergie cinétique.

Pour un accroissement ultérieur de la vitesse V de l'électron, celle-ci atteint une certaine valeur V_i pour laquelle, comme résultat du choc, un électron de valence est projeté hors des limites de l'atome, c'est-à-dire qu'a lieu l'*ionisation* de l'atome. La grandeur V_i est appelée le *potentiel d'ionisation* ; son étude sera l'objet principal de ce chapitre. Quand $V > V_i$ la chose se complique en ce qu'une partie de l'énergie de l'atome percuteur peut être transmise à l'électron de valence, qui dans ce cas quitte la limite de l'atome en possédant encore une certaine énergie cinétique. Cela diminue le reste d'énergie de l'atome percuteur. Remarquons que *le choc élastique n'a lieu que par la rencontre de l'électron avec un gaz monoatomique, c'est-à-dire avec les gaz nobles et avec les vapeurs des métaux.* Ceci est en relation avec le fait que les substances ne possèdent pas *l'affinité électronique* (chapitre V, § 5 11). Le choc parfaitement élastique n'a pas lieu dans les gaz diatomiques et polyatomiques ; nous reviendrons sur cette question.

Entre V_r et V_i qui sont caractéristiques d'un gaz donné, on trouve encore une série d'autres valeurs de la vitesse V qui dépendent aussi de la nature du gaz pour lequel a lieu l'élévation de l'électron de valence de l'orbite normale à une seconde, troisième, etc., des orbites possibles. Chacune de ces perturbations de l'atome peut s'accompagner d'un rayonnement lorsque l'électron qui a été élevé revient à son orbite normale, soit directement, soit avec des arrêts en des positions intermédiaires. Les potentiels V_r, V_i et aussi les potentiels intermédiaires mentionnés sont appelés des *potentiels critiques.* Si nous élevons encore la vitesse V, qui est plus grande que V_i, de nouveaux potentiels de résonance et d'ionisation peuvent apparaître, notamment quand l'atome contient *plus d'un électron de valence* dans la couche extérieure. Nous obtenons un atome deux fois ionisé. La même chose peut se répéter une troisième fois, etc. Ici apparaît clairement la liaison entre les phénomènes qui accompagnent le choc de l'électron contre l'atome et les propriétés chimiques de cet atome, c'est-à-dire la position de l'élément dans le tableau de MENDÉLÉIEF. Pour une augmentation encore plus grande de la vitesse V des électrons apparaissent les rayons X, où nous avons de nouveau affaire à une ionisation simple, c'est-à-dire à la perte d'un seul électron, arraché, comme nous l'avons vu, non à la couche extérieure, mais à une des couches intérieures de l'atome. Dans le chapitre VI, § 6, nous avons établi la formule

$$V \text{ (volt)} \cdot \lambda(\text{Å}) = 12340$$

d'où

$$(2) \qquad \lambda(\text{Å}) = \frac{12\,340}{V \text{ (volt)}}.$$

Ici V est la vitesse de l'électron exprimée en volts ou, ce qui est la même chose , la tension qui agit sur l'électron ; λ, exprimé en angströms, est la longueur d'onde du quantum de rayonnement que l'on obtient quand *toute l'énergie* de l'électron percurtant est dépensée à élever l'un des électrons de l'atome qui revient *directement* à son orbite normale. Il est évident que la formule (2), qui a été établie pour le cas de la production des rayons X est applicable au cas considéré du choc des électrons dans les molécules du gaz. Dans le cas particulier (1) donne

$$(2, a) \qquad \lambda_r(\overset{\circ}{A}) = \frac{12\,340}{V_r\,(\text{volts})},$$

où V_r est le potentiel de résonance, et λ_r la longueur d'onde de la ligne de résonance.

Il est facile de comprendre que l'étude sous toutes leurs faces de ces phénomènes qui se produisent par le choc de l'électron sur l'atome ou la molécule d'une substance gazeuse à ¨une¨ importance énorme pour la connaissance de la structure des atomes et des molécules. Or l'énergie de l'électron au moment du choc est connue avec précision et peut être réglée à volonté entre de larges limites ; elle est simplement égale à eV, où e est la charge de l'électron, et V, la différence de potentiel que nous le forçons de franchir depuis le momement de son émission jusqu'à celui du choc, où on peut négliger sa vitesse initiale. Dans le chapitre VI, § 6, nous avons examiné les moyens de déterminer *les niveaux d'énergie* qui sont dans les couches électroniques de l'atome. La détermination des potentiels critiques (v_r, v_i et les intermédiaires) doit jeter de la clarté sur les valeurs de l'énergie correspondant aux diverses orbites possibles des électrons de valence, et, indirectement, aussi sur la structure de l'atome. Il est particulièrement important que la détermination expérimentale du travail nécessaire pour tel ou tel déplacement de l'électron dans l'atome puisse résoudre la question de savoir si tel modèle proposé pour l'atome ou la molécule peut être admis, car cela donne la possibilité de comparer les données de l'expérience avec les résultats des calculs toujours possibles pour un modèle donné. La théorie du choc électronique a de plus une grande importance dans la théorie du phénomène très complexe du passage de l'électricité à travers les gaz, et en particulier à travers les gaz raréfiés. Enfin la même question joue un rôle qui n'est pas insignifiant dans la théorie de la décharge de l'électricité, par exemple sous la forme d'étincelle où sous la forme d'arc voltaïque. Ici surgissent des questions importantes pour l'électrotechnique, comme on le voit, par exemple, dans le livre de W. O. Schumann « Elektrische Durchbruchfeldstärke in Gasen », Berlin, 1923, 246 p., ou bien dans une recherche étendue de E. Dubois dans les « Annales de Physique (9) 20, p. 113, 1923, ou encore dans l'article « Die Jonisation der Gase » de J. S. Townsend dans « Handbuch der Radiologie » édité par E. Marx, T. 1, p. 1-398, dans lequel le chapitre X est consacré à la décharge électrique (p. 296-349).

Dans l'étude des rayons X nous avons rencontré des vitesses d'électrons qui s'exprimaient en kilovolts. Dans ce chapitre nous aurons affaire exclusivement à des électrons qui se meuvent avec une vitesse relativement modérée, par exemple dans des limites de 2 à 20 volts. Comme source on prend habituellement un fil métallique chauffé émettant des électrons dont la vitesse initiale peut être considérée comme nulle.

Nous avons donné un schéma de ces phénomènes qui doivent apparaître successivement si l'on augmente graduellement la vitesse V des électrons qui se choquent dans l'atome ou la molécule d'une substance gazeuse donnée. Mais ce schéma a un caractère plus ou moins idéal, et dans un très grand nombre de cas la chose se complique par des phénomènes de diverse nature auxquels il faut faire grande attention pour diminuer le rôle qu'ils peuvent jouer pour telle ou telle disposition de l'expérience. On peut indiquer sept de ces phénomènes accessoires; examinons-les tout d'abord.

1. Aux électrons qui se meuvent dans un gaz, même très raréfié, s'attachent facilement des atomes ou des molécules de ce gaz ; il se forme ainsi des *ions négatifs* ayant, par rapport aux électrons, une masse énorme mais une très faible vitesse. Il est clair que leur présence doit être escomptée dans l'exécution d'une recherche expérimentale.

2. Par le choc on obtient, outre les électrons arrachés aux atomes ou aux molécules, des *ions positifs*, c'est-à-dire des atomes ou des molécules ionisés. Leur mouvement est aussi accéléré par le champ électrique, et ils peuvent aller frapper les atomes ou les molécules du gaz. Il se trouve que leur action est beaucoup plus faible que celle des électrons libres et n'apparaît que pour des valeurs assez considérables de V. Cependant il faut parfois faire attention à la possibilité d'une telle action.

3. Il ne faut pas perdre de vue que les électrons peuvent rencontrer sur leur route non seulement des molécules neutres du gaz, mais encore des molécules qui ont déjà été soumises à la perturbation ou à l'ionisation. Il est évident que l'effet du choc sera complètement autre que dans le cas des molécules neutres.

4. Quand les électrons rencontrent la surface d'un corps solide, il peut se produire le phénomène de l'adsorption, c'est-à-dire l'adhérence des électrons à cette surface. Ceci peut avoir une influence marquée sur la marche du phénomène étudié.

5. Peuvent jouer un très grand rôle *les gaz étrangers mélangés* au gaz étudié. Ceci se rapporte particulièrement au cas où le gaz ajouté possède *un potentiel d'ionisation moindre* que celui du gaz étudié. Le mélange est soumis à l'ionisation à un V qui est moindre que V_i cherché, ou même que Vr : de nouveaux électrons apparaissent et tout le phénomène se complique.

6. La perturbation, aussi bien que l'ionisation d'un gaz, peut s'accompagner d'une émission de rayonnement. S'il se forme alors des rayons ultraviolets, ceux ci, à leur tour, peuvent provoquer la perturbation ou l'ionisation des molécules du gaz et aussi produire un effet photoélectrique sur les parois du vase et sur les surfaces des parties du dispositif qui, se trouvant à l'intérieur du vase, servent aux buts de la recherche effectuée.

7. Quand nous avons affaire à des gaz *diatomiques et polyatomiques* nous ne

devons pas oublier que dans le choc de l'électron son énergie peut être dépensée, non seulement à la perturbation ou à l'ionisation des molécules, mais encore à la production d'autres changements qui nécessitent du travail. C'est le cas, avant tout, pour le travail de dissociation des molécules, lorsque dans le résultat final du choc de l'électron nous avons affaire à des *atomes* perturbés ou ionisés qui entrent dans la constitution des molécules. Outre cela, une partie de l'énergie de l'électron percuteur peut être dépensée à augmenter les *mouvements intramoléculaires*, c'est-à-dire les mouvements d'oscillation des atomes l'un par rapport à l'autre. Voilà pourquoi le choc de l'électron dans une molécule n'est pas complètement élastique, mais qu'une fraction de l'énergie est toujours dissipée, quand même il n'y aurait ni perturbation ni ionisation.

2. Recherches de J. Franck et G. Hertz. — En examinant les travaux effectués avant 1914, il faut se rappeler qu'à cette époque la théorie de Bohr sur la structure de l'atome n'était pas connue et que, par conséquent, l'idée de la perturbation de l'atome ne pouvait exister ; il ne pouvait être question que de l'ionisation de l'atome. Schuster le premier (1884) indiqua la possibilité d'ionisation d'un gaz par le choc. Ensuite J. J. Thomson (1900), J. S. Townsend (1901), P. Lénard (1902) et J. Stark (1902) ont posé les principes de l'ionisation par le choc. Le terme « potentiel d'ionisation » a été introduit par J. J. Thomson (1901) et P. Lenard (1903). P. Lenard le premier a montré, en 1903, que l'ionisation ne consiste pas en la séparation des atomes de la molécule en deux groupes représentant deux ions de signes contraires, comme on l'avait cru primitivement, mais en la séparation d'un électron libre de l'atome ; cet électron joue le rôle d'un ion négatif. Lenard a mesuré le potentiel d'ionisation et a observé que pour les gaz étudiés par lui l'ionisation commence vers $V = 11$ volts. De plus, il a trouvé que le nombre d'ionisations sur un parcours donné augmente avec V, atteint un maximum vers $V = 190$ volts, et ensuite diminue d'abord très rapidement, puis lentement. O. v. Baeyer (1908) et H. Dember (1909) ont trouvé $V = 10$ et $V = 8,5$ volts.

Nous ne nous arrêterons pas sur les considérations théoriques qui furent exprimées avant 1914. D'ailleurs les principes de la théorie de J. S. Townsend ont déjà été exposés dans le T. V. ; ajoutons qu'en 1920 et 1921 parurent deux nouveaux travaux de J. S. Townsend (et V. A. Baily) se rapportant aux mêmes grandeurs α et β qui jouent le rôle principal dans la théorie de ce savant. Nous avons pris connaissance de la grandeur α dans le T. V. ; elle détermine le nombre d'ionisations effectuées par un électron en mouvement sur une longueur d'un centimètre ; la grandeur β représente la même chose pour les ions positifs, qui provoquent aussi l'ionisation par le choc. Nous ne nous arrêterons pas non plus aux *méthodes* d'étude expérimentale du choc des électrons que les savants précités employaient ; nous rencontrerons encore ces méthodes avec quelques modifications. Remarquons seulement que J. Stark le premier (1908), déjà avant l'apparition de la théorie de Bohr, se servait de la *théorie des quanta* pour expliquer les phénomènes

d'ionisation par le choc. Il supposait que l'électron qui entre dans la constitution de l'atome possède une fréquence de vibration déterminée ν, et que
$h\nu$, où h est la constante de PLANCK, est l'énergie qu'il faut dépenser pour
arracher cet électron de l'atome. C'est en même temps l'énergie minimum
que peut prendre l'électron en vibration. Si l'on remplace ν par les valeurs
que la théorie de la dispersion donne pour les gaz considérés, on obtient une
concordance assez bonne avec les résultats de la mesure des potentiels d'ionisation.

Considérons les *premiers* travaux de J. FRANCK et G. HERTZ publiés en
1913. Nous exposerons tous les travaux de ces savants tels qu'ils ont été publiés. Il ne faut pas perdre de vue que *l'interprétation donnée par eux des résultats de l'expérience s'est montrée inexacte*, ainsi que nous le verrons. Ceci se
rapporte principalement aux potentiels critiques, qu'ils considéraient comme
les potentiels *d'ionisation* V_i, tandis que c'était, en réalité, des potentiels
de *résonance* ou *d'autres* potentiels critiques. La méthode qu'employaient
FRANCK et HERTZ est une modification de celle de LENARD ; il est facile de la
comprendre à l'aide de la figure schématique 45. A l'intérieur d'un vase de

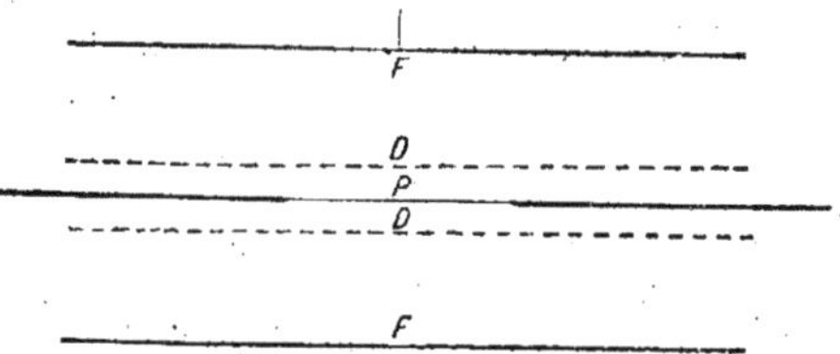

Fig. 45.

verre fermé de toutes parts et rempli du gaz qu'on veut étudier, est tendu
un fil de platine P ; ce fil est entouré d'une toile de platine cylindrique D et
d'une lame de platine cylindrique F, qui est unie à un électromètre sensible. Le fil P est chauffé au rouge et en outre porté au potentiel $+$ 10 volts
(par rapport à la terre) ; la toile métallique D se trouve à un potentiel
$10 + V$ volts qu'on peut changer à volonté. Les électrons émis par le fil
chauffé D, traversent entre P et D la différence du potentiel accélératrice V,
qui sert de mesure de la vitesse des électrons au moment de leur passage à
travers la toile métallique. Passant entre D et F, les électrons se trouvent
dans un champ retardateur, et comme la chute de potentiel y est égale à
$10 + V$ volts, les é'ectrons, *sans arriver jusqu'à* F, reviennent à la toile métallique D. Mais s'ils ont pu entre D et F produire l'ionisation des particules
du gaz, les ions positifs qui en résultent se portent sur le cylindre F, et
l'électromètre commence à se charger. Quand V est faible, l'électromètre
reste au repos. Si l'on augmente V peu à peu, pour une certaine valeur
$V = V_i$ commence la charge de l'électromètre, qui augmente rapidement
pour un accroissement ultérieur de V, car le nombre des ions qui arrivent à
F augmente.

On a déjà vu dans § 1 l'importance des mélanges sur le gaz étudié. Particulièrement dans l'étude des gaz nobles, pour lesquels le potentiel d'ionisation V_i est très grand, le mélange d'un gaz facile à ioniser peut conduire à des résultats inexacts. Dans leur premier travail, FRANCK et HERTZ ont trouvé pour les potentiels critiques les valeurs suivantes, qu'ils considéraient comme les potentiels d'ionisation V_i :

	He	Ne	Ar	H^2	O^2	N^2
$V_i =$	20,5	16	12	11	9	7,5 volts.

Dans un *second* travail ces savants ont déterminé la valeur moyenne du chemin λ parcouru par les électrons pour diverses vitesses V.

L'appareil dont ils se sont servis est représenté par la figure 46.

Les électrons émis par le fil chauffé sont accélérés dans l'espace A et ensuite pénètrent à travers la toile métallique de haut en bas dans l'espace B, où il n'y a pas de champ de force. Ensuite, par une seconde toile métallique ils passent dans l'espace C où agit sur eux un champ retardateur. Les électrons qui peuvent traverser C tombent sur une lame inférieure divisée en plusieurs anneaux et réunie par des fils à un électromètre. Toute la partie supérieure est suspendue et peut être soulevée, de sorte que la longueur de l'espace B dans le sens vertical peut varier entre de larges limites.

Si les champs accélérateur en A et retardateur en C sont à peu près égaux, alors ne peuvent arriver à la lame inférieure que les électrons qui ont parcouru l'espace B sans variation appréciable dans la direction et la vitesse de leur

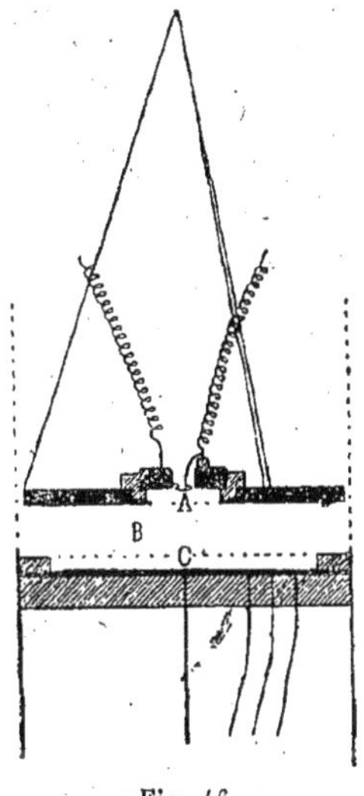

Fig. 46.

mouvement. L'appareil était rempli d'un gaz très raréfié. Réunissant à un électromètre les anneaux séparés de la lame inférieure, on a pu montrer que le faisceau d'électrons éprouve dans B une certaine dispersion. Les auteurs ont vérifié la formule de la théorie cinétique des gaz

$$(3) \qquad n = n_0 e^{-\frac{x}{\lambda}},$$

où n_0 est le nombre des électrons sortant de A. n le nombre de ceux qui traversent la distance x sans collisions ; alors λ est la valeur moyenne du chemin parcouru par les électrons entre deux collisions avec les particules du gaz. Les mesures consistaient en ce qu'on établissait diverses vitesses initiales V des électrons (entre 2 et 10 volts) et diverses pressions P du gaz, et ensuite pour V et p *invariables* on déterminait n pour des longueurs x dans B qui changeaient graduellement de valeurs. La formule (3) s'est montrée parfaitement applicable, de telle sorte qu'on a pu en calculer la grandeur λ.

En variant de diverses façons les conditions de l'expérience, Franck et Hertz arrivèrent à cette conclusion, qu'il est impossible d'admettre, comme le supposait Townsend, que tous les chocs sont complètement non élastiques, mais que des cas sont possibles où le choc ne s'accompagne que d'une très faible perte d'énergie de l'électron, dont la direction du mouvement change de telle sorte qu'il se produit comme une *réflexion* de l'électron contre l'atome ou la molécule du gaz. Les divergences avec la théorie de Townsend se sont montrées particulièrement considérables dans les gaz nobles, qui n'ont pas l'affinité électronique.

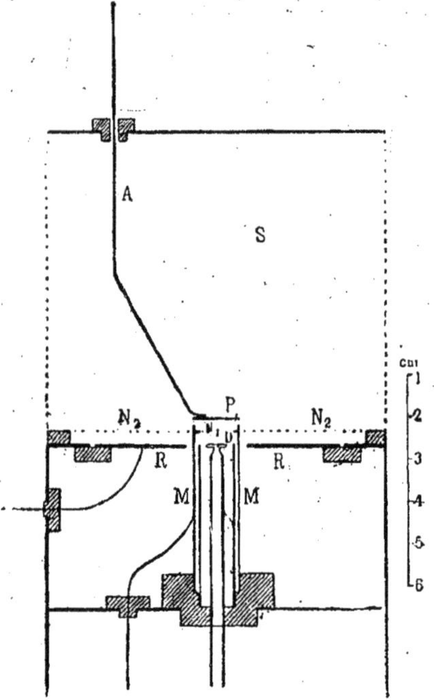

Fig. 47.

Franck et Hertz ont finalement montré l'existence de chocs élastiques au moyen de l'appareil représenté par la fig. 47. Comme source d'électrons lents on employait ici encore un fil D chauffé au rouge ; ces électrons étaient accélérés dans l'espace entre D et une toile de platine N_1, qu'ils dépassaient pour pénétrer dans l'espace S, entouré de toutes parts d'une toile de laiton reliée à N_1. Pour mesurer le nombre des électrons et la répartition de leurs vitesses on utilisait une lame P qui tournait autour de l'axe A. Quand P se trouvait dans la position indiquée par la figure 47, on pouvait, au moyen d'un galvanomètre, déterminer comment les nombres des électrons tombant sur P dépendent du champ retardateur établi entre N_1 et P. Avec le même appareil on déterminait ensuite le nombre des électrons *réfléchis par le choc* sur l'atome ou la molécule. Pour cela on tournait de côté la lame P et on l'amenait au même potentiel que les toiles métalliques, de façon qu'il n'y ait plus de champ dans l'espace S. Les électrons réfléchis tombaient sur le condensateur formé par la toile de platine N_2 et la lame annulaire R. Le tube de laiton M, qui dépasse un peu les toiles métalliques auxquelles il est relié, ne permettait pas aux électrons émis par le fil D de se diffuser immédiatement dans le condensateur N_2R ; la lame R était maintenant réunie au galvanomètre. La répartition des vitesses entre les électrons réfléchis qui rencontraient la lame R était déterminée par la mesure, au moyen du galvanomètre, du nombre des électrons atteignant R, en fonction de l'intensité du champ retardateur établi entre N_2 et R. La figure 48 montre les résultats

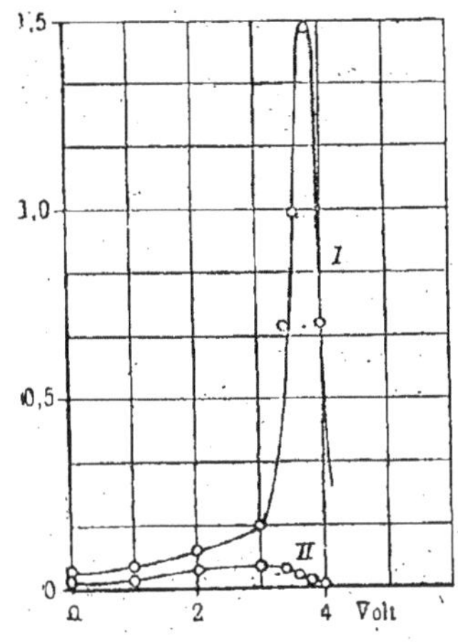

Fig. 48.

des deux mesures décrites pour l'hélium sous la pression de 0,083 mm. et avec une tension accélératrice de 4 volts, laquelle est beaucoup moindre que le potentiel d'ionisation supposé $V_i = 20,5$ volts. La courbe I donne la distribution des vitesses (en volts) entre les électrons sortant de N_1 ; on voit que le nombre le plus grand correspond à 4 volts. La courbe II montre la distribution des vitesses entre les électrons réfléchis. Le rapport du nombre de ces électrons réfléchis au nombre de ceux qui sont primitivement sortis à travers la toile N_1 concorde très bien avec ce que donne le calcul basé sur la théorie cinétique des gaz. Cela signifie que *dans le choc contre les atomes d'hélium tous les électrons sont réfléchis*. La perte d'énergie par le choc ne dépasse pas 1 volt. Les expériences avec l'hydrogène ont aussi montré une réflexion, bien qu'avec une perte plus grande d'énergie.

C'est par ces expériences qu'a été démontrée pour la première fois l'existence du choc élastique dans les gaz nobles. La théorie de TOWNSEND, qui admettait que l'électron à chaque choc perd toute son énergie, ne put expliquer pourquoi dans les gaz nobles la décharge se fait entre les électrodes pour de très petites tensions, et cette tension ne dépend pas de la pression du gaz. La cause en est que dans ces gaz l'électron conserve dans le choc la plus grande partie de son énergie ; il peut accumuler de l'énergie et ainsi atteindre la vitesse V_i égale au potentiel d'ionisation. Dans de tels gaz il doit se produire une ionisation, *indépendamment de la pression du gaz*, quand la tension entre les électrodes devient égale au potentiel d'ionisation. RAMSAY et COLLIE ont trouvé dès 1896 que dans les gaz nobles purs, même à la pression de 5 atmosphères, on obtient la lueur des tubes de Geissler. Le moindre mélange d'un gaz électronégatif donne lieu à la formation d'ions négatifs (voir § 1) et rend les chocs non élastiques.

Dans un *troisième* travail FRANCK et HERTZ ont vérifié les conséquences qui découlent de la représentation du choc élastique et qui viennent d'être indiquées. Nous ne décrirons pas l'appareil employé qui ne présente rien de bien neuf. Les expériences vérifièrent parfaitement ces conséquences. Il se trouva que *dans l'hélium le choc peut être considéré comme totalement élastique* ; dans l'hydrogène il y a par le choc une perte sensible d'énergie de l'électron, et dans l'oxygène, une perte considérable.

Dans un *quatrième* travail effectué aussi en 1913, FRANCK et HERTZ étudièrent le passage du courant à travers *l'hélium* et le *néon* pour $V > V_i$. On pouvait espérer pour $V = V_i$ un accroissement subit du courant, puisque l'ionisation du gaz commence à avoir lieu ; pour $V = 2V_i$, $V = 3V_i$, il devait aussi se produire des renforcements du courant, car des ionisations doubles et triples par un même électron deviennent possibles. Des mélanges doivent diminuer la différence de ces augmentations de courant. Celles-ci furent bien marquées dans l'hélium, mais moins nettes dans le néon, qu'il est plus difficile d'obtenir exempt de mélanges.

En 1914 parurent trois travaux de J. FRANCK et G. HERTZ et un d'EVA v. BAHR et J. FRANCK ; nous examinerons d'abord ce dernier. La source des ions était un fil recouvert de phosphate d'aluminium et chauffé au rouge. On trouva que les ions positifs, à vitesse égale, ont un pouvoir ionisant incomparablement moindre que les électrons. Mais on ne réussit pas à déterminer la valeur exacte du potentiel d'ionisation.

Avec l'augmentation du nombre des ions s'abaissait la vitesse pour laquelle l'ionisation devenait perceptible. Ainsi dans l'hydrogène on réussissait déjà à observer une ionisation pour $V = 6$ volts, tandis que le potentiel d'ionisation de l'hydrogène sous les chocs des électrons est de 11 volts (voir ci-dessus).

La nature des ions qui agissent dans ces expériences ne peut être déterminée exactement. Il convient d'admettre que dans le choc de la part d'ions positifs, non seulement l'énergie de leur mouvement de translation, mais encore les forces chimiques jouent un rôle chimique qui facilite l'ionisation des atomes ou des molécules frappés.

Dans la même année 1914 parut une recherche de V. I. PAVLOF, qui, indépendamment de FRANCK, HERTZ et EVA v. BAHR, a trouvé que dans le choc des électrons le potentiel d'ionisation pour l'hydrogène est égal à 11 volts, et pour l'hélium, à 20 volts. Pour les ions positifs il obtint dans l'hydrogène à peu près 10 volts, c'est-à-dire moins qu'avec le choc des électrons. En liaison avec la question principale V. I. PAVLOF étudia l'émission des ions du phosphate de sodium chauffé dans H^2, O^2, N^2 et He, la répartition des vitesses entre ces ions et aussi l'influence sur eux d'un champ magnétique.

Dans le premier de leurs travaux de 1914 FRANCK et HERTZ examinent théoriquement la question de la relation de l'intensité du courant dans le gaz et de la tension appliquée aux électrodes.

Dans le second travail ils ont étudié l'ionisation de la *vapeur de mercure* sous l'influence des chocs électroniques. L'appareil dont ils se sont servis est représenté schématiquement dans la fig. 49. A l'intérieur d'un vase de verre

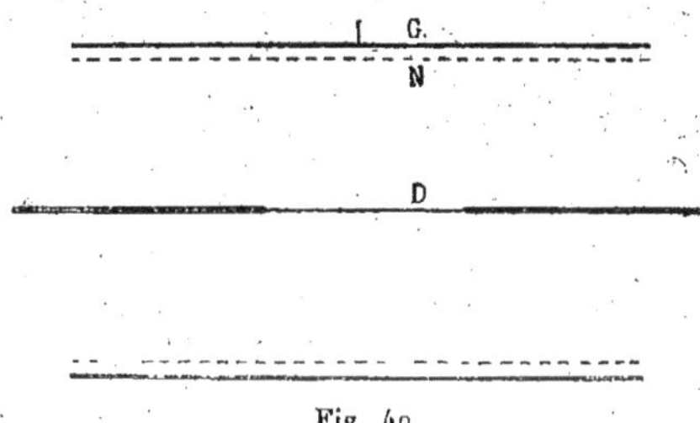

Fig. 49.

se trouve un fil de platine D dont la partie moyenne est plus mince que le reste et peut être portée au rouge par un courant électrique. N est une toile de platine cylindrique, G une lame de platine cylindrique. La distance $DN = 4$ cm. ; $NG = 2$ mm. ; G est uni à la terre par un galvanomètre sensible. La tension de la vapeur de mercure était égale à 1 mm., ce qui exigeait une température d'environ $110°$ — $115°$. Entre D et N agissait une tension V_1 qui accélérait les électrons émis par le fil porté au rouge ; entre N et G existait une tension V_2 retardatrice des électrons. Pour une tension *constante* V_2 entre N et G on a étudié la *relation entre le courant dans le galvanomètre et la tension accélératrice* V_1 *entre* D *et* N. Il est facile d'imaginer quelle doit être cette relation si l'on considère que pour $V < V_i$ le choc doit être *parfaitement élastique*, ce dont FRANCK et HERTZ ont pu se convaincre par des expériences préliminaires. Tant que $V_1 < V_2$ il n'y a aucun courant dans le galvanomètre ; pour $V_1 > V_2$ le courant doit augmenter jusqu'à ce que $V_1 = V_i$. A ce moment les électrons commencent à ioniser les atomes de mercure au voisinage même de la toile métallique. Comme en cela ils perdent leur vitesse, mais que les électrons libérés des atomes ne reçoivent pas d'accélération, ils ne peuvent franchir le champ entre N et G. Le courant dans le galvanomètre doit diminuer jusqu'à zéro, tant que V_1 n'est que *très peu* supérieur à V_2. Si l'on augmente encore V_1, alors le lieu des chocs ionisants non élastiques s'éloigne de la toile métallique N dans la direction de D. Quand V_1 est devenu plus grand que $V_i + V_2$, les électrons percuteurs qui prennent naissance peuvent vaincre le champ V_2 entre N et G, par suite de quoi on a de nouveau dans le galvanomètre un courant qui croît jusqu'à ce

que $V_1 = 2V_i$. Alors au voisinage de la toile métallique se fait une nouvelle
ionisation et le courant devient égal à zéro ; il apparaît de nouveau pour
$V_1 > 2V_i + V_2$, disparaît pour $V_1 = 3V_i$, réapparaît pour $V_1 = 3V_i + V_2$, etc.
Les valeurs maxima du courant doivent croître successivement, puisque le
nombre total des électrons s'accroît à chaque ionisation. La chute de potentiel de 1,3 volt le long du fil D et la pénétration d'ions positifs à travers la
toile métallique dans le galvanomètre doivent un peu altérer la forme de la
courbe exprimant l'intensité du courant en fonction de V_1. Néanmoins on a
obtenu des courbes avec des maxima nettement marqués ; l'une d'elles est
tracée dans la fig. 5o. La distance des maxima, qui doit être égale à V_i,

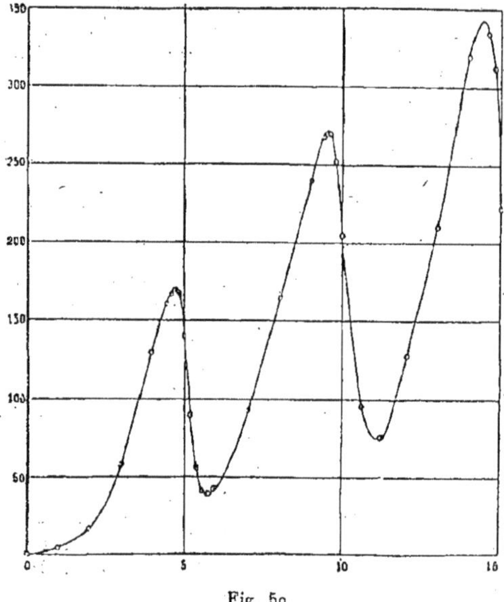

Fig. 5o.

oscille dans toutes les courbes obtenues entre 4,8 et 5,o volts, de sorte que
pour le potentiel d'ionisation du mercure on obtient

$$(4) \qquad\qquad V_i = 4,9 \text{ volts.}$$

Le nombre vrai est donné plus loin par (10). Le même appareil a donné pour
l'hélium des maxima moins nets ; comme on avait auparavant (voir plus
haut) pour ce gaz $V_i = 20,5$ volts, le mélange avec des gaz dont V_i est
moindre doit influer considérablement sur les résultats ; néanmoins ce procédé a donné le nombre $V_i = 21$ volts, conforme aux résultats précédents.

En outre, dans le même travail FRANCK et HERTZ ont recours à la *théorie
des quanta* (mais non à la théorie de BOHR). Ils montrent que la ligne
$\lambda = 2\,537\,\overset{\circ}{A}$, que R. W. WOOD a découverte dans la vapeur de mercure
et qu'il appela une ligne de résonance, correspond à un quantum $h\nu$ égal à

l'énergie eV d'un électron qui a franchi une différence de potentiel $V = 4,84$ volts, ce qui est très voisin du nombre (4). Ils en concluent que la production de chocs non élastiques peut montrer que l'énergie d'une certaine partie des électrons percuteurs passe à un quantum d'énergie rayonnante de longueur d'onde 2537 Å ; mais en même temps ils ne doutent pas que l'autre partie des électrons provoque l'ionisation des atomes de mercure (ce qui est faux !). Dans le dernier de leurs travaux de 1914, FRANCK et HERTZ ont montré que pour V voisin de 5 volts la vapeur de mercure émet effectivement des rayons $\lambda = 2537$ Å. Pour $V = 4$ volts on n'a pas obtenu la moindre apparence de cette ligne ; pour $V = 5$ volts on a déjà pu la photographier. La vapeur de mercure chauffée à 150°, le fil chauffé et la toile métallique réunie à la terre par un galvanomètre étaient dans un vase de quartz. Dans la fig. 51 est représenté, en haut, le spectre

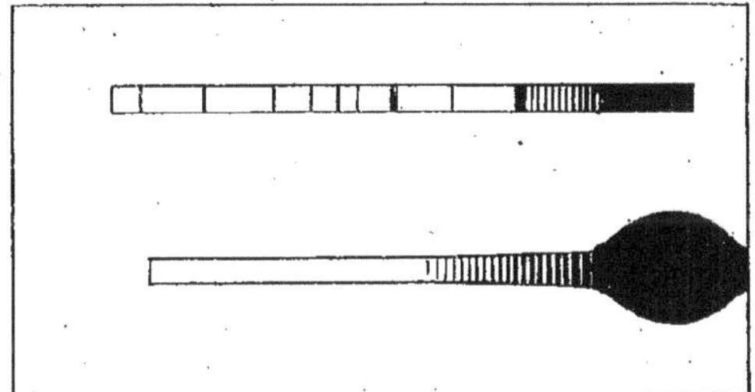

Fig. 51.

ordinaire du mercure ; en bas, le spectre des rayons émis par ce vase pour $V = 8$ volts. A droite se trouve le spectre visible du fil chauffé et plus loin vers la gauche une ligne du mercure qui coïncide précisément avec la ligne supérieure $\lambda = 2537$ Å. On ne trouve dans le spectre inférieur aucune trace des autres lignes du spectre supérieur du mercure. FRANCK et HERTZ concluent que le choc des électrons possédant une vitesse V_i *peut produire ou l'ionisation ou l'illumination de la particule gazeuse rencontrée.* Dans le premier cas l'énergie eV_i (e charge de l'électron) est dépensée à expulser l'électron ; dans le second cas elle est transformée en un quantum $h\nu = eV_i$ d'énergie rayonnante. Sur une liaison plus profonde entre l'ionisation et l'illumination ils ne se prononcent pas.

Il nous reste encore à examiner un travail théorique de FRANCK et HERTZ, qui, bien que publié plus tard (1916), se trouve en liaison étroite avec les recherches de 1913 et 1914. Dans ce travail, en se basant sur les résultats de leurs recherches antérieures, ils donnent l'explication d'un phénomène étrange qui se manifeste dans l'éclairement d'un mélange de deux gaz raréfiés sous l'influence de décharges électriques. Ce phénomène consiste en ce que le spectre de l'une des parties constituantes du mélange apparaît très intense, tandis que le spectre de l'autre est considérablement affaibli ou même n'apparaît pas du tout. Ainsi, par exemple, le spectre des gaz nobles disparaît presque complètement si à ces gaz l'on ajoute des quantités d'air même très petites. Dans les mélanges d'hélium et d'argon on peut remarquer même des traces d'argon, qui affaiblissent notablement le spectre de l'hélium. Dans les mélanges d'hélium et de mercure les deux spectres se montrent également intenses quand, à de l'hélium à la pression de 3 mm. on ajoute du mercure sous la pression de 10^{-3} mm. Dans l'azote et dans les gaz nobles les plus légères traces de métaux alcalins donnent déjà un spectre intense de ces derniers. On trouve que dans les mélanges la partie constitutive qui rayonne le plus fortement est celle dont *le potentiel d'ionisation est le plus faible*. Dans leur mémoire FRANCK et HERTZ montrent que la théorie peut expliquer ce phénomène non pas seulement au point de vue qualitatif, mais encore au point de vue quantitatif. Considérons le côté qualitatif et prenons comme exemple le mélange d'hélium et de vapeur de mercure ; leurs potentiels d'ionisation sont 20,5 volts (He) et 4,9 volts (Hg). Tant que la vitesse V (en volts) de l'électron est moindre que 4,9, tous les chocs sont élastiques et la vitesse elle-même entre les chocs augmente graduellement. Quand V atteint la valeur 4,9 commence (ainsi pensent FRANCK et HERTZ) l'ionisation du mercure. Pour que se fasse l'ionisation de l'atome d'hélium, l'électron doit avoir un nombre énorme de collisions élastiques avec des atomes d'hélium et pas une avec les atomes de mercure tant qu'il n'a pas emmagasiné une vitesse de 20,5 volts. La présence d'atomes d'hélium, qui forcent l'électron à changer continuellement la direction de son mouvement, *augmente la probabilité d'une reecontre avec un atome de mercure*, ce par quoi la vitesse de l'électron diminue. Il est clair que la présence d'atomes de mercure abaisse fortement la luminosité de l'hélium, qui, de son côté, favorise la luminosité du mercure. FRANCK et HERTZ ont examiné la question théoriquement. Soient E la tension du champ qui accélère les électrons ; λ_1 et λ_2 les longueurs moyennes du chemin de l'électron dans les deux parties constituantes du mélange si chacune de ces parties se trouvait seule dans l'espace donné ; V_1 et V_2 les potentiels « d'ionisation » des deux gaz et en outre $V_2 > V_1$. Soit α la probabilité que l'électron atteigne la vitesse V_2 sans avoir choqué un atome dont le potentiel d'ionisation est V_1 ; on trouve que α s'exprime par la formule

$$(5) \qquad \alpha = e^{-\dfrac{V_2{}^2 - V_1{}^2}{E^2 \lambda_1 \lambda_2}}.$$

Cette formule montre que la probabilité en question est d'autant moindre qu'est plus grande la différence des carrés des potentiels d'ionisation des deux gaz. Ainsi est déterminée aussi l'intensité relative des deux spectres. La même formule montre que la probabilité α croît rapidement avec l'augmentation de la tension E du champ. Tout ceci est vérifié par l'expérience. Le spectre de l'hélium disparaît quand, à ce gaz on ajoute des traces de vapeurs métalliques (Hg, K, Na, Rb, Cs), mais il réapparaît si l'on augmente l'intensité du champ. Rappelons encore une fois que dans tout ce paragraphe il n'a été question que du potentiel d'ionisation V_1. Plus loin nous verrons quelle correction il convient d'apporter.

3. Recherches ultérieures. — Dans le paragraphe précédent nous avons examiné avec quelques détails les recherches expérimentales de Franck et Hertz effectuées en 1913 et 1914 ; la guerre arrêta ces travaux. Dans le courant des années suivantes s'épanouit la théorie de Bohr, et, en relation avec elle, parurent dès 1917 un nombre énorme de travaux sur la question du choc des électrons animés d'un mouvement lent sur les atomes et les molécules des substances gazeuses. *Le nombre de ces travaux publiés jusqu'à ce jour est d'environ une centaine.* Ils furent exécutés principalement par des savants anglais et américains, et ce n'est qu'à partir de 1919 qu'apparut de nouveau le nom de Franck et de ces collaborateurs, ainsi que celui de Hertz. Beaucoup de travaux sont dus particulièrement à F.-S. Goucher et B. Davis, Fr. Horton et Ann Davies, F. Mohler et P. Foote avec leurs collaborteurs. Mais rappelons d'abord quelques travaux effectués avant le moment où la nouvelle doctrine sur la structure de l'atome a commencé à exercer son influence sur l'élaboration ultérieure de la question des chocs électroniques.

F. H. Newman a trouvé (1914) pour la vapeur de mercure à 70° (pression 0,1 mm.) un potentiel d'ionisation égal à 5 volts, voisin du nombre 4,9 de Franck et Hertz. Ensuite F.-S. Goucher (1916) a trouvé les potentiels d'ionisation suivants : H^2, 10,25 volts ; N^2, 7,4 volts, et Hg. 4,9 volts, avec une erreur possible de $\pm$ 0,1 volt. En outre, il a trouvé qu'aux environs de $V = 10$ volts il se produit une sorte de seconde ionisation. Nous verrons plus loin quel sens peut avoir ce résultat. N. Akeson (1914) a montré que si l'ionisation du mercure se fait par des électrons dont la vitesse est *plus grande* que le potentiel d'ionisation trouvé par Franck et Hertz, la vitesse de l'électron se montre diminuée de 5 volts. Dans les gaz polyatomiques il a observé des pertes de vitesse correspondant aux quanta de l'énergie rayonnante émise.

Les travaux suivants se montrent, de plus en plus, reliés aux idées sur lesquelles est basée la théorie de Bohr sur la structure de l'atome. Dans le § 1 nous avons appelé *potentiel de résonance* Vr la vitesse (exprimée en volts) de l'électron pour laquelle le choc de ce dernier élève l'un des électrons extérieurs de l'atome de son orbite normale à l'orbite *voisine* ; par retour de cet électron à l'orbite normale est émise la *première ligne* d'une série déterminée. Pour le *potentiel d'ionisation* V_i l'électron est rejeté en dehors des limites de l'atome. Si l'on pose

$$(6) \qquad\qquad eV_i = h\nu_i,$$

ν_i ne doit être que très peu supérieur à la fréquence de la *ligne limite* de cette même série spectrale. Maintenant nous pouvons ajouter que dans les ouvrages anglais s'est encore introduit le terme *potentiel de radiation* (radiation potential), pour lequel potentiel l'électron est projeté de son orbite normale sur une quelconque des orbites supérieures possibles. Désignons le potentiel de radiation par V_k, où k est le numéro d'ordre de l'orbite sur laquelle l'électron a été élevé, en considérant l'orbite *normale* comme la première

($k = 1$). Il est clair que *le potentiel de résonance est le premier des potentiels de radiation*, c'est-à-dire

$$(7) \qquad\qquad V_r = V_2$$

et que *le potentiel d'ionisation en est le dernier*, c'est-à-dire

$$(8) \qquad\qquad V_i = V_\infty.$$

Le terme « de radiation » a été choisi pour exprimer que le choc de l'électron doit entraîner avec lui l'émission de rayons (radiation) par retour de l'électron à son orbite normale. Dans les ouvrages allemands on rencontre l'expression « Anregungsspannung » au lieu de potentiel de radiation. On indique par là que l'atome est amené à un état de perturbation.

Passant aux études expérimentales, il convient de remarquer que dès 1914 H. RAU a trouvé que dans He et dans la vapeur de mercure les lignes des séries spectrales apparaissent successivement si l'on augmente graduellement la tension dans le tube à décharges. Cette succession concorde complètement avec l'augmentation du travail de déplacement de l'électron vers des orbites de plus en plus élevées. Dans le même ordre de succession apparaissent les diverses séries de raies spectrales. J.-C. Mc LENNAN (1916) et ses collaborateurs J.-P. HENDERSON, J.-F.-T. YOUNG, A. THOMSON et autres ont étudié les vapeurs de Cd, Zn, Mg, Ca, Sr, Ba, etc., par le procédé de FRANCK et HERTZ (Hg), où pour chaque métal on a trouvé une ligne de résonance, de la longueur d'onde λ de laquelle on a calculé en volts le potentiel de résonance. Voici quelques exemples :

$$(9) \quad \left\{ \begin{array}{cccc} & \text{Hg} & \text{Zn} & \text{Cd} \\ \lambda & 2536,7 & 3075,99 & 3260,17 \\ V_r & 4,9 & 3,96 & 3,74 \text{ volts} \end{array} \right.$$

Dans le § 2, en considérant les travaux de FRANCK et HERTZ, nous avons dû nous tenir à leurs vues et c'est pourquoi nous avons toujours parlé du potentiel d'ionisation V_i. Maintenant nous avons introduit le potentiel de *résonance* V_r, car il est clair que, par exemple, *4,9 volts ne représentent pas* (voir (4)) *le potentiel d'ionisation* V_i *du mercure, mais le potentiel de résonance* V_r, ou, ce qui est la même chose, le premier potentiel de radiation V_2. Le *potentiel d'ionisation* V_i *du mercure* doit être déterminé par la formule (6) dans laquelle $\nu_i = \nu_\infty$, c'est-à-dire la fréquence de la ligne limite de la série spectrale dont la première ligne est $\lambda = 2357$ Å (voir fig. 51). Pour la ligne limite, $\lambda = 1188$ Å, et elle donne par la formule (5) le *potentiel d'ionisation* V_i *du mercure*

$$(10) \qquad\qquad V_i = 10,3 \text{ volts,}$$

au lieu de la formule (4). Remarquons que J.-T. TATE (1917) a trouvé pour les vapeurs de mercure des changements très nets dans la relation de l'intensité du courant avec la tension vers $10 \pm 0,3$ volts. Pour Zn et Cd les λ indiqués dans (9) sont les longueurs d'onde des *premières* lignes des séries spectrales dont les limites sont $1\,320$ Å (Zn) et $1\,378,7$ Å (Cd). Par la formule (6) on obtient de là les potentiels *d'ionisation*

$$(11) \qquad \left\{ \begin{array}{ccc} & Zn & Cd \\ V_e = & 9,3 & 8,95 \text{ volts,} \end{array} \right.$$

Il est intéressant de comparer (9) avec (10) et (11). Dans le § 1 on a déjà montré que par le choc de l'électron il se produit une perturbation de l'atome et ensuite un rayonnement, alors les rayons ultra-violets qui prennent naissance dans beaucoup de cas peuvent provoquer sur les corps environnants une *action photoélectrique*, par suite de laquelle, comme on peut le montrer, il se produit une ionisation des atomes, c'est-à-dire que le potentiel de résonance peut être pris pour le potentiel d'ionisation. B. Davis et F. Goucher ont apporté un perfectionnement esssentiel dans le dispositif expérimental qui a donné la possibilité de *séparer l'une de l'autre la perturbation de l'atome ou de la molécule et leur ionisation*.

Leur appareil est représenté schématiquement par la fig. 52 ; ici G est un fil chauffé au rouge, N une toile métallique, Z une lame reliée à un électromètre E. Entre G et N existe un champ accélérateur V_1 ; *devant la lame Z est disposée une autre toile métallique N'*, et c'est en cela que consiste le grand perfectionnement, apporté à la méthode de Lenard et Franck et Hertz. Entre N et N' existe un champ retardateur V_2, et entre N' et Z un champ faible $V_3 < V_2$ dont la direction peut changer ; ses deux directions sont indiquées par les flèches α et β. Toutes les flèches de la fig. 52 montrent les

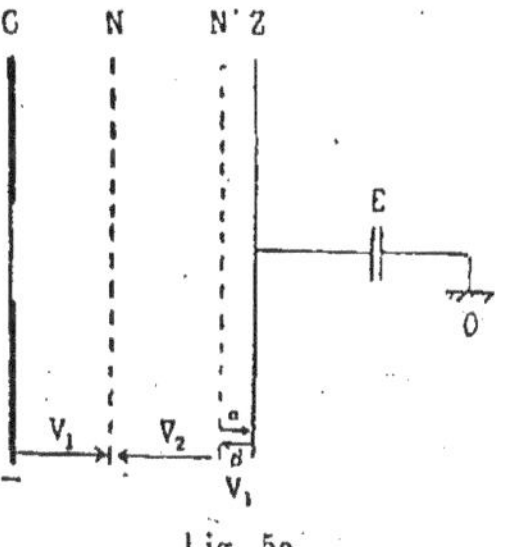

Fig. 52.

directions des forces qui agissent sur les *électrons*. Supposons d'abord que les électrons, qui ont acquis sur leur parcours de C à N la vitesse V_1 volts, provoquent dans l'espace entre N et N' la perturbation des particules de gaz et l'émission concomitante de rayons ultra-violets. Ces rayons tombant sur le côté gauche de la toile N' et sur la lame Z produisent une action électrique, c'est-à-dire des électrons qui se meuvent lentement. Si entre N' et Z les forces ont la direction β, ces électrons sont repoussés par Z et on obtient sur Z une *charge positive*. Si les forces ont la direction α, les électrons sortant de Z reviennent sur leurs pas et ceux qui viennent de N' se dirigent vers Z, de sorte que Z prend une charge négative. Ainsi *par le changement de la direction du champ V_3 on change le signe de l'électrisation* en E. Supposons maintenant qu'entre N et N' ait lieu l'*ionisation* des particules du gaz, c'est-à-dire que des ions *positifs* prennent naissance. Ces ions sont accélérés entre N et N' ; traversant la toile N' ils tombent sur Z, quelle que soit la direction du champ V_3, puisque V_3 est beaucoup moindre que V_2 et ne peut les retenir quand il a la direction α ; quand il a la direction β la vitesse de ces ions se trouve encore augmentée. Dans ce cas *le changement de sens du champ V_3 ne change pas le signe de l'électrisation de E.*

Ainsi il est facile de distinguer la perturbation des particules du gaz de leur ionisation. Si entre la première perturbation, qui correspond au potentiel de résonance, et l'ionisation se remarquent encore des accroissements brusques de l'électrisation, cela indique de nouvelles perturbations correspondant à l'élévation de l'électron à des orbites plus éloignées. Pour la vapeur de mercure DAVIS et GOUCHER ont trouvé une première perturbation à 4,9 volts, l'ionisation à 10,4 volts et encore une *seconde perturbation* à 6,7 volts. La formule générale $eV = h\nu$ donne ν et ensuite $\lambda = 1849$ Å, ce qui correspond précisément à la *seconde ligne* de la série spectrale du mercure dans laquelle la première ligne est $\lambda = 2537$ Å et la dernière 1188 Å (voir plus haut). La signification du potentiel 6,7 volts sera indiquée dans le § 4.

De cette façon il est expliqué que dans l'accroissement graduel de la vitesse des électrons percuteurs il y a lieu de distinguer trois périodes si nous avons affaire à des gaz nobles ou à des vapeurs métalliques, c'est-à-dire à des substances possédant l'affinité électronique. Dans la *première* période nous avons des chocs *élastiques* de l'électron ; dans la *seconde*, la *perturbation* de l'atome pour des *potentiels de radiation* V_k, où la première perturbation a lieu pour le *potentiel de résonance* $V_r = V_2$; dans la *troisième* période nous avons l'*ionisation* des atomes pour $V = V_i$.

Il se trouve que le potensiel de résonance $V_r = V_2$, les autres potentiels de radiation V_k ($k = 3, 4, \ldots$) et le potentiel d'ionisation V_i correspondent précisément aux lignes d'une série spectrale dont les fréquences sont calculables par la formule $eV = h\nu$. *Il est impossible de ne pas voir là une brillante confirmation de la théorie de Bohr sur la structure de l'atome.*

K.-T. COMPTON (1920) a modifié la méthode que nous avons décrite ; il unit électriquement la toile N' et la lame Z (fig. 52), de sorte qu'on peut retourner l'ensemble de ces deux conducteurs, tourner vers N soit la toile N' soit la lame Z. Il se trouve que cela donne la possibilité de distinguer l'une de l'autre la perturbation et l'ionisation des atomes du gaz. Il existe encore d'autres modifications de la méthode expérimentale ; nous allons examiner rapidement les plus importantes.

A peu près en même temps F. HORTON et ANN DAVIES, J. FRANCK et P. KNIPPING (1919) et P.-D. FOOTE et F.-L. MOHLER (1920) ont commencé à employer la méthode suivante. Comme précédemment on a un fil G chauffé au rouge, deux toiles métalliques N et N', et une lame Z réunie à la terre par l'intermédiaire d'un galvanomètre. La première toile métallique (N) est très rapprochée du fil G et entre les deux on établit un champ v qui accélère les électrons. Entre les toiles N et N' *il n'y a aucun champ* et dans cet espace ont lieu seulement les collisions des électrons avec les atomes du gaz ou de la vapeur. Entre la seconde toile métallique N' et la lame Z règne un champ intense qui repousse tous les électrons primaires. Entre N et N' ont lieu les perturbations des atomes et l'émission des rayons ultra-violets correspondants qui tombent sur Z et provoquent un courant photoélectrique J, mesuré par le galvanomètre. On étudie la relation du courant J et de la vitesse V des électrons, et on la représente graphiquement. On obtient ainsi une courbe avec quelquefois un grand nombre d'inflexions ordinairement très nettes. Chacune de ces inflexions indique l'apparition d'un nouveau rayonnement dont la longueur d'onde se calcule par la formule $eV = h\nu$. *Ainsi une série de potentiels de radiation donne une série de lignes spectrales de la substance étudiée. La prééminence de cette admirable méthode d'analyse spectrale sur la méthode optique consiste en ce que pour elle il n'y a pas de limite du côté des longueurs d'onde décroissantes.* Elle peut mettre en évidence de tels changements quantiques qui ne peuvent être observés dans les spectres d'émission ou d'absorption. Quant aux résultats obtenus, nous en parlerons plus loin.

Pour être complet faisons remarquer que J.-J. Thomson et J. Langmuir, indépendamment l'un de l'autre, ont imaginé une méthode dans laquelle ils employaient un tube électronique (renforçateur) avec un fil chauffé au rouge au lieu de cathode ; dans ce tube on introduisait le gaz à étudier.

Dans ce tube l'intensité du courant croît proportionnement à la puissance $\frac{3}{2}$

de la tension : mais quand l'ionisation du gaz se produit, le courant commence à croître plus rapidement que suivant cette loi. Les mesures du potentiel d'ionisation ont été effectuées par les élèves des savants précités : Found (1920) et Stead et Gossling (1920).

Nous avons examiné les divers procédés de mesure des potentiels de résonance V_r, de radiation V_k et d'ionisation V_i. Avant de passer à l'ensemble des résultats obtenus, il est nécessaire de nous arrêter sur un phénomène qui, au premier coup d'œil, paraît à un haut degré énigmatique. Les conditions de la production de la décharge continue à travers un gaz ou une vapeur sous forme d'*arc voltaïque* doivent se trouver en relation étroite avec les conditions de perturbation et d'ionisation des atomes. Il devait sembler que l'arc n'est possible que dans le cas où la tension qui existe dans le gaz est égale ou même plus grande qu'il ne faut pour l'ionisation des particules du gaz. Quand la tension est égale au potentiel de résonance, alors, comme nous l'avons vu (voir fig. 51), on obtient un rayonnement dont le spectre est formé d'une seule ligne. Toutes les lignes, fussent-elles d'une seule série spectrale, ne peuvent être obtenues par l'ionisation d'un gaz que lorsque la tension agissante est au moins égale à la tension d'ionisation. Ainsi on était autorisé à penser que dans la vapeur de mercure l'arc ne pouvait se former que par une tension qui n'est pas moindre que le potentiel d'ionisation $V_i = 10,2$ volts. Or il se trouve qu'un tel arc peut être excité par une tension qui ne dépasse pas 5 volts. Ainsi R.-A. Millikan (1917), employant comme source d'électrons un fil très fortement chauffé, trouva que l'arc prend naissance dans la vapeur de mercure par une tension de 5 volts. Son élève T-C. Hebb trouva que l'arc peut même être obtenu avec une tension de 3 volts ; mais ce dernier résultat serait totalement inexplicable, puisque 3 volts sont une tension moindre que le potentiel d'ionisation (4,9 volts) et ne peuvent donner que des chocs élastiques des électrons sur les atomes de mercure. Il semble que Hebb n'ait pas tenu compte de ce que les électrons quittent un fil fortement chauffé avec une vitesse de plus de 2 volts, de sorte que lors du choc leur vitesse est en tout égale à 5 volts, c'est-à-dire au potentiel de résonance. Ainsi il est indubitable que l'arc peut se produire dans la vapeur de mercure pour une tension de 5 volts, égale au potentiel de résonance, et cet arc émet un rayonnement dont le spectre ne contient pas seulement une première ligne de résonance, mais toutes les lignes qui correspondent dans les conditions données à la substance employée, ce qui n'est possible que par l'ionisation des atomes. K.-J. Van der Bijl (1917) a indiqué l'une des causes possibles de cet étrange phénomène des *arcs de faible voltage*. Jusqu'ici nous avions supposé que l'électron vient frapper l'atome qui se trouve à l'état neutre et qu'il élève un électron de la couche extérieure de l'atome depuis son orbite normale jusqu'à l'orbite voisine quand sa vitesse est égale au potentiel de résonance, c'est-à-dire 4,9 volts dans le cas des vapeurs de mercure. Mais il peut arriver que l'électron frappe un atome qui a déjà subi un choc, c'est-à-dire qui est dans un état de perturbation. Alors l'électron de l'atome sera élevé à une des orbites supérieures, même si la vitesse du second électron percuteur est moindre que 4,9 volts, car le travail d'élévation de la seconde orbite à la troisième est moindre que le travail d'élévation de la première (normale) à la seconde. Un troisième choc peut projeter l'électron en dehors des limites de l'atome, c'est-à dire *produire l'ionisation*. Il est évident que comme résultat de ces chocs répétés on peut obtenir toutes les raies possibles du spectre et même l'ionisation de l'atome. La question se ramène à celle de la probabilité qu'un atome déjà perturbé soit soumis à un nouveau choc. O. Stern et M. Volmer (1919) ont montré que la durée pendant laquelle l'atome reste à l'état perturbé est de l'ordre de 10^{-8} sec. ; de la sorte les chocs doivent se succéder très rapidement. K.-T. Compton (1917) trouve que la probabilité des chocs répétés est trop faible pour servir d'explication complète à la production d'arcs de faible voltage. Nous ne nous arrêterons pas aux travaux de nombreux savants qui ont montré que, non seulement dans la vapeur de mercure, mais encore dans d'autres substances (He, Ar. mélange de vapeurs de Hg avec des vapeurs K, Na, Cd) on obtient l'ionisation pour une tension égale au potentiel de résonance et que l'arc *une fois produit* peut être conservé pour des tensions encore moindres.

R.-A. Millikan (1917) a donné une autre explication de la production de l'ionisation et de l'arc à faible voltage pour une tension égale au potentiel de résonance, qui ne donne directement que le rayonnement de la ligne de résonance. Ce rayonnement peut provoquer un effet *photoélectrique* dans les atomes environnants, c'est-à-dire l'ionisation. En outre, il augmente le nombre des électrons libres, accélérés par le champ, par suite de quoi le phénomène photoélectrique est renforcé, lequel à son tour augmente le nombre des électrons, etc. On comprend que les atomes ionisés, s'unissant des électrons qui passent de diverses façons d'une orbite à une autre, peuvent rayonner toutes les lignes du spectre d'une substance donnée. Dans cette théorie on suppose que la ligne de résonance (2 357 Å pour Hg) peut ioniser les atomes voisins, ce qui, la chose est maintenant certaine, est impossible, car le quantum de ce rayon est insuffisant pour une telle ionisation. Néanmoins l'idée du rôle des actions photoélectiques peut être conservée.

Ces actions s'ajoutent aux chocs des électrons et peuvent amener l'atome à l'ionisation.

Il y a encore un mode d'explication de cet étrange phénomène. Dans le chapitre IV, § 2, III, nous avons parlé de l'*état métastable* de l'atome perturbé, quand toutes les voies de retour vers l'orbite normale sont fermées à l'électron élevé à une certaine orbite, parce que certaines sont impossibles en vertu du principe de sélection et que d'autres seraient liées à un accroissement d'énergie de l'atome ; dans ce cas l'atome doit conserver son état tant que l'électron ne sera pas porté à une orbite plus élevée, d'où le retour à l'orbite normale soit possible. Dans chacun de ces cas l'atome reste *plus longtemps* dans un état métastable que dans l'état perturbé ordinaire, et c'est pourquoi la p obabilité d'un choc ionisant se trouve augmentée. J. FRANCK et W. GROTRIAN (1921) ont montré que dans la rencontre d'un atome de mercure qui se trouve dans un état métastable avec un atome normal il peut se former des molécules Hg^2 qui, par collision avec d'autres atomes normaux, se décomposent avec émission d'un spectre de bandes. Et ce phénomène peut favoriser l'ionisation d'un atome déjà perturbé par un choc d'électron.

Comme conclusion nous indiquerons un travail théorique très intéressant de O. KLEIN et S. ROSSELAND (1921). Se basant sur des considérations thermodynamiques, ces savants ont montré que dans la rencontre d'un électron avec un atome perturbé il peut se produire non seulement une perte d'énergie de la part de l'électron et une augmentation d'énergie, c'est-à-dire un plus haut degré de perturbation de l'atome, mais encore le phénomène inverse. Cela veut dire que dans une telle rencontre l'électron qui a été élevé peut revenir à une orbite plus proche du noyau de l'atome, ou même à l'orbite normale, et l'électron en mouvement acquérir une quantité quantique correspondante d'énergie. *Sa vitesse augmente*, et une telle augmentation peut se répéter plusieurs fois, de sorte que dans une nouvelle collision il peut ioniser un atome perturbé ou même un atome neutre. De tels chocs sont dits *de seconde espèce*. J. FRANCK (1922) applique les résultats de KLEIN et ROSSELAND aussi aux phénomènes de fluorescence, aux processus photochimiques et à l'émission des électrons par les corps incandescents.

Dans ce paragraphe nous avons vu les principaux procédés employés par les savants pour mesurer les potentiels V_r, V_k et V_i, que nous avons appelés tous des *potentiels critiques*. De plus, nous avons vu que les potentiels d'ionisation V_i de J. FRANCK et G. HERTZ sont en réalité des potentiels de résonance V_r. Enfin nous avons pris connaissance des arcs de faible voltage, c'est-à-dire de l'ionisation pour une tension égale au potentiel de résonance, et aussi des diverses causes dont l'ensemble provoque vraisemblablement ce phénomène. Plus loin nous verrons encore quelques procédés expérimentaux pour étudier les perturbations et les ionisations des atomes et des molécules des substances gazeuses.

4. Résultats. Vapeurs métalliques et gaz nobles. — Dans § 3, nous avons déjà mentionné que le plus grand nombre de recherches expérimentales ont été effectuées depuis 1917 par F.-S. GOUCHER et B. DAVIS (ce dernier se nomme Bergen-Davis, et dans beaucoup d'articles on parle par erreur de trois savants : Bergen, Davis et Goucher), Fr. Horton et Ann Davies (cette dernière est souvent confondue avec B. Davis), F. Mohler et P. Foote. Nous examinerons séparément les vapeurs des métaux, les gaz nobles, les gaz diatomiques et polyatomiques et quelques autres substances.

A. Vapeurs métalliques. — Parmi les métaux ont été étudiés les métaux alcalins, les métaux alcalino-terreux et quelques autres. Les vapeurs de mercure particulièrement ont été souvent étudiées ; nous commencerons par elles.

I. *Mercure*. — Dans § 3 nous avons dit que B. Davis et F. Goucher (1917) avaient trouvé, outre les potentiels de résonance V_r et d'ionisation V_i, dont les valeurs sont 4,9 et 10,4 volts, un potentiel de radiation de 6,7 volts. Des autres travaux mentionnons que A. L. Hughes et A. A. Dixon (1917) ont trouvé $V_i = 10,2$ volts, et F. M. Bishop (1917) 10,27 volts. Nous avons aussi pris connaissance de la méthode de recherche qu'ont imaginée, à peu près en même temps, divers savants, dont G. Franck et P. Knipping. Dans ce procédé on obtient, représentée graphiquement, la relation entre la force du courant mesurée au galvanomètre et la différence de potentiel agissante. La courbe qui représente cette relation a une série d'inflexions qui correspondent aux potentiels critiques cherchés V_r, V_k et V_i. Par ce procédé J. Franck et E. Einsporn (1920) effectuèrent une recherche sur les vapeurs de mercure à diverses pressions. Sur la figure 53 est représentée une des courbes qu'ils ont obtenues. Les ordonnées expriment l'intensité du courant ; pour les abscisses (tensions) il y a deux échelles. L'échelle supérieure, de 4 à 10 volts, se rapporte à la courbe du milieu I ; l'inférieure, de 7 à 10 volts, se rapporte aux deux courbes II qui sont de chaque côté de la première et représentent en partie le prolongement et en partie la répétition de la courbe I. Pour plus de commodité on a inscrit à tous les points d'inflexion les valeurs correspondantes des abscisses, c'est-à-dire les potentiels V ou, ce qui est la même chose, les vitesses des électrons. Par la formule $eV = h\nu$ on peut calculer les fréquences ν, puis ensuite les longueurs d'onde λ des rayons qui doivent être émis par la chute de retour sur l'orbite normale de l'électron qui avait été élevé. Les auteurs ont apporté une correction pour la vitesse avec laquelle les électrons s'échappent du fil chauffé au rouge.

Pour comprendre la position des rayons λ, observés d'une façon si indirecte dans les séries spectrales du mercure qui nous sont connues, il faut tenir compte des recommandations qui suivent ; nous conserverons les désignations de Paschen. Le mercure a un système de triplets, pour lesquels on connaît la première et la seconde série secondaires et aussi la série de triplets de Bergmann (voir chapitre V, § 1 et 2). De la série principale de triplets que l'on obtient par les chutes sur l'orbite normale de l'électron dans l'atome non perturbé on ne connaît que la série du terme moyen du triplet. Puisque Paschen désigne l'orbite normale par 1,5 S (et non 1 S), la formule de cette série est évidemment $1,5 S - mp_2$, où p_2 est le moyen des trois symboles

p_1, p_2, p_3 du triplet. La première ligne de cette série moyenne est aussi la ligne de *résonance* 2536,7 Å, à laquelle correspond le potentiel V_r et une vitesse des électrons percuteurs égale à 4,9 volts ; la ligne limite 1,5 S de cette série, de longueur d'onde 1188 Å, correspond au potentiel d'ionisation V_i (et à la vitesse des électrons) de 10,3 volts. Outre la série de triplets, il y a encore un système de séries *unilinéaires*, avec la série principale 1,5 S — mP. Sa première ligne λ = 1849 Å est bien connue et correspond au potentiel

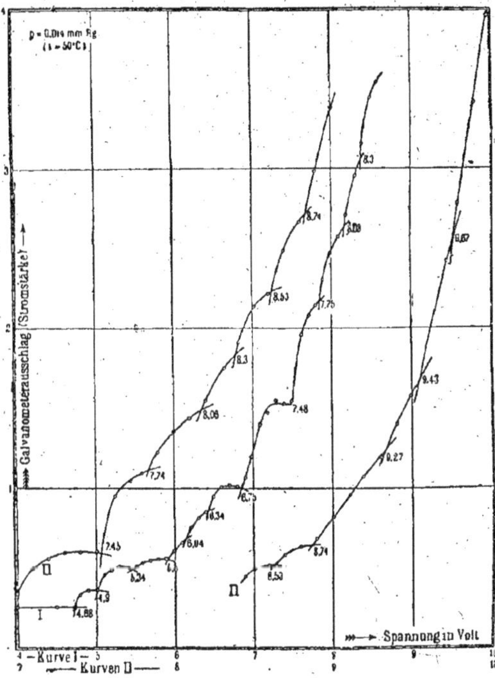

Fig. 53.

6,7 volts, qu'ont les premiers mesuré B. DAVIS et F. S. GOUCHER (voir § 3) et qui, comme étant la première de sa série, doit être appelée une ligne de résonance. La limite de cette série unilinéaire se trouve aussi, on le comprend, à 1,5 S, c'est-à-dire à λ = 1188 Å, ce qui correspond au potentiel d'ionisation V_i = 10,3 volts. HERTZ et EINSPORN pensent que tous les potentiels critiques qu'ils ont examinés ne peuvent correspondre qu'à des lignes de séries dont la limite est 1,5 S ; cela signifie que tous les chocs des électrons ne peuvent agir que sur des atomes neutres, car la durée de l'existence dans l'état perturbé (10^{-8} secondes) est trop petite pour qu'on puisse admettre la probabilité d'un second choc. Evidemment ils considèrent tout ce qui a été dit dans § 3 sur les perturbations secondaires comme inapplicable à la disposition de leur expérience. *Sur 18 potentiels critiques qu'ils ont trouvés ils ont pu pour 13 indiquer la formule sérielle de la ligne correspondante.* Ils ont trouvé des lignes des séries déjà connues $1,5 S — mP$ et $1,5 S — mp_2$; mais en plus ils ont fixé aussi *les premières lignes des séries* $1,5 S — mp_1$ et $1,5 — mp_3$, *qui jusqu'ici étaient inconnues optiquement.*

Nous donnons ci dessous un tableau de la série mentionnée des potentiels critiques. Dans la première colonne est indiqué le numéro de la ligne, quand on prend toutes les 18 lignes ; dans la seconde est inscrite la valeur en volts du potentiel critique *observé* : dans la troisième, les longueurs d'onde en angstroms des rayons qui, possédant une formule sérielle déterminée, correspondent, *à ce qu'il semble,* au potentiel V ; dans la quatrième — le nombre d'ondes ; dans la cinquième — la formule sérielle choisie, et dans la sixième — le potentiel critique, calculé d'après λ choisi. La comparaison de la seconde colonne avec la cinquième montre dans quelle mesure de correction ont été choisies les lignes sérielles qui doivent correspondre aux potentiels critiques observés. Dans quelques cas deux lignes de séries différentes sont si proches l'une de l'autre qu'il n'est pas possible de les séparer par la méthode qui a été expliquée. Nous n'avons pas porté ces lignes dans notre tableau, non plus que celles qui ne satisfont pas à une formule sérielle.

Nos	V (obs.)	λ (Å)	N. d'ondes	Form. sérielle	V (calc.)
1	4,68	2656,5	37643,25	$1,5 S — 2p_3$	4,66
2	4,9	2536,7	39410,44	$1,5 S — 2p_2$	4,86
4	5,47	2270,6	44040,75	$1,5 S — 2p_1$	5,43
5	5,76	2150	46533,53	$2p_3$	5,73
8	6,73	1849,6	54064,48	$1,5 S — 2 P$	6,67
11	7,73	1603,93	62347,46	$1,5 S — 1,5 s$	7,69
13	8,64	1435,61	69657,8	$1,5 S — 3p_2$	8,58
17	7,79	1268,9	78809,9	$1,5 S — 4 P$	9,73
18	10,38	1187,88	84176,78	$1,5 S$	10,39

Le potentiel N° 5 correspond au passage de l'électron du niveau $2p_3$ à la limite de l'atome. Son apparition s'explique de la façon suivante : Les passages N° 1 à 4,68 volts et N° 4 à 5,47 volts correspondent très exactement aux lignes $1,5 S — 2p_3$ et $1,5 S — 2p_1$, qu'on n'observe optiquement ni dans les spectres d'émission, ni dans les spectres d'absorption, car ces passages n'obéissent pas au principe de sélection. Mais nous savons que ce principe cesse d'agir dans les champs électriques intenses. Un tel champ se produit quand un électron percuteur arrive près d'un atome dont l'un des électrons est projeté de l'orbite normale $1,5 S$ à une des orbites $2p_3$ ou $2p_1$. Seulement il ne peut plus retourner à l'orbite $1,5 S$; que va-t-il devenir ? La réponse est donnée par le bond observé N° 5 à 5,76 volts, qui est très voisin des bonds N° 18 à 10,39 de $1,5 S$ à la limite de l'atome et N° 1 à

4,66 volts de $1,5\,S$ à l'orbite $2p_3$, puisque $10,39 - 4,66 = 5,73$ volts. L'électron élevé de $1,5\,S$ à $2p_3$ est lancé par un nouveau choc du côté de l'électron ayant la vitesse 5,73 volts, au delà de la limite de l'atome.

II. *Eléments du second groupe.* — Après le mercure il est naturel de considérer les métaux alcalino-terreux. On peut espérer que pour eux comme pour le mercure, par la formule $eV = h\nu$, le potentiel de résonance V_r se détermine par la longueur d'onde de la première ligne des séries spectrales $1,5\,S - mp_2$ et $1,5\,S - mP$, et le potentiel d'ionisation V_i, par la longueur d'onde de la limite de cette série $1,5\,S$. Il ne faut pas perdre de vue que beaucoup d'auteurs ne conservent pas les désignations de PASCHEN et écrivent $1\,S$ au lieu de $1,5\,S$. Si cette supposition est vraie, on peut par la formule indiquée calculer V_r et V_i si les lignes sérielles sont connues.

Pour le magnésium on obtient $V_r = 4,33$ volts pour $\lambda = 2853,00$ Å ; MAC LENNAN trouva le premier une perturbation par chocs électroniques vers $V = 5$ volts. Le calcul donne :

	Ba	Sr	Ca
$1,5\,S$ (λ_∞)	2408,0	2177,5	2028,2 Å
V_i	5,19	5,67	6,12 volts

Pour Sr et Ba on ne possède pas de recherches expérimentales. Pour Mg, Ca, Zn et Cd on a les travaux de P. FOOTE et de ses collaborateurs F. MOHLER, W. MEGGER, J. TATE et STIMSON. Nous donnons leurs résultats dans le tableau suivant.

	Potent. de résonance V_r		$1,5\,S - 2\,p_2$ $1,5\,S - 2\,P_0$	Potent. d'ionis. V_i		Lim. de la série $1,5\,S$
	Observé	Calc.		Observé	Calc.	
Mg ..	2,65 4,42	2,7 4,33	4572,65 Å 2853,00 »	7,75	7,61	1621,7 Å
Ca ..	1,90 2,85	1,88 2,92	6574,50 » 4227,9 »	6,01	6,09	2027,56 »
Zn ..	4,18 5,65	4,01 5,77	3076,88 » 2139,33 »	9,4	9,35	1319,98 »
Cd ..	3,95 5,35	3,78 5,39	3262,09 » 2288,79 »	8,96	8,95	1378,69 »

III. *Métaux alcalins.* — Pour le lithium il n'existe pas de mesures ; le calcul donne $V_r = 1,84$ volt, $V_i = 5,36$ volts, respectivement $\lambda = 6707,8$ Å et $\lambda = 2299,7$ Å. Pour Na, K, Rb et Cs nous avons les observations de P. FOOTE et de ses collaborateurs F. MOHLER, J. TATE et RUGNLEY. Nous donnons leurs résultats :

	Potent. de résonance V_r		$1,5\,S - 2p_j$ $j = 1$	Potent. d'ionis. V_i		Lim. de la série $1,5\,S$
	Observé	Calc.		Observé	Calc.	
Na ..	2,13	2,092 2,094	5895,94 Å 5879,97 »	5,13	5,11	2412,13 Å
K ...	1,55	1,602 1,609	7699,01 » 7664,04 »	4,1	4,32	2856,7 »
Rb ..	1,6	1,55 1,58	7947,6 » 7800,3 »	4,1	4,15	2968,4 »
Cs...	1,48	1,38 1,45	8943,5 » 8521,1 »	3,9	3,87	3184,3 »

Dans la formule $1,5\,S - 2p_j$, l'index $j = 1$ et 2, conformément aux doublets dont cette série spectrale se compose ; pour Na nous avons les lignes D_1 et D_2. Celles-ci, de même que les lignes des doublets de K et Rb, sont trop voisines l'une de l'autre pour qu'on puisse les séparer par la méthode d'observation de leurs potentiels de résonance. Pour Cs le doublet est déjà assez écarté pour que la séparation apparaisse possible, mais Foote, Rognley et Mohler (1919) n'ont observé qu'une seule valeur $V_r = 1,48$, correspondant, semble-t-il, à la valeur calculée $V_r = 1,45$.

IV. *Thallium et plomb*. — Foote et Mohler ont déterminé les potentiels de résonance V_r et d'ionisation V_i pour le thallium (IIIe groupe d'éléments) et Foote, Mohler et Stimson pour le plomb (IVe groupe). Les spectres de ces métaux ne sont pas encore assez étudiés pour qu'on puisse indiquer les formules sérielles correspondantes. Voici leurs résultats :

	V_r	V_i
Tl	1,07 volt	7,3 volts
Pb	1,26 »	7,93 »

B. *Gaz nobles*. — Parmi eux c'est l'hélium qui a été le plus souvent étudié.

I. *Hélium*. — La question des potentiels critiques de l'hélium se présente comme très complexe et nous ne pouvons faire l'examen détaillé de tous les résultats obtenus, ni de leur explication théorique. La source de grandes complications réside en ce qui suit. Nous rappelons que le spectre de l'hélium est formé de deux spectres en quelque sorte superposés l'un à l'autre. L'un d'eux est attribué au *parhélium*, l'autre, à *l'orthohélium*. On suppose que ces deux variétés de l'atome d'hélium se distinguent par la position des orbites des deux électrons qui entourent le noyau de l'atome. Dans le parhélium les plans des orbites forment entre eux un angle qui, suivant certaines suppositions, serait égal à 120°. Dans l'orthohélium les deux orbites sont disposées dans un même plan ; elles sont « coplanaires ». Chacun des deux spectres a ses séries et ses combinaisons de lignes. Mais il n'existe aucune combinaison de lignes entre les séries du parhélium et de l'orthohélium. Ceci se comprend, car il ne peut être question du passage d'un électron d'une des orbites possibles du parhélium à une orbite possible de l'orthohélium, ou inversement. Les termes du parhélium sont désignés par les grandes lettres (1S, 2S, etc.) ; les termes de l'orthohélium par les petites lettres (1s, 2s, etc.). *Pour l'orthohélium il n'y a pas de terme 1s* ; la formule de la série principale de l'orthohélium a la forme $2s — mp$. Pour le parhélium 1S est une orbite fondamentale, stable ; pour l'orthohélium 2s est une orbite fondamentale, mais la position de l'électron sur elle est *métastable*. Actuellement il n'existe aucun modèle de l'atome d'hélium qu'on puisse considérer comme admissible, comme n'étant en contradiction avec aucune des données de l'expérience. Effectivement, nous verrons que le *potentiel d'ionisation* V_i de l'hélium est

$$(12) \qquad V_i = 24,5 \text{ volts.}$$

Tandis que, ainsi que l'indique SOMMERFELD (A. u. S., 4ᵉ éd., p. 521, 1924) le modèle initial de BOHR (deux électrons sur une même orbite circulaire aux deux extrémités d'un même diamètre) donne $V_i = 28,75$ volts ; le modèle du parhélium décrit ci-dessus donne $V_i = 20,7$ volts. La vraie valeur (12) se montre placée à peu près au milieu. Là se trouve évidemment la raison qui a forcé SOMMERFELD à proposer son nouveau modèle, dont il a été question dans le chapitre IV, § 2, IV. Il est nécessaire de tourner son attention vers la circonstance suivante. Les valeurs du potentiel d'ionisation de l'hélium qu'ont trouvées FRANCK et KNIPPING (1919) et aussi HORTON et ses collaborateurs ANN DAVIES et DORIS BAILEY (1920) donnent en moyenne approximativement $V_i = 25,3$ volts. Mais en 1922 J. FRANCK a trouvé une erreur dans l'établissement d'une des corrections, par suite de laquelle *tous les potentiels critiques trouvés pour l'hélium doivent être abaissés approximativement de 0,7 volt*. Nous donnerons plus loin les valeurs corrigées, comme tous les auteurs qui ont écrit après 1922 (SOMMERFELD, GERBACH, etc.). Mais pour le lecteur la discordance entre les nombres donnés par un grand nombre de livres et de mémoires écrits avant et après le mémoire de FRANCK (1922) peut soulever des difficultés.

Outre le potentiel d'ionisation 24,5 volts, joue pour l'hélium le rôle le plus important un autre potentiel critique V_r que F. HORTON et ANN DAVIES ont trouvé (à tort) égal à 20,4 volts, et FRANCK et KNIPPING, égal à 20,45 volts. Après correction il s'est montré égal à

$$(13) \qquad V_t = 19,75 \text{ volts.}$$

Il convient de l'appeler *potentiel de transformation* (de là l'indice t). Il correspond à la transformation de l'hélium ordinaire, que l'on doit considérer comme le parhélium, en orthohélium. L'électron qui se trouve sur l'orbite fondamentale 1S (désignation de SOMMERFELD) du parhélium est lancé par le choc sur l'orbite 2s de l'orthohélium. Une telle projection est impossible dans d'autres circonstances. L'électron qui s'est placé sur l'orbite 2s ne peut revenir à l'orbite 1S autrement que par une voie détournée ; des chocs ultérieurs ou d'autres causes peuvent lancer l'atome au delà des limites de l'atome d'orthohélium, après quoi il peut par les degrés de l'atome de parhélium revenir à l'orbite $1S$. De cette façon le passage $1S — 2s$ provoqué par le potentiel $V_t = 19{,}75$ volts *ne peut s'accompagner de rayonnement.* L'électron sur l'orbite $2s$ de l'orthohélium est dans un état *métastable,* et ceci explique pourquoi nous avons qualifié aussi de métastable l'orbite $2s$.

Nous voyons que l'orbite fondamentale $2s$ de l'orthohélium est de $19{,}75$ volts plus élevée que l'orbite fondamentale $1S$ du parhélium ; la limite de l'un et de l'autre atome est de $24{,}5$ volts plus élevée que cet orbite $1S$. La différence $24{,}5 — 19{,}75 = 4{,}75$ volts ; elle est précisément égale à la limite de la série principale de l'orthohélium, c'est-à-dire à la ligne $2s$ ($2s — mp$ pour $m = \infty$). Dans le chapitre VIII, § 1, nous avons vu que Lyman a étendu le spectre ultra-violet. Entre autres il a découvert les lignes $584{,}4$ Å — $537{,}1$ Å et $515{,}7$ Å, qui appartiennent indubitablement à la série principale $1S — mP$ de l'hélium (parhélium) ; en outre il a trouvé une ligne faible $606{,}5$ Å, dont la provenance n'est pas encore fixée. Lyman compara les longueurs d'onde qu'il a trouvées pour quatre lignes avec les vitesses des électrons, exprimées en volts, pour lesquelles furent trouvées des inflexions de la courbe (voir plus haut), c'est-à-dire avec les potentiels critiques observés. Il a trouvé qu'il obtiendrait une concordance parfaite si l'on diminait tous ces potentiels d'environ $0{,}8$ volts.

Nous avons vu que c'est précisément la correction que J. Franck a introduite (1922). Pour ce qui concerne le potentiel critique de $19{,}75$ volts, Lyman dit qu'il ne trouve aucune ligne spectrale qui lui corresponde. Ceci est compréhensible, car, ainsi qu'il a été dit, ce potentiel correspond au passage $1S — 2s$, duquel il ne peut résulter aucun rayonnement. C'est maintenant seulement que nous allons donner les résultats (corrigés) des mesures. Dans la première colonne sont inscrites les longueurs d'onde des lignes découvertes par Lyman ; dans la seconde, les désignations sérielles (selon Sommerfeld) de ces lignes ; dans la troisième, les potentiels calculés par addition au nombre $17{,}75$ volts des grandeurs qu'on obtient sur la base des formules sérielles. Enfin dans la quatrième colonne sont les potentiels critiques trouvés expérimentalement par Franck et Knipping et qui diffèrent peu de ceux qu'ont obtenus F. Horton et Ann Davies (après leur diminution de $0{,}7$ volt).

Long. d'onde (Lyman)	Formule sérielle	Potentiel crititique calculé	Potentiel crititique observé
	$1S — 2s$	19,75	19,75 Pot. de transform.
600,5 Å	$1S — 2S$	20,55	20,55
584,4 »	$1S — 2P$	21,12	21,2
537,1 »	$1S — 3P$	22,97	22,9
522,3 »	$1S — 4P$	23,62	—
515,7 »	$1S — 5P$	23,92	—
(502 Å) calc.	$1S$	24,5	24,6 Pot. d'ionisation

La concordance est effectivement complète. Au potentiel de transformation 19,75 volts ne correspond pas de ligne dans le spectre de Lyman, car le passage $2s \rightarrow 1S$ est absolument impossible. Le second potentiel, 20,55 volts, présente aussi de l'intérêt ; il transporte l'électron de $1S$ à $2S$, où son état est aussi *métastable*, car le passage inverse $2S \rightarrow 1S$ est interdit par le principe de sélection. Mais cette interdiction n'est pas absolue, et dans certaines conditions (champ électrique) le passage peut avoir lieu. Ainsi s'explique la faiblesse de la ligne 600,5 Å suivant les observations de Lyman. Bien plus souvent, l'électron élevé par un choc à une hauteur énorme (20,55 volts) de $1S$ à $2S$, s'élève par un nouveau choc ou pour une autre cause jusqu'au niveau $2P$, d'où il est libre de retomber au niveau $1S$ (ligne 584,4 Å).

Le rôle de *ligne de résonance* est joué par la ligne $2s \rightarrow 2p$, pour laquelle $\lambda = 10830$ Å (environ 1μ), car pour l'électron élevé à l'orbite $2p$ il n'y a qu'une voie de retour $2p \rightarrow 2s$. Ceci est confirmé par les observations de F. Paschen (1914), qui a trouvé que si l'on éclaire l'hélium par des rayons $\lambda = 1\mu$, il se produit une résonance complète, c'est-à dire que toute l'énergie est de nouveau rayonnée par l'hélium. La ligne analogue $2S - 2P$ n'est pas une ligne de résonance, car l'électron peut passer de l'orbite $2P$ à une quelconque des orbites $1S$ ou $2S$. De même Paschen a reconnu que si l'on éclaire l'hélium par des rayons $\lambda = 2\mu$, une partie seulement de l'énergie est rayonnée par une longueur d'onde $\lambda = 2\mu$.

Le premier choc non élastique dans l'hélium à 19,75 volts (corrigé) a été trouvé par V.-J. Pavlof (1914), C.-B. Bazzoni (1916), J.-M. Benade (1917) et G. Déjardin. Pour enlever le *second* électron à l'hélium ionisé $\overset{+}{\text{He}}$, il faut un travail qui est 4 fois plus grand que le travail nécessaire pour enlever l'électron de l'*atome* d'hydrogène. Ce dernier travail, comme nous le verrons, est égal à 13,5 volts. Ainsi on obtient

$$24,5 + 4 \cdot 13,5 = 78,5 \text{ volts.}$$

L'électron qui possède une vitesse de 78,5 volts peut *en une fois* provoquer la double ionisation de l'hélium. Les observations de Franck et Knipping et aussi celles de F. Horton ont, en effet, dévoilé un potentiel critique vers 79 volts.

II. *Néon, argon, crypton et xénon.* — J. Franck et G. Hertz ont trouvé un potentiel critique à 16 volts pour le néon, et à 12 volts pour l'argon. Comparant ses mesures à celles d'autres savants, de Horton et A. Davies et aussi de Rentschler, J. Franck donne le tableau suivant pour le *néon*

Perturbation	Potent. d'ionisation	
16 volts	—	Franck et Hertz
17,8 »	22,8 volts	Horton et Davies
—	21 »	Rentschler

Des résultats plus exacts sont donnés dans un nouveau travail de G. Hertz

(1923) effectué par un procédé perfectionné. La présence de chocs non élastiques était déterminée par l'apparition d'électrons ayant une vitesse égale à zéro. Ces résultats sont les suivants :

	Perturbation	Potent. d'ionisation
Néon.	$\left\{\begin{array}{l} 16,65 \text{ volts} \\ 18,45 \text{ »} \end{array}\right.$	21,5 volts
Argon	$\left\{\begin{array}{l} 11,55 \text{ »} \\ 13,0 \text{ »} \\ 14,0 \text{ »} \end{array}\right.$	15,3 volts

Le spectre du néon fut, comme nous l'avons vu, démembré en séries par Paschen. G. Hertz montre que la perturbation pour 16,65 volts correspond à un *groupe* de quatre lignes du type $1s - 2s$, et la perturbation pour 18,45 volts, à un groupe du type $1s - 2p$. Le phénomène suivant, que G. Hertz a réussi à observer, est très intéressant. Ce savant a étudié le spectre émis par le néon sous l'action de chocs d'électrons qui se meuvent avec une vitesse aussi constante que possible. Il put obtenir ce résultat que, pour une valeur déterminée de cette vitesse apparaissent les lignes rouges 6402 et 6143 Å et quelques lignes rouges plus faibles du type $2s - 2p$, mais était *absente* la ligne jaune 5852 Å, qui dans les conditions normales est la plus intense du spectre du néon. Par augmentation de la vitesse des électrons *de quelques dixièmes de volt* la ligne jaune apparaît intense. Le calcul montre que pour l'excitation de la ligne jaune il faut seulement 0,4 volt de plus que pour l'excitation des deux lignes rouges. Pour l'argon la comparaison avec le spectre est encore impossible. En 1924 parut un nouveau travail de G. Hertz dans lequel sont données des images de spectres produits par des chocs d'électrons ayant des vitesses diverses rigoureusement déterminées : pour Hg, des vitesses de 8,7 et 9,7 volts ; pour He, 23,6 et 24,4 volts ; pour le néon, 18,7 — 18,9 — 19,2 — 19,6 et 20 volts. Extrêmement intéressante est l'augmentation graduelle du nombre des lignes pour une augmentation de vitesse de 0,2 volt.

Le *crypton* et le *xénon* ont été étudiés pour la première fois par Mᵐᵉ H. Sponer, qui trouva pour le crypton des perturbations à 8,4 et 9,6 volts et un potentiel d'ionisation compris entre 12 et 13 volts ; pour le xénon, il y a perturbation vers 8,0 et 8,8 volts, et le potentiel d'ionisation est compris entre 11 et 12 volts.

Vers la fin de 1924 parut une communication préliminaire de G. Hertz (et de son collaborateur R.-K. Kloppfers) qui étudia avec précision le *crypton* et le *xénon*, et en plus (avec J.-C. Scharp de Visser comme collaborateur) de nouveau le *néon*. Hertz donne le tableau suivant pour les gaz nobles.

	Perturbation	Ionisation
He. . .	19,77 — 20,55	24,5
Ne. . . .	16,6 — 18,5	21,5
Ar. . . .	11,5 — 13,0 — 13,9	15,4
Kr. . . .	9.9 — 10,5 — 11,5 — 12,1	13,3
Xe. . . .	8,3 — 9,9 — 11,0	11,5

5. Résultats. Autres substances. — Dans le § 4 nous avons considéré les vapeurs métalliques et les gaz nobles, c'est-à-dire les substances qui ne possèdent pas l'affinité électronique. Il s'agissait des collisions des électrons avec les atomes ; maintenant nous allons exposer les résultats des recherches sur les gaz diatomiques et polyatomiques, et aussi sur quelques autres substances.

Gaz diatomiques. — Ici nous avons affaire aux collisions avec les *molécules*. Ce phénomène est beaucoup plus complexe que celui des collisions avec les atomes. Jamais les chocs ne sont parfaitement élastiques ; même pour des vitesses d'électrons pour lesquelles il ne peut être question de transport quantique d'énergie, il se produit une certaine perte d'énergie des électrons qui est d'autant plus grande que l'affinité des molécules pour les électrons est elle-même plus grande. La mesure de cette affinité sera le travail de dissociation de l'ion *négatif*, en molécule neutre et électron. De plus, le choc des électrons peut provoquer des phénomènes chimiques, par exemple la dissociation des molécules ; on ne sait pas si ces phénomènes sont soumis aux conditions quantiques. Une difficulté expérimentale résulte encore de ce qu'aux électrodes il se forme facilement des couches électriques doubles par suite de l'adsorption des ions négatifs. Ces couches rendent difficile la détermination de la vitesse des électrons. A cela il convient d'ajouter que nous ne connaissons pas la structure d'une seule molécule. Les résultats des expériences, comme nous le verrons, ne concordent pas avec ceux du calcul basé sur les divers modèles hypothétiques proposés pour la structure des molécules. Rappelons encore que les gaz non monoatomiques donnent des *spectres de bandes*, de sorte qu'ici tombe en défaut la comparaison, qui joua un si grand rôle dans § 4, des potentiels critiques avec les lignes spectrales correspondantes.

Nous examinerons avant tout l'hydrogène, dont la prééminence consiste en ce que son affinité pour l'électron est insignifiante.

I. *Hydrogène.* — La série spectrale ultra-violette de l'*atome* d'hydrogène, découverte par Lyman, a, comme nous l'avons vu, la formule

$$(14) \qquad \nu = R \left\{ \frac{1}{1^2} - \frac{1}{m^2} \right\}$$

où ν est la fréquence des vibrations et $R = 3,29.10^{15}$, la constante de Rydberg. Pour la première ligne de cette série ($m = 2$) nous avons $\nu = \frac{3}{4} R$, d'où d'après la formule $eV = h\nu$, on obtient

$$(14, a) \qquad V = 10 \text{ volts}$$

comme premier potentiel critique. La limite de cette série est $\nu = R$, et cela donne pour le *potentiel d'ionisation* V_i de l'*atome d'hydrogène*

$$(14, b) \qquad V_i = 13,6 \text{ volts.}$$

Or les expériences se font, non sur l'hydrogène atomique, mais **sur** l'hydrogène *moléculaire* (sauf un travail de 1924 ; voir plus loin), et alors surgit la question de l'existence de l'ionisation de la molécule H^2. Nous avons pris connaissance du premier modèle proposé par Bohr : deux électrons se meuvent sur une orbite circulaire dont le plan est perpendiculaire à la droite qui joint les deux noyaux et coupe cette droite en son milieu. Si l'on admet que l'ionisation consiste seulement en l'arrachement d'un des électrons et que l'autre continue à se mouvoir dans le même plan sur une orbite quantique, le calcul donne $V_i = 17{,}9$ volts.

Mais Bohr a montré que le système restant de deux noyaux et un électron serait dans un état *instable*. Il pense que l'ionisation des molécules doit être accompagnée d'une *dissociation*, de sorte que dans le résultat d'un choc ionisant il doit y avoir un atome neutre d'hydrogène, un électron libre et un ion positif d'hydrogène, autrement dit, un proton. Pour une telle décomposition il faudrait $16{,}3$ volts. Retranchant cette quantité de $17{,}9$ volts, nous obtenons $2{,}6$ volts, dépensés pour la dissociation de la molécule, tandis que, d'après les calculs thermochimiques de Langmuir, le travail de dissociation serait égal à $3{,}5$ volts. Ainsi la proposition de Bohr ne peut pas non plus correspondre à la réalité. C'est l'une des causes, mais non la seule, qui nous force en général à rejeter le modèle de la molécule d'hydrogène, proposé par Bohr.

D'après les observations concordantes de beaucoup de savants, la première perturbation de l'hydrogène H^2 a lieu pour un potentiel $V = 11$ volts. C'est ce nombre qu'ont trouvé Franck et Hertz, V.-J. Pavlof, F. Mayer, F.-M. Bishop, F.-S. Goucher, B. Davis et F.-S. Goucher. Bishop a trouvé un second potentiel critique à $15{,}7$ volts. B. Davis et F.-S. Goucher, employant leur procédé pour séparer l'une de l'autre l'action des radiations et des chocs électroniques, ont obtenu :

$$(15) \quad \begin{cases} \text{Ionisation par le choc et par le rayonnement.} & 10{,}8 \text{ volts} \\ \text{Radiation} \ldots \ldots \ldots \ldots \ldots \ldots \ldots & 13{,}6 \quad » \\ \text{Ionisation} \ldots \ldots \ldots \ldots \ldots \ldots \ldots & 15{,}8 \quad » \end{cases}$$

Le dernier nombre coïncide presque avec celui de Bishop. Donnons encore les résultats de quelques autres recherches.

	Perturbation de l'atome		ionisation	ionisation
Foote et Mohler	10,6	—	16,4	13,1
Horton et Davies	10,5	13,9	16,9	14,1
Found	—	—	15,8	—
Compton et Olmstead	10,8	13,4	15,8	11

Il semble que les meilleurs résultats ont été donnés par Thea Krüger (1921) :

	Non corrigé	Corrigé
1. Faible ionisation et faible rayonnement ultra-violet $\ldots \ldots \ldots \ldots$	11,5 volts	—
2. Rayonnement intense (nombre absolu selon Davis et Goucher. $\ldots \ldots \ldots$	13,6 »	12,9 volts
3. Première ionisation forte $\ldots \ldots \ldots$	17,1 »	16,4 »
4. Seconde ionisation forte. $\ldots \ldots \ldots$	30,4 »	29,7 »

Les nombres de la première colonne ont été donnés par THEA KRÜGER elle-même : ceux de la seconde sont donnés par SOMMERFELD (A. und S., 4° éd., p. 518, 1924), en retranchant 0,7 volt, conformément à la correction introduite par J. FRANCK en 1922 (voir § 4). Mais THEA KRÜGER a déterminé tous ses nombres en partant du nombre 13,6 qu'avaient donné DAVIS et GOUCHER, de sorte que de ses propres observations elle ne put l'établir avec précision. Il reste incertain si l'on doit introduire la correction dans le nombre de DAVIS et GOUCHER. Laissant de côté la question de la structure de la molécule H^2, THEA KRÜGER donne le tableau suivant des variations possibles de cette molécule quand elle est soumise aux chocs électroniques.

1. Un électron est enlevé à la molécule : $H^2 = H_e^{2+} + e$.

2. La molécule se décompose en un atome neutre et un atome perturbé ; il n'y a pas d'ionisation. Si V_r est le potentiel de résonance et D le travail de dissociation, l'énergie dépensée est $D + V_r$.

3. Il se produit une dissociation de la molécule et l'ionisation de l'un des atomes ; si V_i est le potentiel d'ionisation, l'énergie dépensée est $D + V_i$.

4. La molécule se décompose en un atome perturbé et un atome ionisé. L'énergie dépensée est $D + V_r + V_i$.

5. La molécule se décompose en deux atomes perturbés ; énergie $= D + 2V_r$.

6. La molécule se décompose en deux atomes ionisés ; énergie $= D + 2V_i$.

THEA KRÜGER pense que les nombres qu'elle a trouvés, 17,1 et 30,4 volts correspondent aux cas 3 et 5. S'il en est ainsi nous avons :

$$D + V_i = 17,1 ; \quad D + 2V_i = 30,4,$$

d'où $V_i = 13,3$ volts et $D = 3,8$; mais elle admet $V_i = 13,5$ volts (d'après le travail de BOHR) et trouve

$$D = 3,5 \pm 0,3 \text{ volts,}$$

ce qui est d'accord avec le nombre de J. LANGMUIR, 3,6 volts (T. ISNARDI trouve $D = 4,1$ v. et F. HERZFELD, $D = 4,5$ v. ; W. NERNST admet le nombre 4.3 v.). THEA KRÜGER considère le nombre 13,6 v., qu'elle a trouvé, comme correspondant au second cas, c'est-à-dire qu'elle admet $D + V_r = 13,6$ v , d'où $V_r = 10,1$ v. Pour $V = 3,5$ v. on ne remarque pas de perte d'énergie par les électrons, d'où il suit que le choc des électrons ne produit pas la dissociation des molécules d'hydrogène. Enfin elle attribue la faible ionisation pour 11,5 v. à la formation d'un ion moléculaire H^{2+}. W. AICH (1922) a trouvé que pour la première ionisation (17,1 v., corrigé 16,4 v.) il se forme effectivement des noyaux libres de l'hydrogène H^+.

La supposition que pour 11,5 v. (corr. 10,8 v.) il se forme des molécules H^{2+} ne peut être considérée comme exacte. J. FRANCK pense que vers 11 volts est excité un spectre de bandes ultra-violet (voisin de $\lambda = 100$ Å). W. PAULI et K.-W. NIESSEN ont trouvé théoriquement que le potentiel d'ionisation pour lequel se forme H^{2+} doit se trouver vers 23,7 v. Comme on le voit sur le tableau précédent, K.-T. COMPTON et P.-S. OLMSTEAD ont trouvé pour 10,8 v. des molécules perturbées avec un rayonnement. A des résultats complètement différents est arrivé H.-D. SMYTH (1923), qui unit la méthode des chocs électroniques aux méthodes des déviations magnétiques. Il trouve : 1° que pour 16,4 v. il se forme des molécules H^{2+} ; 2° que les ions H^+ n'apparaissent que pour V plus grand que 20,6 v. ; 3° que pour une pression pas très faible H^+ apparaît aussi au-dessous de 20,6 v., comme l'a observé W. Aich.

J. Langmuir (1920) a proposé un nouveau modèle de la molécule d'hydrogène ; nous ne le décrirons pas, car il ne donne pas de meilleurs résultats que le modèle de Bohr. Considérant tout ce qui vient d'être exposé, nous devons dire que la question des potentiels critiques de la *molécule* d'hydrogène est loin d'être résolue d'une façon satisfaisante. Les valeurs de ces potentiels sont connues approximativement, bien que l'exactitude de leur détermination ne dépasse pas quelques dixièmes de volt. Mais leur signification physique n'est pas encore établie.

Indiquons finalement un travail remarquable de P.-S. Olmstead et P.-T. Compton (1923), qui ont réussi à mesurer toute une série de *potentiels de radiation de l'atome d'hydrogène*. Ils se sont servis d'un four cylindrique (4 cm. de longueur et 1 cm. de diamètre) formé d'une lame de tungstène enroulée. Le four était à 2 800° ; il contenait de l'hydrogène sous une pression de quelques centièmes de millimètre ; dans ces conditions 99 °/₀ de l'hydrogène étaient dissociés. A l'intérieur du premier était un second cylindre de tungstène, mais plein ; ces deux cylindres, unis par leurs bases, se trouvaient au même potentiel commun. Comme source d'électrons on prenait un fil de platine aplati à une extrémité et recouvert d'un oxyde ; ce fil se trouvait à l'intérieur du four et était chauffé par lui. En le déplaçant le long de l'axe du four on pouvait faire varier la température de l'extrémité du fil et, par conséquent, l'intensité du flux électronique. Entre le fil et le cylindre intérieur règne une tension V qui accélère les électrons. Le rayonnement qui prend naissance, tombant sur une plaque qui est à l'extérieur du four, est mesuré par l'effet photographique qu'il produit. Pour que les molécules électrisés positivement ou négativement ne puissent tomber du four sur la plaque on a créé entre les deux des champs électriques qui éloignent ces particules. La courbe qui représente la relation entre l'intensité du courant photoélectrique et la tension V possède une série d'inflexions pareilles à celles des courbes de la fig. 53. Par ces inflexions sont définis les potentiels de radiation 10,15 — 12,05 — 12,70 — 13,00 — 13,17 — 13,27 — 13,54 volts. Dans les limites des erreurs d'observation ($<$ 0,05 volt) ils coïncident avec ceux qui sont calculés pour l'atome d'hydrogène sur la base de la théorie de Bohr. Effectivement, dans le chapitre III, § 2, 11, nous avions la formule (6, *a*) pour la série ultra-violette (de Lyman) de l'hydrogène

$$\nu = R \left\{ \frac{1}{1^2} - \frac{1}{m^2} \right\}.$$

Sa première ligne, la ligne de tête, se trouve à $\lambda = 1\,215,7$ Å, et sa ligne extrême à $\lambda = 911,75$ Å. Si dans la formule (2)

$$\lambda \, (\text{Å}) = \frac{12340}{V(\text{volts})}$$

on introduit les potentiels de radiation qu'ont trouvés OLMSTEAD et COMPTON, on obtient précisément les longueurs d'onde des lignes de la série de LYMAN. Remarquons que le nombre 12 340 n'est pas parfaitement exact, mais nous le conserverons, comme l'a fait SOMMERFELD dans la 4ᵉ édition de A. u. S., pour la raison qu'on le retient facilement.

II. *Oxygène et azote*. — Ces gaz ont été étudiés par les mêmes savants dont nous avons rencontré les noms précédemment ; on peut ajouter les noms de H.-D. SMYTH (1919), KARRER et E. BRANDT (1921).

Donnons les nombres trouvés pour l'oxygène (VIᵉ groupe du système périodique) :

	Perturbation	Ionisation
FRANCK et HERTZ	9 volts	—
F. MAYER	9,5 »	—
HUGHES et DIXON	9,2 »	—
BISHOP	9,0 »	—
FOOTE et MOHLER	7,91 »	15,5 volts.

Il est impossible d'indiquer pour les λ correspondants leur position dans les séries spectrales.

Au sujet de l'azote (Vᵉ groupe du système périodique) il y a une récente recherche d'ERICH BRANDT (1921), dont nous parlerons plus loin.

	Perturbation	Ionisation
FRANCK et HERTZ	7,5 volts	—
F. MAYER	11,8 »	—
HUGHES et DIXON	7,7 »	—
BISHOP	7,5 »	—
DAVIS et GOUCHER	7,4 et 9 »	environ 18 volts
H. D. SMYTH	7,4 »	—
FOOTE et MOHLER	8,18 »	16,9
E. BRANDT	7,2 et 8,5 »	17,75 25,4 30,7 volts
FOUND	—	environ 16 »

ERICH BRANDT mélangeait à l'azote, pour comparaison, de l'hélium, dont il prenait le potentiel d'ionisation comme égal à 20,05 volts. Outre la première ionisation à 17,75 volts, que donnent aussi d'autres expérimentateurs, il découvrit encore deux degrés d'ionisation plus élevés, à 25,4 et 30,7 volts Un grand intérêt s'attache à la recherche que E. BRANDT effectua par le procédé dont s'étaient servis FRANCK et EINSPORN et qui leur a donné pour le mercure la courbe représentée dans la fig. 53. Entre des limites bien déterminées, 7,5 et 8,2 volts, il mesura la relation entre l'intensité du courant photoélectrique et la tension, et cela pour chaque 0,01 volt ; transformé en longueur d'onde par la formule (2), cet intervalle correspond aux rayons de 1 505 à 1 645 Å. Le résultat est représenté dans la fig. 54 ; ici on voit la longue série des inflexions dont chacune correspond à une ligne spectrale déterminée. Dans un dessin supplémentaire est représentée la partie fictive

du spectre ultra-violet qui correspond à toute la courbe, et dans lequel la
largeur des lignes correspond à la grandeur des inflexions de la courbe. La
comparaison avec le spectre de bandes de l'azote étudié *optiquement* montre
une succession parfaitement analogue des bords à des distances l'un de l'autre
qui sont tout à fait semblables.

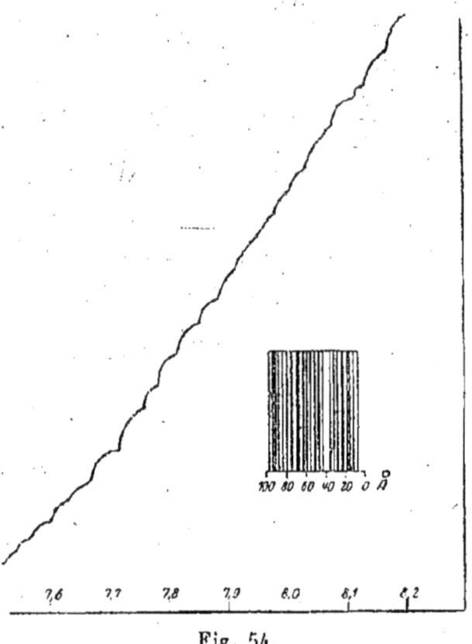

Fig. 54.

K.-T. Compton (1922) a fait connaître un travail de Duffendack qui le
premier a trouvé une ionisation de l'azote pour 16,15 volts. A 70 volts
commencent à apparaître des lignes dans la partie visible du spectre. L'auteur
admet l'existence d'une molécule ionisée N^{2+}.

III. *Iode, phosphore, arsenic et soufre.* — C.-G. Found (1920) a trouvé pour
l'*iode* le potentiel d'ionisation $V_i = 8,5$ v. ; Mohler et Foote, $V_i = 10,1$ v.,
et en outre une perturbation pour 2,34 v. K.-T. Compton et H.-D. Smyth
(1920) ont observé à la température normale une faible ionisation pour
8 volts et une forte pour 9,4 v. ; ici une petite partie de la vapeur d'iode
pouvait être dissociée par suite de la présence du fil chauffé au rouge ; c'est
pourquoi ils se sont appliqués à étudier la vapeur d'iode à une température
assez élevée pour qu'on puisse considérer cette vapeur comme presque
complètement dissociée. Il s'est trouvé que l'ionisation à 8 volts était ren-
forcée et l'ionisation à 9,4 volts était diminuée à mesure que la température
augmentait. C'est pourquoi les auteurs pensent qu'à 8 volts a lieu une ionisation de l'atome I, c'est-à-dire la formation de l'ion positif I^+, tandis qu'à
9,4 volts la molécule I^2 se dissocierait, et l'un des deux atomes s'ioniserait :
$I^2 = I + I^+ + e$. La différence $9,4 - 8,0 = 1,4$ v. définit le travail de
dissociation de la molécule d'iode. De plus, Compton et Smyth ont trouvé
que pour la vapeur d'iode *fluorescente* le potentiel d'ionisation s'abaisse de
9,4 v. à 6,8 v.

Pour les vapeurs de *phosphore*, d'*arsenic* et de *soufre* on a trouvé les nombres suivants.

		Perturbation	Ionisation
Phosphore. Mohler et Foote (2920) . . .		5,8 volts	13,3 volts
Arsenie. Mohler, Foote et Rognley (1919).		4,7 »	11,5 »
Soufre. Mohler, et Foote (1920).		4,78 »	12,2 »

IV. *Divers gaz et vapeurs polyatomiques.* — Avant 1919 on avait déterminé les nombres suivants qui, à cette époque, étaient considérés comme des potentiels d'ionisation ; en réalité, dans la plupart des cas il semble que ce sont des *potentiels de radiation*.

	F. Mayer	Hughes et Dixon	Bishop
NO.	—	9,3 volts	7,5 volts
CO.	14,5 volts	7,2 »	—
CO^2	12,5 »	10,0 »	—
Cl^2	—	8,2 »	—
Br^2	—	10,0 »	—
HCl	—	9,5 »	—
CH^4	13,5 »	9,5 »	—
C^2H^2	—	9,9 »	—
C^2H^4	—	9,9 »	—
C^2H^6	—	10,0 »	—

En outre, on a trouvé les *potentiels d'ionisation*

HCl Foote et Mohler (1920)	13,7 volts
CO Found (1920)	15,0 »
Stead et Gossling (1920)	14,5 »
Foote et Mohler (1921)	10,1 et 14,3 volts

De plus, Foote et Mohler (1921) ont trouvé des perturbations de CO pour

$$6,4 — 12,1 — 13,6 — 19,1 — 21,9 \text{ et } 24,6 \text{ volts,}$$

et les potentiels d'*ionisation* :

	Zinc-éthyle	Chlorure de Zinc	Chlorure de mercure
	12 volts	12,9 volts	12,1 volts
Potent. de résonance	7 »	—	—

En 1919 parurent une série de travaux de M. Born et de K. Fajans. Les recherches théoriques de Born se rapportent à la théorie des trois réseaux dans l'espace dans lesquels cristallisent NaCl et KCl. Un développement ultérieur des déductions primitives lui a donné la possibilité de calculer les potentiels d'ionisation V_i des acides halogénés. Il a obtenu les résultats suivants.

$$(16) \qquad \left\{ \begin{array}{l} \quad\; \text{HCl} \quad \text{HBr} \quad \text{HI} \\ V_i = 13,9 \quad 13,5 \quad 13,1 \text{ volts.} \end{array} \right.$$

Nous avons vu que Foote et Mohler (1920) avaient trouvé pour HCl $V_i = 13,7$ v., ce qui est assez voisin du nombre donné par Born. Il est remarquable que pour ces trois substances V_i ait à peu près la même valeur coïncidant avec le potentiel d'ionisation de l'*atome* d'hydrogène. Cela indique que le travail de séparation d'une telle molécule en H^+ (noyau, proton) et Cl^- est le même que le travail d'ionisation de l'atome d'hydrogène selon la formule $H = H^+ + e$. D'où il suit que la liaison entre le noyau H^+ de l'atome d'hydrogène et l'électron dans l'atome neutre et la liaison entre le même noyau et l'ion d'halogène, par exemple Cl^-, ont le même degré de solidité ; ce résultat est sans aucun doute très intéressant. Fajans, employant la théorie de Born, calcule l'*affinité électronique* de Cl, Br et I, l'exprimant par *les grandes calories par atome-gramme* de ces éléments, qui se dégagent quand tous les atomes neutres de l'atome-gramme s'unissent chacun à un électron. Il obtient les nombres suivants :

$$(17) \qquad \left\{ \begin{array}{l} \quad \text{Cl} \quad \text{Br} \quad \text{I} \\ \quad 116 \quad 87 \quad 81 \; \dfrac{\text{gr. cal.}}{\text{at. gr.}} . \end{array} \right.$$

Pour les *potentiels d'ionisation* de HCl, etc., il a calculé les nombres suivants, qui diffèrent peu de ceux de Born (16) :

$$(18) \qquad \left\{ \begin{array}{l} \quad\; \text{HCl} \quad \text{HBr} \quad\; \text{I} \\ V_i = 14,0 \quad 13,4 \quad 10,0 \text{ volts.} \end{array} \right.$$

Les potentiels d'ionisation des *atomes* Cl, Br et I sont identiques avec les nombres (17), d'où on les obtient en volts :

$$(19) \qquad \left\{ \begin{array}{l} \quad \text{Cl} \quad \text{Br} \quad \text{I} \\ \quad 5,1 \quad 3,7 \quad 3,5 \text{ volts.} \end{array} \right.$$

Ensuite P. Knipping, ayant utilisé les considérations thermochimiques de F. Haber, effectua des calculs théoriques et soumit à une nouvelle recherche expérimentale HCl, HBr, HI et aussi HCN. Il trouva les *potentiels d'ionisation* :

$$(20) \qquad \left\{ \begin{array}{l} \quad\; \text{HCl} \quad \text{HBr} \quad \text{HI} \quad\; \text{HCN} \\ V_i = 14,4 \quad 13,8 \quad 12,4 \quad 15,5. \end{array} \right.$$

Ces nombres sont voisins de (16) et (18). Pour l'affinité électronique, il trouve :

$$(21) \qquad \left\{ \begin{array}{l} \quad \text{Cl} \quad \text{Br} \quad \text{I} \\ \quad 98 \quad 68 \quad 61 \; \dfrac{\text{gr. cal.}}{\text{at. gr.}} . \end{array} \right.$$

Ces nombres diffèrent considérablement de ceux qui ont été donnés par FAJANS (voir (17). Pour les potentiels d'ionisation des *atomes* Cl, Br et I exprimés en volts, on a

$$\text{Cl} \quad \text{Br} \quad \text{I}$$
$$V_i = 4,26 \quad 2,96 \quad 2,64 \text{ volts.}$$

V. KONDRATIEF et N. SÉMÉNOF (Pétrograde) étudièrent (1924) les vapeurs de $HgCl^2$ et HgI^2. Leurs expériences ont montré que dans l'ionisation de ces vapeurs il se sépare un ion négatif univalent d'halogène, c'est-à-dire Cl^- et I^-. Le potentiel d'ionisation est approximativement égal à 11 volts.

6. Questions diverses. Conclusion. — Nous allons considérer ici une série de questions qui ne rentrent pas dans le cadre des paragraphes précédents.

I. *Perturbation dans les mélanges gazeux.* — A la fin du § 3 nous avons pris connaissance des idées de O. KLEIN et S. ROSSELAND (1921) sur les chocs électroniques de *seconde espèce*, dans lesquels l'électron acquiert de l'énergie de l'atome *perturbé*, ce par quoi ce dernier revient à un état moins perturbé ou même à l'état neutre. De tels chocs de seconde espèce peuvent se produire aussi *par la rencontre d'un atome perturbé avec une molécule neutre*, et alors de l'énergie passe de l'atome dont la perturbation diminue ou disparaît à la molécule, en provoquant la décomposition de celle-ci ou bien en augmentant son énergie thermique. Ce que nous venons de dire explique l'énorme importance des mélanges dans les phénomènes d'ionisation. La cause ionisatrice ou perturbatrice peut ne pas agir sur le gaz, mais provoquer la perturbation des atomes du mélange, qui dans les collisions restitueront aux atomes du gaz étudié l'énergie qu'ils avaient accumulée. Nous avons un cas de ce genre dans les expériences de J. FRANCK et F. CARIO (1822) dont nous allons parler, quoique la perturbation y soit provoquée non par des chocs d'électrons, mais par des rayons de longueur d'onde déterminée. Ici nous nous rapprochons complètement du groupe des phénomènes de *sensibilisation* dans les réactions photochimiques et des phénomènes de fluorescence et de phosphorescence, qui doivent être considérés séparément. FRANCK et CARIO ont pris comme gaz fondamental l'*hydrogène*, dont la dissociation dans aucun cas n'est provoquée par des rayons dont la longueur d'onde est plus grande que 1200 Å ; ces rayons ne sont pas absorbés par l'hydrogène. Les rayons $\lambda = 2536,7$ Å n'exercent aucune action sur l'hydrogène *pur* ; mais nous avons vu que ces rayons, ou leurs équivalents, les chocs d'électrons ayant des vitesses $V = 4,9$ volts (voir (9) le potentiel de résonance du mercure), provoquent la perturbation des atomes de mercure. FRANCK et CARIO mélangeaient les vapeurs de mercure à l'hydrogène et éclairaient ce mélange par la ligne de résonance $\lambda = 2536,7$ Å du mercure. On observa qu'il se produisait une *dissociation des molécules d'hydrogène* et que des atomes libres étaient créés. Le mercure jouait ici le rôle de sensibilisateur. La présence des atomes d'hydrogène était démontrée par la réduction de l'oxyde de cuivre en poudre, et aussi par le trioxyde de tungstène jaune clair, qui sous l'influence des atomes d'hydrogène prend une teinte bleu sombre, presque noire. Remarquons que le travail de dissociation de la molécule H^2 correspond approximativement à la longueur d'onde $\lambda = 3200$ Å. H. SENFTLEBEN (1924) a mesuré la *conductibilité calorifique* d'un mélange d'hydrogène et de vapeur de mercure, par le procédé de SCHLEIERMACHER (T.III), et il a trouvé une élévation nette de cette grandeur lors de l'éclairement du mélange par des rayons ultraviolets. Ce phénomène disparaît quand on éloigne le mercure par refroidissement dans l'air liquide, ou bien si sur le trajet des rayons on interpose un vase contenant de la vapeur de mercure qui absorbe les rayons qui doivent perturber la vapeur de mercure mélangée à l'hydrogène. On n'observe aucun changement de conductivité thermique quand on remplace l'hydrogène par un des gaz nobles ; mais, par contre, on peut remarquer une certaine élévation de la température par suite de la transformation, pendant les collisions, de l'énergie des atomes perturbés du mercure en énergie de mouvement des atomes du gaz.

II. *Ionisation des gaz par des électrons animés de grandes vitesses.* — En 1923 parut un travail de I. I. LOUKIRSKY, qui avait étudié l'ionisation de l'air par des électrons dont les vitesses étaient comprises entre 200 et 1000 volts. R. WHIDDINGTON a trouvé que par le passage des électrons à travers de minces couches de *métaux*, les vitesses de ces électrons varient suivant la loi

$$(22) \qquad v_x^4 - v_0^4 = ax,$$

où v_0 est la vitesse initiale, v_x la vitesse après le passage à travers une couche d'épaisseur x ; a est une constante qui dépend de la nature du métal. Admettant qu'une telle loi est vraie aussi pour les gaz et déterminant le plus long parcours des électrons dans l'air, WHIDDINGTON a trouvé pour l'air $a = 2.10^{10}$. Admettant que la formule (22) est applicable à l'air et que a possède la valeur indiquée, et utilisant les résultats de S. BLOCH et d'autres savants qui ont déterminé le nombre des couples d'ions formés sur sa route par un électron de vitesse donnée, I. I. LOUKIRSKY calcule *l'énergie moyenne dépensée dans l'air pour une ionisation par les électrons de diverses vitesses.* Il a trouvé qu'entre de très larges limites de vitesses, de 25000 à 238000 volts, on dépense pour une ionisation une seule et même quantité d'énergie, égale en moyenne à

$$(23) \qquad V_i = 69,8 \text{ volts.}$$

LOUKIRSKY a déterminé par l'expérience ce même travail pour des vitesses de 200 à 1000 volts. Dans ce but il construisit un appareil dans lequel, par le procédé ordinaire, il donnait une vitesse déterminée aux électrons émis par un fil fortement chauffé. Ces électrons traversaient sous forme d'un mince faisceau une colonne du gaz (pression de 0,001 à 0,02 mm.) dont les molécules étaient soumises à l'ionisation. Le nombre des électrons traversant le gaz était mesuré par l'intensité du courant, lorsqu'on les détournait vers la terre. Les conditions étaient choisies de façon que la dispersion des électrons dans le gaz soit très faible. Le nombre des ions formés était déterminé par leur déviation vers l'une des lames d'un condensateur dans lequel un champ magnétique perpendiculaire au champ électrique ne permettait pas aux électrons de dévier de la ligne droite. La distribution des vitesses entre les électrons après leur passage à travers le gaz était déterminée par le procédé ordinaire au moyen d'un champ retardateur. De là on peut déterminer l'énergie moyenne perdue par un électron dans son passage à travers le gaz (air) et enfin la perte d'énergie par une ionisation. Les résultats sont donnés dans le tableau suivant. Dans la première colonne sont inscrites les vitesses initiales V des électrons exprimées en volts; dans la seconde — le nombre N des ions formés sur un trajet de 1 cm. sous la pression de 0,001 mm.; dans la troisième — le même d'après les observations de Kossel, et enfin dans la quatrième — *la perte d'énergie dans une ionisation.*

V	N		
	Loukirsky	Kossel	
200 volts	0,102	0,10	52,7 volts
300 »	0,096	0,093	65,2 »
400 »	0,072	0,073	68,9 »
600 »	0,040	0,042	69,2 »
1 000 »	0,0345	0,033	70,1 »

Pour chaque V les mesures étaient effectuées sous diverses pressions de l'air. *Pour toutes les vitesses V de 400 à 1 000 volts on a obtenu presque la même perte d'énergie.* Il est à remarquer qu'elle est très proche de la grandeur (23) calculée sur la base des travaux de WHIDDINGTON pour de très grandes vitesses. Si l'on admet que l'énergie de l'électron perdue dans une collision est dépensée principalement pour l'ionisation, il faut admettre que *pour de grandes vitesses des électrons percuteurs l'électron est arraché non à la couche extérieure mais à une des couches intérieures.* La diminution de la perte d'énergie dans le cas de vitesses moindres (200 et 300 v.) peut s'expliquer parce que, pour de telles vitesses les électrons produisent une ionisation tant dans les anneaux électroniques intérieurs que dans les anneaux extérieurs, dépensant pour la première 69 volts et pour la seconde 18 volts, par suite de quoi la perte moyenne d'énergie doit être moindre que 69 volts.

III. *Ionisation par le choc d'ions positifs et de particules α.* J. S. TOWNSEND s'est occupé beaucoup de la question de l'ionisation par les ions positifs. Ces travaux sont étroitement liés à ceux dont on a parlé dans le T. V (voir aussi le commencement de § 1 de ce chapitre); nous nous bornerons à indiquer (dans la liste bibliographique) le livre dans lequel TOWNSEND a exposé les travaux sur cette question effectués par lui et par d'autres savants.

J. J. THOMSON a montré que des ions qui se meuvent lentement, qui dans les tubes de CROOKES se meuvent en sens inverse des rayons cathodiques, expulsent par les chocs d'atomes de diverses espèces *plus d'un électron.* Ainsi, par exemple, ils ionisent l'atome de mercure en lui arrachant soit *un,* soit *huit* électrons. R. A. MILLIKAN et ses collaborateurs, GOTTSCHALK et KELLY ont étudié l'ionisation des atomes par des *particules α,* qu'on peut considérer comme des ions positifs de l'hélium animés de très grandes vitesses et, en outre, deux fois ionisés. Ces savants ont employé la méthode de MILLIKAN décrite dans le chapitre I, §§ 1 et 2. Une goutte (d'huile) était maintenue immobile entre les lames horizontales d'un condensateur, dont la lame supérieure était électrisée négativement. Les particules α s'échappaient de $RaBr^2$ placé auprès et par conséquent possédaient une grande vitesse. Les particules du gaz ou de la vapeur qui étaient ionisées par les particules α se trouvant précisément sous la goutte étaient dirigées vers le haut par le champ électrique et arrivaient sur la goutte, ce qui était remarqué par le mouvement de celle-ci vers le haut. La charge prise par la goutte est déterminée comme il a été décrit dans le chapitre I, §§ 1 et 2. On a étudié l'air, le gaz carbonique, le tétrachlorure de carbone CCl^4, l'iodure de méthyle CH^3I et le mercure-méthyle $Hg(CH^3)^2$, dans lesquels les particules α rencontraient les atomes H, C, O, N, Cl, I et Hg. En tout on a observé 2 200 cas de rencontre de l'ion et de la goutte. Il s'est trouvé que dans 2 195 cas la molécule a perdu par le choc de la particule α *un électron seulement*; dans cinq cas deux électrons ont semblé arrachés; mais ces cas (1/4 °/₀) sont douteux. On a ainsi obtenu ce résultat important : *les particules α rapides n'enlèvent à la molécule qu'un seul électron.* Quelque temps après R. A. MILLIKAN et J. K. WILKINS étudièrent par le même procédé l'ionisation par des particules α n'ayant qu'une *faible* vitesse ; la différence consistait en ce que la matière radioactive (polonium) était placée à une certaine distance de la goutte, de façon que la *fin* de la course de la particule se trouvait sous la goutte. Dans ce cas les ions qui se déposent sur la goutte se produisent par action de particules α ne possédant plus qu'une vitesse relativement faible. Dans toutes ces substances, excepté l'hélium, et dans toutes ces conditions, on n'observa qu'une ionisation simple, c'est-à-dire *l'expulsion d'un seul électron.* Pour l'hélium on a observé que dans 16 °/₀ des cas il se produit une ionisation double ; l'atome d'hélium perd ses deux électrons, c'est-à-dire que dans sa rencontre avec une particule α il se transforme lui-même en une particule α. Il n'est pas inutile de rappeler que le spectre d'étincelle (chapitre V, § 3, I) est indubitablement émis par des atomes deux fois ionisés.

IV. *Questions théoriques.* — Nous ne rappellerons que quelques-uns des nombreux travaux théoriques consacrés aux questions examinées dans ce chapitre.

N. SÉMÉNOF et A. VALTER (1923) ont étudié le champ électrique autour d'un réseau métallique et ont déterminé la forme et la position des surfaces équipotentielles. Se basant sur les résultats obtenus, N. SÉMÉNOF (1923) a montré que l'emploi d'un réseau peut introduire une erreur dans le résultat de la mesure des potentiels critiques. Dans ces mesures on suppose que les électrons possèdent une vitesse qui est déterminée par le potentiel du réseau. Mais certaines surfaces de niveau entourent étroitement les fils du réseau, et c'est pourquoi les électrons qui passent par les milieux des vides ne traversent pas ces surfaces et n'acquièrent qu'une vitesse moindre que celle que l'on suppose. Dans la mesure des potentiels critiques cela peut causer une erreur de quelques dixièmes de volt.

Outre la théorie de TOWNSEND étudiée dans le T : V, il existe encore les théories de Bergen Davis (1907) et de K. T. Compton (1916), mais dans lesquelles on n'a pas encore pris en considération les résultats des déterminations expérimentales des potentiels critiques ci-dessus mentionnées. En 1924 parurent deux nouvelles théories de l'ionisation par le choc. La première, très compliquée, appartient à L. Heis, qui, à la différence de celle de Townsend, tient compte des chocs élastiques et suppose que l'ionisation de l'atome n'a lieu que dans le cas où l'énergie cinétique de l'électron percuteur est avant le choc plus grande que l'énergie moyenne exigée par l'ionisation. On admet de plus que l'électron mis en liberté ne possède aucune énergie cinétique. Si l'énergie des électrons percuteurs est moindre que la grandeur voulue, une partie seulement des chocs s'accompagne d'un transport d'énergie de l'électron à l'atome. Les résultats de la théorie sont d'accord avec les expériences de Townsend et avec le caractère général des résultats des expériences de Franck et Hertz et d'autres savants. G. Joos et H. Kulenkampff ont pris en considération que dans le choc non seulement la somme de l'énergie doit se conserver, mais encore que la *somme des quantités de mouvement* ne doit pas varier. Cette condition introduit dans les formules générales une certaine correction, qui cependant est très faible dans le cas du choc d'un électron. Mais quand on a affaire au *choc d'un ion ou d'une particule* α, la correction devient importante.

V. *Autres cas d'ionisation.* — Nous avons consacré tout ce chapitre à la question de l'ionisation des gaz par le choc électronique et nous n'avons que touché légèrement le cas de l'ionisation par des ions positifs et par des particules α. La question générale de l'ionisation des gaz a déjà été examinée dans le T. V, chapitre xix et l'ionisation par les rayons X, dans le chapitre XIII, § 11. Nous avons complètement laissé de côté la question de l'ionisation par les rayons visibles et les rayons ultra-violets, car il vaut mieux considérer cette question dans sa relation avec la théorie actuelle de la fluorescence, de la phosphorescence et des phénomènes photochimiques, bien que certaines recherches, par exemple, celle de la sensibilisation de la fluorescence, se rattachent étroitement à ce qui a été considéré plus haut. Au sujet de l'ionisation par les rayons β on sait peu de chose; Millikan en parle dans son livre bien connu « L'Electron ». (¹)

VI. *Conclusion.* — L'énorme importance de la mesure des potentiels critiques résulte de la liaison profonde qu'elle a avec les questions sur la structure de l'atome et sur les séries spectrales. Les résultats de ces mesures sont la plus brillante confirmation de la théorie de Bohr. J. Franck et G. Hertz (1919) et ensuite J. Franck (1921) ont donné un exposé de l'importance de la mesure des potentiels critiques auquel nous empruntons quelques parties. Les perturbations possibles dans les chocs électroniques d'un *atome neutre* correspondent aux lignes du spectre *d'absorption* d'un gaz donné. Le potentiel d'ionisation correspond à la limite de la série spectrale ultra-violette. L'étude des chocs non élastiques et des rayonnements qu'ils produisent donne la possibilité de la distribution des lignes spectrales en

---

(¹) Voir « L'Electron », trad. fr. par A. Lepape, p. 164.

séries. L'ensemble de toutes les mesures de potentiels critiques effectuées donne la possibilité de déterminer la valeur numérique de la constante de PLANCK h. Ces mesures ont servi à la découverte des lignes spectrales dans les domaines du spectre inaccessibles (ou qui à cette époque étaient inaccessibles) aux méthodes purement optiques. Elles ont résolu la question de la justesse des modèles des atomes et des molécules (atome d'hélium, molécule d'hydrogène). Enfin elles ont démontré l'existence d'une liaison entre l'ionisation et la dissociation des molécules. Ajoutons qu'elles ont jeté un jour sur la question de l'affinité électronique.

BIBLIOGRAPHIE

2

SCHUSTER. — *Proc. R. Soc.*, **37**, p. 317, 1884.

J.-J. THOMSON. — *Phil. Mag.* (5), **50**, p. 278, 1900 ; (6), **1**, p. 361, 1901.

J.-S. TOWNSEND. — *Phil. Mag.* (6), **1**, p. 198, 1901 ; *Theorie of ionisation of gases by collision*, London, 1910.

P. LÉNARD. — *Ann. der Phys.* (4), **8**, p. 149, 1902 ; **12**, p. 447, 1903.

J. STARK. — *Ann. der Phys.* (4), **7**, p. 417, 919, 1902 ; *Elektriz. in Gasen* ; *Phys. Zeitschr.*, 1908, p. 481, 889.

O. v. BAEYER. — *Verh. d. D. phys. Ges.*, 1908, p. 96.

H. DEMBER. — *Ann. der Phys.* (4), **30**, p. 137, 1909.

J.-S. TOWNSEND. — *Phil. Mag.* (6), **40**, p. 505, 1920.

J.-S. TOWNSEND et V.-A. BELY. — *Phil. Mag.* (6), **42**, p. 873, 1921.

J. FRANCK et G. HERTZ. — *Verh. d. D. phys. Ges.*, 1913, p. 34, 373, 613, 929 ; 1914, p. 12, 457, 512 ; 1916, p. 213 ; *Phys. Zeitschr*, 1913, p. 1115 ; 1916, p. 409, 430.

RAMSAY et COLLIE. — *Proc. R. Soc.*, **59**, p. 259, 1896.

EVA v. BAHR et J. FRANCK. — *Verh. d. D. phys. Ges.*, 1914, p. 57.

V.-J. PAVLOF. — *Proc. R. Soc.*, **90**, p. 308, 1914.

3

F.-H. NEWMAN. — *Phil. Mag.* (6), **28**, p. 753, 1914.

F.-S. GOUCHER. — *Phys. Rev.* (2), **8**, p. 561, 1916.

N. ÅKESON. — *Sitzungsber. Heidelb. Akad.*, 1914, n° **21** ; *Lunds Årsskift N. F. Afd.* 2, Bd. 12, 1916

H. RAU. — *Würzburg. Ber. phys.-med. Ges.*, 1914, p. 20.

J.-C. MC. LENNAN et J.-P. HENDERSON. — *Proc. R. Soc.*, **91**, p. 485, 1915 ; **92**, p. 305, 1916 ; **93**, p. 574, 1916.

J.-C. MC. LENNAN et A. THOMSON. — *Proc. R. Soc.*, **92**, p. 584, 1916.

J.-C. MC. LENNAN et J.-F.-T. YOUNG. — *Proc. R. Soc.*, **95**, p. 273, 1919.

J.-T. TATE. — *Phys. Rev.* (2), **7**, p. 686, 1916 ; **10**, p. 77, 1917.

B. DAVIS et F. GOUCHER. — *Phys. Rev.* (2), **10**, p. 84, 1917.

K.-T. Compton. — *Phil. Mag.* (6), **40**, p. 553, 1920.

F. Horton et Ann Davies. — *Proc. R. Soc.*, **95**, p. 108, 1919.

J. Franck et P. Knipping. — *Phys. Zeitschr.*, 1919, p. 481 ; *Zeitschr. f. Phys.*, **1**, p. 320, 1920.

P.-D. Foote et F.-L. Mohler. — *Phys. Rev.* (2), **15**, p. 321, 1920 ; **17**, p. 394, 1921.

C.-G. Found. — *Phys. Rev.* (2), **15**, p. 132, 1920.

G. Stead et R.-S. Gossling. — *Phil. Mag.*, **40**, p. 313, 1920.

R.-A. Millikan. — *Phys. Rev.* (2), **9**, p. 378, 1917.

T.-C. Hebb. — *Phys. Rev.* (2), **9**, p. 371, 1917 ; **11**, p. 170, 1918 ; **12**, p. 482, 1918 ; **15**, p. 130, 1920.

K.-J. Van der Rijl. — *Phys. Rev.* (2), **10**, p. 546, 1917.

O. Stern et M. Volmer. — *Phys. Zeitschr.*, 1919, p. 183.

K.-T. Compton. — *Phys. Rev.* (2), **15**, p. 13, 476, 1917.

O. Klein et S. Rosseland. — *Zeitschr. f. Phys.*, **4**, p. 46, 1921.

J. Franck. — *Phys. Zeitschr.*, 1921, p. 443 ; *Zeitschr. f. Phys.*, **9**, p. 259, 1922.

4

B. Davis et F.-S. Goucher. — *Phys. Rev.* (2), **10**, p. 84, 101, 1917 ; **13**, p. 1, 109, 1919.

F. Horton. — *Phil. Mag* (6), **34**, p. 461, 1917.

F. Horton et Ann. Davies. — *Proc. R. Soc.*, **95**, p. 333, 408, 1919 ; **96**, p. 1, 23, 1920 ; **97**, p. 1, 1920 ; **98**, p. 124, 1920 ; **102**, p. 131, 1922 ; *Phil. Mag.* (6), **39**, p. 592, 1920 ; **41**, p. 921 ; **42**, p. 746, 1921 ; **43**, p. 1020, 1922 ; **44**, p. 1140, 1922 ; **46**, p. 872, 1923 ; *Phys. Rev.* (2), **15**, p. 498, 1920.

Ann Davies. — *Proc. R. Soc.*, **100**, p. 599, 1922 ; *Phil. Mag.*, **45**, p. 786, 1923.

F. Horton et Doris Bailey. — *Phil. Mag.* (6), **40**, p. 440, 1920.

P. Foote et F. Mohler. — *Phil. Mag.* (6), **37**, p. 33, 1919 ; *Phys. Rev.* (2), **15**, p. 321, 555, 1920 ; *Sc. Rap. Bur. Stand.*, n° **400**, 1920 ; *Journ. opt. Soc. Amer.*, **4**, p. 44, 1920.

P. Foote, Rongley et F. Mohler. — *Phys. Rev.* (2), **13**, p. 59, 1919.

J. Tate et P. Foote. — *Phil. Mag.* (6), **36**, p. 64, 1918.

F. Mohler, P. Foote et W. Meggers. — *Sc. pap. Bur. Stand*, n° **403**, 1920.

F. Mohler, F. Foote et A. Stimson, *Phil. Mag.* (6), **40**, p. 73, 1920 ; *Phys. Rev.* (2), **14**, p. 534, 1920 ; *Sc. pap. Bur. Stand.*, n° **368**, 1920.

P. Foote et W. Meggers. — *Phil. Mag.* (6), **40**, p. 80, 1920 ; *Sc. pap. Bur. Stand.*, n° **403**, 1920.

P. Foote. — *Wash. Akad.*, **7**, p. 517, 1917.

A.-L. Hughes et A.-A. Dixon. — *Phys. Rev.* (2), **10**, p. 495, 1917.

F.-M. Bishop. — *Phys. Rev.* (2), **9**, p. 567, 1917 ; **10**, p. 244, 1917.

J. Franck et E. Einsporn. — *Zeitschr. f. Phys.*, **2**, p. 18, 1920.

E. Einsporn. — *Diss.*, Berlin, 1920.

J. Franck. — *Zeitschr. f. Phys.*, **11**, p. 155, 1922.

F. Paschen. — *Annal. der Phys.* (4), **45**, p. 625, 1914.

V.-I. Pavlof. — *Proc. R. Soc.*, **90**, p. 398, 1914.

C.-B. Bazzoni. — *Phil. Mag.* (6), **32**, p. 566, 1916.

J.-M. Benade. — *Phys. Rev.* (2), **10**, p. 77, 1917.

G. Déjardin. — *Journ. de phys.* (6), **4**, p. 121, 1923 ; *C. R.*, **175**, p. 952, 1922.

H.-C. Rentschler. — *Phys. Rev.* (2), **13**, p. 297, 1920 ; **14**, p. 503, 1921.

G. Hertz. — *Proc. Amst.*, **25**, p. 179, 442, 1922 ; *Verh. d. D. phys. Ges.* 1922, p. 42 ; *Zeitschr. f. Phys.*, **18**, p. 307, 1923 ; **22**, p. 18, 1924.

336   BIBLIOGRAPHIE

H. SPONER. — *Zeitschr. f. Phys.*, **18**, p. 249, 1923.
G. HERTZ. — *Naturwissenschaften*, 1924, p. 1211.

5

F. MAYER. — *Ann. der Phys.* (4), **45**, p. 1, 1914.
J. FRANCK, P. KNIPPING et THEA KRÜGER. — *Verh. d. D. phys. Ges.*, 1919, p. 728.
J. LANGMUIR. — *Amer. Chem. Soc.*, **34**, p. 860, 1912 ; *Zeitschr. f. El. Chemie*, **23**, p. 217, 1987.
THEA KRÜGER. — *Ann. der Phys.* (4), **64**, p. 288 (1921).
T. ISNARDI. — *Zeitschr. f. El. Chemie*, **21**, p. 404, 1915.
P. HERZFELD — *Ann. der Phys.* (4), **59**, p. 635, 1919.
W. AICH. — *Zeitschr. f. Phys.*, **9**, p. 372, 1922.
H.-D. SMYTH. — *Proc. R. Soc.*, **104**, p. 121, 1915 ; **105**, p. 116, 1924 ; *Phil. Mag.* (6), **39**, p. 409, 1919 ; *Phys. Rev.* (2), **14**, p. 409, 1919.
K.-T. COMPTON. — *Proc. Amer. Phil. Soc.*, **61**, p. 212, 1922.
P.-S. OLMSTEAD et K.-T. COMPTON. — *Phys. Rev.* (2), **22**, p. 559, 1923.
W. PAULI. — *Ann. der Phys.* (4), **68**, p. 177, 1922.
K.-W. NIESSEN. — *Diss.*, Utrecht, 1922.
J. LANGMUIR. — *Science*, **52**, p. 433, 1920.
KARRER. — *Phys. Rev.* (2), **13**, p. 297, 1919.
ERICH BRANDT. — *Diss.*, Berlin ; *Zeitschr. f. Phys.*, **8**, p. 32, 1921.
C.-G. FOUND. — *Phys. Rev.* (2), **16**, p. 41, 1920.
K.-T. COMPTON et H.-D. SMYTH. — *Science*, **51**, p. 571, 1920 ; *Phys. Rev.* (2), **16**, p. 51, 1920.
M. BORN. — *Verh. d. D. Phys. Ges.*, 1919, p. 13, 679.
K. FAJANS. — *Verh. d. D. Phys. Ges.*, 1919, p. 549, 714, 729.
P. KNIPPING. — *Zeitschr. f. Phys.*, **7**, p. 330, 1921.
F. HABER. — *Verh. d. D. Phys. Ges.*, 1919, p. 750.
V. KONDRATIEF et N. SÉMÉNOF. — *Zeitschr. f. Phys.*, **22**, p. 1, 1924 ; *J. Soc. phys. chim. russe* (en russe), **51**, p. 135, 1924.

6

J. FRANCK et F. CARIO. — *Zeitschr. f. Phys.*, **11**, p. 161, 1922 ; **17**, p. 202, 1923.
H. KOPFERMANN. — *Zeitschr. f. Phys.*, **21**, p. 316, 1924.
H. SENFTLEBEN. — *Naturwissenschaften*, 1924, p. 558.
S. BLOCH. — *Diss.*, Heidelberg, 1912.
P.-I. LOUKIRSKY. — *J. Soc. phys. chim. russe* (en russe), p. 93, 1923.
J.-S. TOWNSEND. — *Handb. der Radiologie*, I, p. 273-295, 1920.
J.-J. THOMSON. — *Les rayons d'électricité positive* (trad. française).
R.-A. MILLIKAN, GOTTSCHALK et KELLY. — *Phys. Rev.* (2), **15**, p. 157, 1920.
R.-A. MILLIKAN et T. R. WILKINS. — *Phys. Rev.* (2), **18**, p. 457, 1923.
N. SÉMÉNOF et A. VALTER. — *Zeitschr. f. Phys.*, **17**, p. 67, 1923.
N. SÉMÉNOF. — *Zeitschr. f. Phys.*, **19**, p. 31, 1923.
B. DAVIS. — *Phys. Rev.*, **24**, p. 93, 1907.
K.-T. COMPTON. — *Phys. Rev.* (2), **7**, p. 489, 501, 509, 1916 ; **11**, p. 234, 1918
L. HEIS. — *Phys. Zeitschr.*, 1924, p. 25.
G. JOOS et H. KULENKAMPFF. — *Phys. Zeitschr.*, 1924, p. 257.
J. FRANCK et G. HERTZ. — *Phys. Zeitschr.*, 1916, p. 409, 430 ; 1919, p. 132.
J. FRANCK. — *Phys. Zeitschr.*, 1921, p. 388, 409, 441, 466.

TABLE DES MATIÈRES

CHAPITRE PREMIER

La charge et la masse de l'électron

CHAPITRE II

Théorie des quanta

CHAPITRE III

La structure de l'atome

CHAPITRE IV

La Structure de l'atome avec $Z > 1$

CHAPITRE V

Étude des spectres de lignes

CHAPITRE VI

Les rayons X

CHAPITRE VII

Spectres de bandes

CHAPITRE VIII

Rayons ultra-violets et infra-rouges

CHAPITRE IX

Excitation et ionisation des gaz par les chocs des électrons

ACHEVÉ D'IMPRIMER
POUR J. HERMANN
PAR R. BUSSIÈRE, A SAINT-
AMAND-MONTROND (CHER)
EN OCTOBRE 1926.

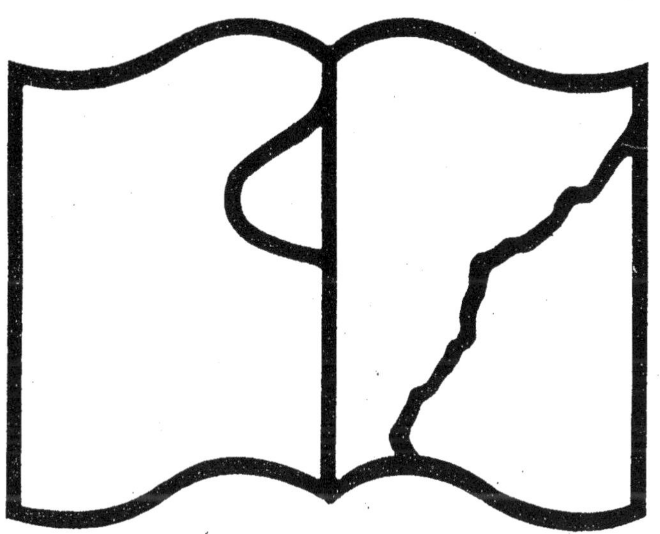

Texte détérioré — reliure défectueuse

NF Z 43-120-11

www.ingramcontent.com/pod-product-compliance
Ingram Content Group UK Ltd.
Pitfield, Milton Keynes, MK11 3LW, UK
UKHW021010140726
13695UKWH00001B/161